中国石化员工培训教材

石油化工安装电工

中国石化员工培训教材编审指导委员会　组织编写
本书主编　缪　维

中国石化出版社

内 容 提 要

《石油化工安装电工》为《中国石化员工培训教材》系列之一。本书主要内容包括：电路与磁路、电气识图、常用电工仪器仪表、接地及阴极保护、电力线路及照明、旋转电动机及电力变压器、变电所、电气设备试验、电气防火防爆、施工临时用电、可编程控制器、电气安全技术。

本书是安装电工进行员工岗位技能培训的必备教材，也是专业技术人员必备的参考书。

图书在版编目(CIP)数据

石油化工安装电工/缪维主编；中国石化员工培训教材编审指导委员会组织编写.—北京：中国石化出版社，2016.3
ISBN 978-7-5114-3816-4

Ⅰ.①石… Ⅱ.①缪… ②中… Ⅲ.①石油化工设备-设备安装-电工-职业培训-教材 Ⅳ.①TE65

中国版本图书馆CIP数据核字(2016)第060197号

中国石化出版社出版发行

地址:北京市东城区安定门外大街58号
邮编:100011　电话:(010)84271850
读者服务部电话:(010)84289974
http://www.sinopec-press.com
E-mail:press@sinopec.com
北京科信印刷有限公司印刷

*

787×1092毫米 16开本 23印张 528千字
2016年5月第1版　2016年5月第1次印刷
定价:60.00元

中国石化员工培训教材
编审指导委员会

《石油化工安装电工》
编写委员会

序

中国石化是上中下游一体化能源化工公司，经营规模大、业务链条长、员工数量多，在我国经济社会发展中具有举足轻重的作用。公司的发展，基础在队伍，关键在人才，根本在提高员工队伍整体素质。员工教育培训是建设高素质员工队伍的先导性、基础性、战略性工程，是加强人才队伍建设的重要途径。

当前，我们已开启了建设世界一流能源化工公司的新航程，加快转变发展方式的任务艰巨而繁重，这对进一步做好员工教育培训工作提出了新的更高要求。我们要以中国特色社会主义理论为指导，紧紧围绕企业改革发展、队伍建设和员工成长需要，以提高思想政治素质为根本，以能力建设为重点，积极构建符合中国石化实际的培训体系，加大重点和骨干人才培训力度，深入推进全员培训，不断提高教育培训的质量和效益，为打造世界一流提供有力的人才保证和智力支持。

培训教材是员工学习的工具。加强培训教材建设，能够有效反映和传递公司战略思想和企业文化，推动企业全员学习，促进学习型企业建设。中国石化员工培训教材编审指导委员会组织编写的这套系列教材，较好地反映了集团公司经营管理目标要求，总结了全体员工在实践中创造的好经验好做法，梳理了有关岗位工作职责和工作流程，分析研究了面临的新技术、新情况、新问题等，在此基础上进行了完善提升，具有很强的实践性、实用性和较高的理论性、思想性。这套系列培训教材的开发和出版，对推动全体员工进一步加强学习，进而提高全体员工的理论素养、知识水平和业务能力具有重要的意义。

学习的目的在于运用，希望全体员工大力弘扬理论联系实际的优良学风，紧密结合企业发展环境的新变化、新进展、新情况，学好用好培训教材，不断提高解决实际问题、做好本职工作的能力，真正做到学以致用、知行合一，把学习培训的成果切实转变为推进工作、促进改革创新的实际行动，为建设世界一流能源化工公司作出积极的贡献。

二〇一二年七月十六日

前　言

根据中国石化发展战略要求，为加强培训资源建设、推进全员培训的深入开展，集团公司人事部组织梳理了近些年培训教材开发成果，调研了企业培训教材需求，开展了中国石化员工培训课程体系研究。在此基础上，按职业素养、综合管理、专业技术、技能操作、国际化业务、新员工等六类，组织编写覆盖石油石化主要业务的系列培训教材，初步构建起中国石化特色的培训教材体系。这套系列教材围绕中国石化发展战略、队伍建设和员工成长的需要，以提高全体员工履行岗位职责的能力为重点，把研究和解决生产经营、改革发展面临的新挑战、新情况、新问题作为重要目标，把全体员工在实践中创造的好经验好做法作为重要内容，具有较强的实践性、针对性。这套培训教材的开发工作由中国石化员工培训教材编审指导委员会组织，集团公司人事部统筹协调，总部各业务部门分工负责专业指导和质量把关，主编单位负责组织培训教材编写。在培训教材开发和编写的过程中，上下协同、团结合作，各级领导给予了高度重视和支持，许多管理专家、技术骨干、技能操作能手为培训教材编写贡献了智慧、付出了辛勤的劳动。

《石油化工安装电工》为技能操作类型的教材，在编写时，紧紧围绕石油化工行业特点，力求使教材覆盖面广，合理分配理论部分与技能部分的比例，其中阴极保护系统、电气防爆装置、施工临时用电、电气安全技术等反映了石化装置电气设备安装特点。本书具有较强的通用性和实用性，适合作为石油化工安装电工的培训教材。

《石油化工安装电工》教材由中石化第四建设有限公司负责组织编写，主编缪维(第四建设有限公司)，参加编写的人员有杨峻(第四建设有限公司)、陈宝强(第四建设有限公司)、魏志(第四建设有限公司)、李凤海(第四建设有限公司)、卞洪磊(第四建设有限公司)、赵学军(第四建设有限公司)；本教材已经中国石油化工集团公司人事部审定通过，主审杨德胜，参加审定的人员有王敏、邸长友、程学军、陈玉清、杨金良、郑延民、尤建荣、沈楠，审定工作得到了中石化炼化工程(集团)股份有限公司人事部、南京工程有限公司、宁波工程有限公司、第五建设有限公司、第十建设有限公司的大力支持；中国石化出版社对教材的编写和出版工作给予了通力协作和配合，在此一并表示感谢。

由于本教材涵盖的内容较多，不同企业之间也存在着差别，编写难度较大，加之编写时间紧迫，不足之处在所难免，敬请各使用单位及个人对教材提出宝贵意见和建议，以便教材修订时补充更正。

目　　录

第 1 章　电路与磁路

1.1　直流电路

1.1.1　电路及基本物理量

1.1.1.1　电路的概念

电流经过的路径称为电路。电路一般包括四个部分，即电源、负载、连接导线与控制设备。

电路有三种状态：通路、开路和短路。

用国家统一规定的图形文字符号表示电器设备或元件，并按电路实物构成关系画出的图形叫电路图。

1.1.1.2　电路基本物理量

(1) 电量　带电粒子(如质子和电子)所带电荷的多少叫电量，用符号 q 或 Q 来表示。电量的单位是“库仑”，它的代号是 C，1 库仑等于 6.24×10^{18} 个电子所具有的电量。

(2) 电流　电荷在电场的作用下做定向移动形成电流，正电荷移动的方向规定为电流方向。

电流是在电场作用下单位时间内通过某一导体截面的电量，用字母 I 表示，即：

$$I = \frac{Q}{t}$$

电流 I 的单位是安培，用字母 A 表示。电量 $Q(q)$ 的单位是库仑，用字母 C 表示。时间 t 的单位是秒，用 s 表示。

电流分为直流和交流两类。凡大小和方向都不随时间变化的电流，称为稳恒电流，简称直流(DC)；凡大小和方向都随时间变化的电流，称为交变电流，简称交流(AC)。

(3) 电压　电压是衡量电场力做功能力的物理量。电场力把单位电荷从 A 点移动到 B 点所做的功定义为 A 点到 B 点的电压，用 U_{AB} 表示，即：

$$U_{AB} = \frac{W_{AB}}{Q}$$

式中，W_{AB} 表示电场力将电量为 Q 的电荷从 A 点移动到 B 点所做的功。功的单位为焦耳，简称焦，字母符号是 J；电压的单位为伏特，简称伏，字母符号是 V。

规定电场力移动正电荷的方向为电压的方向。

(4) 电位　在电路中任意选一点 O 作为参考点，通常把参考点电位定为零。

电路中某一点 A 到参考点的电压就叫做 A 点的电位，用 ϕ_A 来表示，即：

$$\phi_A = U_{A0}$$

电位的单位和电压一样，为伏(V)。

若已知 A、B 两点的电位分别为 ϕ_A，ϕ_B，则 A，B 两点的电压为：

$$U_{AB} = \phi_A - \phi_B$$

上式表明电路中 A、B 两点间的电压等于 A 点和 B 点的电位差。因此，电压也叫做电位差。

电路中各点的电位值与参考点的选择有关，当所选的参考点变动时，各点的电位值将随之变动。

（5）电动势　在电源的内部电路中，电源力将单位正电荷从电源的负极（B）移动到电源的正极（A）所做的功，称为电源的电动势，用 E 表示，即：

$$E = \frac{W_{AB}}{Q}$$

式中，W_{AB}表示电源力将正电荷 Q 从 B 移动到 A 所做的功；电动势与电压有相同的单位即伏（V）。

电动势的方向规定为在电源的内部由负极指向正极，是从低电位指向高电位。电动势只存在于电源的内部电路中，而电压是对外部电路而言，两者的方向是不同的。

（6）电功　在电场力的作用下，电流流过负载将电能转换成其他形式的能（热、光、机械能等），称电流做功，简称电功，也称电能。它以通过电路的电荷量 Q 和所加的电压 U 的乘积来计算，表达式为：

$$W = Q \cdot U = IUt = I^2Rt = \frac{U^2t}{R}$$

电功的单位是焦耳，简称焦，用字母 J 表示。

1 度电相当于 1 千瓦（小）时的电功，即 1 度$=3.6\times10^6$J。

（7）电功率　电功率 P 表示单位时间内电流所做的功，计算公式是：

$$P = \frac{W}{t} = U \cdot I = I^2R = \frac{U^2}{R}$$

电功率的单位是瓦特，用符号 W 表示。

（8）电流的热效应　电流通过具有电阻 R 的导体会发热，在时间 t 内所产生的热量 Q 为：

$$Q = I^2Rt$$

上式又称为焦耳定律。式中热量 Q 的单位是焦耳（J），在任何电路中电阻上产生的热量称为焦耳热。

（9）电阻　在物理学中，用电阻来表示导体对电流阻碍作用的大小。电阻是导体本身的一种特性。电阻元件是对电流呈现阻碍作用的耗能元件。均匀截面导体的电阻与其长度 l 成正比，与截面积 S 成反比，计算公式为：

$$R = \rho\frac{l}{S}$$

式中　l——导体的长度，m；

S——导体的截面积，mm^2；

R——导体的电阻，Ω；

ρ——材料的电阻率，$\Omega \cdot mm^2/m$。

（10）电容器和电容　电容器是一种储存电荷的电器元件。在单位电压作用下电容器所能储存的电荷量称为该电容器的电容。其表达式为：

$$C = \frac{q}{U}$$

电容的符号是 C，单位是法拉，用符号 F 表示。电容为常量的电容器是线性元件。

电容串联后各电容中的电量相同，各电容上的电压分配与电容值成反比，其等效电容 C_{se} 为：

$$\frac{1}{C_{se}} = \sum \frac{1}{C}$$

电容并联后的总电量是各电器上的电量之和，各电容上的电压相同，其等效电容 C_{pe} 为：

$$C_{pe} = \sum C$$

电容器两端电压为 U，电容为 C，则电容器中储藏的电场能量为：

$$A_e = \frac{1}{2} CU^2$$

1.1.2　简单电路分析

直流电路根据其结构的不同，可分为两大类：一类是简单电路；另一类是复杂电路。一般认为，凡不能用电阻串、并联关系简化为无分支电路的就称为复杂电路，否则就是简单电路。

1.1.2.1　欧姆定律

（1）部分电路欧姆定律

部分电路欧姆定律是研究不包含电源的一段电路中的电流与这段电路两端的电压及电阻三者的关系。其内容是：流过导体的电流强度与这段导体两端的电压成正比，与这段导体两端的电阻成反比。即：

$$I = \frac{U}{R}$$

也可以写成：$U = IR$

式中　I——电路中的电流，A；

U——导体两端的电压，V；

R——导体的电阻，Ω。

从图 1-1 中可以看出，电阻两端的电压方向是由高电位指向低电位，并且电位是逐点降低的。

（2）全电路欧姆定律

全电路是指含有电源的闭合电路，如图 1-2 所示。图中的虚线框内代表一个电源，用字母 G 表示，E 代表电源电动势，电源的内部一般都是有电阻的，此电阻称为内电阻（以下简称内阻），用 R_0 表示。通常把电源内部的电路称为内电路，电源外部的电路称为外电路。

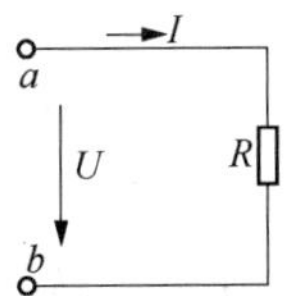

图 1-1　不含电源的部分电路

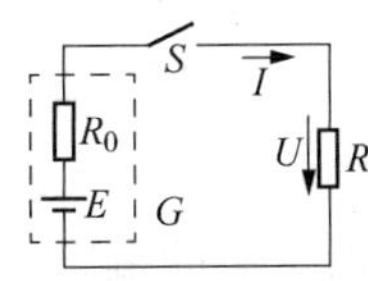

图 1-2　含有电源的闭合电路

全电路欧姆定律的内容是：全电路中的电流强度与电源的电动势成正比，与整个电路（包括内电路和外电路）的电阻成反比。即

$$I = E/(R + R_0)$$

由上式可得

$$E = IR + IR_0 = U_{外} + U_{内}$$

式中 I——电路中的电流强度，A；

E——电源电动势，V；

R——外电路电阻，Ω；

R_0——内电路电阻，Ω；

$U_{外}$——外电路电压，V；

$U_{内}$——内电路电压，V。

其中，外电路电压是指电路接通时电源两端的电压，又称路端电压，简称端电压。这样，全电路欧姆定律又可叙述为电源电动势在数值上等于闭合电路中的各部分的电压之和。

1.1.2.2 电阻串联电路

若两个或两个以上的电阻按顺序一个接一个的连成一串，使电流只有一条通路的连接方式称为电阻的串联。图 1-3 所示为 R_1，R_2，R_3 三个电阻的串联。

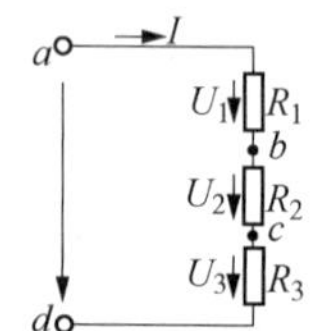

图 1-3 三个电阻串联的电路

电阻的串联有以下几个特点：

（1）串联电路中各处的电流都相等，即：

$$I = I_1 = I_2 = I_3 = \cdots = I_n$$

（2）电路两端的总电压等于各电阻两端的电压之和，即：

$$U = U_1 + U_2 + U_3 + \cdots + U_n$$

（3）串联电路的等效电阻等于各串联电阻阻值之和，即：

$$R = R_1 + R_2 + R_3 + \cdots + R_n$$

如果串联的各个电阻阻值均等于 R_0，则等效电阻就是单个电阻的 n 倍，即：

$$R = nR_0$$

（4）串联电路各电阻上的电压分配与各内阻的阻值成正比，即：

$$U_i = \frac{R_i}{R}U$$

其中，R_i 为串联电路中的任一电阻，U_i 为 R_i 两端的电压，R 为串联电路的等效电阻。上式表明，R_i 越大，该电阻上的电压也越大。此式常称为分压公式，R_i/R 称为分压比。

（5）串联电路的总功率 P 等于各串联电阻所消耗的功率之和，即：

$$P = P_1 + P_2 + P_3 + \cdots + P_n$$

（6）在串联电路中各个电阻所消耗的功率与阻值成正比，即：

$$P_1 : P_2 : \cdots : P_n = R_1 : R_2 : \cdots : R_n$$

例 1-1 有一表头，满刻度电流 $I_G = 50\mu A$，表头的电阻 $R_G = 3k\Omega$，若要改装成量程为 10V 的电压表，试问应串联一个多大的电阻？

解： 当表头满刻度时，它的端电压为 $U_G = 50\times10^{-6}\times3\times10^3 = 0.15(V)$

$$U_R = 10 - 0.15 = 9.85(V) \quad R = \frac{U_R}{I_G} = \frac{9.85}{50 \times 10^{-6}} = 197(\Omega)$$

故即应串联 197kΩ 的电阻，方能将表头改装成量程为 10V 的电压表。

例 1-2 要使一弧光灯正常工作。需供给 40V 的电压和 10A 的电流，现电源的电压为 100V，问应串联多大阻值的电阻(不计电阻的功率)？

解：根据题意可知，串联后的电阻应承受的电压为：100-40=60(V)，这样，才能保证弧光灯所需的工作电压。根据欧姆定律，得需串联的电阻为

$$R = \frac{U_R}{I} = \frac{60}{10} = 6(\Omega)$$

1.1.2.3 电阻并联电路

将两个或两个以上的电阻一端连在一起，另一端也连在一起，使每一电阻两端都承受相同的电压作用，电阻的这种连接方式叫做并联。图 1-4 为三个电阻的并联电路。

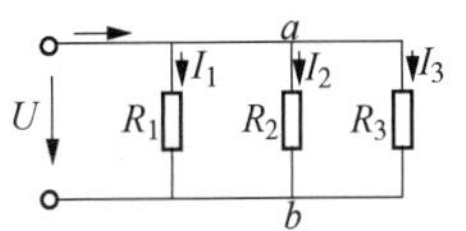

图 1-4 三个电阻的并联电路

电路具有以下一些特点：

(1) 电路中各支路两端的电压相等，且等于电路两端的电压。即：

$$U = U_1 = U_2 = U_3 = \cdots = U_n$$

(2) 电路中的总电流等于各支路电流之和，即：

$$I = I_1 + I_2 + I_3 + \cdots + I_n$$

(3) 并联电路的总电阻(等效电阻)的倒数，等于各并联电阻的倒数之和，即：

$$\frac{1}{R} = \frac{1}{R_1} + \frac{1}{R_2} + \cdots + \frac{1}{R_n}$$

总电导 $G=G_1+G_2+\cdots+G_n$

若并联电路中的 n 个电阻均为 R_0，则等效电阻为：

$$R = R_0/n$$

若只有两个电阻并联，其等效电阻为可用下式计算

$$R = \frac{R_1 \cdot R_2}{R_1 + R_2}$$

(4) 在电阻并联电路中，任意一支路分配的电流与该支路的电阻值成反比，即：

$$I_i = \frac{R}{R_i}I$$

式中，$R=R_1//R_2//\cdots//R_n$。

上式中，R_i 越大，它所分配到的电流越小。此式称为分流公式，R/R_i 称为分流比。

(5) 并联电路的总功率等于各并联电路所消耗的功率之和，即：

$$P = P_1 + P_2 + P_3 + \cdots + P_n$$

(6) 在并联电路中，各个电阻消耗的功率与它的阻值成反比，即：

$$P_1 : P_2 : \cdots : P_n = \frac{1}{R_1} : \frac{1}{R_2} : \cdots : \frac{1}{R_n}$$

例 1-3 有三盏电灯接在 110V 电源上，其额定值分别为 110V、100W，110V、60W，110V、40W，求总功率、总电流以及通过各灯泡的电流计等效电阻。

解：(1)因外接电源符合各灯泡额定值，各灯泡正常发光，故总功率为

$$P = P_1 + P_2 + P_3 = 100 + 60 + 40 = 200(\text{W})$$

（2）总电流与各灯泡电流为

$$I_1 = \frac{P_1}{U_1} = \frac{100}{110} \approx 0.909(\text{A})$$

$$I_2 = \frac{P_2}{U_2} = \frac{60}{110} \approx 0.55(\text{A})$$

$$I_3 = \frac{P_3}{U_3} = \frac{40}{110} \approx 0.364(\text{A})$$

$$I = \frac{P}{U} = \frac{200}{110} \approx 1.82(\text{A})$$

（3）等效电阻为 $R=\frac{U}{I}=\frac{110}{1.82}\approx 60.4(\Omega)$

1.1.2.4 电阻混联电路

电路中既有电阻的串联，又有电阻的并联，这种连接方式叫做电阻的混联。混联电路的计算按串、并联电路的分析方法及特点，按串联与并联的计算方法，一步一步地把电路简化，就可以求出总的等效电阻。

混联电路计算的一般步骤如下：

（1）把串联的电阻和并联的电阻分别用等效电阻代替，逐步简化电路，最终求出电路的总的等效电阻。

（2）由总等效电阻和电路的端电压计算电路的总电流。

（3）根据电阻串联的分压关系和电阻并联的分流关系，求出各电阻上的电压、电流及功率。

例 1-4 进行电工实验时，常用滑线变阻器接成分压器电路来调节负载电阻上电压的高低。如右图中 R_1 和 R_2 是滑线变阻器，R_L 是负载电阻。已知滑线变阻器额定值是 100Ω、3A，端钮 a、b 上输入电压 $U_1=220\text{V}$，$R_L=50\Omega$。试问：（1）当 $R_2=50\Omega$ 时，输出电压 U_2 是多少？（2）当 $R_2=75\Omega$ 时，输出电压 U_2 是多少？滑线变阻器能否安全工作？

解：（1）当 $R_2=50\Omega$ 时，R_{ab} 为 R_2 和 R_L 并联后与 R_1 串联而成。

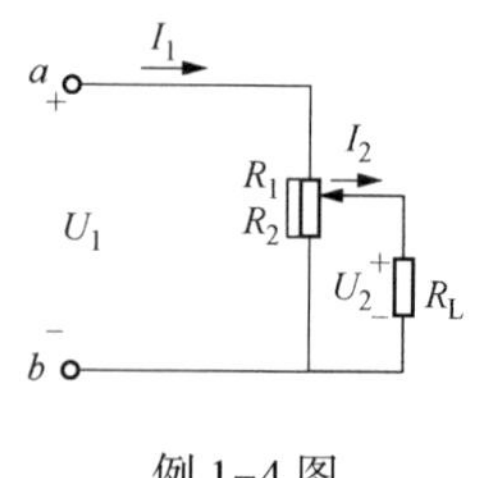

例 1-4 图

故端钮 a、b 的等效电阻

$$R_{ab}=R_1+\frac{R_2R_L}{R_2+R_L}=75(\Omega)$$

滑线变阻器 R_1 段流过的电流

$$I_1=\frac{U_1}{R_{ab}}=\frac{220}{75}\approx 2.93(\text{A})$$

负载电阻流过的电流可由电流分配公式求得，即

$$I_2 = I_1\frac{R_2}{R_2 + R_L} = 2.93 \times \frac{50}{50 + 50} = 1.465(\text{A})$$

$$U_2 = I_2R_2 = 1.465 \times 50 = 73.25(\text{V})$$

（2）当 $R_2=75\Omega$ 时，计算方法同上，可得

$$R_{ab} = 25 + \frac{75 \times 50}{75 + 50} = 55(\Omega)$$

$$I_1 = \frac{220}{55} = 4(\mathrm{A})$$

滑线电阻上流过 4A 的电流超过额定值，易烧毁不能安全工作。

$$I_2 = \frac{75}{75 + 50} \times 4 = 2.4(\mathrm{A})$$

$$U_2 = 50 \times 2.4 = 120(\mathrm{V})$$

1.1.2.5 电阻的星—角变换

三角形连接与星形连接：三个电阻元件首尾相接构成一个三角形称为三角形连接，如图 1-5(a)所示。三个电阻元件的一端连接在一起，另一端分别连接到电路的三个节点的接法称为星形连接，如图 1-5(b)所示。

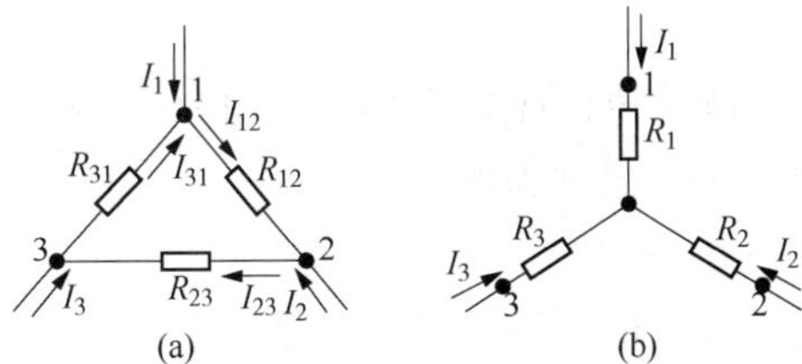

图 1-5 电阻的三角形连接与星形连接

三角形、星形等效的条件：端口电压 U_{12}、U_{23}、U_{31}和电流 I_1、I_2、I_3 都分别相等，则三角形、星形等效。

(1) 已知三角形连接电阻求星形连接电阻

$$R_1 = \frac{R_{12}R_{31}}{R_{12} + R_{23} + R_{31}}$$

$$R_2 = \frac{R_{23}R_{12}}{R_{12} + R_{23} + R_{31}}$$

$$R_3 = \frac{R_{31}R_{23}}{R_{12} + R_{23} + R_{31}}$$

(2) 已知星形连接电阻求三角形连接电阻

$$R_{12} = \frac{R_1R_2 + R_2R_3 + R_3R_1}{R_3} = R_1 + R_2 + \frac{R_1R_2}{R_3}$$

$$R_{23} = \frac{R_1R_2 + R_2R_3 + R_3R_1}{R_1} = R_2 + R_3 + \frac{R_2R_3}{R_1}$$

$$R_{31} = \frac{R_1R_2 + R_2R_3 + R_3R_1}{R_2} = R_3 + R_1 + \frac{R_3R_1}{R_2}$$

1.1.3 复杂电路分析

图 1-6 所示就是一个复杂电路。虽然它的结构看起来简单，元件数很少，但由于 R_1、

R_2、R_3 之间既不是串联关系，也不是并联关系，故无法用串、并联进行简化。

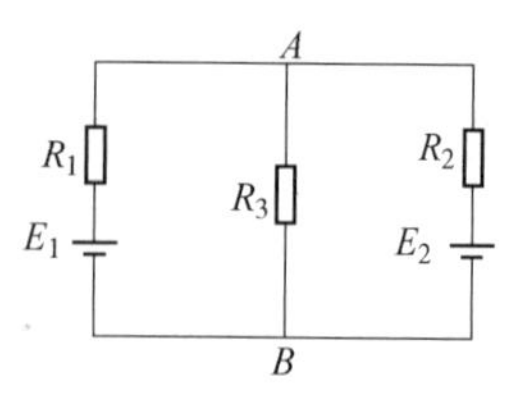

图 1-6 复杂直流电路

对于复杂直流电路，直接用欧姆定律求解显然是不可能的。求解复杂直流电路的方法很多，但它们都是以基尔霍夫定律为基础的。

1.1.3.1 基尔霍夫定律

基尔霍夫定律是复杂电路分析计算的基本定律，在学习基尔霍夫定律的内容前，应先了解几个常用术语：

① 支路 由一个或几个元件串联组成的无分支电路称为支路。同一条支路中，各元件上流过的电流相等。图 1-6 中 R_1、E_1 构成一条支路，R_3 单独构成一条支路。

② 节点 三条或三条以上的支路的交汇点称为节点。图 1-6 中 A 点和 B 点都是节点。

③ 回路 电路中的任一闭合路径称为回路。图 1-6 中 $A-R_1-E_1-B-R_3-A$ 构成一个回路。

④ 网孔 不能再分的最简单的回路称为网孔。图 1-6 中 $A-R_1-E_1-B-R_3-A$ 和 $A-R_3-B-E_2-R_2-A$ 构成的都是最简单回路，也称为网孔。

(1) 基尔霍夫第一定律(KCL 定律)

基尔霍夫第一定律是关于节点电流的。其内容是：电路中，流进任一节点的电流之和恒等于流出该节点的电流之和。如图 1-7(a) 中流入节点的电流之和为 $I_1+I_2+I_5$；流出节点的电流之和为 I_3+I_4。因此 $I_1+I_2+I_5=I_3+I_4$。

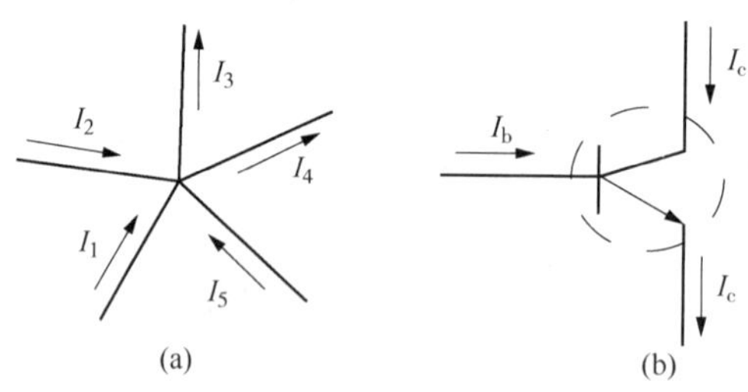

图 1-7 节点电流定律

如果约定指向节点的电流为正，背离节点的电流为负，则基尔霍夫定律又可叙述为：电路中，任一节点处电流的代数和恒为零。即

$$\sum I = 0$$

上式对于电流的实际方向和假定方向均成立。对电路中的任一节点，均可根据基尔霍夫第一定律列出相应的方程，各电流的实际方向根据计算结果确定。计算结果为正的，说明电流的实际方向与假定方向一致；结果为负的，说明该电流的实际方向与假定方向相反。

根据上述约定，图 1-7(a) 所示的各电流间的关系又可表示为

$$I_1 + I_2 - I_3 - I_4 + I_5 = 0$$

基尔霍夫第一定律表明了电路中电流的连续性。电荷在任一节点上既不能积累也不能消失。

根据电流连续性的概念，我们可将节点扩展为一个闭合面，如图 1-7(b)所示。对于图中虚线所围成的闭合面，必有

$$I_b + I_c = I_e \quad 或 \quad I_b + I_c - I_e = 0$$

(2) 基尔霍夫第二定律(KVL 定律)

基尔霍夫第二定律是关于回路电压的。其内容是：任意回路中，电动势的代数和恒等于各电阻上的电压降的代数和，即

$$\sum E = \sum IR$$

根据上式所列出的方程称为回路电压方程。因为 $\sum E$ 和 $\sum IR$ 均指代数和，所以列方程必须考虑正、负。确定正、负号的方法如下：

① 首先在回路中假定各支路电流的参考方向；

② 假定回路的绕行方向(顺时针方向或逆时针方向)；

③ 对于电动势，凡参考方向与回路绕行方向一致的，则该电动势取正，反之取负；

④ 对于电阻，凡流过该电阻的电流参考方向与回路绕行方向一致的，则该电阻上的压降取正值，反之取负值。

根据上述方法，图 1-8 所示电路的电压方程为

$$E_1 - E_2 = I_1R_1 - I_2R_2 - I_3R_3 + I_4R_4$$

将上式的电动势和电阻上压降移到方程的同一边即写成

$$I_1R_1 - I_2R_2 - I_3R_3 + I_4R_4 - E_1 + E_2 = 0$$

则基尔霍夫第二定律又可叙述为：任一回路中各元件上的电压降之代数和恒为零。用数学式表示就是

$$\sum U = 0$$

基尔霍夫第二定律对不完全由实际元件构成的假想回路仍然适用。如图 1-9 所示，我们可假想有回路 a-R_1-E_1-R_5-R_4-b-a。ab 之间没有实际的元件存在，但有确定的电压。根据基尔霍夫第二定律，该假想回路的电压方程为

$$U_{ab} + I_2R_4 - E_1 + I_1R_1 = 0$$

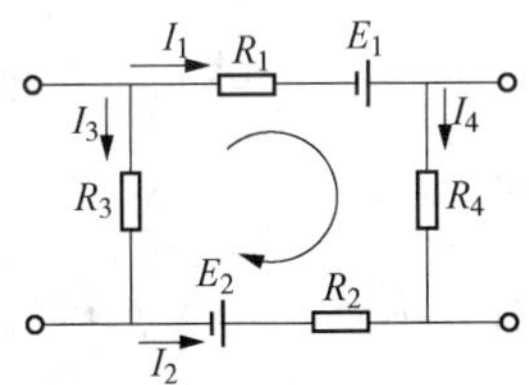

图 1-8　KVL 定律示例

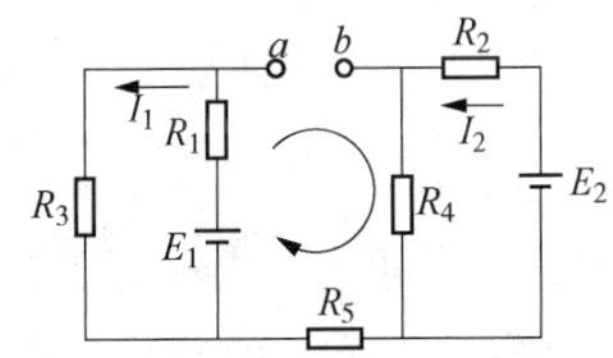

图 1-9　假想电路

1.1.3.2　支路电流法

支路电流法是求解复杂电路的最基本的方法。解题思路是：以各支路电流为未知量，根据基尔霍夫定律列出所需的节点电流方程和回路电压方程，解方程组即得各支路电流。其一般步骤如下：

(1) 假设各支路电流参考方向和选定回路绕行方向；

（2）根据基尔霍夫第一定律列出独立的节点电流方程，有 n 个节点可列$(n-1)$个节点方程；

（3）根据基尔霍夫第二定律列出独立的回路电压方程；

（4）联立独立的节点电流方程和独立的回路电压方程，然后代入数据解方程组。

1.1.3.3 戴维南定理

支路电流法可以求出电路的全部电流，但有许多情况下我们并不需要知道全部电流，而只需要计算某个元件上的电流、电压等。对这种情况，我们应寻找一种更有效的方法。

较复杂的电路称为网络，若电路具有两输出端，则称为二端网络。网络内含有电源的称为有源二端网络，如图 1-10(a)所示；不含电源的称为无源二端网络，如图 1-10(c)所示。

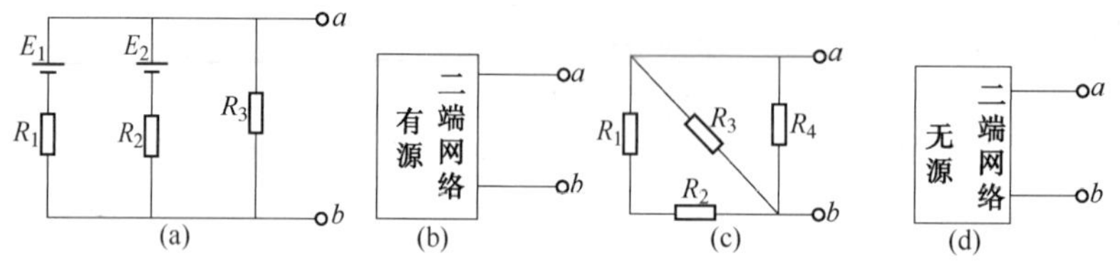

图 1-10　二端网络图

图 1-10(a)所示的有源端网络，若 a、b 端接上电阻 R，则对电阻来说，有源二端网络就相当于一个电源，而任何一个电源都具有一定的电动势和电阻，所以我们若能将一个有源二端网络简化成一个具有电动势 E_0 和电阻 R_i 的等效电源，如图 1-11 所示。那么，流过电阻 R 的电流即为

$$I = \frac{E_0}{R + R_i}$$

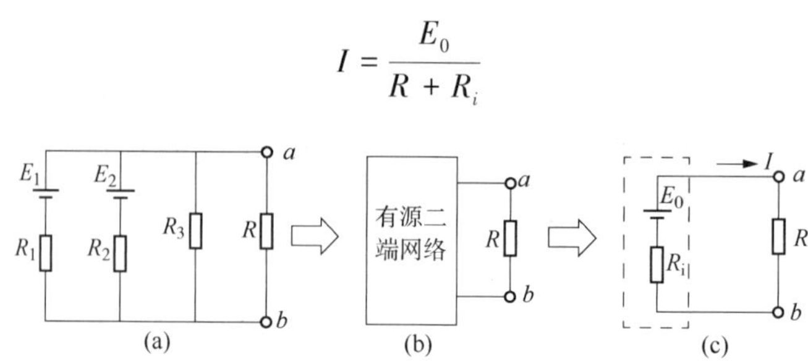

图 1-11　戴维南定理

戴维南定理指出：任何一个线性有源二端网络，对外电路来说，都可以用一个具有电动势 E_0 和内电阻 R_i 的等效电源等值替代。电动势 E_0 的值就等于有源二端网络两端点间的开路电压；内阻 R_i 的值就等于网络内所有电源均不起作用(电动势短路)时的无源二端网络的等效电阻。

运用戴维南定理求解某一支路电流的一般步骤如下：

（1）将原电路划分为待求支路和有源二端网络两部分；

（2）断开待求支路，求出有源二端网络的开路电压；

（3）将网络中的各电动势短路，内电阻保留，求出无源二端网络的等效电阻；

（4）画出等效电源，接入待求支路，根据全电路欧姆定律求出该支路的电流。

需要注意的是：

(1) 戴维南定理只适用于线性电路；

(2) 根据戴维南定理求出的等效电源只是对外电路等效；

(3) 将有源二端网络化为无源二端网络时，网络内的电动势短路，但内阻不能短路；

(4) 画等效电源时，电动势的方向必须根据开路电压的正负来确定。

1.2 正弦交流电路

1.2.1 正弦交流电的基本概念

1.2.1.1 正弦交流电的三要素

按正弦规律变化的交流电称为正弦交流电，正弦交流电在不同的时刻具有不同的电流、电压或电动势。正弦交流电在任一时刻的值称为正弦交流电的瞬时值。瞬时值用小写字母表示，i、u、e 分别表示正弦交流电的电流、电压、电动势的瞬时值。

表达一个正弦交流量关键是抓住最大值、角频率(或频率、周期)和初相角，这三个量称为正弦交流电的三要素。

(1) 最大值　指正弦交流电在一周期内出现的最大瞬时值的绝对值，用 I_m、U_m、E_m 分别表示电流、电压和电动势的最大值。

(2) 频率(或角频率、周期)　即交流电在 1s 内变化的次数，用字母 f 表示，单位为赫兹(Hz)，简称赫。

交流电每变化一次所经历的时间为周期，用字母 T 表示，单位是 s(秒)。所以，周期和频率是互为倒数关系，即

$$T=\frac{1}{f}\quad 或\quad f=\frac{1}{T}$$

我国电力电网所供的正弦交流电的频率为 50Hz(亦称工频)，所以其周期

$$T=\frac{1}{f}=\frac{1}{50}=0.02\text{s}$$

正弦交流电在 1s 内所变化的电角度称为角频率，用字母 ω 表示，单位为 rad/s(弧度/秒)。因为交流电每变化一次，电角度变化 2π 弧度，所以有

$$\omega=2\pi f=\frac{2\pi}{T}$$

(3) 初相角　发电机的转子线圈平面，开始计时时(即 $t=0$)与磁中性面夹角为 α。发电机运行时，线圈平面与磁中性面的夹角就连续变化。设发电机的旋转角速度为 ω，则在任意时刻 t，线圈与磁中性面夹角为($\omega t+\alpha$)，所以 t 时刻线圈中的感应电动势为

$$e=E_m\sin(\omega t+\alpha)$$

式中($\omega t+\alpha$)称交流电的相位角，$t=0$ 时的相位角叫做初相角，所以 e 的初相角是 α，可见，在不同的时刻 t 线圈所处的位置不同，线圈中感应电动势的大小也就不同。交流电的初相角可以是正也可以是负。

相位差是两个同频率的正弦交流量的初相角之差。如 $u=U_m\sin(\omega t+\varphi_u)$ $i=I_m\sin(\omega t+\varphi_i)$

那么电压与电流的相位差为 $\varphi_{ui}=\varphi_u-\varphi_i$

若 $\varphi_u-\varphi_i>0$，则电压 u 先达到正(或负)最大值，这种情况称为电压 u 超前电流 i，或称为电流 i 滞后电压 u。

若 $\varphi_u-\varphi_i=0$，则电压 u 与电流 i 同时达到正(或负)最大值，这种情况称电压 u 与电流 i 同相。

若 $\varphi_u-\varphi_i=180°$，则电压 u 达到正最大值时，电流 i 恰好达到负最大值，这种情况称为电压 u 与电流 i 反相。

1.2.1.2 正弦交流电的有效值

交流电的瞬时值是一个随时间变化的量，难以表征其做功本领的大小，为此常用有效值来表示。有效值的定义：一交流电流 i 和一直流电流 I 分别流过完全相同的电阻 R，如果在交流电一周期内它们的各自电阻上所产生的热量相等，则交流电流 i 的有效值就等于直流电流 I 的大小。

对于正弦交流电，通过数学运算可得出有效值与最大值的关系

$$I=\frac{1}{\sqrt{2}}I_m\approx 0.707I_m$$

同理，对于正弦交流电压和电动势也有

$$U=\frac{1}{\sqrt{2}}U_m\approx 0.707U_m \qquad E=\frac{1}{\sqrt{2}}E_m\approx 0.707E_m$$

1.2.2 正弦交流电的表示方法

1.2.2.1 解析法

用三角函数式表示正弦交流电的方法称为解析法。如正弦交流电压、电流、电动势用解析式可表示为

$$u=U_m\sin(\omega t+\varphi_u) \qquad i=I_m\sin(\omega t+\varphi_i) \qquad e=E_m\sin(\omega t+\varphi_e)$$

1.2.2.2 图形法(曲线法)

在直角坐标系中，用横坐标表示时间(t)或电角度(ωt)，纵坐标表示交流电的瞬时值，根据解析式做出的曲线称为交流电的波形图，如图 1-12 所示。用波形图来表示交流电的方法称为图形法。图形法可直观地表示出正弦交流电最大值及初相角的大小，角频率可通过运算求得，通常我们研究的大部分是工频交流电，其角频率则不言而喻了。

1.2.2.3 旋转矢量法

解析法和图形法虽然能直观地表示出交流电的瞬时值与时间 t 的关系，但不便于运算，为此引入旋转矢量表示法。用旋转矢量表示正弦量的方法是：

(1) 选择适当的比例尺，用矢量的长度表示正弦量的最大值(或有效值)；

(2) 矢量起始位置与横轴正方向之间夹角等于正弦量的初相角；

(3) 矢量按逆时针方向旋转的角速度等于正弦量的角频率。

符合这三个条件的旋转矢量，任何瞬间在纵轴上的投影就表示正弦量在该时刻的瞬时值。

正弦电流、正弦电动势、正弦电压均可用相应的旋转矢量表示。如果矢量长度表示电

压、电流、电动势的最大值矢量，分别用字母$\vec{U}_m$、$\vec{I}_m$、$\vec{E}_m$ 表示；如果矢量长度表示电压、电流、电动势的有效值就称为有效值矢量，分别用字母 $\vec{U}$、$\vec{I}$、$\vec{E}$ 表示。

正弦交流量用旋转矢量表示后，两同频率正弦量的求和问题就可转化为两旋转矢量的求和问题。可用平行四边形法则，如图 1-13 所示。

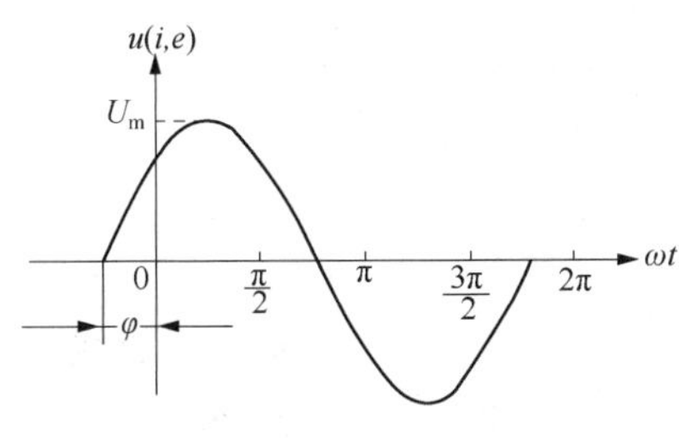

图 1-12　波形图

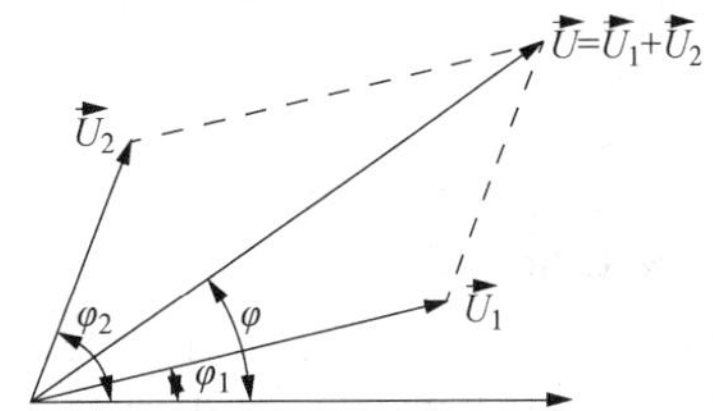

图 1-13　两同频率正弦电压求和

1.2.2.4　相量法

正弦量用旋转矢量虽能简化一般的加减运算，但还是不便于进行较为复杂的运算。既然正弦量可用矢量表示，而在数学上矢量又可用复数表示。因此，正弦量也可以用复数来表示，正弦量的运算就可以用复数运算来进行，从而使交流电路的计算有了简便的工具。用复数表示正弦量的方法称为相量法。

复数的模等于正弦量的最大值(或有效值)；复数的幅角等于正弦量的初相角。

例如，正弦电动势

$$e = 100\sqrt{2}\sin(314t + 45^{\circ})\text{V}$$

它对应的复数形式是

$$\dot{E}_m = 100\sqrt{2}\angle 45°\text{V} \quad 或 \quad 或\ \dot{E}_m = 100\angle 45°\ \text{V}$$

用复数表示的正弦电动势、正弦电压和正弦电流$\dot{E}_m$、$\dot{U}_m$、$\dot{I}_m$ 分别称为复电动势、复电压、复电流。需注意，正弦量(e、u、i)与相量($\dot{E}_m$、$\dot{U}_m$、$\dot{I}_m$)之间，仅是相当，而不是相等的关系。

1.2.3　电阻、电感与电容电路

电阻、电感与电容是交流电路的三个基本参数。当这些参数是不随电压、电流的大小及时间而改变的常量时，则这一电路为线性电路。

1.2.3.1　纯电阻电路

在交流电路中，凡由电阻作为负载(如白炽灯、电阻炉及电烙铁等)组成的电路，都叫纯电阻电路。

设通过电阻 R 的电流为 $i=I_m\sin\omega t$，则电阻两端电压为

$$u = Ri = RI_m\sin\omega t = U_m\sin\omega t$$

可见 $U_m=RI_m$，即纯电阻电路的电压和电流最大值之间符合欧姆定律的关系。正弦量的最大值是有效值的$\sqrt{2}$倍，因此，纯电阻电路的电阻和电压有效值之间的关系也符合欧姆定律，即：

$$U_R = IR$$

式中　I、U_R、R——电流的有效值、电压的有效值和电阻值。

不难看出纯电阻电路中，电压和电流同相位，如图 1-14 所示。

$$\xrightarrow{\dot{I}} \qquad \xrightarrow{\dot{U}}$$

图 1-14　纯电阻电路相量

交流电通过电阻时，总是从电源吸取电能，并把它转换成热能，电阻从电源吸收的能量是用来做功而消耗了。交流电通过电阻电路时的平均功率又称有功功率为：

$$P = U_R I = I^2 R = \frac{U_R^2}{R}$$

1.2.3.2　纯电感电路

在纯电感电路中，由于交流电的大小和方向都在不断地变化，因此在电感线圈中不停地感应出自感电动势，这个自感电动势时刻起着阻碍电流变化的作用。这种由电感对交流电产生的阻碍作用叫做感抗，用 X_L 表示，单位为 Ω(欧姆)。感抗的大小与通过它的电流频率成正比。在直流电路中，由于电流不变化(即 $f=0$)，所以感抗为零，相当于短路。

在交流纯电感电路中，电压与电流瞬时值之间的关系为：$u_L = L\dfrac{\mathrm{d}i}{\mathrm{d}t}$，设电流为 $i = I_m \sin\omega t$，则 $u = \omega L I_m \sin(\omega t + 90°) = U_{Lm}\sin(\omega t + 90°)$，其中 $U_{Lm} = \omega L I_m$，$U_L = \omega L I$；感抗 $X_L = \omega L = 2\pi f L$。电流有效值、电压有效值(最大值)与感抗之间的关系遵守欧姆定律，即 $\dot{U}_L = X_L \dot{I}$，电压瞬时值超前于电流瞬时值 90°。纯电感电路的电压与电流的波形图和矢量图见图 1-15。电感线圈中，不消耗有功功率，电源与电感线圈之间不断进行能量转换，这部分功率称为无功功率，单位是乏(var)，其大小为：

$$Q_L = \dot{U}_L \dot{I}_L = \dot{I}_L^2 X_L$$

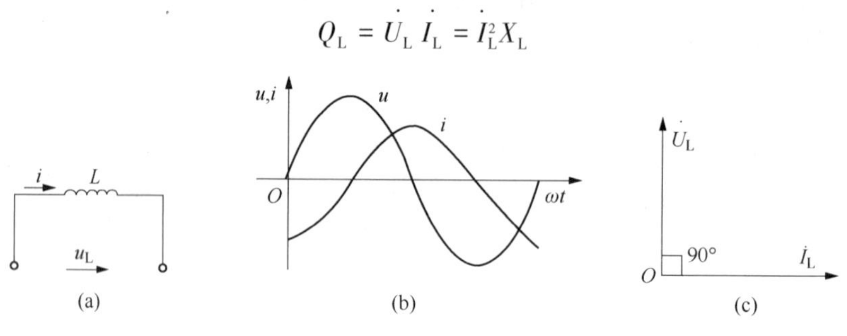

图 1-15　纯电感电路

1.2.3.3　纯电容电路

如图 1-16 所示，在纯电容电路中，电容两端电压与电流的瞬时值之间关系为：$i = C\dfrac{\mathrm{d}u}{\mathrm{d}t}$，设电压的解析式为：$u = U_m \sin\omega t$，通过数学计算得：$i = \omega C U_m \sin(\omega t + 90°) = I_m \sin(\omega t + 90°)$，令 $X_C = \dfrac{1}{\omega C} = \dfrac{1}{2\pi f C}$，叫容抗，单位为 Ω(欧姆)。在直流情况下 $f=0$，X_C 为无穷大，说明电容有隔直流通交流，通高频阻低频的特性。则 $\dot{U}_C = X_C \dot{I}$，即电流、电压、容抗三者之间的关系符合欧姆定律。并且电压与电流的瞬时值的相位互差 90°，即电流超前于电压 90°，同样，纯电容电路中无功功率 $Q_C = \dot{U}_C \dot{I}_C = \dot{I}_C^2 X_C$，单位是乏(var)。

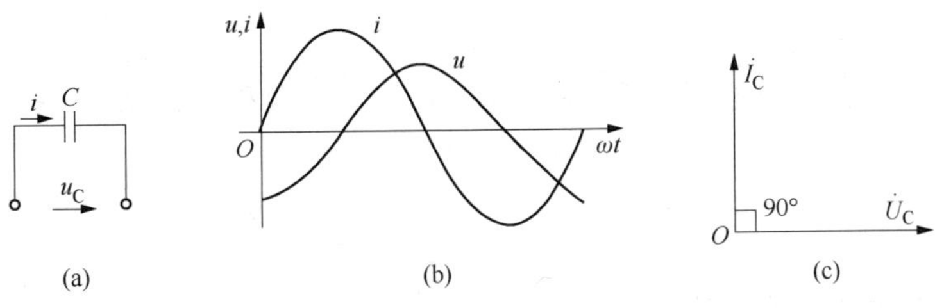

图 1-16　纯电容电路

1.2.3.4　*R*、*L*、*C* 串联电路

R、*L*、*C* 串联电路如图 1-17 所示，通过三个元件的电流相同，设电流的参考相量初相角为零，角频率为 ω。

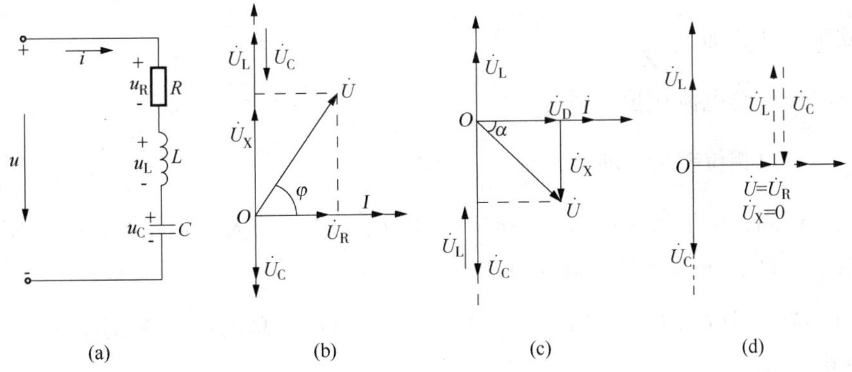

图 1-17　*R*、*L*、*C* 串联电路

（1）求阻抗

感抗：$X_L = \omega L = 2\pi fL$

容抗：$X_C = \dfrac{1}{\omega C} = \dfrac{1}{2\pi fC}$

电抗：$X = X_L + X_C$

总阻抗：$Z = \sqrt{R^2 + X^2}$

总阻抗与电阻、电抗成三角形，如图 1-18(c)所示。

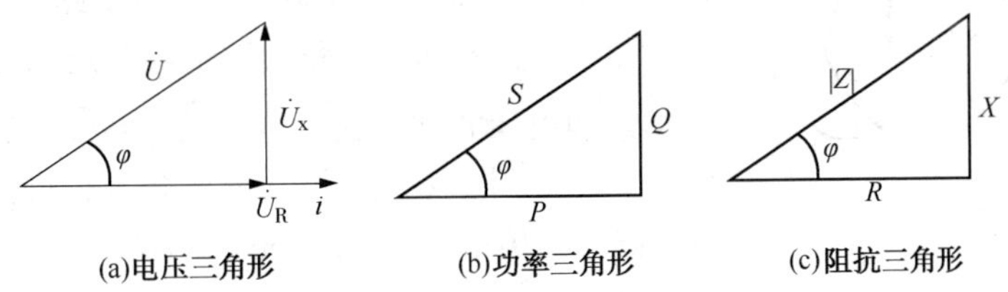

图 1-18　电压、阻抗和功率三角形

（2）求 *R*、*L*、*C* 分电压、总电压

电阻上电压 $U_R = IR$，U_R 与 I 同相。电感上 $U_L = IX_L$，电压超前电流 90°，如图 1-17(b)所示。电容上电压 $U_C = IX_C$，U_C 滞后电流 90°，如图 1-17(b)所示。

总电压：$\dot{U}=\dot{U}_R+\dot{U}_C+\dot{U}_L$

由相量图可以看出，总电压并不等于各元件电压的代数和，而构成直角三角形的关系如图1-18(a)所示。

$$U^2=U_R^2+(U_L-U_C)^2=U_R^2+U_X^2$$

$$U_X=U_L-U_C$$

(3) 总电压、总电流有效值关系

由

$$U=\sqrt{U_R^2+(U_L-U_C)^2}=\sqrt{I^2R^2+(IX_L-IX_C)^2}=I\sqrt{R^2+(X_L-X_C)^2}=I\sqrt{R^2+X^2}$$

即总电压 U 有效值 $U=\sqrt{R^2+X^2}I=ZI$，由此得出 $I=\dfrac{U}{\sqrt{R^2+X^2}}=\dfrac{U}{Z}$，总电压与总电流有效值关系符合欧姆定律，即 $I=\dfrac{U}{Z}$。

(4) 总电压、总电流相位关系

总电压与总电相位差为：$\varphi_1=\arctan\dfrac{X}{R}$

虽然频率相同，由于各元件参数不同，使得 U_L 和 U_C 的大小也不相同，决定着电流与电压相位差 φ 不同。如图1-17所示。

① 当 $X_L>X_C$，则 $U_L>U_C$，即 $U_L-U_C>0$，电路呈感性，总电压 $\dot{U}$ 超前电流 $\dot{I}$ 一个 φ 角，如图1-17(b)所示。

② 当 $X_L<X_C$，则 $U_L<U_C$，即 $U_L-U_C<0$，电路呈容性，总电压 $\dot{U}$ 滞后电流 $\dot{I}$，一个 φ 角，如图1-17(c)所示。

③ 当 $X_L=X_C$，则 $U_L=U_C$，电路呈纯电阻性，总电压 $\dot{U}$ 与电流 $\dot{I}$ 同相位，此时电路发生谐振，如图1-17(d)所示。

(5) 电路功率

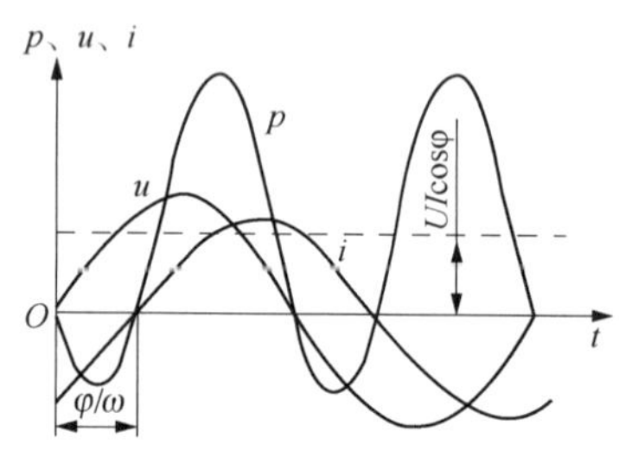

图1-19 瞬时功率

① 瞬时功率 交流电路中任一瞬间的功率称为瞬时功率。如某部分电路，其端电压的瞬时值为 u，其电流的瞬时值为 i，并且两者有一致的正方向时，则该部分电路的瞬时功率为 $p=ui$，当 $p>0$，该部分电路从外部电路汲取能量；当 $p<0$，该部分电路向外部电路送出能量。如图1-19所示。如电压 u 和电流 i 分别为 $i=\sqrt{2}U\sin\omega t$，$u=\sqrt{2}I\sin(\omega t+\varphi)$，其中，$\varphi$ 为 i 滞后 u 的角度，即阻抗角。则

$$p=ui=2UI\sin(\omega t+\varphi)\sin\omega t=UI\cos\varphi-UI\cos(2\omega t-\varphi)$$

由此可见，瞬时功率包含两个部分：一部分为 $UI\cos\varphi$，是不随时间变化的固定分量；另一部分为 $-UI\cos(2\omega t-\varphi)$，是以2倍于电源频率随时间作正弦变化的分量。

② 有功功率 交流电路的瞬时功率在一个周期内的平均值，称为平均功率，又称有功功率。以 P 表示，单位为瓦。

$$P=UI\cos\varphi$$

它不同于直流电路中的功率，它的有功功率等于 U、I 的乘积再乘以 $\dot{U}$、$\dot{I}$ 相角差的余弦 $\cos\varphi$。

③ 无功功率　电路中纯电感、纯电容为储能元件，只进行电能交换而不消耗电能，为表示这种能量交换的规模，引入了无功功率，以 Q 表示：

$$Q = UI\sin\varphi$$

电路的无功功率也具有功率的量纲，但一般 Q 没有什么物理意义。Q 的单位为乏(var)。

由于感性、容性之分，所以 Q 也有正有负。当 $\varphi>0$(感性)时，$Q>0$；当 $\varphi<0$(容性)时，$Q<0$。

④ 视在功率　$P=UI\cos\varphi$ 中的 UI，乘积虽也有功率的量纲，但它不是电路实际消耗的功率，反映的是功率容量，所以称为视在功率，以 S 表示。单位为伏安(V·A)。

$$S = UI$$

任何电机或电器都设计在一定的电压有效值下与一定的电流有效值内运行，分别称为额定电压与额定电流。从而视在功率有一确定的额定值，常标为它的容量。只有当 $\cos\varphi$ 确定的电机或电器，容量才能用有功功率标出。

⑤ 功率因数　总电压与总电流的相位差余弦值 $\cos\varphi$，称为功率因数。功率因数又反映了电路中有功功率与视在功率的比值。视在功率只有乘以功率因数之后才是电路的有功功率，所以 $\cos\varphi=\dfrac{P}{S}=\dfrac{P}{UI}$。

$\cos\varphi$ 中的 φ 角称为功率因数角。它也是电流滞后于电压的相角，也就是阻抗角。所以 φ 角有正有负。

虽然 φ 角的正负并不影响 $\cos\varphi$ 的值，但说明了电路阻抗的性质是容性还是感性。所以功率因数常需注明滞后($\varphi>0$)或超前($\varphi<0$)。

⑥ 功率三角形　在正弦交流电路中，视在功率、有功功率与无功功率三者符合下式的关系：

$$S^2 = P^2 + Q^2$$

三种功率也可以构成一个与阻抗三角形和电压三角形完全相似的直角三角形[见图 1-18(b)]，称为功率三角形。S 与 P 的夹角就是功率因数角 φ，且 $\tan\varphi=Q/P$。

1.2.3.5　*R*、*L* 与 *C* 并联电路

如图 1-20(a)所示，线路 R 与 L 串联后与 C 并联。该电路为电感性负载与电容并联电路。设端电压 $\dot{U}$ 为参考量。

(1) R-L 支路电流 $\dot{I}_L$

R-L 支路阻抗：$Z_L=\sqrt{R^2+X_L^2}$

R-L 支路电流：$I_L=\dfrac{U}{Z_L}=\dfrac{U}{\sqrt{R^2+X_L^2}}$

$\dot{I}_L$ 滞后 $\dot{U}$ 为 φ_1 角，$\varphi_1=\arctan\dfrac{X_L}{R}$，$\dot{I}_L$的相量图如图 1-20(b)所示。

(2) C 支路电流$\dot{I}_C$

C 支路阻抗：$Z_C=\dfrac{1}{\omega C}=\dfrac{1}{2\pi f}$

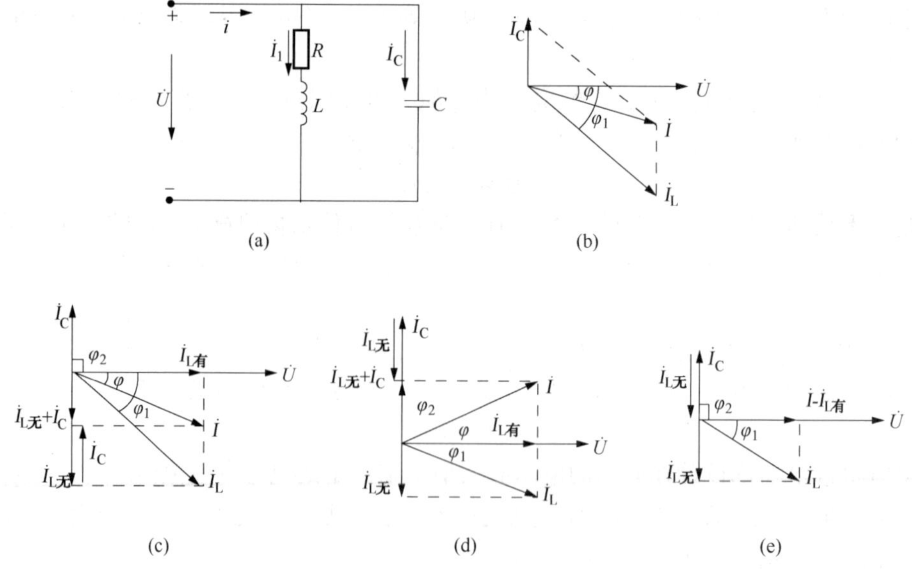

图 1-20　电感性负载与电容器并联电路

C 支路电流：$I_C=\dfrac{U}{Z_C}=\dfrac{U}{\dfrac{1}{\omega C}}=\omega CU$

$\dot{I}_C$ 的相量图如图 1-20(b)所示，$\dot{I}_C$ 超前电压 $\dot{U}$ 90°。

(3) 总电流 $\dot{I}$

总电流 $\dot{I}$ 应为 $\dot{I}_L$ 与 $\dot{I}_C$ 的相量之和，其相量图如图 1-20(b)所示。

运用矢量求和的法则可以直接求出总电流 $\dot{I}$。见图 1-20(b)，但这种求法不便定量计算，所以通常将 $\dot{I}_L$ 分解成两个分量：一个是有功分量 $\dot{I}_{L有}$，大小为 $I_{L有}=I_L\cos\varphi_1$，它与电压同相位；另一个是无功分量 $\dot{I}_{L无}$，大小为 $I_{L无}=I_L\sin\varphi_1$，它滞后电压 90°，见图 1-20(c)。必须指出 I_L 并不是电阻上通过的电流，$I_{L无}$ 也不是电感上通过的电流；在电阻、电感上通过的电流都是 I_L。由于 $I_{L无}$ 和 I_C 相位相反，所以在计算它们的代数和时，常以 I_C 为正，$I_{L无}$ 为负，于是总电流有效值为：

$$I=\sqrt{I_{L有}^2+(I_C-I_{L无})^2}=\sqrt{(I_L\cos\varphi_1)^2+(I_C-I_L\sin\varphi_1)^2}$$

总电流与总电压相位差为：

$$\varphi=\arctan\frac{I_C-I_L\sin\varphi_1}{I_L\cos\varphi_1}$$

(4) 总 $\dot{I}$ 与总 $\dot{U}$ 的相位角 φ 差

各元件参数和频率使 $\dot{I}_L$ 在虚轴上的无功分量 $\dot{I}_{L无}=\dfrac{U}{\sqrt{R^2+X_L^2}}\sin\varphi_1$，与电容支路电流大小相比较决定 $\dot{I}$ 与 $\dot{U}$ 的相位差。

① 当 $I_C < I_{L无}$时，$I_C - I_{L无} < 0$，$\tan\varphi < 0$，φ 角为负。总电流滞后于电压，电路呈感性，其相位图见图 1-20(c)。

② 当 $I_C > I_{L无}$时，$I_C - I_{L无} > 0$，$\tan\varphi > 0$，φ 角为正。总电流超前于电压 φ 角，电路呈容性，其相位图见图 1-20(d)。

③ 当 $I_C = I_{L无}$时，$I_C - I_{L无} = 0$，$\tan\varphi = 0$，φ 角为零。电压与电流同相位，电路呈纯电阻性，其矢量图见图 1-20(e)。

(5) 电路功率

电路的有功功率 P 就是电感负载支路中电阻消耗的功率，即总电流与总电压有效值再乘以总电压与总电流相位差的余弦值。

$$P = UI\cos\varphi$$

电路视在功率 S 就是电压与总电流有效值之积：

$$S = UI$$

电路的无功功率 Q 为电容的无功功率与电感无功功率之差，即总电流在虚轴上的分量与总电压之积：

$$Q = UI\sin\varphi$$

1.2.4 功率因数的提高

在额定电压下，对有功功率确定的某一负载输送电能时，负载的功率因数愈高，则输送的电流愈小，这一电流在线路上的压降也愈小，在线路电阻上的功率损耗也愈小，输电效率愈高。这样就可以充分地利用输电线路与发电设备。

提高功率因数，就是减小 φ 角，也就是减少线路上输送的无功功率。一般电力负载的异步电机($\cos\varphi$ 为 0.7~0.85，感性)，它的无功功率是正的。提高功率因数的办法是在负载两端，适量地并联与电抗性质相反的电容器(或同步补偿器)，用容性的(负的)无功功率，部分地抵消感性的(正的)无功功率，如图 1-21 所示。

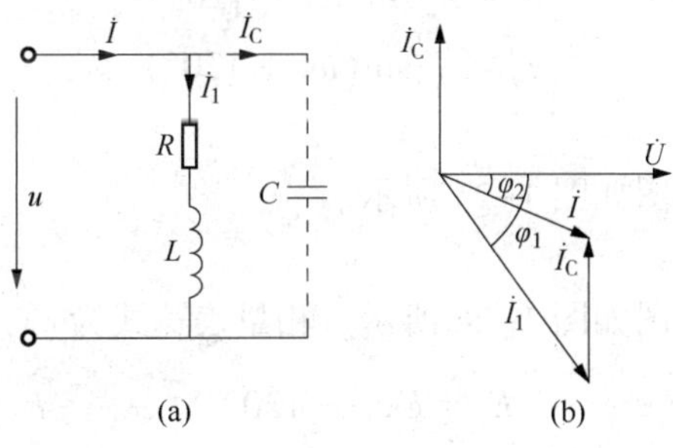

图 1-21 功率因数的提高

功率因数从 $\cos\varphi_1$ 提高到 $\cos\varphi_2$ 时所需的电容值可计算如下：因为并联电容后，有功功率不变，仅使无功功率减少了 Q_C(即电容的无功功率)。从图 1-21 可知：

$$Q_C = P(\tan\varphi_1 - \tan\varphi_2)$$

因 $Q_C = I_C U = \omega CU \cdot U = \omega CU^2$，所以，所需的电容为：

$$C = \frac{P}{\omega U^2}(\tan\varphi_1 - \tan\varphi_2)$$

1.2.5　三相交流电路

1.2.5.1　三相电路的连接方法

三相电源和三相负载的连接方式都有星形连接和三角形连接，见图 1-22～图 1-24 所示。

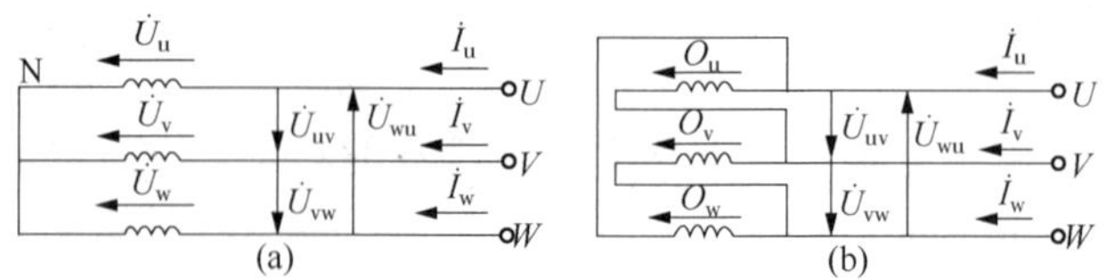

图 1-22　电源的连接方式

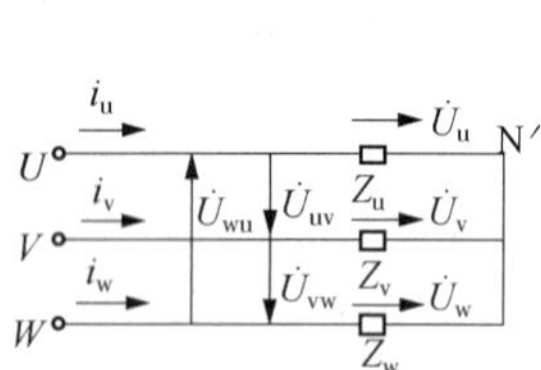

图 1-23　负载的星形连接

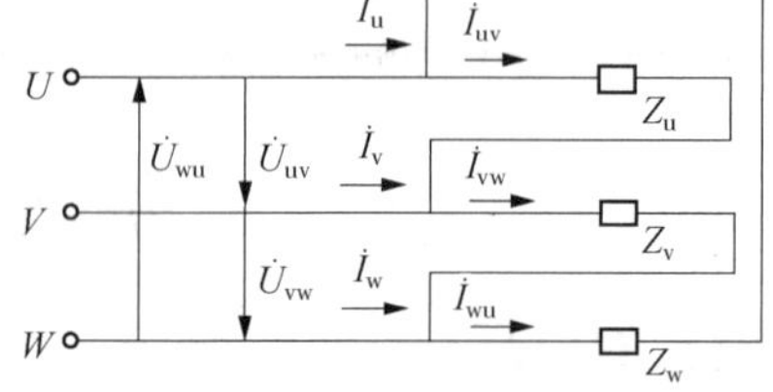

图 1-24　负载的三角形连接

1.2.5.2　对称三相电源和对称三相负载

三个频率相同，最大值相等、相位互差 120°的正弦交流电动势，称为对称三相电源。对称三相电动势的表示方法

（1）瞬时值表达式

$$e_u = E_m \sin\omega t$$

$$e_v = E_m \sin(\omega t - 120°)$$

$$e_w = E_m \sin(\omega t + 120°)$$

（2）波形图

对称三相电动势的波形图如图 1-25 所示。

（3）相量表示法

对称三相电动势的相量图如图 1-26 所示。相量表达式为

$$\dot{E}_u = E\angle 0° \qquad \dot{E}_v = E\angle -120° \qquad \dot{E}_w = E\angle 120°$$

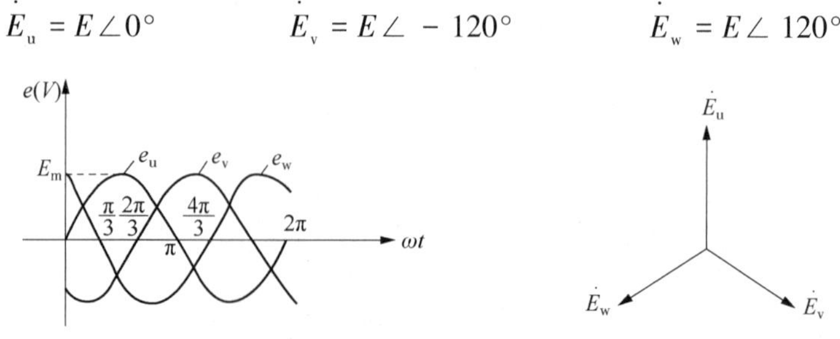

图 1-25　对称三相电源的波形　　　　图 1-26　对称三相电源的相量图

对称三相负载是指三相负载的大小相等，性质相同，即负载的复阻抗相等。

1.2.5.3 相序

从图 1-25 可以看出，对称三相电动势(或电流、电压)达到零值(或最大值)的先后顺序不同。通常把各相电动势(或电流、电压)到达零值(或最大值)的顺序，叫做相序。相序有正序、负序和零序三种。三相电动势在相位上 e_u 超前 $e_v 120°$，e_v 超前 $e_w 120°$。这时，三相电动势的相序是 U-V-W，称为正相序。若变为 U-W-V，则为逆相序。若相互间的相位差为零，则为零相序。

1.2.5.4 对称三相电路的特点

(1) 相电压与线电压的关系

相线与零线间的电压称为相电压，用 U_u、U_v、U_w 分别表示 U、V、W 三相的相电压或统一用 U_P(或$\dot{U}_P$)表示。相线与相线间的电压称为线电压，用 U_{uv}、U_{vw}、U_{wu}。分别表示 U、V、W 三相间的线电压，或统一用 U_L(或$\dot{U}_L$)表示。

当电源 Y 连接时，线电压为相电压的$\sqrt{3}$倍，且线电压超前相应的相电压 30°，用相量表示为

$$\dot{U}_{uv}=\sqrt{3}\dot{U}_u\angle 30° \quad \dot{U}_{vw}=\sqrt{3}\dot{U}_v\angle 30° \quad \dot{U}_{wu}=\sqrt{3}\dot{U}_w\angle 30°$$

当负载作 Y 连接时，负载的相电压等于相应的相电压。

(2) 相电流与线电流的关系

各相电源或负载中流过的电流称为相电流，用 I_{uv}、I_{vw}、I_{wu} 分别表示三相的相电流，或统一用 I_P(或$\dot{I}_P$)表示。相线中流过的电流称为线电流，用 I_u、I_v、I_w(或$\dot{I}_u$、$\dot{I}_v$、$\dot{I}_w$)表示。

当负载作△连接时，线电流为负载相电流的$\sqrt{3}$倍，且线电流滞后相应的相电流 30°，用相量表示为

$$\dot{I}_u=\sqrt{3}\,\dot{I}_{uv}\angle -30° \qquad \dot{I}_v=\sqrt{3}\,\dot{I}_{vw}\angle -30° \qquad \dot{I}_w=\sqrt{3}\,\dot{I}_{wu}\angle -30°$$

当负载 Y 连接时，线电流等于相应的相电流。

对于对称的三相电路，无论负载作 Y 或△连接均有

$$\dot{I}_u+\dot{I}_v+\dot{I}_w=0$$

(3) 三相对称电路的功率

如果三相负载是对称的，则三相电源提供的总有功功率显然等于每相负载上消耗的有功功率的 3 倍，对称三相电路中三相电压、电流都对称，经讨论可得出不论三相负载作何种连接都有

$$P=3U_pI_p\cos\varphi=\sqrt{3}U_LI_L\cos\varphi$$

$$Q=3U_pI_p\sin\varphi=\sqrt{3}U_LI_L\sin\varphi$$

$$S=\sqrt{P^2+Q^2}=3U_pI_p=\sqrt{3}U_LI_L$$

值得注意的是，式中 φ 为相电压与相电流的相位差。

1.3 磁与磁路

1.3.1 磁的基本知识

磁铁，具有吸引铁、镍、钴等金属的能力，俗称为吸引石。磁铁的周围，有磁力作用的

空间叫做磁场。

任何一块磁铁都有两个极——S 极和 N 极。两块磁铁通过磁场而相互作用，具有同性相斥，异性相吸的性质。磁场是物质的一种特殊形态，它具有力和能量的性质。指南针总是指向地球的南极方向，因为地球是一个大磁体的缘故。

为了形象直观，可引入磁力线来描绘磁场，如图 1-27 所示。磁力线有以下几个特点：

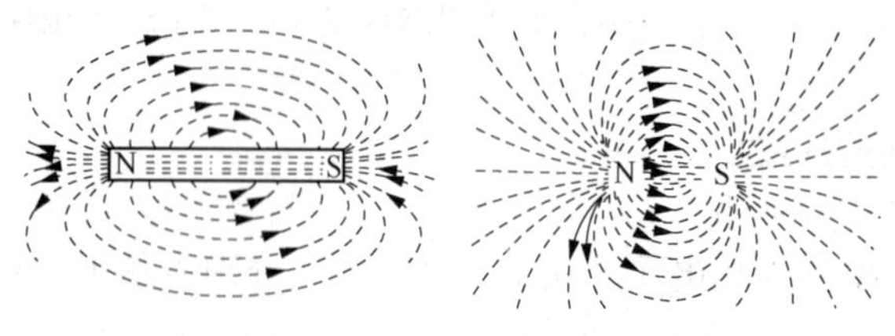

图 1-27　磁力线

（1）磁力线是互不交叉的闭合曲线，在磁体外部由 N 极指向 S 极，磁体内部由 S 极指向 N 极；

（2）磁力线上任意一点的切线方向，就是该点的磁场方向(即 N 极的指向)；

（3）磁力线越密磁场越强，磁力线越疏磁场越弱。磁力线均匀分布而又相互平行的区域称为匀强磁场。

1.3.1.1　电流的磁场

通电导线的周围与磁铁一样存在磁场，这种现象叫做电流的磁效应。其中，直线电流产生的磁场，如图 1-28 所示，以右手拇指的指向表示电流方向，弯曲的四指的指向即为磁场方向。

环行电流产生的磁场，如图 1-29 所示，以右手弯曲的四指表示电流的方向，则拇指所指的方向为磁场方向。

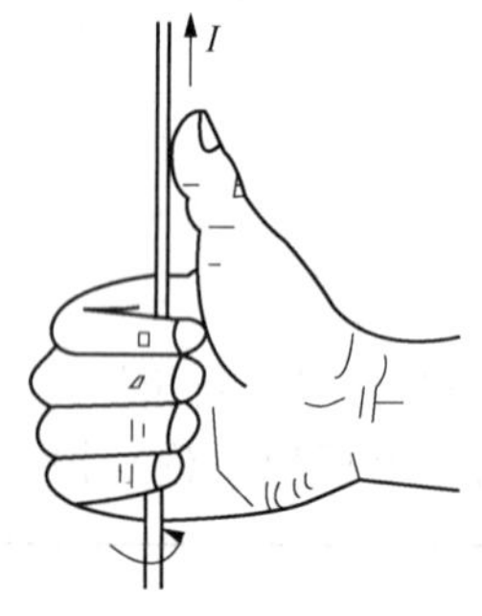

图 1-28　直线电流产生磁场的判断

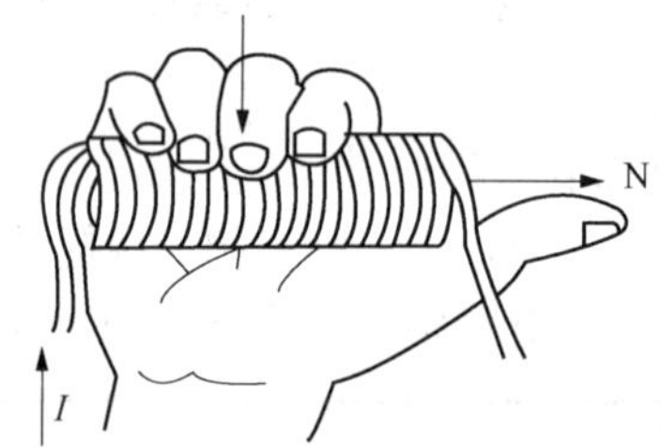

图 1-29　环行电流产生磁场的判断

1.3.1.2　磁通

我们把垂直通过某一面积 S 的磁力线总数叫做磁通，用 Φ 表示。即

$$\Phi = BS$$

式中　B——磁感应强度，T；

S——垂直于磁场方向的面积，m^2；

Φ——磁通，Wb。

磁通的单位除了用 Wb(韦伯)外，工程上用 Mx(麦克斯韦)，两者的关系是 $1\text{Wb}=10^8\text{Mx}$。

1.3.1.3 磁感应强度

磁感应强度是定量描述磁场中各点的强弱和方向的物理量。磁场中某点磁感应强度的方向就是该点磁力线的切线方向，即放在该点的小磁针 N 极的指向，其大小可用公式表示为

$$B=\frac{F}{IL}$$

式中 B——匀强磁场的磁感应强度，T；

F——通电导体受到的电磁力，N；

I——导体中的电流强度，A；

L——导体在磁场中的有效长度，即与磁力线垂直的长度，m。

上式表明，一根具有单位长度并与磁场方向相垂直的导体，当通过单位电流时，它所受到的作用力称为导体所在处的磁感应强度，其单位是特斯拉，简称“特”，用字母 T 表示。

在工程上磁感应强度的单位是高斯，用字母 Gs 表示。它与特斯拉的关系是

$$1\text{T}=10^4\text{Gs}$$

由 $\phi=BS$ 可得 $B=\frac{\phi}{S}$ 所以磁感应强度亦可表述为：磁感应强度的大小等于与磁场方向垂直的单位面积上的磁通。因此，B 又称为磁通密度，简称磁密。

1.3.1.4 磁导率

用一个通电的空心线圈管去吸引铁钉，然后在线圈管中先后插入一根铜棒和铁棒，再去吸引铁钉。实验结果表明，空心的和插入铜棒的线圈管对铁钉的吸引力都不大，而插有铁棒的通电线圈管的吸力却比前两种情况大得多。

如果改变线圈的匝数 N 和电流 I 的大小，重复上述实验，则发现线圈管对铁钉的吸力与匝数和通过线圈的电流成正比。

由以上实验可得出结论，通电线圈管磁性的强弱，即磁感应强度的大小，不但与电流及线圈的匝数有关，而且和磁场中的媒介质有非常密切的关系。各种不同的媒介质具有不同的导磁性能，通常用磁导率(导磁系数)μ 表示。磁导率是表示媒介质磁性能的物理量。不同的媒介质具有不同的磁导率。磁导率 μ 的单位是 H/m。

由实验测定，真空的导磁系数 $\mu_0=4\pi\times10^{-7}$ H/m。因为 μ_0 是一个常数，所以用其他媒介质的磁导率和它相比较是很方便的。

一般把任何一个媒介质磁导率 μ 与真空中磁导率 μ_0 的比值称为相对磁导率，用字母 μ_r 表示，即

$$\mu_r=\frac{\mu}{\mu_0}$$

由上式可知，μ_r 是一个不带单位的数值。μ_r 的物理意义是在其他条件相同时，媒介质中磁感应强度 B 是真空中的多少倍。

根据各种物质的相对磁导率 μ_r 的大小，可以把物质分为三类：第一类叫反磁物质，它们的相对磁导率略小于 l，如铜、银和炭等，反磁物质仅受到磁场非常微弱的排斥；第二类物质叫顺磁物质，它们相对磁导率略大于 1，如锡和铝等；第三类叫铁磁物质，它们的磁导率远大于 1，甚至大到几千、几万倍。

1.3.1.5 磁场强度

在进行磁路计算时，我们还应用一个叫磁场强度的辅助量，用 H 表示。它决定于激磁电流、导体的形状和布置情况，而且与磁介质的性质无关。磁场强度 H 和磁感应强度 B 之

间的关系为

$$H=\frac{B}{\mu} \quad 或 \quad B=\mu H=\mu_r\mu_0 H$$

H 的单位是安/米，用符号表示为(A/m)，H 的方向和所在点的 B 的方向相同。

1.3.2 磁场对通电导体的作用

1.3.2.1 磁场对通电直导体的作用

由于通电导体周围存在磁场，因此将通电导体放入磁场中，根据磁体间的相互作用，它会受到磁场的磁力作用。

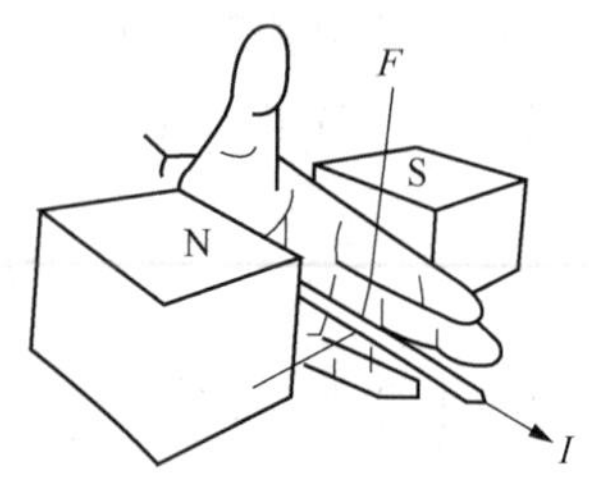

图 1-30 左手定则

通电直导体受到匀强磁场作用力的方向可用左手定则来判断，如图 1-30 所示。

通电直导体在匀强磁场中受力大小的计算公式为

$$F=BIL\sin\alpha$$

式中 B——均匀磁场的磁感应强度，T；

I——导体中的电流强度，A；

L——导体在磁场中的长度，A/m；

α——导体与磁力线的夹角；

F——导体受到的磁力，N。

当导体与磁力线平行时，$\alpha=0°$，$\sin\alpha=0$。根据上式可知，此时导体受到的磁力 $F=0$，说明导体不受磁场的作用。

当导体与磁力线垂直时，$\alpha=90°$，$\sin\alpha=1$。此时上式变为

$$F_m=BIL$$

式中 F_m——导体与磁力线垂直时受到的最大磁力。

1.3.2.2 磁场对通电线圈的作用

由于磁场对通电导体有作用力，因此磁场对通电线圈也有作用力，如图 1-31 所示。在磁感应强度为 B 的匀强磁场中，放一矩形通电线圈 $abcd$。从图 1-31 已知 $ad=bc=l_1$，$ab=dc=l_2$，当线圈平面与磁力线平行时，因 ab 和 dc 边与磁力线平行，不受力，ad 和 bc 边与磁力线垂直而受力的作用，由上式得 $F_1=F_2=BIl_1$ 根据左手定则可知 ad 和 bc 边的受力方向是一上一下构成一对力偶。线圈在力矩的作用下将绕轴线做顺时针方向转动。

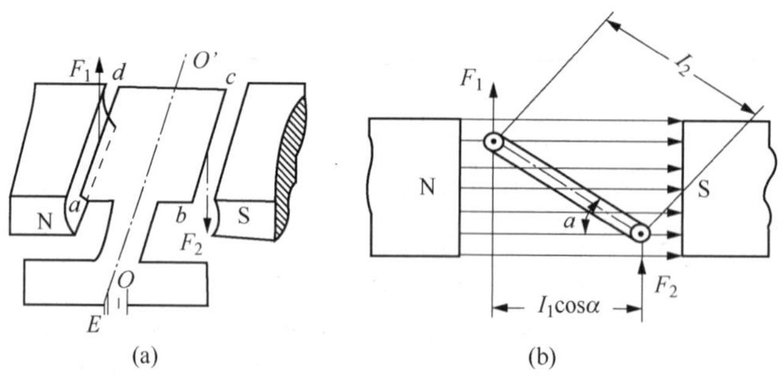

图 1-31 磁场对通电线圈的作用

由图 1-31 可以看出，使线圈转动的力矩为

$$M = F_1 \times \frac{ab}{2} + F_2 \times \frac{ab}{2} = BIl_1l_2$$

即

$$M = BIS$$

式中 B——磁感应强度，T；

I——流过线圈的电流，A；

S——线圈的面积，m^2。

M——电磁转矩，N · m。

当线圈平面与磁力线夹角为 α 时，如图 1-31(b)所示，则线圈受到的转矩为

$$M = BIS\cos\alpha$$

对于 N 匝线圈，线圈受到的转矩为上式中 M 的 N 倍。

上式为线圈转矩的一般公式。当 $\alpha = 0°$ 时，$\cos 0° = 1$ 即线圈平面与磁力线平行时，线圈受到的转矩最大。当 $\alpha = 90°$ 时，$\cos 90° = 0$，即线圈面与磁力线垂直时，线圈受到的转矩为零。

1.3.2.3 通电导线之间的相互作用

由于通电导线周围存在着磁场，因此，当两根平行直导线通过电流时，它们之间也有电磁力，当两根平行导体中的电流方向相同时是吸引力，如图 1-32(a)所示；当电流方向相反时是排斥力，如图 1-32(b)所示。

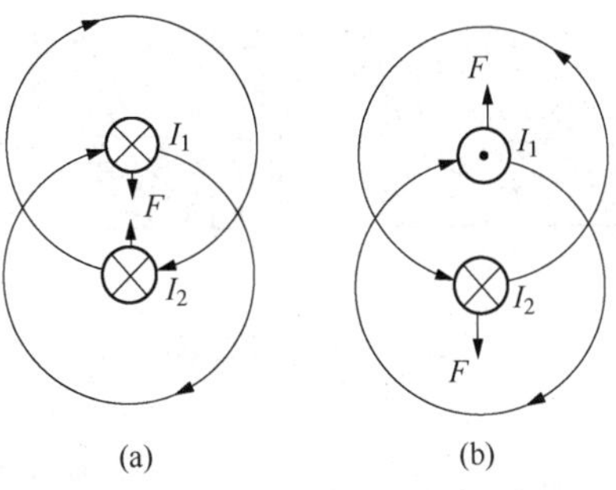

图 1-32 通电平行导线间的电磁力

两根平行直导线之间作用力大小计算公式为

$$F = \frac{\mu_0 I_1 I_2}{2\pi d}$$

式中 μ_0——真空的磁导率；

I_1、I_2——通过导体 1、2 的电流，A；

d——两导线间的距离，m；

l——平行直导线的长度，m；

F——两平行直导线间的电磁力，N。

当电路中发生短路故障时，导线中通过的短路电流极大，此时导线间的相互作用力可达到非常大，以致可造成配电装置和电气设备的机械损伤和绝缘破坏。例如，两根平行母线相隔距离为 0.1m，导线支点间的距离为 3m，设备短路故障时，通过两根导线的电流 $I_1 = I_2 = 20\text{kA}$，则电磁力为

$$F = \frac{\mu_0 I_1 I_2}{2\pi d}L = \frac{4\pi \times 10^{-7} \times 20 \times 10^3 \times 20 \times 10^3}{2\pi \times 0.1} \times 3 = 2.4 \times 10^3(\text{N})$$

如果把导线的相隔距离增大到 0.3m，导线支点的距离缩短为 1m，则在同样短路电流下，电磁力仅为 2.67×10^{2}N。由此可见，为防止过大的电磁力，恰当地选择支点的距离以及导线间隔距离很重要。

1.3.3 铁磁性材料的磁性能

铁磁性材料，主要是指铁、钴、镍或它们的合金以及某些含铁的氧化物(铁氧体)。铁磁性材料具有下列磁性能。

1.3.3.1 高导磁性

铁磁性材料的磁导率很高，$\mu_r \gg 1$，可达数百、数千、以至数万。所谓铁磁性材料具有高导磁性是指在外磁场作用下能够被强烈磁化而呈现很大磁性。

它特殊的微观结构决定了铁磁性物质能够被强烈磁化。电流能够产生磁场，在物质分子中，相邻电子间存在着一种强烈的相互作用，使相邻电子经自旋取向一致，并平行地排列起来，形成体积约为$10^{-9}cm^{3}$ 的许多天然的一个个磁饱和小区域，称为磁畴。磁畴相当于一个很小的永久磁铁，有很强的磁性。通常，这些磁畴任意取向，排列混乱，磁性相互抵消，对外不显示磁性，如图 1-33(a)所示。但在外磁场的作用下，磁畴大致按外磁场的方向排列，如图 1-33(b)所示。这样就产生一个很强的与外磁场同方向的磁化磁场，使铁磁物质内的磁感应强度大大增加，从而使铁磁物质对外呈现很强的磁性。或者说铁磁物质被外磁场强烈地磁化了。

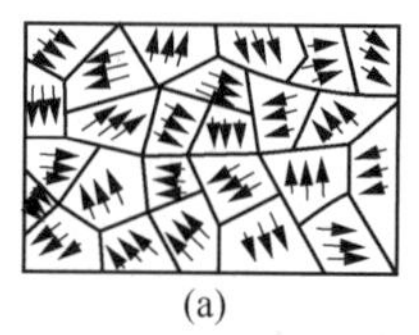
(a)

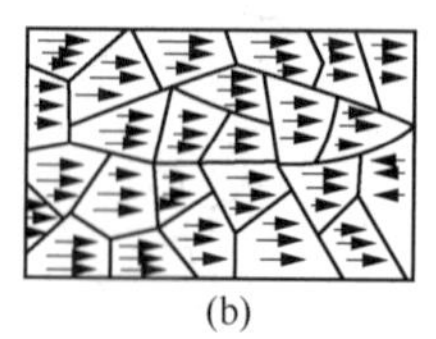
(b)

图 1-33　铁磁物质的磁化

1.3.3.2 磁饱和性

磁饱和性是铁磁物质在磁化过程中表现出来的一种特性，如图 1-34 所示，是研究铁磁化材料磁化过程的实验装置和磁化曲线($B-H$ 曲线)。图中环形线圈内放的是待研究的铁磁性材料。利用双刀双掷开关可改变线圈中电流方向；利用调节电阻器来改变线圈中电流的大小，从而可改变磁场强度($H=NI/L$)，线圈内部的磁感应强度 B 可用测量仪器测出。利用描点法可画出磁化线($B-H$ 曲线)。

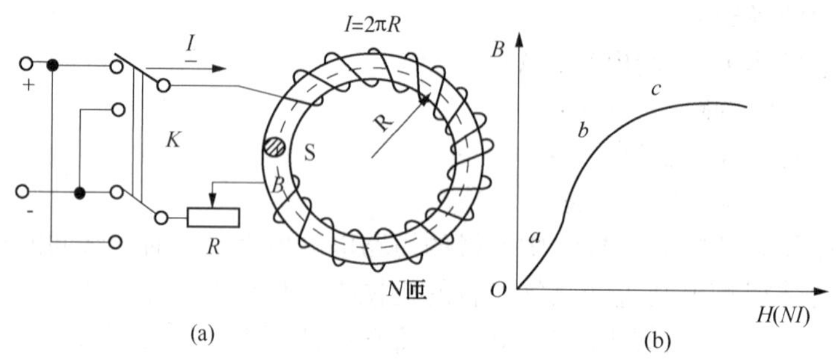

图 1-34　研究磁化过程的装置及磁化曲线

磁化曲线可分为四段：Oa 段——B 增加非常缓慢；ab 段——B 与 H 几乎成正比地增加；bc 段——B 的增加缓慢下来；e 以后一段——B 增加得很少。这时，B 已达到最大值 B_m，这种现象称为磁饱和，它是铁磁材料的又一重要特性。出现磁饱和的原因是当外磁场 H 增大到一定数值时，铁磁物质内磁畴基本上已全部按外磁场方向排列，再增大 H，附加磁场的增加也很有限。由于 B-H 磁化曲线的形状与人腿相似，故有时把 a 点称为跗点，b 点称为膝点，而 c 点称为饱和点。

铁磁性材料饱和时的磁感应强度 B_m 又称为饱和磁通密度 B_s，它是铁磁材料的一个重要磁性指标。材料 B_s 越大，铁芯就可以做得越小。因为根据 $B=\Phi/S$，要得到一定的磁通量 Φ，容许的磁通密度越大，则所需铁芯的截面积就越小。容许的磁通密度则决定于材料的 B_s。优质的冷轧硅钢片，其 B_s 可达 1.8T。图 1-35 给出了几种铁磁质的磁化曲线。

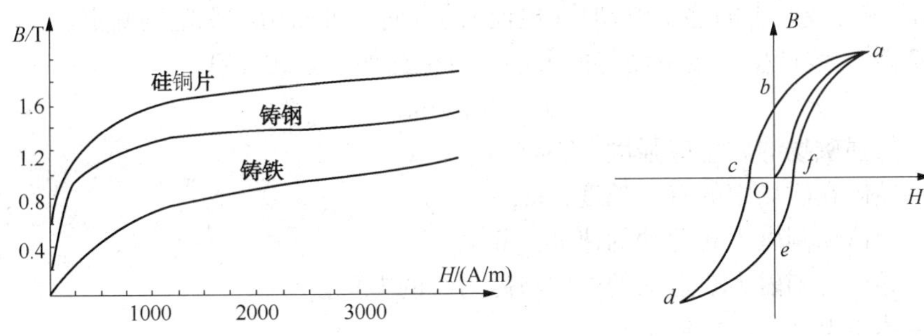

图 1-35　几种材料的 B-H 曲线

1.3.3.3　磁滞性

利用图 1-34 中所示的磁化装置，可使铁芯线圈通过一个大小和方向都变化的交变电流，这个交变电流的获得可通过改变电阻器的阻值，以及变换双刀双掷开关的位置得到。当线圈通有交变电流时，铁芯就被交变磁化。电流交变时，铁芯中磁感应强度 B 随磁场强度 H 变化关系如图 1-35 所示。由图可见，当 H 已减到零值时，B 并没有回到零值而是维持一定的数值。把这种磁感应强度滞后于磁场强度的变化称为铁磁材料的磁滞性。当线圈中的电流减到零值时，由励磁电流产生的磁场强度 H 也为零，但铁芯在磁化时所获得的磁性还没完全消失，这时铁芯中所保留的磁感应强度称为剩磁。在图 1-35 中，剩磁是以纵坐标 Ob、Oe 表示的。永久磁铁的磁性就是利用剩磁而得到的。

为去掉剩磁，则要在线圈中通以反向电流，以便产生一个反向的磁场强度 H 来进行反向磁化，使剩磁为零的反向磁场强度叫矫顽力，用 H_c 表示。在图 1-35 中，矫顽力是用横坐标，Oc、Of 表示的。

在铁磁材料被反复交变磁化的情况下，表示 B 与 H 关系的闭合曲线。$abcdef$ 就称为磁滞回线。

变压器、电机工作时，线圈中的铁芯（铁磁物质）要发热，其原因是铁芯一直处于被交变磁场反复磁化的状态，而铁芯磁化时又存在磁滞，外磁场要使磁畴转向，就必须克服磁畴间的阻碍而损耗一部分电能，以致使材料发热，这种能量的损耗称为磁滞损耗。实验和理论都证明，磁滞回线包围的面积越大，磁滞损耗就越大。此外，磁滞损耗还和反复磁化的频率有关，频率越高，磁滞损耗也越大。

根据铁磁物质的磁性能，可将它基本上分为以下两大类型：

(1) 软磁材料具有很高的导磁系数，剩磁和矫顽力都很小，磁滞回线窄，磁滞损耗小，一般用来制作电机、变压器及电器铁芯。常用的有硅钢、铸铁、坡莫合金和铁氧体等。

（2）硬磁材料具有较大的剩磁和矫顽力，磁滞回线较宽，一般用来制作永久磁铁。常用材料有碳钢、钴钢、钨钢等。

此外，还有矩磁材料，它的磁滞回线呈矩形，其特点是在很小的外磁场作用下就能磁化并达到饱和。去掉外磁场后，磁性基本饱和。利用矩磁材料可制作记忆元件。

1.3.4 电磁感应

人们通过大量实验后发现，当导体相对于磁场运动而切割磁力线或通过线圈的磁通发生变化时，导体或线圈中就会有感生电动势产生，如果导体或线圈是闭合回路的一部分，则导体或线圈中就将有电流产生，这种现象就叫电磁感应，它是发电机、变压器工作的基础。

1.3.4.1 导体切割磁力线时的感生电动势

导体切割磁力线产生的感生电动势(电流)的方向，可以用右手定则确定。

导体切割磁力线产生感生电动势的大小，可根据如下公式计算

$$E = BLV\sin\alpha$$

式中 B——匀强磁场的磁感应强度，T；

L——导体在磁场中的有效长度，m；

V——导体切割磁力线运动的速度，m/s；

α——导体切割磁力线运动的方向与磁力线的夹角；

E——感生电动势，V。

当导线切割磁力线运动速度的方向和磁力线平行时 $\alpha=0°$，$\sin\alpha=0$，则此时导线中产生的感生电动势 $E=0$。

当导体切割磁力线运动速度的方向与磁力线垂直时 $\alpha=90°$，$\sin\alpha=1$，则此时导线中产生感生电动势 $E_m=BLV$。

1.3.4.2 线圈回路磁通变化时的感生电动势

（1）楞次定律

线圈中因磁场变化而产生的感生电动势或电流的方向，可以用楞次定律来确定，楞次定律指出：当闭合线圈回路中磁通量发生变化时，回路中就有感生电流产生，感生电流的磁场总是阻碍原磁场的变化。

楞次定律提供了一个判断感生电流或感生电动势方向的方法，具体步骤是：

① 首先判断原磁通的方向及其变化趋势(增加还是减少)；

② 根据感生电流的磁场方向永远和原磁通变化趋势相反的原则，确定感生电流的磁场方向；

③ 根据感生电流的磁场方向，用右手螺旋定则判断出感生电动势或感生电流的方向。

（2）法拉第电磁感应定律

楞次定律说明了感生电动势的方向，而没有回答感生电动势的大小。由实验可知，线圈回路中因磁场变化而产生电动势的大小与通过线圈回路的磁通量的变化成正比。如果线圈有 N 匝，则感生电动势的大小为

$$e = \left| N\frac{\Delta\Phi}{\Delta t} \right|$$

式中 $\frac{\Delta\Phi}{\Delta t}$——磁通量对时间的变化率，Wb/s；

N——线圈匝数；

e——感生电动势，V。

如果给线圈中的电流、感生电动势及穿过线圈回路的磁通规定一个参考方向，就可以用一个式子既能表达法拉第电磁感应定律，又能表达楞次定律，通常假设 e、i 参考方向一致，Φ 的参考方向与 i 参考方向符合右手螺旋定则(如图 1-36 所示)。

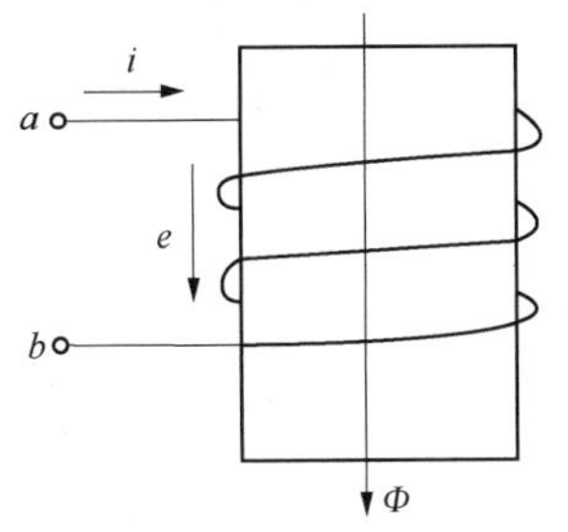

图 1-36　线圈 e、i 的参考方向

这样回路的感生电动势可写成

$$e=-N\frac{\Delta\Phi}{\Delta t}\quad 或 \quad e=-\frac{\Delta(N\Phi)}{\Delta t}=-\frac{\Delta\Psi}{\Delta t}$$

式中 $\Phi=N\Phi$ 称为线圈的磁链，负号表示了感生电动势的方向永远和磁通变化趋势相反。在实际应用中，常用楞次定律来判断感生电动势的方向，而用法拉第电磁感应定律来计算感生电动势的大小(取绝对值)。

1.3.4.3　自感、互感和涡流

(1) 自感　当线圈中通有电流时，线圈中便有磁通穿过。当电流随时间变化时，线圈中磁通也必然随着时间而变化。根据电磁感应定律，磁通的变化又会在线圈中产生感应电动势。因此，当线圈通以变化的电流时，线圈就会产生感生电动势。这种由于线圈本身电流变化而引起的电磁感应现象，简称自感。由自感产生的感生电动势称为自感电动势，用 e_1 表示。为了得到 e_1 和外电流 I 之间的定量关系，把线圈的磁链和电流的比值叫做线圈的自感系数，又叫电感，用 L 表示，即

$$L=\frac{\Psi}{i}$$

电感是表示线圈产生自感磁链本领大小的物理量。如果有一个线圈，通过 1A 电流，产生 1Wb 的磁链时，则线圈的电感就是 1(H)亨利。较小的单位有 mH(毫亨)和 μH(微亨)

$$1\text{H}=10^3\text{mH}\qquad 1\text{mH}=10^3\mu\text{H}$$

设一个绕 N 匝的长线圈，横截面积为 S，长为 L，线圈内充满磁导率 μ 的磁介质，则此线圈电感的计算公式为

$$L=\frac{\mu N^2 S}{l}$$

对于线性电感，将 $\Psi=Li$ 代入 $e=-\dfrac{\Delta\Psi}{\Delta t}$ 得 $e_1=-L\dfrac{\Delta i}{\Delta t}$。

说明自感电动势的大小与线圈中电流的变化率成正比，负号表示，自感电动势的方向总是和外电流的变化趋势相反，即线圈中外电流 i 增大时，自感电动势(或感生电流)的方向与 i 的方向相反；而当线圈中的外电流 i 减小时，自感电动势(或感生电流)的方向与 i 相同，如图 1-37 所示。

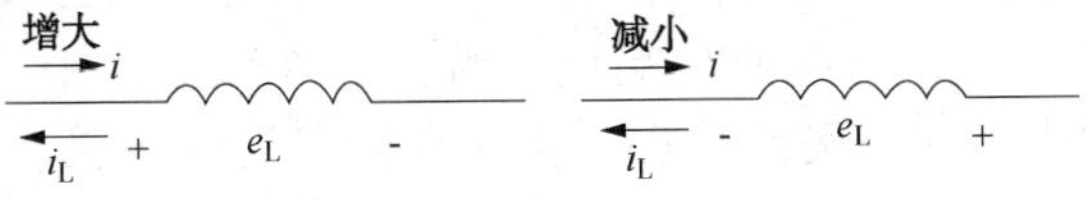

图 1-37　自感电动势的方向

(2) 互感　如图 1-38 所示，在一个铁芯上绕有两个线圈，当其中一个线圈(例如线圈 1)通以电流 i 时，便在铁芯中产生磁通 Φ_{11}，其中一部分磁通 Φ_{12} 穿过另一个线圈(线圈 2)。

如果 i_1 发生变化，则 Φ_{12} 也随之变化。根据电磁感应定律，线圈 2 中会有感生电动势产生。把这种一个系安全中的电流变化在另一个线圈中产生感生电动势的电磁感应现象叫做互感现象。有互感产生的电动势叫互感电动势，用 e_m 表示。

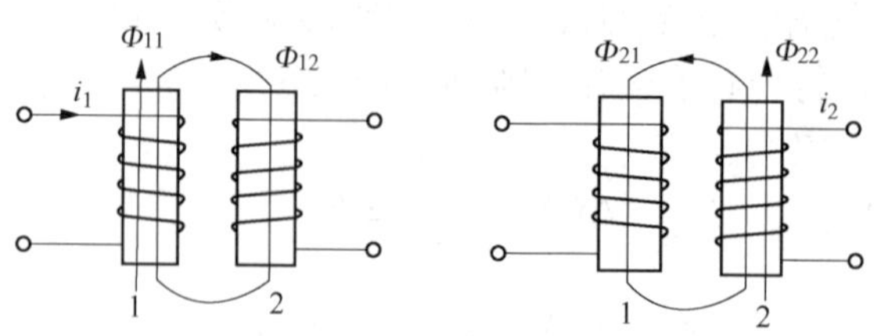

图 1-38　互感现象

在线圈 2 中产生的互感电动势 e_m 的大小可用下式计算

$$e_m = -M\frac{\Delta i}{\Delta t}$$

其中 M 称为互感系数，简称互感，其大小与两线圈的匝数、尺寸、相对位置及线圈中介质的磁导率有关。

互感电动势的方向仍可用楞次定律来判断，但比较麻烦。这是因为互感电动势的方向不但决定于互感磁通的增加或减少，而且还与线圈的绕向有关。尤其是对于一个已造好的变压器或互感器，从外观上看不出线圈的绕向，判断互感电动势的方向就比较困难了。因此，在制造变压器时就用符号“ * ”或“ · ”等表示两个绕圈的绕向，把互感电动势判断出来。

如图 1-39(a)所示线圈 A、B、C 中的三个端点，1、4、5(或 2、3、6)的绕向一致。设线圈 A 中由端点 1 通以电流 i，并且正在增大。根据楞次定律可判断出各线圈的感生电动势的极性如图中所示。若电流 i 不是增大而是减小，则各端的正负极性都要改变。但不管 i 如何变化，绕向一致的 1、4、5 三个端点的极性始终一致，端点始终一致，把这种绕向一致而感生电动势的极性始终一致的端点叫同名端。在标出同名端后，每个线圈的具体绕法可不必在图中画出来。这样图 1-39(a)可画成图 1-39(b)的形式。

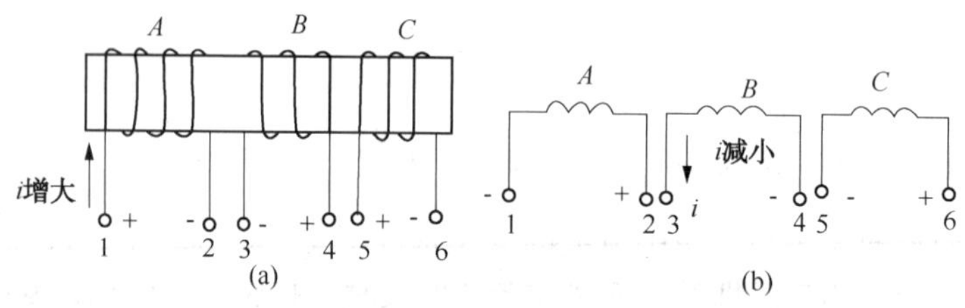

图 1-39　互感线圈的同名端

知道同名端后，就可根据电流方向和电流的变化趋势，很方便地判断出互感电动势的极性。如图 1-39(b)所示，当电流由端点 3 流出且在减小，根据自感电动势总是阻碍电流的变化，可判断出端点 3 的极性为正，再根据同名端的定义，立即可判断 2、6 的极性也为正。

(3) 涡流　当电流通过实心铁芯时，在铁心中便有变化的磁通通过，因而，在铁心柱内产生感应电动势。这个感应电动势将在铁心中形成许多环形电流，环形电流建立的磁通，阻止原磁通的变化，把这些环形电流称为涡流，如图 1-40(a)所示。

涡流在流动的路径上遇到电阻，在电阻上形成损耗 i^2R，称为涡流损耗。把涡流损耗和

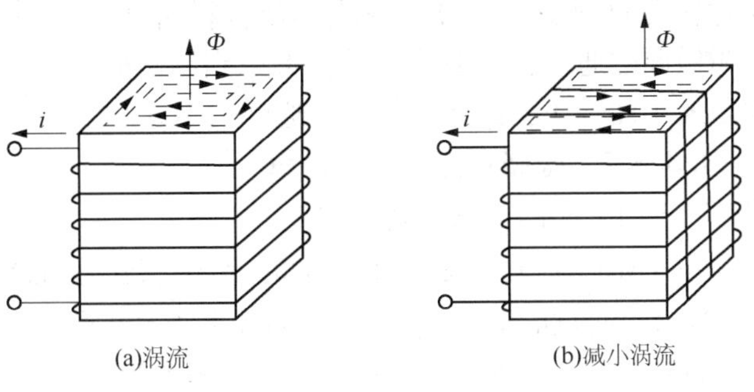

图 1-40　涡流

磁滞损耗统称为铁损耗。

在电机和电器铁心中的涡流是有害的。因为它不仅消耗电能，使电气设备效率降低，而且涡流损耗转变为热量，使设备温度升高，严重时将影响设备正常运行。在这种情况下，要尽量减小涡流。减小涡流的方法是采用表面彼此相互绝缘的硅钢片叠合，做成电器设备的铁心，如图 1-40(b)所示。这样，一方面把产生涡流的区域划小，另一方面增加涡流的路径总长度，相当于增大涡流路径的电阻，因而可以减小涡流。涡流虽然在很多电器中会引起不良后果，但在另一些场合下，人们却利用涡流为生产、生活服务。例如工业上利用涡流产生热量来熔化金属，日常生活中的电磁灶也是利用涡流的原理制成的，它给人们的生活带来很大的便利。

1.3.5　磁路与磁路定律

1.3.5.1　磁路概念

为了使较小的激磁电流产生足够大的磁通，在电机、变压器、电磁铁、继电器中常用铁磁材料做成各种形状的铁芯。由于铁芯具有很高的磁导率，因此它能把绝大部分的磁通(磁力线)约束在一定的闭合路径上。磁力线通过的路径称为磁路。如图 1-41 所示，就是几种常见的磁路。

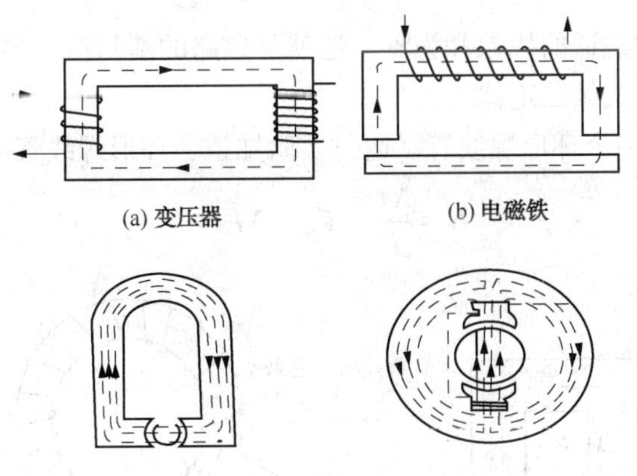

图 1-41　几种常见的磁路

虽然铁磁材料能把绝大部分磁力线约束在一定的闭合路径上，但与电路相比，漏磁现象远比漏电现象严重，这是因为磁路中的铁磁材料的磁导率与磁路周围非铁磁材料磁导率相比约为$10^3 \sim 10^4$倍，而在电路中铜的电导率却是绝缘物质(如橡胶)的10^{20}倍。由于漏磁，总会有一部分磁力线不通过铁磁材料，而经过空气或其他材料闭合，通过铁芯的磁通叫做主磁通，铁芯外的磁通，叫做漏磁通。在一般情况下，考虑到漏磁通磁路的计算是非常复杂的。另一方面漏磁通比主磁通小几千倍，因此常将漏磁通略去不计。

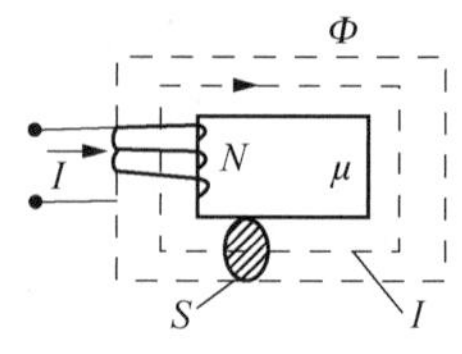

图 1-42 磁路的欧姆定律

1.3.5.2 磁路定律和磁路计算

(1) 磁路的欧姆定律

图 1-42 所示是一个简单的无分支磁路。设绕在铁芯上线圈的匝数 N，通过的电流为 I，铁芯的平均长度(即中心线的长度)为 L，横截面积处处相同为 S。通过实验可知通电线圈产生的磁场强度为

$$H=\frac{NI}{L}$$

因为 $\Phi=BS$ 又 $B=\mu H$，所以有

$$\Phi=\mu\frac{NI}{l}S=\frac{NI}{l}\times\mu S$$

可得

$$\Phi=\frac{F}{R_{\mathrm{m}}}$$

式中 F——磁动势，简称磁势，A；

R_{m}——磁阻，1/H；

Φ——磁通，Wb。

由上式说明，磁路中的磁通与磁势成正比，与磁阻成反比，这与电路中的欧姆定律相似，故称为磁路的欧姆定律。其中 Φ 相当于电路中的电流 i；磁势 F 相当于电动势 E；磁阻 R_{m} 相当于电阻 R。同时还可看出，磁路越长，磁阻越大；磁路的横截面积越大，磁阻越小。另外，磁阻还与磁路媒介质的磁导率 μ 成反比。

(2) 磁路的基尔霍夫第一定律

根据磁通连续性原理，取封闭回路如图 1-43 所示时

$$\Phi_2+\Phi_3-\Phi_1=0 \quad 即 \quad \sum\Phi=0$$

即汇于封闭面处的磁通的代数和为零，这就是磁路的基尔霍夫第一定律。

(3) 磁路的基尔霍夫第二定律

如图 1-44 所示是一个环形螺线管。通过实验知道，环形螺线管内的磁场强度

$$H=\frac{NI}{l} \quad 或 \quad NI=Hl$$

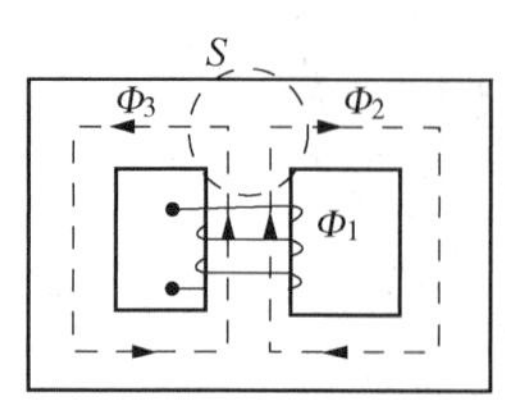

图 1-43 磁路基尔霍夫第一定律

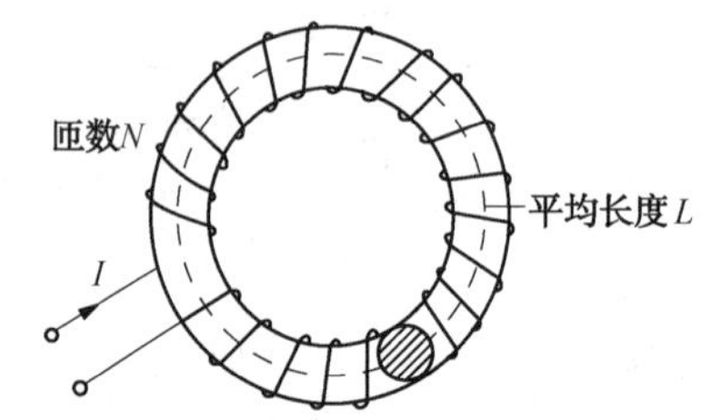

图 1-44 环形螺线管的磁场强度

上式说明，沿着磁路的磁场强度和磁路平均长度的乘积等于磁动势。这个关系式不仅对

于环形螺线管的磁路是适用的，而且对任何闭合磁路都是适用的。通常把这个关系式叫安培环路定律，式中 HL 也常称为磁压降。

下面讨论图 1-45 所示的磁路。把这个磁路分成三段，每一段的材料及截面都不相同。如第一段是铁磁物质，截面为 S_1，平均长度为 L_1；第二段仍是同一铁磁物质，截面为 S_2，平均长度为 L_2；第三段是空气隙，截面为 S_3，平均长度为 L_3，由于各段的截面不同，磁感应强度 B 也就不同，又三段材料的导磁系数也不尽相同，故磁路各部分的磁场强度就可能不同。现设三段的磁场强度分别为 L_3、H_2、H_3。对于这样三段的闭合磁路，安培环路定律应写成

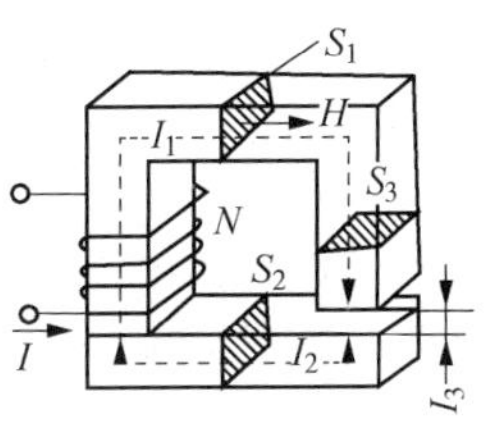

图 1-45　磁路基尔霍夫第二定律

$$NI = H_1L_1 + H_2L_2 + H_3L_3$$

推广到任意闭合磁路可得

$$\sum(NI) = \sum(HL)$$

式中，各磁压降和磁动势的正负是这样确定的。任意选取闭合回线 P 的方向，若磁场强度 H 的方向(即磁通 Φ 的方向)与 P 的方向一致，磁压降 H 前面取正号，反之取负号；若电流 I 的方向与闭合回线的方向符合右手螺旋定则，则磁势 NI 前面取正号，反之取负号。上式就叫磁路的基尔霍夫第二定律的一般表达式。其内容是：磁路的任一闭合回路中，所有磁动势的代数和等于各段磁压降的代数和。

1.4　电磁感应原理的应用

当导体相对于磁场运动而切割磁力线或通过线圈的磁通发生变化时，导体或线圈中就会有感生电动势产生，如果导体或线圈是闭合回路的一部分，则导体或线圈中就将有电流产生，这种现象就叫电磁感应。前面已经具体分析了感生电动势的大小和方向，下面从工作原理来分析它的两个应用实例：变压器、电动机。

1.4.1　变压器

1.4.1.1　变压器的工作原理

变压器是基于电磁感应原理而工作的。正是因为它的工作原理以及工作时内部的电磁过程与电机完全相同，因此将它划为电机一类，仅是旋转速度为零而已。变压器本体主要由绕组和铁心组成。工作时，绕组是“电”的通路，而铁心则是“磁”的通路。一次侧输入电能后，因其交变电流在铁心内产生交变的磁场(即由电能变成磁场能)；由于磁链，二次绕组的磁力线在不断地交替变化，所以感应出二次电动势，当外电路接通时，则产生了感应电流，向外输出电能(即由磁场能又转变成电能)。这种“电—磁—电”的转换过程是建立在电磁感应原理基础上而实现的，这种能量转换过程也就是变压器工作过程。下面再由理论分析及公式推导来进一步加以说明。

单相变压器的工作原理图如图 1-46 所示。闭合的铁心上绕有两个互相绝缘的绕组。其中接入电源的一侧叫一次绕组，输出电能的一侧叫二次绕组。当交流电源电压 U_1，加到一次绕组后，就有交流电流 I_1 通过该绕组并在铁芯中产生交变磁通 ϕ。这个交变磁通不仅穿

过一次绕组，同时也穿过二次绕组，两个绕组中将分别产生感应电势 E_1 和 E_2。这时若二次绕组与外电路的负载接通，便会有电流 I_2 流入负载 Z，即二次绕组就有电能输出。

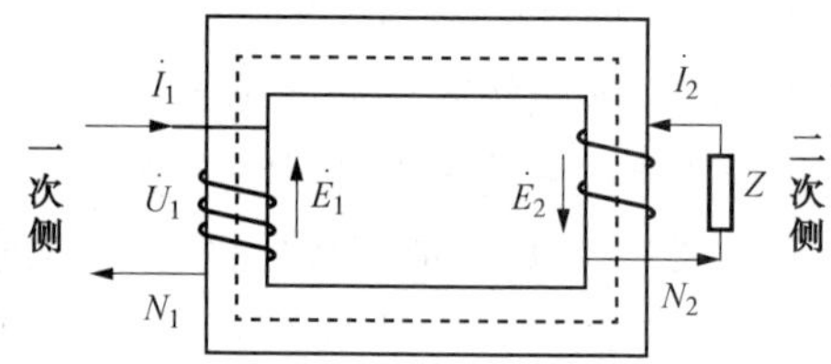

图 1-46　单相变压器的原理

根据电磁感应定律可以导出：

一次绕组感应电动势值　　　$E_1 = 4.44fN_1B_mS\times10^{-4}$

二次绕组感应电动势值　　　$E_1 = 4.44fN_2B_mS\times10^{-4}$

式中　f——电源频率，Hz(工频为 50Hz)；

N_1——一次侧绕组匝数，匝；

N_2——二次侧绕组匝数，匝；

B_m——铁心中磁通密度的最大值，T；

S——铁心截面积，mm²。

由以上两式可以得出

$$\frac{E_1}{E_2} = \frac{N_1}{N_2}$$

可见，变压器一、二次侧感应电动势之比等于一、二次侧绕组匝数之比。由于变压器一、二次侧的漏电抗和电阻都比较小，可忽略不计，故可近似地认为 $U_1 = E_1$；$U_2 = E_2$。于是有

$$\frac{U_1}{U_2} \approx \frac{E_1}{E_2} = \frac{N_1}{N_2} = K$$

式中　K——变压器的变压比。

变压器一、二次绕组的匝数不同，将会导致一、二次绕组的电压高低不等：显然，匝数多的一边电压高，匝数少的一边电压低。这就是变压器之所以能够改变电压的道理。

在一、二次绕组电流 I_1、I_2 的作用下，铁芯中总的磁势为

$$I_1N_1 + I_2N_2 = I_0N_1$$

式中　I_0——变压器的空载励磁电流。

由于 I_0 比较小(通常不超过额定电流的 3%～5%)，在数值上可忽略不计，故上式可演变为

$$I_1N_1 + I_2N_2 = I_0N_1 \approx 0$$

进而可推得

$$I_1N_1 = -I_2N_2$$

$$\frac{I_1}{I_2} = \frac{N_2}{N_1} = \frac{1}{K}$$

可见，变压器一、二次电流之比与一、二次绕组的匝数成反比。即绕组匝数多的一侧电

流小，匝数少的一侧电流大；也就是电压高的一侧电流小，电压低的一侧电流大。

1.4.1.2 三相变压器

(1) 三相变压器组和三相芯式变压器

对于三相制电压的升降，可以把三个单相变压器组成一台三相变压器来应用，此时称它为三相变压器组，三相变压器组的特点是三个磁路单独分开，互不关联，因此三相之间只有电的联系而无磁的联系。

在图 1-47(a)中，把三个单相变压器铁芯柱的一边组合到一起，而将每相绕组各自布置在未组合的一个铁芯柱上，这时，在中央公共铁芯柱内流过的磁通应为三相磁通的总和。由于三相对称运行时，三相磁通大小相等，相位互差 120°(图 1-47(b))，于是中央公共铁芯柱内的磁通。

$$\dot{\phi} = \dot{\phi}_A + \dot{\phi}_B + \dot{\phi}_C = 0$$

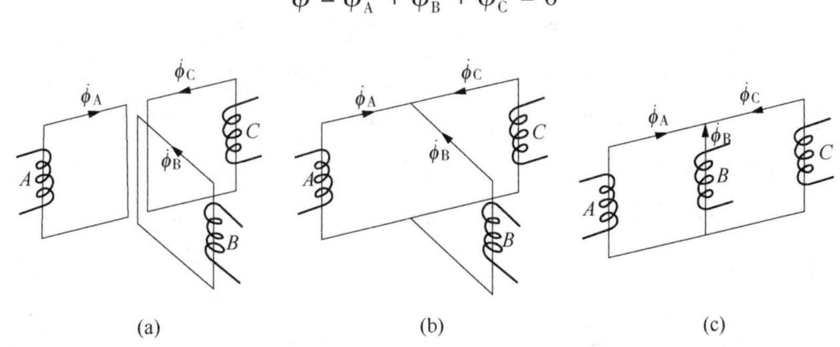

图 1-47 三相芯式变压器的结构

因此可以把它省掉，这样，铁芯便演变成图 1-47(c)的形状。它相当于一个 Y 形连接的磁路，任何一个铁芯柱中的磁通都经过其他两个铁芯柱流回，而不另需独立的回路，所以用铁量减少，比三相变压器组轻便而价廉。实际上为了制造工艺上的方便，总是把三个铁芯柱安排在一个平面内，这样便得到了如图 1-47(c)所示的形状。

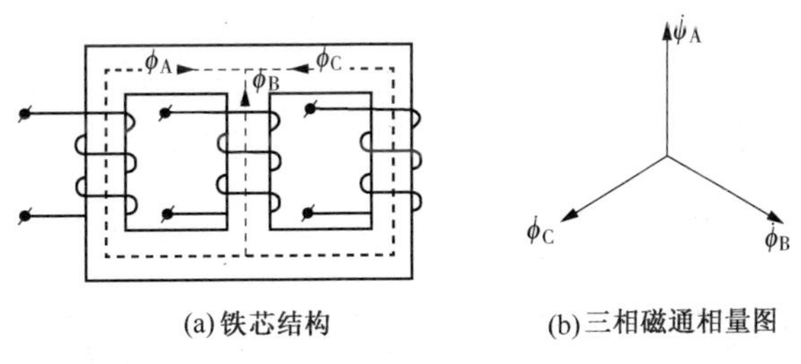

图 1-48 三相芯式变压器

图 1-48(a)表示一台实际的三相芯式变压器的铁芯结构。从图中可以清楚看到，由于磁轭的影响，旁边两相的磁路较长，所需的激磁电流较大；中间一相的磁路较短，所需的激磁电流也较小，因此三相激磁电流不是对称的。但实际上由于磁路不对称的程度并不显著，激磁电流这点微小的不对称，对变压器的运行性能，并无多大的影响。

一般中、小容量的电力变压器，都采用三相芯式变压器，以节省材料。只有大容量的巨型变压器，为了制造及运输上的方便，和减少电站备用器材的投资，才选用三相变压器组。

（2）变压器的极性和绕组联结组标号

变压器绕组极性主要决定于绕组的端头标志和绕向，同极性端可能在一、二次绕组的相对应端，也可能不在相对应端，一、二次绕组的绕向也可能相同或不同。改变绕向或端头标志，极性都会改变。极性是变压器并联和三相变压器绕组连接的主要条件之一。

变压器铁芯中的主磁通是交变的，在一、二次绕组中产生的感应电动势也是交变的。这里所说的极性，是指一、二次绕组的相对极性，也就是当一次绕组某一端子瞬时电位为正时，二次绕组同时也有一个电位为正的对应端子，这时称这两个对应端子为变压器绕组的同极性端，或者叫做同名端。

变压器同一侧的绕组是按一定方式连接的。单相变压器，因每侧只有一个绕组，不存在绕组之间连接的问题，用符号 *I* 表示；三相变压器每侧都有三个绕组，一般有星形（用 *Y* 表示）和三角形（用 *D* 表示）两种连接方式，两侧三相绕组采用不同的连接方式，将使两侧对应线电压具有不同的相位关系。表明两侧绕组连接方式及对应线电压相位关系的标志，就是变压器的接线组别。连接组号采用“时钟”表示法，即以变压器高压侧的线电压相量作为时钟的长针（分针），并将它固定在钟面的“12”上，以低压侧对应的线电压相量作为时钟的短针（时针），它所指示的时数即为变压器绕组的接线组别。

按国家标准规定，连接方式可用字母符号表示，连接组号用数字表示，变压器接线组别表示方法如表 1-1 所示。

表 1-1　变压器接线组别表示方法

名　　称	高压	中压	低压
星形无中性点引出	Y	Y	Y
结线有中性点引出	YN	Yn	Yn
曲折形连接并有中性点引出	ZN	Zn	Zn
三角形结线	D	d	d
单相结线	I	I	I
自耦结线	公共部分两绕组额定电压低的用 a		
结线符号间	用逗号		
组别数	用 0~11		

例一：配电变压器最常用的接线组别是 Y，yn0。Y 表示高压侧三相绕组接成星形，即绕组三个首端引出，三个末端接在一起；yn 表示低压侧三相绕组也接成星形，并引出中性线，即绕组三个首端及中性线引出，三个末端连接在一起；0 表示高、低压侧对应线电压是同相位的。这种连接组别的接线图和电压相量图如图 1-49（a）所示。如果高、低压的首端极性不同，则高、低压侧相对应线电压具有 180°的相位差，应标记为 6，如图 1-49（b）所示。

例二：常用的接线组别还有 Y，d。d 表示低压绕组接成三角形，低压绕组三相依次首、尾相连后引出；11 表示高、低压侧对应线电压间有 30°相位差，且低压侧线电压超前于高压

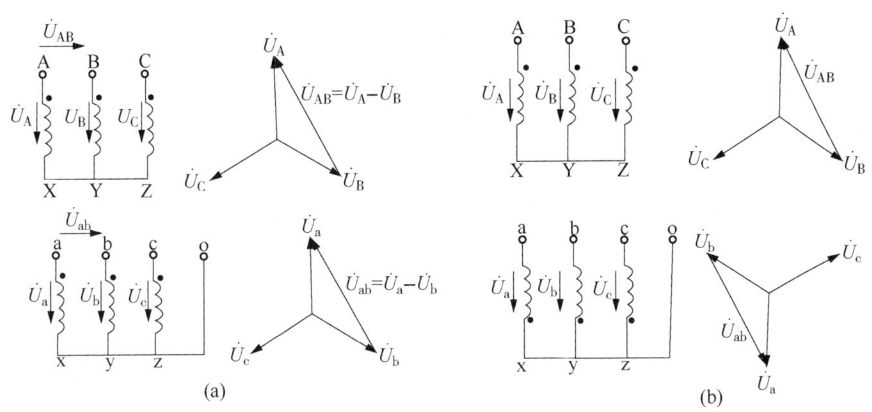

图 1-49　Y，yn 接线组别

侧线电压 30°。1 表示低压侧线电压滞后于高压侧线电压 30°，这种连接组别的接线图和电压相量图如图 1-50 所示。

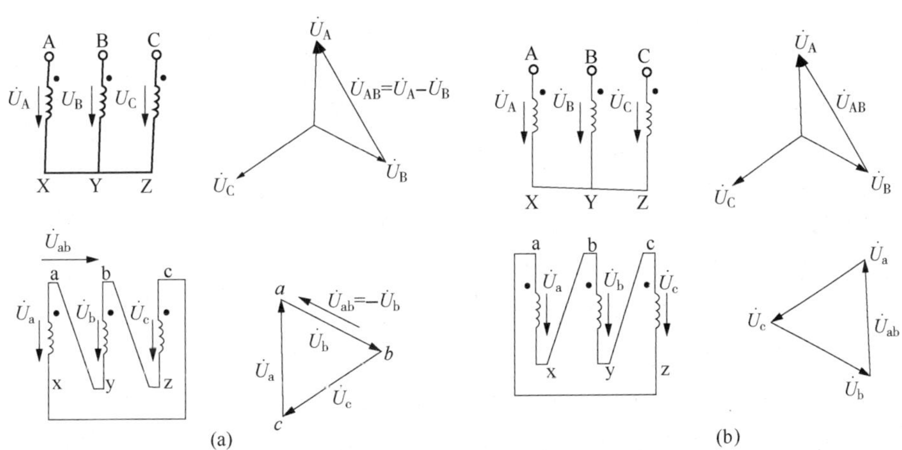

图 1-50　Y，d 接线组别

（3）标准联结组

三相变压器的联结组共有 24 种之多，为避免制造和使用时引起混乱和不便，国家标准规定以 Y，yn0、Y，d11、YN，d11、Y，y0、YN，y0 五种为标准联结组。高、低压绕组都为星形联结时，联结组号选 0；高压绕组为星形联结，低压绕组为三角形联结时，联结组号选 11。

受铁芯磁路饱和的影响，当主磁通为正弦波时，励磁电流为非正弦波，不可避免地含有高次谐波分量。其中尤以三次谐波影响最大，而三次谐波在时间上是同相的，星形联结如果没有中性线，则三次谐波电流无法通过，从而要影响主磁通的波形。若接成三角形，三次谐波电流就可以通过，不会对主磁通波形造成影响，因此在电力系统中，Y，y 和 Y，yn（空载时与 Y，y 情况相同）联结只适用于容量较小的三相芯式变压器中。

五种标准联结组的主要应用范围为：

1）Y，yn0 主要应用于容量较小的配电变压器中，其二次侧有中性线引出构成三相四线制供电系统，既可用于照明负载，也可用于动力负载的供电。其高压侧额定电压一般不超过35kV，低压侧额定电压一般为400 V(相电压为230V)。

2）Y，d11 主要应用于容量较大的，二次额定电压超过400V 的线路中，高压侧额定电压一般不超过35kV，最大容量为5600kV·A。

3）YN，d11 主要应用于110kV 以上的高压输电线中，其高压侧可以通过中性点接地。

4）Y，y0 主要应用于给三相动力负载供电的配电变压器中。

5）YN，y0 主要应用于一次侧中性点需接地的变压器中。

1.4.1.3 自耦变压器

在双绕组变压器中，每一相的一次绕组和二次绕组独立分开，一次绕组和二次绕组之间只有磁的联系而无电的联系。根据自耦现象制成的变压器称之为自耦变压器。自耦变压器与普通变压器相似，也是由铁芯和一、二次绕组两部分组成，所不同的是，它的一、二次绕组共用一个线圈。如果绕组中间的抽头做成可滑动接触的，就构成一个电压可调的自耦变压器，称为自耦调压器。

自耦变压器的主要缺点在于：一、二次绕组的电路直接连接在一起，高压侧的电气故障会波及到低压侧。所以，接着低压侧的电器设备必须有防止过高电压的措施。而且规定，自耦变压器不准用作安全照明的变压器。

自耦变压器使用时，要求正确接线，以保证安全。对于单相自耦变压器，要求把一、二次绕组的公用端接零线。三相自耦变压器的中性点则必须可靠接地。另外，自耦变压器连接电源之前，一定要把输出电压手柄转回到零位或所需要的电压挡位上。

1.4.1.4 三绕组变压器

如果变压器的每相有一个一次绕组两个二次绕组，或者两个一次绕组一个二次绕组，便称为三绕组变压器。三绕组变压器在电力系统中应用十分广泛。由于负载大小各不相同，所以三绕组变压器中，三个绕组的额定容量亦各不相同。而最大的一个绕组的额定容量称为变压器的额定容量。如果把它定为100%，另外两个绕组的容量可能是100%，也可能是50%。三相三绕组变压器的联结组规定为 $Y_0/Y_0/\triangle-12-11$ 和 $Y_0/Y_0/Y-12-12$ 两种。单相三绕组变压器则规定为I/I/I-12-12。高压绕组和低压绕组出线端的标志方法同双绕组变压器完全一样。中压绕组出线端的首端则标以 A_m、B_m、C_m，末端则标以 X_m、Y_m、Z_m。

1.4.1.5 互感器

互感器是一种特种变压器，是一次系统和二次系统间的联络器件，用以分别向测量仪表、继电器的电压和电流线圈供电，正确反映电气设备的正常运行和故障情况。

互感器分为电压互感器和电流互感器。电压互感器的原绕组并联于一次电路内，副绕组与测量仪表和继电器的电压线圈并联；电流互感器的原绕组串联于一次电路内，副绕组与测量仪表和继电器电流线圈串联。

互感器的作用如下：

① 互感器与电气仪表和继电保护及自动装置配合，测量电力系统高电压回路的电压、电流及电能等参数；

② 它可使二次设备和工作人员均能与高电压隔离，且它二次接地，从而保障了工作人员与设备安全；

③ 它可使二次侧所取量统一，有利于二次设备标准化；

④ 它可使二次回路不受一次系统的限制，可以使结线简单化；

⑤ 它可使二次设备用低电压、小电流连接控制，便于集中控制。

(1) 电压互感器

电压互感器是将电力系统的高电压变成一定标准的低电压(100V 或 100/$\sqrt{3}$V)的电气设备。电压互感器从结构上讲是一种小容量、高电压比的降压变压器，基本原理与变压器相同。

但是电压互感器不输送电能，仅作为测量和保护用的标准电源。其原理电路见图 1-51。

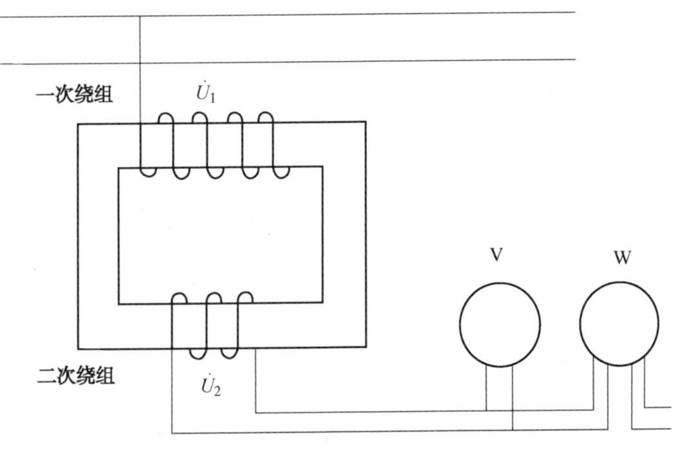

图 1-51　电压互感器原理接线

① 电压互感器的特点

1) 电压互感器二次回路的负载(测量表计的电压线圈和继电保护及自动装置的电压线圈)恒定且其阻抗很大；二次工作电流小，相当于变压器的空载运行状态。

2) 电压互感器始终处于空载运行状态，消耗功率很小，二次电压基本上等于二次电动势，只取决于恒定的一次电压，所以测量电压具有一定的准确级。

3) 电压互感器二次绕组不能短路。由于电压互感器的正常负载是阻抗很大的仪表或继电器电压线圈，而发生短路后，二次回路阻抗仅仅是互感器二次绕组的阻抗，因此在二次回路中会产生很大的短路电流，影响测量表计的指示，造成继电保护误动，甚至烧毁互感器。

4) 电压互感器二次绕组及零序电压绕组的一端必须接地，否则在线路发生故障时，在二次绕组和零序电压绕组上感应出高电压，危及仪表、继电器和人身的安全。一般是中性点接地，也可采用 V 相接地。

5) 电压互感器的结构可分为普通式、串级式和电容式。

6) 电压互感器按相数可以分为单相和三相；按绕组数可分为双绕组式、三绕组式；按使用地点可分为户内式和户外式等；按绝缘方式可分为干式、油浸式、浇注式等。

② 电压互感器技术参数

1) 电压互感器的铭牌

电压互感器型号由以下几部分组成，各部分字母、符号表示内容：

第一个字母：J——电压互感器。

第二个字母：D——单相；S——三相。

第三个字母：J——油浸；E——浇注式。

第四个字母：数字——电压等级(kV)。

例如 JDJ—10 表示单相油浸电压互感器，额定电压 10kV。

2）变比及额定电压

互感器变比为

$$K_N = U_{1N}/U_{2N}$$

式中 U_{1N}和 U_{2N}为一、二次额定电压(V，kV)，其中 U_{2N}接近于空载电压。

3）准确等级和容量

电压互感器误差的数值就是它的准确度(级数)，通常分为 0.2、0.5、1、3 等 4 种准确等级。准确级限制容量的大小。电压互感器的误差分为电压误差(ΔU)及角误差(δ)两种。

电压互感器二次回路的负载及其功率因数，对误差值有显著的影响。为了使测定值准确，应限制电压互感器的负载，使电压互感器在正常运行时接近于空载，即负载电流接近于零。

③ 电压互感器的接线

电压互感器常用的接线有 3 种：V，v 接线、Y，yn 接线和 YN，yn，d 接线。

1）V，v 接线

V，v 接线由两台单相电压互感器组成，V，v 接线只能测量线电压，不能测量相电压，其接线如图 1-52 所示。

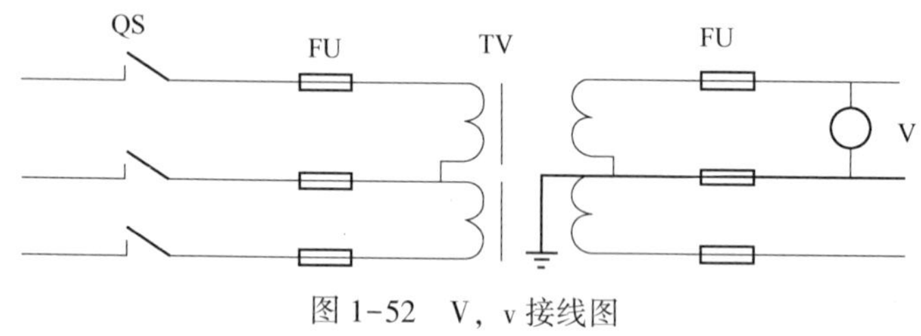

图 1-52　V，v 接线图

2）Y，yn 接线

Y，yn 接线由三台单相电压互感器或一台三相双绕组电压互感器组成。当电压互感器一次侧中性点不接地，二次侧中性点接地时，能够测量线电压和相电压，其接线如图 1-53 所示。

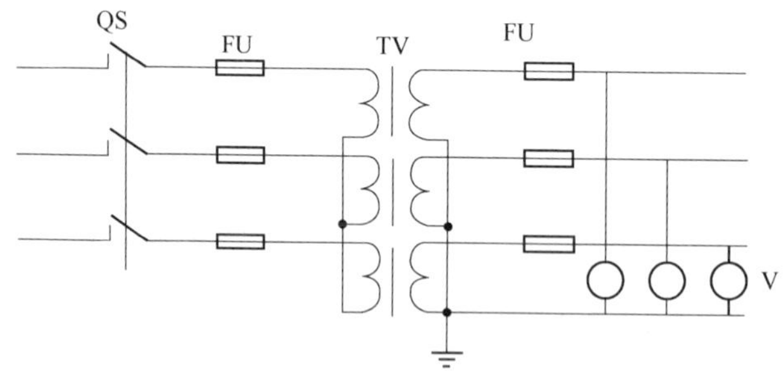

图 1-53　Y，yn 接线

3）YN，yn，d 接线

YN，yn，d 接线由三台单相电压互感器或一台三相五柱式电压互感器组成。电压互感器一、二次侧中性点均接地，YN，yn，d 接线能够测量线电压和相电压；第三绕组接成开口三角形用于监视一次系统接地情况。其接线如图 1-54 所示。

(2) 电流互感器

电流互感器是将高压系统中的电流或低压系统中的大电流变成一定标准的小电流(中国

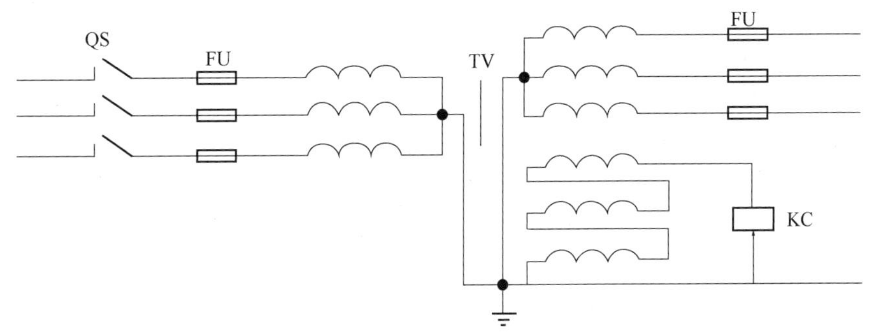

图 1-54　YN，yn，d 接线

KC—接地信号继电器；FU—熔断器

标准为 5A 或 1A）的电气设备。

① 电流互感器的特点

1）一次绕组串联在被测电路中且匝数很少（一匝或几匝），二次匝数多，一次电流完全取决于被测电路的负荷电流，而与二次负载无关。二次侧额定电流为 5A 或 1A。

2）电流互感器二次侧所串接的测量仪表和继电器的电流线圈阻抗很小，所以正常运行时，接近于短路状态工作。因此，一、二次感应电势和端电压都很低（不超过十几伏），这是它与变压器的主要区别。

3）电流互感器在工作中，二次侧不允许开路。若二次侧开路，则二次电流 $\dot{I}_2=0$，二次磁势 $\dot{F}_2=0$，使合成磁势 $\dot{F}_0=\dot{I}_1N_1$，比正常工作时大很多倍，使铁芯中的磁通剧增。引起铁芯严重饱和，磁通波形畸变为平顶波。由于副绕组匝数多，感应电动势与磁通变化率成正比，因此，当磁通过零时，副绕组产生很高的尖顶波电动势 e_2，其峰值可达数千伏甚至万伏，这对工作人员和二次回路中的设备都有很大的危险。

同时，由于铁芯磁感应强度和铁损剧增，将使铁芯过热而损坏绝缘。因此，电流互感器运行中二次侧绝不允许开路。为了防止二次侧开路，规定电流互感器二次侧不得装设熔断器。在运行中，若需拆除仪表或继电器时，则必须先用导线或短路压板将二次回路短接，以防开路。

4）为了减少电流互感器误差，铁芯采用优质硅钢片，使空载电流小。

② 电流互感器的工作原理

电流互感器与普通双绕组的变压器结构上的不同点在于电流互感器的一次匝数少，只有一匝或几匝，串接在被测的电路中。一次绕组流过的电流与电流互感器的副边负载大小无关。副边绕组匝数较多，常与测量仪表或继电器的电流线圈串联成闭合的回路。电流互感器接近于短路状态下运行。一、二次的电流比为 K_N。当副边电流的测量值 I_2 与变流比 K_N 相乘，即为被测线路的电流实际值 I_1。但由于电流互感器绕组的阻抗铁芯的结构尺寸及质量等因素的影响，存在误差，要根据电流误差的大小进行修正。电流互感器运行中二次侧绕组需一点接地。

③ 电流互感器的极性

原副绕组结线应注意极性。通常原绕组的端子用字母 L_1、L_2 表示，副绕组端子用字母

K_1、K_2 表示，原边电流由 L_1 流向 L_2 时，副边电流从 K_1 流出经测量仪表流向 K_2，则 L_1 与 K_1、L_2 与 K_2 分别为同极性端。

④ 电流互感器的分类

电流互感器的分类有多种方式，按一次绕组匝数可分为单匝和多匝；按安装地点可分为户内和户外；按结构和安装特点分为穿墙式、支持式、套管式和串级式等；按一次电压高低分，有高压和低压两大类；按用途分有测量用和保护用两大类等。

⑤ 电流互感器的技术参数

1）铭牌

电流互感器型号由以下几部分组成，各部分字母、符号表示内容：

第一个字母：L——电流互感器。

第二个字母：F——风压式；M——母线式(穿芯式)。

第三个字母：C——瓷绝缘式；Z——浇注式。

第四个字母：B——保护；D——差动。

第一个字母：数字——电压等级(kV)。

例如 LMZ-0.66 表示用环氧树脂浇注的穿芯式电流互感器 0.66kV。

2）准确级和容量

电流互感器的准确级是按照误差的大小划分的。误差与一次电流的大小、铁芯质量、结构尺寸以及二次负载阻抗有关。测量用电流互感器的准确级有 0.1、0.2、0.5、1、3、5 等级，保护用电流互感器的准确级有 5P、10P 两级。高压电流互感器一般有两个铁芯和两个二次绕组，其中准确级高的二次绕组接测量仪表，准确级低的二次绕组接保护回路的电流继电器。当发生短路时，电流很大、考虑互感器线圈的磁饱和问题，所以保护一般选择 10P 级。电流互感器负载的大小，影响到测量的准确度，要求负载阻抗不大于规定准确级下的阻抗值。

5P10，5P20，10P10，10P20 是电流互感器保护用绕组的准确级标示。以该准确级在额定准确限值一次电流下所规定的最大允许复合误差百分数标称，其后标以字母“P”(表示保护)。保护用电流互感器的标准准确级有：5P 和 10P。例如 5P10 后面的 10 是准确限值系数，5P10 表示当一次电流是额定一次电流的 10 倍时，该绕组的复合误差在±5%的范围内。

3）额定电压、额定一次电流和额定电流比

电流互感器的一次绕组结线路的线电压，它不是一次绕组的端电压，而是指一次绕组对二次绕组和对地的绝缘水平，与互感器的容量无关。

额定一次电流决定误差和温升的参数，通常有 5A、10A、15A、30A、50A、75A、100A、150A、200A、300A、600A、1200A、1500A 等。

额定电流比是指额定一次电流与额定二次电流之比，一般不以其比值表示，而写成比式。

⑥ 电流互感器的接线

电流互感器的接线应遵守串联原则，即电流互感器一次侧与被侧电路串联，其二次侧和所有仪表及其他负荷串联，在接线时应注意互感器的极性。

两个同型号电流互感器的二次绕组可以串联使用也可以并联使用。两套相同电流互感器的二次绕组串联时，其二次回路内电流不变，变比不变，而互感器的容量增大一倍，准确度也不降低。两套相同的电流互感器二次绕组并联时，其容量不变，每台互感器的变比不变，但并联后二次电流增加一倍，所以其总变比减为原来的 1/2。当变比过大而负荷电流较小时，二次并联使用可以提高电流测量的准确性。

电流互感器的接线方式，根据测量和使用目的不同，可以有各种方式，下面介绍几种经常采用的接线方式。

1）两相不完全星形接线(两相 V 形接线)

这种接线方式广泛用于三相三线制电路中，在三相三线制电路中，可以通过在三相中的任意两相装设电流互感器来达到测量三相电流的目的，一般在 U、W 相中装设，如图 1-55 所示。由于在三相三线电路中 $\dot{I}_u+\dot{I}_v+\dot{I}_w=0$，所以 $\dot{I}_v=-(\dot{I}_u+\dot{I}_w)$ 因此电流表 3 正好反映的是 V 相电流。

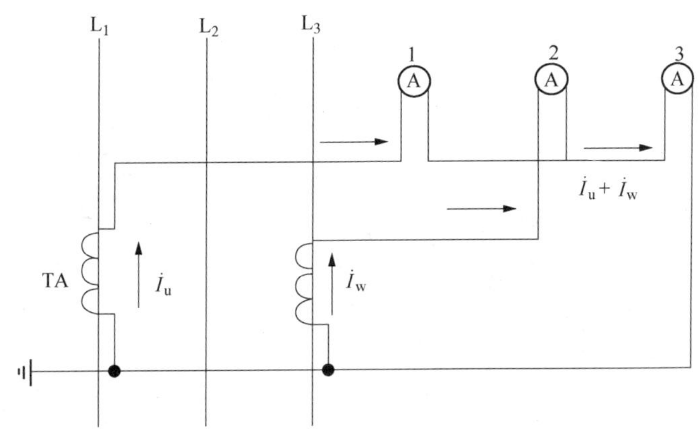

图 1-55　两相不完全星形接线图

2）三相星形接线

在大电流接地系统、小电流接地系统和三相四线低压系统中，采用三只电流互感器测量三相电流是一种比较常见的方式，其接线如图 1-56 所示。在三相电路中的每一相各装一只电流互感器，能反映每一相电流，适用于三相电流不平衡系统的电流测量。

3）三角形接线

在有些保护的接线方式中，为了获得一定的电流相位角，要求将三相电流互感器接成三角形，如图 1-57 所示。正常运行时，流过继电器 KA 的电流为实际相电流$\sqrt{3}$倍。

4）零序接线

二次侧公共线中流的电流为零序电流，这种接线用于零序保护。如图 1-58 所示。

1.4.1.6　弧焊电源

为焊接电弧供电的系统称为弧焊电源，即在焊接电路上除去电弧以外的电器，包括提供电能的焊接发电机、弧焊变压器及焊接电流调节部分等。

在稳定状态下弧焊电源的输出电压与输出电流的关系曲线，称为弧焊电源的外特性，也称为弧焊电源静特性。

弧焊电源外特性分为平特性与下降特性两大类。平特性又称为恒压特性。下降特性又分

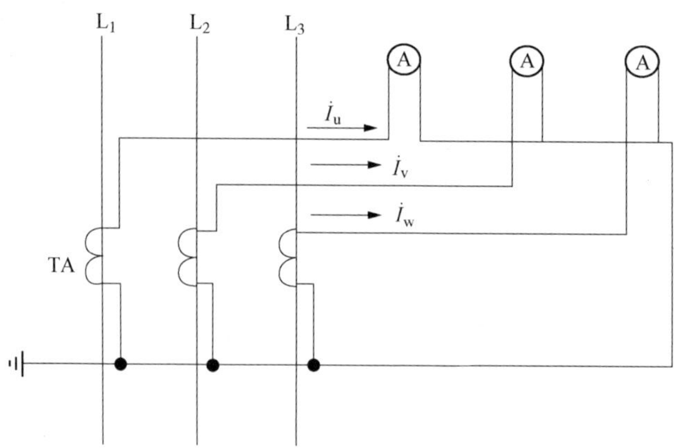

图 1-56　三相星形接线

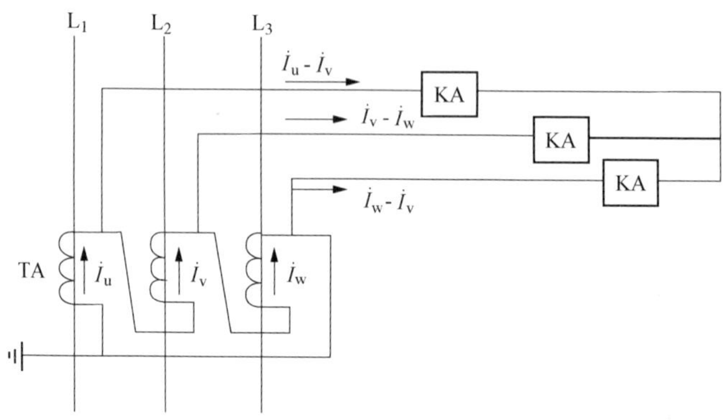

图 1-57　三角形接线图

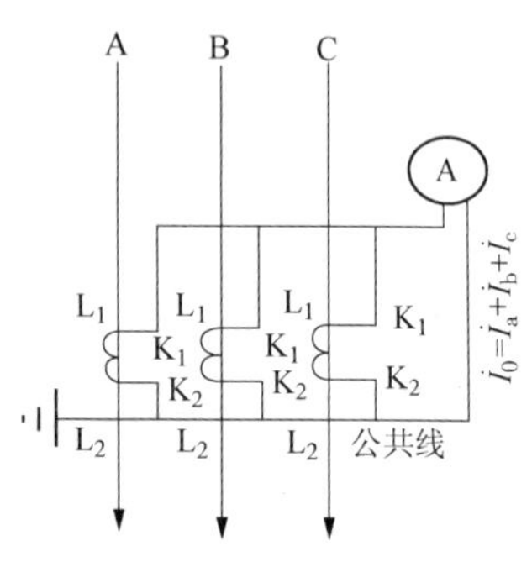

图 1-58　零序线图

为缓降外特性、陡降外特性、垂降外特性三种。其中垂降特性又称之为恒流特性。

负载持续率 JC 是弧焊电源的重要参数，负载工作的持续时间与全周期时间的比值称为负载持续率。全周期时间或称工作周期，包括负载持续时间与休息时间。工作周期为 5min、10min、20min 与连续。负载持续率是设计焊机时用以表明某种服务类型的重要参数，介于 0~1 之间，用百分数表示，为 20%、35%、60%、80%、100% 五种。弧焊电源的额定电流就是该负载持续率条件下允许的最大输出电流。实际工作时间与工作周期之比称为实际负载持续率，不同实际负载持续率条件下允许使用的输出电流可按下式计算。

$$I_r = \sqrt{\frac{JC_N}{JC_r}} I_N$$

式中　I_r——实际负载持续率时的允许使用电流，A；

I_N——额定负载持续率时的额定电流，A；

JC_N——额定负载持续率；

JC_r——实际负载持续率。

例如：$JC_N = 60\%$，$I_N = 300A$，当 $JC_r = 100\%$时

$$I_r = \sqrt{\frac{60}{100}} \times 300 = 232(A)$$

在焊接工作中，约定焊接工作制是具有某负载持续率的周期工作制。以约定时间作为一个循环，整个循环是由约定的焊接工作时间及随后相应的空载运行时间所组成的。

对于不同的焊接方法，包括回路电缆电压降在内的，符合某种约定关系的负载电压与负载电流，称为约定负载电压与约定焊接电流。

空载电压 U_0 的大小是弧焊电源的一个极为重要的技术指标。它对弧焊的引弧与电弧能否稳定燃烧有着很大影响。弧焊电源空载电压 U_0 高则容易引弧，对于交流弧焊电源，空载电压高则电弧燃烧稳定。但空载电压高则设备体积大、质量大、功率因数低、不经济。空载电压高也不利于焊工人身安全，为此在确保容易引弧、电弧稳定的条件下空载电压应尽可能低些。

1.4.2 电机

电机分为电动机和发电机。无论是电动机还是发电机，都是能量之间的相互转换，其工作原理都是基于电磁感应定律。发电机是将其他形式的能源转换成电能的机械设备，它由水轮机、汽轮机、柴油机或其他动力机械驱动，将水流，气流，燃料燃烧或原子核裂变产生的能量转化为机械能传给发电机，再由发电机转换为电能。

发电机通常由定子、转子、端盖及轴承等部件构成。定子由定子铁芯、线包绕组、机座以及固定这些部分的其他结构件组成。转子由转子铁芯(或磁极、磁扼)绕组、护环、中心环、滑环、风扇及转轴等部件组成。

由轴承及端盖将发电机的定子，转子连接组装起来，使转子能在定子中旋转，做切割磁力线的运动，从而产生感应电势，通过接线端子引出，接在回路中，便产生了电流。

直流发电机的工作原理就是把电枢线圈中感应产生的交变电动势，靠换向器配合电刷的换向作用，使之从电刷端引出时变为直流电动势的原理。

电刷上不加直流电压，用原动机拖动电枢使之逆时针方向恒速转动，线圈两边就分别切割不同极性磁极下的磁力线，而在其中感应产生电动势，电动势方向按右手定则确定。由于电枢连续地旋转，每个线圈边和整个线圈中的感应电动势的方向是交变的. 线圈内的感应电动势是一种交变电动势，而在电刷 A、B 两端的电动势却为直流电动势(说得确切一些，是一种方向不变的脉振电动势)。因为，电枢在转动过程中，无论电枢转到什么位置，由于换向器配合电刷的换向作用，电刷 A 通过换向片所引出的电动势始终是切割 N 极磁力线的线圈边中的电动势，因此，电刷 A 始终有正极性。同样道理，电刷 B 始终有负极性，所以电刷端能引出方向不变的但大小变化的脉振电动势。如每极下的线圈数增多，可使脉振程度减小，就可获得直流电动势。这就是直流发电机的工作原理。同时也说明直流发电机实质上是带有换向器的交流发电机。

由于在石油化工装置中，发电机使用频率并不高，所以本书中不作详细介绍。

1.4.2.1 直流电动机

直流电动机是将直流电能转变为机械能的一种旋转电机，它具有良好的启动性能、调速性能和过载能力，现主要用于交通、起重、轧钢和自动控制领域。

直流电动机由于有换向器，与交流电机相比，有结构复杂，制造成本高，运行维护工作量大等缺点，使直流电动机的使用受到了一定的限制。

直流电动机可分为电磁式直流电动机、永磁式直流电动机和无刷直流电动机。

电磁式直流电动机由定子磁极、转子(电枢)、换向器(俗称整流子)、电刷、机壳、轴承等构成。电磁式直流电动机的定子磁极(主磁极)由铁芯和励磁绕组构成。根据其励磁(旧标准称为激磁)方式的不同又可分为串励直流电动机、并励直流电动机、他励直流电动机和复励直流电动机。因励磁方式不同，定子磁极磁通(由定子磁极的励磁线圈通电后产生)的规律也不同。

永磁式直流电动机也由定子磁极、转子、电刷、外壳等组成，所不同的是其定子磁极采用永磁体(永久磁钢)，有铁氧体、铝镍钴、钕铁硼等材料。

无刷直流电动机是采用半导体开关器件来实现电子换向的，即用电子开关器件代替传统的接触式换向器和电刷。它具有可靠性高、无换向火花、机械噪声低等优点，广泛应用于高档录音座、录像机、电子仪器及自动化办公设备中。

1.4.2.2 异步电动机

三相异步电动机在工农业生产中使用极广。在发电厂中，锅炉、汽轮机的附属设备如球磨机、水泵、风机等也大多由异步电动机驱动。单相异步电动机则多用于家用电器及自动装置中。

异步电动机结构简单、运行可靠、维护方便、效率较高，故得到广泛使用。但因调速性能较差，功率因数较低，还不能在生产中完全取代直流电动机和同步电动机。

(1) 异步电动机工作原理

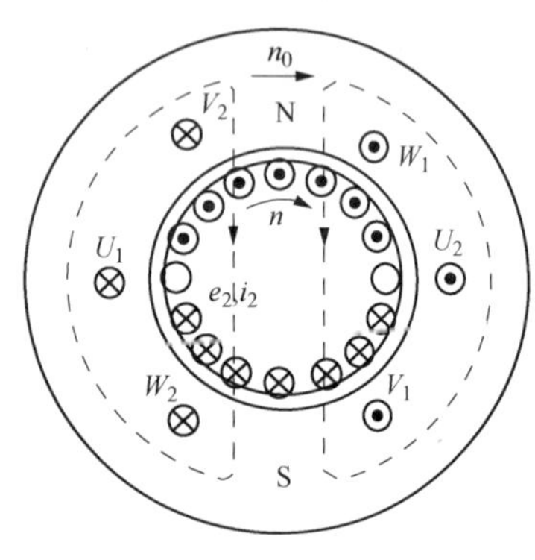

图 1-59　异步电动机工作原理

图 1-59 是异步电动机工作原理图，它由定子和转子两部分组成，二者之间有一个很小的空气隙。定子对称三相绕组接入交流电源，通入对称三相交流电流，建立定子三相合成旋转磁动势并产生定子旋转磁场。图 1-59 中虚线表示某一瞬时定子旋转磁场的磁通，它以同步转速 n_0，顺时针方向旋转，转子导体切割磁场感应电动势，感应电动势方向可用右手定则确定。该电动势在闭路的转子绕组中产生电流。

载流的转子绕组在旋转磁场中，将受到电磁力作用。可用左手定则确定此时转子绕组受到一个顺时针方向的电磁力和电磁转矩作用，使转子以转速 n 随着定子旋转磁场转向旋转。

从上述分析可见，异步电动机转子旋转的转速 n 不能等于定子旋转磁场转速 n_0，因为如果 $n=n_0$，转子与定子旋转磁场之间就没有相对运动，转子绕组中就没有感应电动势和感应电流，也就不能产生推动转子转动的电磁转矩，所以说，异步电动机运行中转子转速 n 和

定子旋转磁场转速 n_0 之间存在差异，n 总是小于 n_0，“异步”之名，由此而来。

（2）转差率

异步电机转子转速 n 与定子旋转磁场转速 n_0 之间存在着转速差 $\Delta n=n_0-n$，此转速差正是定子旋转磁场切割转子导体的速度，它的大小决定着转子电动势及其频率的大小，直接影响到异步电机的工作状态。为此，转速差可用转差率 s 这一重要物理量来表示，即

$$s=(n_0-n)/n_0$$

式中　$n_0=60f/p$。

异步电动机运行时 s 值的范围为 $0<s<1$。一般异步电动机在额定负载运行时，额定转差率 $s=0.01\sim0.06$。下面将根据转差率 s 的大小及其正负，分析异步电机的三种运行状态。

（3）异步电机的三种运行状态

① 电动机运行状态($0<s<1$)

如图 1-60(b)所示，用虚线表示定子旋转磁场的等效磁极，它以转速 n_0 旋转，为了简化，转子只画出了两根导体。在电动机运行状态下，n 与 n_0 方向相同且 $n<n_0$。根据电磁感应和电磁力定律可知，定子旋转磁场与转子电流相互作用将产生驱动性质的电磁力 f 和电磁转矩。这说明，定子从电力系统吸收电功率转换为机械功率输送给转轴上的负载。

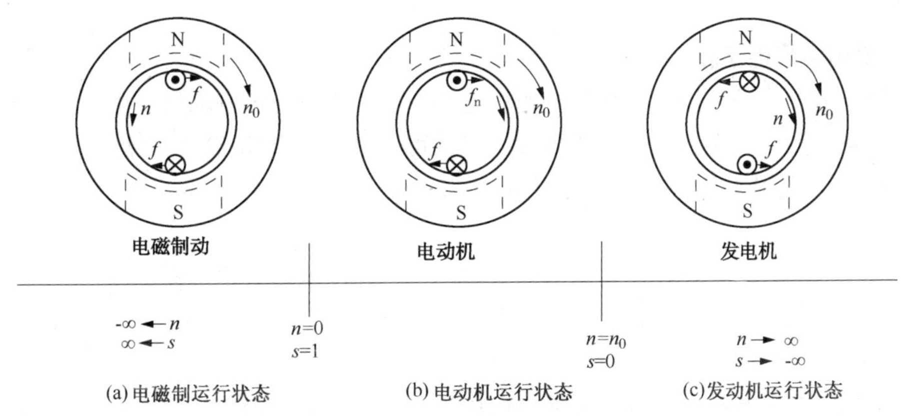

图 1-60　异步电机三种运行状态

② 发电机运行状态($-\infty<s<0$)

当异步电机由原动机驱动，使转子转速 n 与 n_0 同方向且超过 n_0 时，即 $n>n_0$，转差率 s 变为负值，定子旋转磁场切割转子导体的方向与电动机相反，如图 1-60(c)所示。根据电磁感应和电磁力定律可知，转子电流反向，定子旋转磁场与转子电流相互作用，将产生制动性质的电磁力 f 和电磁转矩。若要维持转子转速 n 且大于 n_0 时，原动机必须向异步电机输入机械功率，从而克服电磁转矩做功。这说明，输入的机械功率转换为电功率输送给电力系统，此时，异步电机运行于发电机状态。

③ 电磁制动运行状态($1<s<+\infty$)

如图 1-60(a)所示，异步电机定子绕组流入三相交流电流产生旋转磁场，以转速 n_0 顺时针方向旋转，同时，转子被一个外加转矩驱动以转速 n 反时针方向旋转。同理，这时定子旋转磁场切割转子导体的方向与电动机状态相同，产生的电磁力 f 和电磁转矩与电动机状态相同，其方向也是顺时针的，但此时外加转矩使转子以逆时针方向旋转，电磁转矩对外加转

矩是制动性质的。这说明，一方面定子从电力系统吸收电功率，另一方面驱动转子反转的外加转矩克服电磁转矩做功，向异步电机输入机械功率。这时异步电机运行在电磁制动状态。可见，从两方面输入的功率将转变为电机内部的热能。

由于异步电机的转子电流是由定子激磁的磁场所感生的，所以异步电机称为感应电机。

1.4.2.3 同步电动机

同步电机同其他旋转电机一样，既可作发电机运行，又可作电动机运行。作发电机运行时，除向电力系统输送有功功率外，还可以向电力系统输送或吸收感性无功功率。作电动机运行时，从电力系统吸收有功功率，还可以从电力系统吸收或输送感性无功功率。

在恒速大功率拖动的场合，同步电动机的经济性能和技术性能均比异步电动机优越。这是因为同步电动机具有功率因数高的优点，在过励的情况下，甚至可以使功率因数变为超前。因此，在容量较大、转速要求恒速的设备，常采用同步电动机，如拖动大型水泵、空气压缩机、大型鼓风机。

同步电动机不带任何机械负荷的空载运行时，调节电动机的励磁电流，使该电机向电网吐出容性或感性的无功功率，可以维持电网电压的稳定和改善电力系统功率因数。运行在上述状态的同步电动机称为同步调相机。其维持(空载)转动和补偿各种损耗的功率都取决于电力系统。

1.4.2.4 单相异步电动机

单相异步电动机是利用单相交流电源供电的一种小容量交流电动机。由于它具有结构简单、成本低廉、运行可靠、维修方便等优点以及可以直接在单相220V交流电源上使用的特点，所以被广泛应用于办公场所、家用电器等方面，在工、农业生产及其他领域也多有使用。

单相异步电动机的不足之处是它与同容量的三相异步电动机相比较，体积较大、运行性能较差、效率较低。因此一般只制成小型和微型系列，容量在几瓦到几百瓦之间。

1.4.2.5 特种电机

特种电机除在某些特殊场合作为动力使用外(如电传动机车的牵引电机、矿山使用的防爆电机等)，大多数常被用来在自动控制系统和计算装置中作为执行、检测和解算元件。这部分特种电机又称控制电机。

特种电机的基本原理和普通电机相同，也是依据电磁感应的原理进行能量转换，但它们在结构、性能和用途等方面却有很大差别。普通电机一般是作为动力使用的，其主要任务是进行能量转换，如将其他形式的能转换成电能(发电机)，或将电能转换成机械能(电动机)，因此它们的功率、体积、质量都较大。而作为控制使用的特种电机，其主要任务是转换和传送信号，因此其功率、体积和质量都较小，制造精度要求高。为满足自动控制系统的要求，作为控制使用的特种电机必须运行可靠、动作迅速、准确。

特种电机的种类很多，如作为执行元件使用的伺服电动机、步进电动机、直线电动机及作为信号元件使用的测速发电机、自整角机，旋转变压器等。

第 2 章　电 气 识 图

2.1　识图方法及技巧

2.1.1　电气工程的图样类别

建筑电气工程的图样一般有电气总平面图、电气系统图、单元电气平面图、控制原理图、接线图、大样图、电缆清册、图例及设备材料表等。

(1) 电气总平面图

电气总平面图是在总平面图上表示电源及电力负荷分布的图样，主要表示各装置区的名称、电力负荷的装机容量、电气线路的走向及变配电装置的位置、容量和电源进户的方向等。通过电气总平面图可了解该项工程的概况，掌握电气负荷的分布及电源装置等。一般大型工程都有电气总平面图，中小型工程则由动力平面图或照明平面图代替。

(2) 电气系统图

电气系统图是用单线图表示电能或电信号按回路分配出去的图样，主要表示各个回路的名称、用途、容量以及主要电气设备、开关元件及导线电缆的规格型号等。通过电气系统图可以知道该系统的回路个数及主要用电设备的容量、控制方式等。

(3) 电气设备平面图

电气设备平面图是在平面图上标出电气设备、元件、管线实际布置的图样，主要表示其安装位置、安装方式、规格型号数量及接地网等。常用的电气平面图有动力、照明、变配电装置、接地、火灾报警等。

(4) 控制原理图

控制原理图是单独用来表示电气设备及元件控制方式及其控制线路的图样，主要表示电气设备及元件的启动、保护、信号、联锁、自动控制及测量等。通过控制原理图可以知道各设备元件的工作原理、控制方式等。

(5) 二次接线图(接线图)

二次接线图是与控制原理图配套的图样，用来表示设备元件外部接线以及设备元件之间接线的。通过接线图可以知道系统控制的接线及控制电缆、控制线的走向及布置等。一些简单的控制系统一般没有接线图。

(6) 大样图

大样图一般是用来表示某一具体部位或某一设备元件的结构或具体安装方法的。一般非标的控制柜、箱，检测元件和架空线路的安装等都要用到大样图，大样图通常采用标准通用图集。其中剖面图也是大样图的一种。

(7) 电缆清册

电缆清册是用表格的形式表示该系统中电缆的规格、型号、数量、走向、敷设方法、头尾结线部位等内容的，一般使用电缆较多的工程均有电缆清册，简单的工程通常没有电缆清册。

(8) 图例

图例是用表格的形式列出该系统中使用的图形符号或文字符号的。

(9) 设备材料表

设备材料表一般都要列出系统主要设备及主要材料的规格、型号、数量、具体要求等。

(10) 设计说明

设计说明主要标注图中交代不清或没有必要用图表示的要求、标准、规范等。

上述图样类别具体到工程上则按工程的规模大小、难易程度等原因有所不同，其中系统图、平面图、原理图是必不可少的。

2.1.2 读图的程序、要点、方法

2.1.2.1 读图程序

实践中读图的程序一般按设计说明、电气总平面图、电气系统图、电气设备平面图、控制原理图、二次接线图和电缆清册、大样图、设备材料表和图例并进的程序进行，详见图2-1。

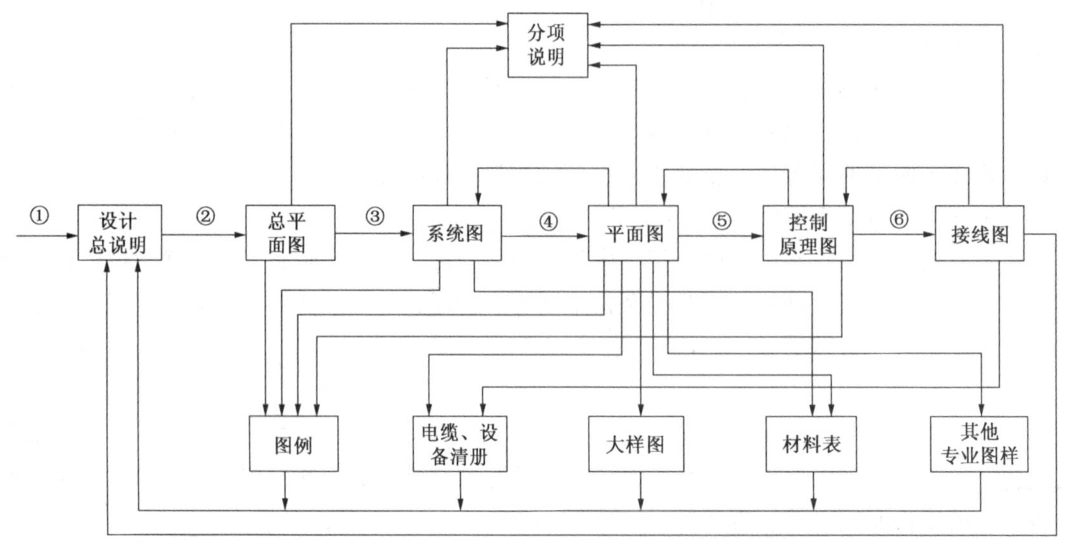

图 2-1 读图的程序框图

2.1.2.2 读图要点

(1) 设计说明

阅读设计说明时，要注意并掌握工程规模概况、总体要求、采用的标准规范、标准图册及图号、负荷级别、供电要求、电压等级、系统保护方式、某些具体部位或特殊环境(爆炸及火灾危险、高温、潮湿、多尘、腐蚀、静电、电磁等)安装要求及方法，相关专业对电气系统的要求或相互配合的有关说明等。

(2) 总电气平面图

阅读总电气平面图时，要注意并掌握以下有关内容：

① 构筑物名称、编号、用电设备容量及大型电机容量台数、弱电装置类别、电源及信号进户位置。

② 变配电所位置、变压器台数及容量、电压等级、电源进户位置及方式、电缆走向，电缆沟及电缆井的位置、回路编号、主要负荷导线截面及根数、电缆根数、弱电线路的走向及敷设方式、大型电动机及主要用电负荷位置以及电压等级、特殊或直流用电负荷位置、容量及其电压等级等。

③ 设备材料表中的主要设备材料的规格、型号、数量、特殊要求等。

④ 文字标注、符号意义、其他有关说明、要求等。

（3）电气系统图

① 阅读变配电装置系统图时，要注意并掌握以下有关内容：

1）进线回路个数及编号、电压等级、进线方式(架空、电缆)、导线电缆规格型号、计量方式、电流电压互感器及仪表规格型号数量、防雷方式及避雷器规格型号数量。

2）进线开关规格型号及数量、进线柜的规格型号及台数、高压侧联络开关规格型号。

3）变压器规格型号及台数、母线规格型号及低压侧联络开关(柜)规格型号。

4）低压出线开关(柜)的规格型号及台数、回路个数用途及编号、计量方式及表计、有无直控电动机或设备及其规格型号台数启动方法、导线电缆规格型号，同时对照单元系统图和平面图查阅送出回路是否一致。

5）有无自备发电设备或 UPS，其规格型号容量与系统连接方式及切换方式、切换开关及线路的规格型号、计量方式及仪表。

6）电容补偿装置的规格型号及容量、切换方式及切换装置的规格型号。

② 阅读动力系统图时，要注意并掌握以下内容：

1）进线回路编号、电压等级、进线方式、导线电缆及穿管的规格型号。

2）进线盘、柜、箱、开关、熔断器及导线规格的型号、计量方式及表计。

3）出线盘、柜、箱、开关、熔断器及导线规格型号、回路个数用途、编号及容量，穿管规格、启动柜或箱的规格型号、电动机及设备的规格型号容量、启动方式、同时核对该系统动力平面图回路标号与系统图是否一致。

4）有无自备发电设备或 UPS，其规格型号容量与系统连接方式及切换方式、切换开关及线路的规格型号、计量方式及仪表。

5）电容补偿装置的规格型号及容量、切换方式及切换装置的规格型号。

③ 阅读照明系统图时，要注意并掌握以下内容：

1）进线回路编号、进线线制(三相四线、单相两线制)、进线方式、导线电缆及穿管的规格型号。

2）照明箱、盘、柜的规格型号、各回路开关熔断器及总开关熔断器的规格型号、回路编号及相序分配、各回路容量及导线穿管规格、计量方式及表计、电流互感器规格型号，同时核对该系统照明平面图回路标号与系统图是否一致。

3）直控回路编号、容量及导线穿管规格、控制开关型号规格。

4）箱、柜、盘有无漏电保护装置，其规格型号、保护级别及范围。

5）应急照明装置的规格型号台数。

（4）电气平面图

① 阅读户外变电所平面布置图时，要注意并掌握以下有关内容：

1）变电所在总平面图上的位置，电源进户回路个数、编号、电压等级、进线方位、进线方式及第一结线点的形式（杆、塔）、进线电缆或导线的规格型号、电缆头规格型号，进线杆塔规格、悬式绝缘子的规格片数及进线横担的规格。

2）混凝土构架及其基础的布置、间距、比例、高度、形式（门型、单杆支柱）、中心线位置、数量、规格、用途及其结构型式，避雷针的位置、个数、规格、型式结构，电缆沟的位置、盖板结构及其沟断面布置，控制室及室内部分配电装置、电容器室以及休息室、检修间、备品库等房间的位置等。

3）隔离开关、避雷器、电流互感器、电压互感器、断路器、电力变压器、电容器等室外主要设备的规格、型号、数量、安装位置。

4）一次母线、二次母线的规格及组数，悬式绝缘子规格片数组数，穿墙套管规格、型号、组数、安装位置及标高，二次侧母线桥的结构型式、标高材料规格、支柱绝缘子型号规格及数量、安装位置、间距。

5）控制室信号盘、控制盘、电源柜、直流柜、模拟盘规格型号、数量、安装位置，室内电缆沟位置。

6）二次配电室进线柜、计量柜、开关柜、控制柜、联络柜、避雷柜的规格、型号、台数安装位置，室内电缆沟位置，引出线的穿墙套管规格、型号、编号、安装位置及标高，引出电缆的位置、编号。室内敷设管路的规格及导线电缆规格根数。

7）修理间电源柜、动力配电柜的规格、型号、安装位置、电缆沟位置，管路布置及其规格、导线及电缆规格。

8）电容器室电容柜或台架的规格、型号、安装位置、电缆沟位置。

9）接地极、接地网平面布置及其材料的规格、型号、数量、引入室内的位置及室内布置方式、接地电阻要求、与设备接地点连接要求、敷设要求。

10）上述各条内容有无与设计规范不符、有无与土建、采暖、通风、给排水等专业冲突矛盾之处。

② 阅读户外变压器平面布置图时，要注意并掌握以下有关内容：

1）变压器的容量及安装位置、电源电压等级、回路编号、进户方位、进线方式、第一结线点形式、进线规格型号、电缆头规格、进线杆规格、悬式绝缘子规格、片数及进线横担规格。

2）变压器安装方式（落地、杆上）、变压器基础面积高度、围栏形式（墙、栏杆或网）高度及设置、跌开式熔断器和避雷器规格型号安装位置、横担构件支撑规格及要求、杆头金具布置形式、接地引线及接地板的布置、接地电阻要求、悬式绝缘子及针式绝缘子数量及规格、高低压母线规格及安装方式、隔离开关规格型号及安装方式、低压侧熔断器的规格型号、低压侧总柜或总箱的位置、规格、结构型式以及低压出线方式、计量方式等。

③ 阅读户内变配电所平面布置图时，要注意并掌握以下有关内容：

1）变电所在总平面图上的位置，电源进户回路个数、编号、电压等级、进线方位、进线方式及第一结线点的形式（杆、塔）、进线电缆或导线的规格型号、电缆头规格型号，进线杆塔规格、悬式绝缘子的规格片数及进线横担的规格。

2）变配电所的层数、开间布置及用途、楼板孔洞用途及几何尺寸。

3）各层设备平面布置情况、开关柜、计量柜、控制柜、联络柜、避雷柜、信号盘、电源柜、操作柜、模拟盘、电容柜、变压器等规格、型号、台数、安装位置，首层电缆沟位置、引出线穿墙套管规格、型号、编号、安装位置、引出电缆的位置编号、母线及母线桥结构型式及规格型号组数等。室内敷设管路的规格及导线电缆的规格型号根数。

4）接地极、接地网平面布置及其材料的规格、型号、数量、引入室内的位置及室内布置方式、接地电阻要求、与设备接地点连接要求、敷设要求。

5）上述各条内容有无与设计规范不符、有无与土建、采暖、通风、给排水等专业冲突矛盾之处。

④ 阅读动力平面图时，应注意并掌握以下有关内容：

1）设备基础及电动机位置、电动机容量、电压、台数及编号、控制柜箱的位置及规格型号、从控制柜箱到电动机安装位置的桥架、电缆沟的规格型号及线缆规格型号根数和安装方式。

2）接地母线、引线、接地极的规格型号数量、敷设方式、接地电阻要求。

3）核对系统图与动力平面图的回路编号、用途名称、容量及控制方式是否相同。

⑤ 阅读照明平面图时，应注意并掌握以下有关内容：

1）灯具、插座、开关的位置、规格型号、数量，控制箱的安装位置及规格型号、台数、从控制箱到灯具插座、开关安装位置的管路的规格走向及导线规格型号根数和安装方式，上述各元件的标高及安装方式等。

2）核对系统图与照明平面图的回路编号、用途名称、容量及控制方式（集中、单独控制）是否相同。

3）构建物为多层结构时，上下穿越的线缆敷设方式（管、槽等）及其规格、型号、根数、走向、连接方式。单层结构的不同标高下的上述各有关内容及平面布置图。

4）系统采用的接地保护方式及要求。

5）其他特殊照明装置的安装要求及布线要求、控制方式等。

（5）控制原理图（包括二次回路、自动装置、微机综合控制保护装置）

阅读控制、调整原理图时，主要是掌握元件功能作用、辅助触点分布、接线方式、工艺系统要求、信号指示系统的功能作用等。

① 阅读动力（主要指电动机）控制原理图时，应注意并掌握以下有关内容：

1）电动机及启动柜、规格型号、电压等级、启动方式（直接、串联阻抗、自耦变压器、星角、延边三角、软启动、变频启动等）、冷却方式（风冷、油循环、水循环）、油路水路提供的检测信号型式（压力、温度、流速）、电动机及设备的基础是否与电动机容量及转速相符等。

2）开关（断路器、接触器、开启式负荷开关、变频器、软启动器）规格型号及台数用途（启动、运转、切换），保护方式（熔断器、热继电器、空气开关延时脱扣器、过电流继电器、电压继电器、差动保护）及其保护元件的规格型号、功能作用，切换方式及切换元件（时间继电器、速度继电器、电流继电器）的规格型号、功能作用。

② 阅读断路器控制及信号回路的原理时，应注意并掌握以下有关内容：

1）断路器规格型号、操作机构的类别规格型号。

2）操作电源类别(交流、直流)名称及电压、各开关辅助触点和继电器触点的分布位置及其作用功能、保护回路的作用功能及其来自继电保护回路的接点编号、位置、接入方式。

3）断路器事故跳闸后，中央事故音响信号回路的工作状态。

4）继电保护回路动作后，断路器跳闸过程及信号系统的工作状态。

5）继电保护回路与断路器控制回路的连接方式、接点编号。

③ 阅读接地信号监察装置原理图时，应注意并掌握以下有关内容：

1）电压互感器、继电器规格型号及各继电器的功能作用。

2）继电器触点分布情况。

④ 阅读操作电源原理图时，应注意并掌握以下有关内容：

1）操作电源的类别(交流、直流)、元件规格型号及功能作用。

2）直流操作电源的类别(电容储能、镉镍蓄电池组、复式整流)、整流器、继电器、闪光装置、绝缘监察装置、蓄电池组规格型号及功能作用。

3）各组操作电源的形成及作用。

⑤ 阅读备用电源自动投入装置的原理图时，应注意并掌握以下有关内容：

1）自投开关的类别(自动开关、接触器)及继电器的规格型号、功能作用。

2）继电器及自投开关辅助触点的分布情况，其动作后对电路所产生的影响。

⑥ 阅读自动重合闸装置的原理图时，应注意并掌握以下有关内容：

1）重合闸继电器工作原理、功能作用、规格型号，各继电器功能作用、触点分布，转换开关的规格型号及功能作用。

2）自动重合闸回路与断路器控制回路及保护回路的关系和控制功能。

3）重合闸装置的电源回路。

⑦ 阅读电力变压器继电保护控制原理图时，应注意并掌握以下内容：

1）变压器规格型号、继电保护的方式(差动保护、瓦斯保护、过电流保护、低电压保护、过负荷保护、温度保护低压侧单相接地)、各继电器规格型号及功能作用、继电器触点分布以及触点动作后对电路所产生的影响、电流互感器规格型号及装设位置。

2）继电保护回路与控制掉闸回路的连接方式、信号系统功能作用。

⑧ 阅读电力线路继电保护原理图时，应注意并掌握以下内容：

1）线路电压等级、继电保护方式(电流速断、过电流、单相接地、距离保护、横联差动保护)、各继电器规格型号及功能作用，继电器触点分布、电流互感器规格型号及装设位置。

2）保护回路与控制掉闸回路的连接方式，信号系统功能作用。

3）母线继电保护同电力线路继电保护。

⑨ 阅读电力电容器组继电保护原理图时，应注意并掌握以下内容：

1）电力电容器规格型号及数量、继电保护方式(过电流保护、横联差动保护、过电压保护、单相接地保护)、各继电器规格型号及功能作用、继电器触点分布、电流互感器规格型号及装设位置。

2）保护回路与控制掉闸回路的连接方式，信号系统功能作用。

⑩ 阅读开关柜控制原理图时，应注意并掌握以下内容：

1）开关柜规格型号、电压等级、功能作用及所控设备、采用的继电保护方式(短路、过电流、断相、温度等)、控制开关作用功能；继电器触点分布、电流互感器规格型号及装设位置。

2）保护回路与控制掉闸回路的连接方式、信号系统功能作用。

（6）安装接线图

阅读接线图必须对照上述各类原理图，弄清元件型号规格及接线端子是否一致，要正确区分哪些结线已在设备本身或元件内部接好，哪些接线应另用导线或电缆进行重新接线；必须正确掌握每段导线的头和尾与设备或元件的连接点；当标有引至×××或来自×××时，应立即找出×××的位置或其接线端子板，认真核对线芯数和接线点位置；连接导线或电缆的线芯数必须满足接线端子的数量；清楚元件或设备安装位置及端子板安装位置。

（7）电缆清册

阅读电缆清册时，应注意并掌握电缆编号、电缆类别(电力电缆、信号或控制电缆，交流电缆、直流电缆)、电压等级、规格型号芯数、电缆走向及起止位置地点、电缆计算长度(这个数值只作为参考数值，不作为割锯电缆的凭证，割锯电缆一般应实测实量)、电缆的用途。核对电缆清册上的电缆应与平面图和接线图上的编号、规格型号、芯数一致。

（8）大样图

阅读大样图时，应注意并掌握材料及材质要求，几何尺寸、加工要求、焊接防腐要求、安装具体位置、内部结构型式、元件规格型号及功能作用、具体结线部位及接线方式、元件排列安装位置、制作比例、开孔要求及其部位尺寸、螺纹加工要求、安装操作程序及要求、组装程序、与其他图样的联系及要求等。

（9）设备材料表

阅读设备材料表时，主要是掌握工程中的设备、材料、元件的规格型号、数量、并应与前述各图相符。

2.1.2.3 读图步骤及方法

阅读电气工程施工图时，一般可分三个步骤，即粗读、细读和精读。首先将施工图从头到尾大概浏览一遍，了解工程的概况，主要是阅读电气总平面图、电气系统图、设备材料表和设计说明。然后按前面所叙述的读图程序和读图要点仔细阅读每一张施工图，最后将施工图中的关键部位及设备、贵重设备及元件、电力变压器、大型电机及机房设施、复杂控制装置的施工图重新仔细阅读，系统掌握中心作业内容和施工图要求。对于一般小型且较简单或项目单一的工程，在读图时可直接进行精读。

2.1.2.4 电气工程读图应具备的知识及技能

（1）电气专业方面的知识及技能

① 熟练掌握电气(包括自动化仪表及其弱电工程)图形符号、文字符号、标注方法及其含义，熟悉建筑电气工程制图标准、常用画法及图样类别。

② 熟悉建筑电气工程经常采用的标准图册图集、电气装置安装工程施工及验收规范、设计规范、安装工程质量验评标准及有关部委标准规范等。

③ 掌握电力变压器、变配电装置的设置及其常用的控制保护电路和方式，掌握各种电动机启动控制电路及保护方式，掌握架空线路和电缆线路常用的安装方法，掌握室内电气线路、电气设备常用的安装方法及设置，掌握防雷接地技术及电气系统常用的保护方式；熟悉特殊环境电气线路及设备的设置。

④ 熟练掌握电气工程中常用的电气设备、元件、材料(如变压器、电动机、开关柜、导线电缆、启动柜、绝缘子、继电器、各类开关和接触器、管材、钢材、电气仪表、灯具、信号装置、低压电器、熔断器、避雷器、小五金件、电气控制装置等)的性能作用、工作原理、规格型号。

⑤ 熟悉电气工程有关设计的规程规范及标准，了解设计的一般程序、内容及方法。

⑥ 熟悉一般电气工程的安装工艺、程序、方法及调试方法。

(2) 土建专业方面的知识

熟悉土建工程、装饰工程和混凝土工程施工图中常用的图形符号、文字符号和标注方法；了解土建工程的制图标准及常用画法，了解一般土建工程施工工艺和程序。

(3) 工业管道和采暖通风专业方面的知识

熟悉工业管道、采暖卫生、通风空调工程施工图中常用的图形符号、文字符号和标注方法；了解制图标准及常用画法；熟悉工业管道、采暖卫生、通风空调工程施工工艺和程序，掌握与电气关联部位及其一般要求。

(4) 设备安装专业方面的知识

熟悉工业设备、锅炉、破碎粉磨设备、压缩机、风机、泵类设备、起重设备等安装工程施工图常用图形符号、文字符号和标注方法；了解制图标准及常用画法，熟悉工程施工工艺和程序，掌握与电气关联部位及其一般要求。

2.1.3 电气工程施工图的符号及标注

建筑电气工程的施工图样是用各种图形符号、文字符号以及各种文字标注来表达的。其中文字符号和标注方法适用于系统图、平面图、原理图等各种图样，而图形符号则不同，有的仅适用于系统图和原理图，有的仅适用于平面图，使用和读图时要注意区别。

2.1.3.1 图形符号

电气工程图形符号的种类很多，一般都画在电气系统图、平面图、原理图和接线图上，用以标明电气设备、装置、元器件及电气线路在电气系统中的位置、功能和作用。

电气工程图中通用的图形符号见附录 1 电气工程图中通用图形符号。

建筑电气工程平面图中常用图形符号见附录 2 电气工程平面图常用图形符号。

2.1.3.2 文字符号

电气工程文字符号分基本文字符号和辅助文字符号两种。一般标注在电气设备、装置和元器件图形符号上或其近旁，以标明电气设备、装置和元器件的名称、功能、状态和特征。

(1) 单字母基本文字符号

单字母符号是按拉丁字母将各种电气设备、装置和元器件分为 23 大类，每大类用一个专用单字母表示，如电容器类用“C”表示，电动机用“M”表示，单字母应优先使用。

(2) 双字母基本文字符号

双字母符号是由一个表示种类的单字母符号与另一个进一步详细具体表示电气设备、装置和元器件名称、功能、状态和特征的字母组成，种类字母在前，功能名称字母在后，如KA表示交流继电器，KM表示接触器。

电气工程中常用的基本文字符号见附录3电气工程及电气设备常用基本文字符号。该符号由GB 7159—1987《电气技术中的文字符号制订通则》引出（该标准已于2005年废止，但现无新标准代替，在无新标准颁布之前，可适当延用该标准），并补充了一些工程中常用的文字符号。这些文字符号与旧标准的文字符号是根本不同的，旧标准使用的是汉语拼音的字头。

（3）辅助文字符号

辅助文字符号是用来表示电气设备、装置和元器件以及线路的功能、状态和特征的，基本上使用的是英文名称的缩写，如闭合的英文是Close，而文字符号为ON。辅助文字符号可单独使用，如OFF表示断开，P表示压力等。

电气工程中常用的辅助文字符号见附录4电气工程常用辅助文字符号，同样由GB 7159—1987引出。这里将建筑电气工程图中常用的电气设备、元件及标注的文字符号新旧对照列出，供读图时参考，见附录5常用电气设备、元件文字符号新旧对照表。

2.1.3.3 电气设备及线路的标注方法及其使用

电气工程图中常用一些文字（包括英文、汉语拼音字母）和数字按照一定的格式书写，来表示电气设备及线路的规格型号、编号、容量、安装方式、标高及位置等。这些标注方法必须熟练掌握，在读图中有很大用途。

电气设备及线路的标注方法见附录6电气设备及线路标注方法。

（1）用电设备的标注

用电设备的标注一般为$\frac{a}{b}$或$\frac{a}{b}\left|\frac{c}{d}\right.$，如$\frac{15}{75}$表示这台电动机在系统中的编号为第15，电动机的额定功率为75kW；又$\frac{15}{75}\left|\frac{200}{0.8}\right.$，表示这台电动机的编号为第15，功率为75kW，自动开关脱扣器电流为200A，安装标高为0.8m；再如$\frac{6}{7}\left|\frac{30}{1.5}\right.$，表示编号为第6，功率7kW，熔丝电流30A，安装标高1.5m。

自动开关脱扣器与熔丝的判断区别，一是电动机容量，二是标注数值与电动机额定电流的倍数（倍数≤2时为自动开关脱扣器，倍数>2时为熔丝），其中，额定电流取额定功率数值的2倍。第一例$\frac{15}{75}\left|\frac{200}{0.8}\right.$，电机功率较大，标注数c为200，为额定电流2×75的1.33倍，因此，200为自动开关脱扣器的整定值；第二例$\frac{6}{7}\left|\frac{30}{1.5}\right.$，电机功率较小，c为30，为额定电流2×7的2.14倍，因此，30为熔丝电流。

（2）电力和照明设备的标注

① 一般标注方法为$a\frac{b}{c}$或a-b-c，如$5\ \frac{\text{Y200L-4}}{30}$或5－（Y200L-4）－30，表示这台电动机在该系统的编号为第5，型号是Y系列笼型感应电动机，机座中心高200mm，机座为长机

座，四极，同步转速 1500r/min，额定功率 30kW。

② 需要标注引入线时的标注为 $a\frac{b-c}{d(e\times f)-g}$，如 $5\frac{(Y200L-4)-30}{BL(3\times35)G40-DA}$，表示这台电动机在系统的编号为第 5，Y 系列笼型电动机，机座中心高 200mm，机座为长机座，四极，同步转速 1500r/min，功率 30kW，三根 35mm^2 的橡皮绝缘铝芯导线穿直径为 40mm 的水煤气钢管沿地板埋地敷设引入电源负荷线。其中，DA(汉语拼音)也可写作 FC(英文)。

(3) 配电线路的标注

配电线路的标注一般为 a-b(c×d+n+h)e-f，如 24-BV(3×70+1×50)G70-DA，表示这条线路在系统的编号为第 24，聚氯乙烯绝缘铜芯导线 70mm^2 的三根、50mm^2 的一根穿直径为 70mm^2 的水煤气钢管沿地板埋地敷设。

在工程中若采用三相四线制供电一般均采用上述的标注方式；如为三相三线制供电，则上式中的 n 和 h 则为 0；如为三相四线制供电，若采用专用保护零线，则 n 为 2；若用钢管做为接零保护的公用线，则 n 为 1。

上述三例的回路编号在实际工程中有时不单独采用数字，有时在数字的前面或后面常标有字母(英文或汉语拼音)，这个字母是设计者为了区分复杂而多个回路时设置的，在制图标准中没有定义，读图时应按设计者的标注去理解。如 M1 或 1M、或 3M1 等。

(4) 照明灯具的标注

照明灯具的标注通常有两种。

① 一般标注方法为 $a-b\frac{c\times d\times L}{e}f$，如 $8-YZ40RR\frac{2\times40}{2.5}L$，表示这个房间或某一区域安装 8 只型号为 YZ40RR 的荧光灯，直管形、日光色，每只灯 2 根 40W 灯管，用链吊安装，吊高 2.5m，指灯具底部与地面距离。其中光源种类 L，设计者一般不标出，因为灯具型号已示出光源的种类。

光源种类 L 主要指：白炽灯(IN)、荧光灯(FL)、荧光高压汞灯(Hg)、金属卤化物灯、高压钠灯(Na)、碘钨灯(I)、氙灯(Xe)、弧光灯(ARC)及用上述光源组成的混光灯、红外线灯(IR)、紫外线灯(UV)等。如果需要时，则在光源种类 L 处标出代表光源种类的括号内的字母。

有关标注方法中，f 表达照明灯具安装方式标注的代号及意义见附录 9。

②灯具吸顶安装标注方式为 $a-b\frac{c\times d\times L}{—}$，各种符号的意义同①，因为吸顶安装，所以安装方式 f 和安装高度就不再标注。如某房间灯具的标注为 $2-JXD6\frac{2\times60}{—}$，表示这个房间安装两只型号为 JXD6 的灯具，每只灯具 2 个 60W 的白炽灯泡，吸顶安装。

这里需要强调说明一点，一般的设计不在图上标注出电气设备、电动机、绝缘导线及灯具的型号，其型号都随图标注在图上的设备及材料表内，这样前述的几种标注即为以下方式，但意义同上：

$5\frac{Y200L-4}{30}$或 5-(Y200L-4)-30　简化为　$\frac{5}{30}$；

$5\frac{(Y200L-4)-30}{BL(3\times35)G40-DA}$　简化为　$5\frac{30}{(3\times35)G40-DA}$；

24-BV(3×70+1×50)G70-DA　简化为　24(3×70+1×50)G70-DA；

8-YZ40RR $\frac{2\times40}{2.5}$L　简化为　8 $\frac{2\times40}{2.5}$L；

2-JXD6 $\frac{2\times60}{—}$　简化为　2 $\frac{2\times60}{—}$。

另外，图中有关一些电气设备及材料的内容应及时查找电气设备及材料手册，以便核对。

(5) 开关及熔断器的标注

① 一般标注方法为 a $\frac{b}{c/i}$或 a-b-c/i，如 m_1 $\frac{DZ20Y-200}{200/200}$或 m_1-(DZ20Y-200)-200/200，表示设备编号为 m_1(m 是设计者为区分回路而设置的)，开关的型号为 DZ20Y-200，即为额定电流为 200A 的低压空气断路器，断路器的整定值为 200A。

② 需要标注引入线时的标注方法为 a $\frac{b-c/i}{d(e\times f)-g}$，如 m_1 $\frac{(DZ20Y-200)-200/200}{BV\times(3\times50)CP-LM}$，表示为设备编号为 m_1，开关型号为 DZ20Y-200 低压空气断路器，整定电流为 200A，引入导线为橡皮绝缘铜线，三根 $50mm^2$，用瓷瓶沿屋架敷设。

同样，上述的标注也可以用下列方式表达：

$$\frac{m_1}{200/200}\text{或 } m_1-200/200\text{；} m_1\frac{200/200}{(3\times50)CP-LM}$$

(6) 电缆的标注方式

电缆的标注方式基本同配电线路标注的方式相同，如 n20-YJLV(3×185)CT-WE 表示编号为第 20，$3\times185mm^2$ 的交联聚氯乙烯绝缘聚氯乙烯护套 10kV 电力电缆，用电缆桥架沿车间墙壁敷设。其中 CT、WE 采用的是英文标注，见附录 7 和附录 8。

当电缆与其他设施交叉时的标注用下面的方式，$\frac{a-b-c-d}{e-f}$，如$\frac{4-100-8-1.0}{0.8-f}$，表示 4 根保护管，直径 100mm，管长 8m 于标高 1.0m 处且埋深 0.8m，交叉点坐标 f 一般用文字标注，如与 XX 管道交叉，XX 管应见管道平面布置图。

(7) 有关变更的表示方法

导线或电缆型号规格及敷设方式的改变可采用$\frac{3\times16}{}\times\frac{3\times10}{}$及$—\times\frac{\phi40}{}$的方式标注，但在工程中一般则采用设计变更或图样会审纪要的方法来用文字说明，且须由设计者签字。

2.2　低压电动机接触器-继电器控制电路

2.2.1　直接启动

电动机直接启动的电路见图 2-2。

(1) 由图 2-2(a)可知，将断路器 QF 闭合或将熔断器 FU 插入或旋紧，主回路有电。

(2) 按动启动按钮 SB，接触器 KM 的线圈经停止按钮 SBS、热继电器 KH 的启动触点 SB 接通吸合，使 KM 主触头吸合，电动机 M 得电而转动起来，当松开 SB 时，KM 辅助启动

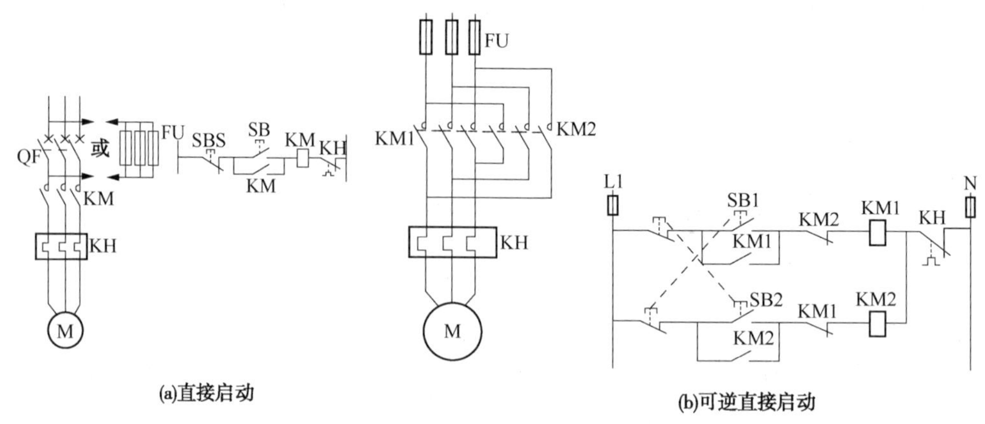

图 2-2　电动机的直接启动电路

触头已闭合而实现自保。

（3）当需要停车时，按动停止按钮 SBS，KM 线圈回路断开，线圈失电使 KM 释放，电动机断电停止。

（4）当电路及电动机内部的相间产生短路时，QF 跳闸或 FU 熔断器熔断使电动机失电而停止。当 FU 熔断一相时，KH 动作，因为 KH 是带断相保护功能的，其触点断开，切断控制回路，KM 失电，也能使电动机停止。

（5）当电动机过载发热时，KH 动作，其触点断开，切断控制回路，使电动机失电而停止。

再看图 2-2(b)，主回路中 KMl 和 KM2 将两个边相在下闸口倒相了，因此 KM1 吸合则为正转，而 KM2 吸合则为反转。控制回路中使用启动和停止同时动作(停止先断开，启动后闭合，决定按动速度及是否按到底)的双联按钮 SBl 和 SB2，因此，操作 SBl 时，其停止触头先断开了 KM2 的得电回路，这样 KMl 得电时 KM2 不能得电，同样操作 SB2 时，KM2 得电而 KMl 不能得电。KMl 得电后其停止辅助触点打开，它接在了 KM2 的得电回路，保证了 KM1 吸合后 KM2 不会得电吸合，同样 KM2 的停止辅助触点接在了 KMl 的得电回路，保证了 KM2 吸合时，KMl 不会得电。上述的两种制约叫做联锁，是电气控制线路中常用的接线方法。当电动机需要停止时，正转按动 SB2，反转按动 SB1，其停止触点先断开得电回路，只要不按到底，电动机就停止。当按到底时，电动机就由正转变为反转或由反转变为正转了。其他控制原理同图 2-2a。

2.2.2　85Y-△启动器的间接启动(星-三角启动)

Y-△启动器的启动电路如图 2-3 所示。

（1）将 FU、FUl 装好后电路有电，准备启动。

（2）按 SB，①控制回路的时间继电器 KT 经 KM2 停止触点得电吸合并开始计时；②控制回路的 KM3 经 KM2 停止触点、KT 延时打开的停止触点和 SB 得电吸合，KM3 主触点闭合将 M 的 U_2、V_2、W_2 引出端封为星点；③控制回路的 KM1 经已闭合的 KM3 启动触点和 SB 得电吸合，使电动机 U_1、V_1、W_1 接入主电源，M 作星形启动；④控制回路的 KM2 不会吸合，因为 KM3 停止触点已打开，KM2 和 KM3 是互锁的，不会同步吸合。

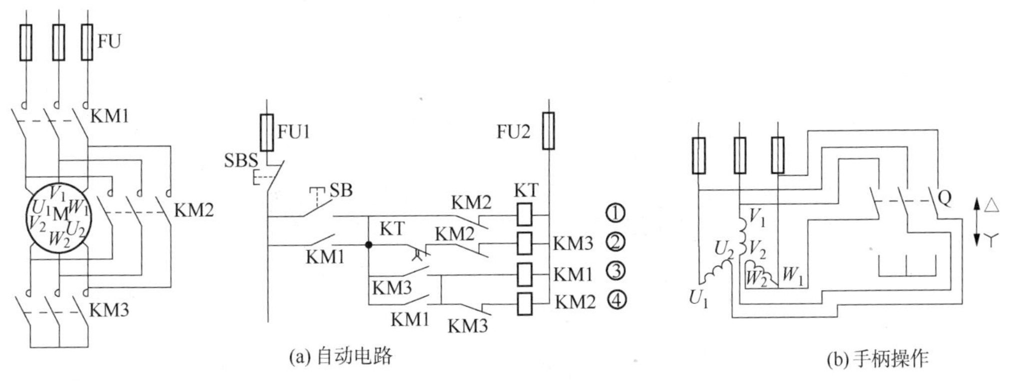

图 2-3　电动机 Y-△启动控制电路

（3）KT 经调整后的启动时间到达后，其②回路的停止触点打开，KM3 失电，电动机靠惯性运转，而 KM3 的停止触点复位，使 KM2④回路得电吸合，KM2 的主触点将电动机按 U_1/V_2、V_1/W_2、W_1/U_2 接为三角形，电动机继续运转，完成启动过程。KM2 吸合后其①回路的停止触头打开，KT 失电，②回路的停止触点也打开。

（4）发生短路时，FU 熔断，切断电动机电源。容量较大的电动机也可按图 2-3 设置断路器、电流继电器、热继电器进行保护。

（5）当需要停车时可按 SBS 切断控制电源：KM1、KM2 失电，电动机停止。

2.2.3　同步电动机的启动及控制

低压同步电动机的启动常采用异步启动，也就是和异步电动机的启动方法相同，当接近同步转速时，在转子励磁绕组中通入直流电流，使同步电动机进入同步运行，这便叫做异步启动，同步运行。

2.2.3.1　直接启动

在全压下启动，当电动机达到准同步速度（一般转速达到 0.95～0.98 额定转速）时即供给励磁，然后牵入同步运行。直接启动的线路及设备同异步电动机，但能否直接启动主要取决于电动机的结构是否允许直接启动、启动转矩能否满足负载的要求及启动时母线上的电压下降的程度三点。

如果母线的短路容量与电动机的启动容量不相适应，则母线电压降会超过允许值，有碍于系统的运行。因此，能否直接启动，可用下式确定：

$$\frac{S_K + Q_H}{S_M + S_K + Q_H} \geqslant \alpha$$

式中　S_K——母线的短路容量，kVA；

Q_H——母线的无功负荷，kvar；

S_M——电机的启动容量，kW；

α——母线允许的最低电压相对值。

对于动力与照明混合用电的母线为 85%，电动机单独用电的母线为 80%。

2.2.3.2　减压启动

通过电阻、电抗器或自耦变压器，把电动机接到电网上，当加速到一定转速时，再切换到全压，线路及设备基本同异步电动机，见图 2-4 的主回路结构。

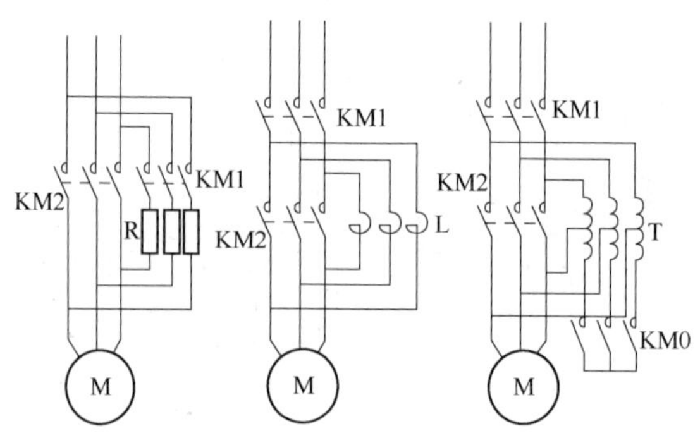

图 2-4　同步电动机减压启动方式

（1）自耦变压器启动

先使零位接触器 KM0 吸合，再使线路接触器 KM1 吸合，这时经自耦变压器 T 把降低了的电压接到同步电动机的定子上。当转速加速到一定值时，先断开 KM0，电动机经 T 的一部分线圈接到电网上，这时 T 相当于一个电抗器，再使加速接触器 KM2 吸合，电动机得全压。这里要注意，KM0 断开后加到电动机上的电压，不应比断开前低；KM2 合闸前，KM0 必须可靠断开。

（2）电抗器或电阻启动

先使线路接触器或启动接触器 KM1 吸合，电动机经限流器接到电网上，随着电动机转速的增加，定子电流逐渐下降，电动机端电压逐渐增加。当加速到一定速度时，使加速接触器 KM2 吸合，电动机得全压。其中电抗启动，KM2 吸合后，KM1 仍保持吸合。而电阻启动，KM2 吸合后 KM1 应断开。

（3）供给励磁的时间

一种是电动机在降低了的电压下加速到准同步速度时，供给励磁，使电动机进入同步，然后再接入全压，这叫做“轻载启动”。采用“轻载启动”可以用限流器减小励磁电流接入时引起的电流冲击。另一种是由于机械需要牵入的转矩较大，电动机在减压时所产生的转矩，不能带动机械加速到准同步转速，这就需要采用“重载启动”。这就是在电动机接入全压后再加速到同步转速时，再供给励磁电流。

由此可见，采用何种启动方法，除考虑电动机构造、母线压降外，还要考虑负载的实际情况。

2.2.3.3　励磁的方法

励磁有自励和他励两种，自励就是由和电动机同轴的励磁机励磁，他励则是由专用的直流电源励磁，一般常用成套的晶闸管整流装置。自励根据励磁机与同步电动机励磁绕组连接的方式，又分为固接、经电阻固接和非固接三种。

2.2.4　起重设备电动机的控制电路

2.2.4.1　凸轮控制器的电气线路

凸轮控制器是电动起重机械中控制电动机启动、调速、停止、正反运行的专用装置，它是通过凸轮的转动而带动触头的闭合与打开，从而使电源接通或短接电阻。凸轮控制器的基本结线见图 2-5。

凸轮控制器一般有 12 副触头，且每副触头均有正反方向闭合的功能且正反方向联锁。其 1#~4#触头是接通和切断电动机定子回路的，只控制电动机的两相，另一相不经过触头控制，直接由电源接至电动机定子，这是电动起重机械中电动机结线的一个特点。5#~9#触头是分段切除转子串接电阻的；10#~12#触头均为停止触头，是用在保护回路的。图中标有⊕的位置则表示该触点在这个位置是接通的，而标有+的位置则表示该触头在这个位置是断开的。而停止触点 10#~12#在“0”位时是接通的。

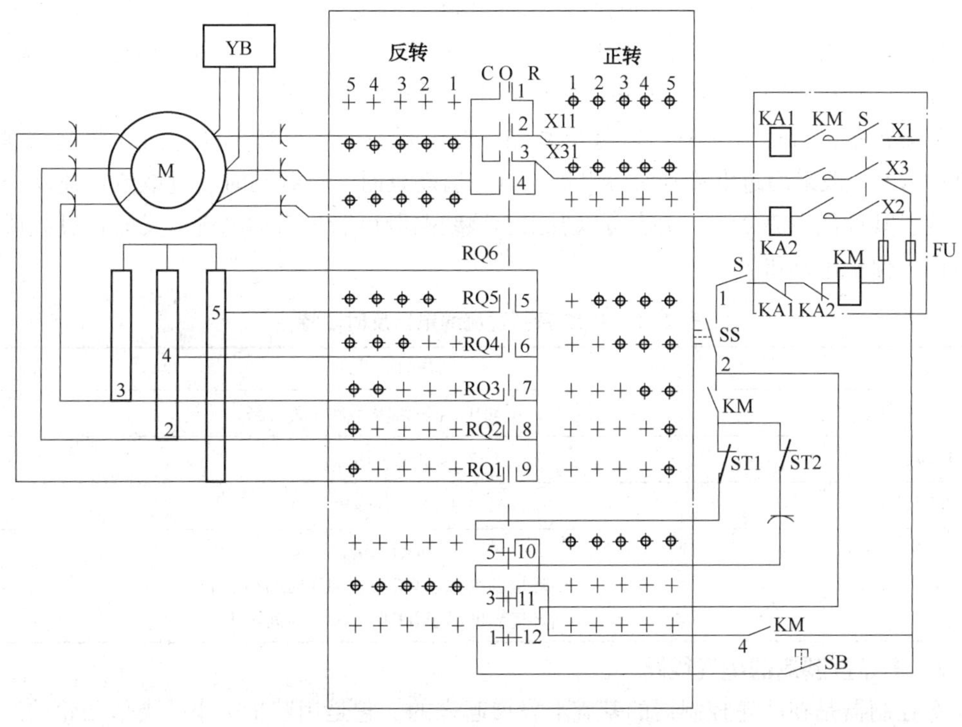

图 2-5　凸轮控制器原理接线图

下面我们分析凸轮控制器的工作原理。

(1) 凸轮控制器是与交流接触器配合使用的。由图可知，接触器的线圈经过按钮 SB、行程开关 STl 和 ST2 以及凸轮控制器的三副停止触点组成了控制回路。在“0”位时，10#~12#触点是闭合的，操作按钮 SB，电流经 X3、FU、SB、12#触点、SS(紧急开关，已闭合)、S(舱门开关，已闭合)、KA1、KA2 与线圈形成回路，接触器吸合。同时，接触器的两副启动辅助触头 KM 闭合自保。这样当凸轮无论转向正或反时，12#触头打开而接触器线圈仍有电吸合。假如转向正转位置 1 时，这时 12#、11#触点打开，而 10#触点闭合，电流经 X3、FU、辅助触点 KM、10#触点、STl、辅助触点 KM、SS、S、KA1、KA2 与线圈形成回路，接触器保持吸合。假如转向反转位置 1 时，12#、10#触头打开，11#触点闭合，电流经 X3、FU、辅助触点 KM、11#触点、ST2、辅助触点 KM、SS、S、KA1、KA2 与线圈形成回路，接触保持吸合。

凸轮控制器的正转触头在正向操作时，一经闭合将不再打开，反向操作时，一经打开将不再闭合，不会出现交流接触器失电现象。反转触点与之相同。其他触点只有在打黑点和不打黑点间进行闭合和断开或断开与闭合的切换。

因电源失电、KA 动作、ST 动作、SS 动作，接触器失电断开，要使其重新得电，必须将凸轮控制器的手柄反向转到“0”位，这时 12#触点闭合，这样才能重新启动。因此，12#触头则称为零位保护或零压保护触点。

(2) 1#~4#触头中，1#、3#为正转触头，2#、4#为反转触头，当正转或反转触头接通时，非控制相因先直接给了电动机，电磁抱闸得电松开，电机在转子串接全部电阻下慢速启动。如需要加速，可将手柄从 1 的位置转到 2 的位置，这时 5#触头闭合，将 5~O 段电阻短接，电动机则加速。同样 6#触头短接 4~0 段电阻，7#触头短接 3~0 段电阻，8#触头短接 2~4段电阻，9#触头短接 1~5 段电阻，电机达到最高速。然后手柄反向转动，则触头打开，电阻增加，电动机则减速，到“0”位时电机停止。反转操作同正转。

(3) 运行中，行程开关 ST、紧急开关 SS、舱门开关 S、过电流继电器 KA 将起到保护作用。其中 KA 一般采用过电流延时继电器，具有启动延时、过载延时、过电流迅速动作的反时限特性，其性能见表 2-1。由表可以看出，该线路既可躲过启动电流，又能在过载或过电流时跳闸，保护电动机。

表 2-1 JL12 系列过流继电器反时限特性

电流/A	动作时间及说明
I_N(额定电流)	不动作，持续 1h 不动作为合格
1.5 I_N	< 3min(热态)
2.5 I_N	10s±6s
6 I_N	<1~3s 当环境温度大于 0℃时，动作时间小于 1s 当环境温度小于 0℃时，动作时间小于 3s

2.2.4.2 主令控制器的电气线路

主令控制器是在凸轮控制器的基础上发展起来的。它是用容量很小的类似凸轮的触头去控制接触器，而用接触器的触头去控制电动机的主电路，实现电动机的启动、制动、调速和反转、停止等功能。主令控制器的基本结线见图 2-6。主令控制器一般常用于容量较大且工作频繁的主钩电动机上。

主令控制器也有 12 副触头，其中 K1 是零位保护触头，控制的是电压继电器 KV，其触点 KV(13~1)闭锁了控制回路的电源，实现了零压保护。同时过电流继电器的触点 KA(1~14)串接在 KV 线圈的回路里，过载时可切断控制回路的电源，实现过负荷保护。K2、K3 则为正反转行程限位保护触头，由行程开关 SU、SL2 执行。K4 控制制动接触器 KMB，通电后 KMB 吸合，使电磁制动器 YB 打开，断开后 YB 失电制动。K5 控制下降接触器 KMR，K6 控制上升接触器 KMF。K7~K12 控制短接电阻接触器 1KMB、2KMB、(1~4)KMA。主令控制器的触头闭合或打开以有无黑点“-●-”为准，与凸轮控制器基本相同。

下面分析主令控制器的工作原理。

(1) 将控制回路电源开关 QK 闭合，主令控制器手柄置于“0”位，K1 闭合，KV 通过 KA 停止触点(1~14)得电吸合，KV(1~13)闭合自锁。

(2) 在上升位置 1 时，K3、K4、K6、K7 闭合，接触器 KMB、KMF、1KMB 吸合，电磁

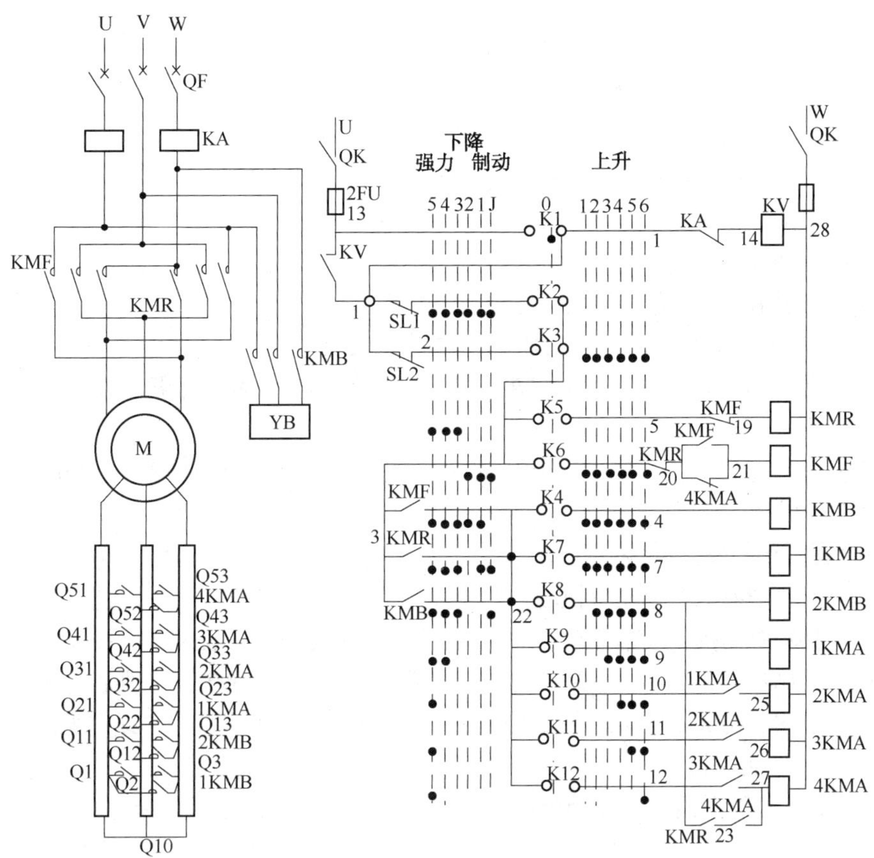

图 2-6 主令控制器的控制主钩电动机原理图

抱闸 YB 松开，电动机得电启动，这时第一段反接电阻被 1KMB 短接。如果将上升位置从 1 逐次切换到 2、3、4、5、6 位置时，接触器 2KMB、1KMA～4KMA 相继吸合，逐级切除电阻，电动机升速。触点 1KMA(10～25)、2KMA(11～26)、3KMA(12～27)提供电气联锁，保证按顺序切除。上升阶段电动机工作在电动状态。

(3) 在下降 J 位置时，转子串入四段电阻(因 1KMB 切除一段电阻)、电动机有较大的起制动作用的转矩，同时 K4 断开，KMB 失电、YB 制动，这样重物保持一定的位置静止不动。因此，J 这个位置则用于下降制动，停止。在下降的其他位置上，K4 始终接通，KMB 得电，YB 解除制动。

(4) 在下降 1 位置时，K2、K4、K6、K7 闭合，KMF、KMB、1KMB 吸合，电动机转子串接 5 段电阻，电动机还是接成上升相序，抱闸松开；在下降 2 位置时，K2、K4、K6 闭合、电动机串 6 段电阻，仍为上升相序。这时若负载不能克服电动机的转矩，则会出现重物上升的现象。因此，1、2 位置常用于重物下降，这时因串较大电阻，在位能转矩作用下，电动机运行在速度反向倒拉反接制动状态、获得较小的下降速度。

(5) 在下降 3 位置时，K2、K4、K5、K7、K8 闭合，KMR、KMB、1KMB、2KMB 吸合，抱闸松开，KMR 将电动机倒相反转，串四段电阻，转矩反了转速反了；在 4 位置，又有 K9 闭合，1KMA 吸合，串三段电阻。这样在 3、4 位置上可强迫负载下降，即使负载较轻也能得到下降速度。

(6) 在下降位置 5 时，除上述外，又有 K10、K11、K12 闭合，除常串电阻外，电阻全部切除，可获得较大的强迫下降速度。如重物较重，转速超过电动机同步转速时，在其作用下可使电动机进入再生发电状态，把重物的势能转变为电能反送回电网。4KMA(23~27)和 KMR(8~23)串联的设置是使 4KMA 线圈自锁，这样在由 5 位置切换到 J、1、2 位置时，避免了切换过程中经过 3、4 位置造成的高速下降，而是使其保持在 5 的特性上。当切换到上升挡位时，KMR(8~23)断开，自锁解除、不影响提升调速。KMF 的自锁接点 KMF(20~21)只有在 4KMA 切断后才起作用，这样，当由下降 5、4、3 切换到 2、1、J 时，转子电阻全部接入才能进入反接制动，防止反接制动过程的电流冲击。

KMB(3~22)与 KMR(3~22)、KMF(3~22)并联的设置，保证了下降位置 2、3 的切换中只有一只接触器吸合而另一只接触器断开，不至发生电动机高速下机械制动而引起的剧烈振动。

(7) 运行中，过载由 KA 保护，上升及下降极限位置由 SL 保护，突然停电由 KV 保护，切断控制回路的电源，重新启动必须使手柄回到“0”位。

2.2.4.3 桥式起重机常用的控制线路

桥式起重机一般有五台电动机拖动，其中主钩电动机容量较大，由主令控制器控制，副钩电动机、小车移动电动机、大车移动电动机(两台)容量较小，一般由凸轮控制器控制。同时设置保护柜和控制柜，保护柜、控制柜均有系列成套产品，可参阅有关手册，电源设置滑线和辅助滑线。上述内容构成了复杂的控制系统。桥式起重机常用的电气控制线路见图 2-7。

(1) 主钩的控制和控制柜

① 由图 2-7 可以看出主钩控制由两个部分构成：一是主令控制器，这部分与前述及图 2-6 是相同的，只是在下降回路中省略了一只行程开关 SL，同时将主令控制器的闭合和断开的标注黑圆点取掉了，读图时可与图 2-6 对照；二是主钩电动机 JM 的主回路，这部分与前述及图 2-6 是基本相同的，所不同的是增加了一只电磁抱闸，两只同步运行。另外，主回路中定子与转子的结线是由电刷与滑线(—⟩|—)完成的，见 JM 的 D1、D3 和 R21，同时 R21 是一非控制相，直接由主钩定子滑线引来，这一点与图 2-5 相同。

② 工程中常把主钩主回路中的 1QK、KA、KMF、KMR、KMB 以及主令控制器回路中的 2QK、2FU、KV、1KMB、2KMB、(1~4)KMA 等电气元件装在一台柜(屏)上，把与主令的结线和与总开关的结线甩出，以便接线。我们把这个柜(屏)称为控制柜(屏)，控制屏一般装在轿厢内，也有装在起重机的主桥架上的。同时把转子电阻 JRS 装在箱内，也安装在主桥架上。

(2) 副钩及大车、小车的控制

① 副钩及小车的控制是用凸轮控制器进行的，与图 2-5 基本相同，定子与转子的接线也是由电刷与滑线完成的，其中定子的一相 R21 为非控制相。凸轮控制器的保护功能由单独的保护柜来完成。

② 大车的控制也是由凸轮控制器进行，所不同的是凸轮控制器切换电阻的触头有两套分别同时切换两台电动机的转子电阻 D1RS 和 D2RS，定子则由一套触头控制，保护触头也为一套，以便实现两台电动机的同步控制。因为大车为两台电机拖动，因此这两台电动机的同步性是很重要的，不只是控制系统有严格的要求，而且两台电动机本身的各种参数必须相同，才能保证同步。同时两台电动机分别设置的电磁抱闸 YB 的参数(包括间隙)也必须相同。

(3) 保护柜

① 工程中常把主开关 QF、主接触 KM、大车小车副钩的过电流继电器(1~4)KA、总电

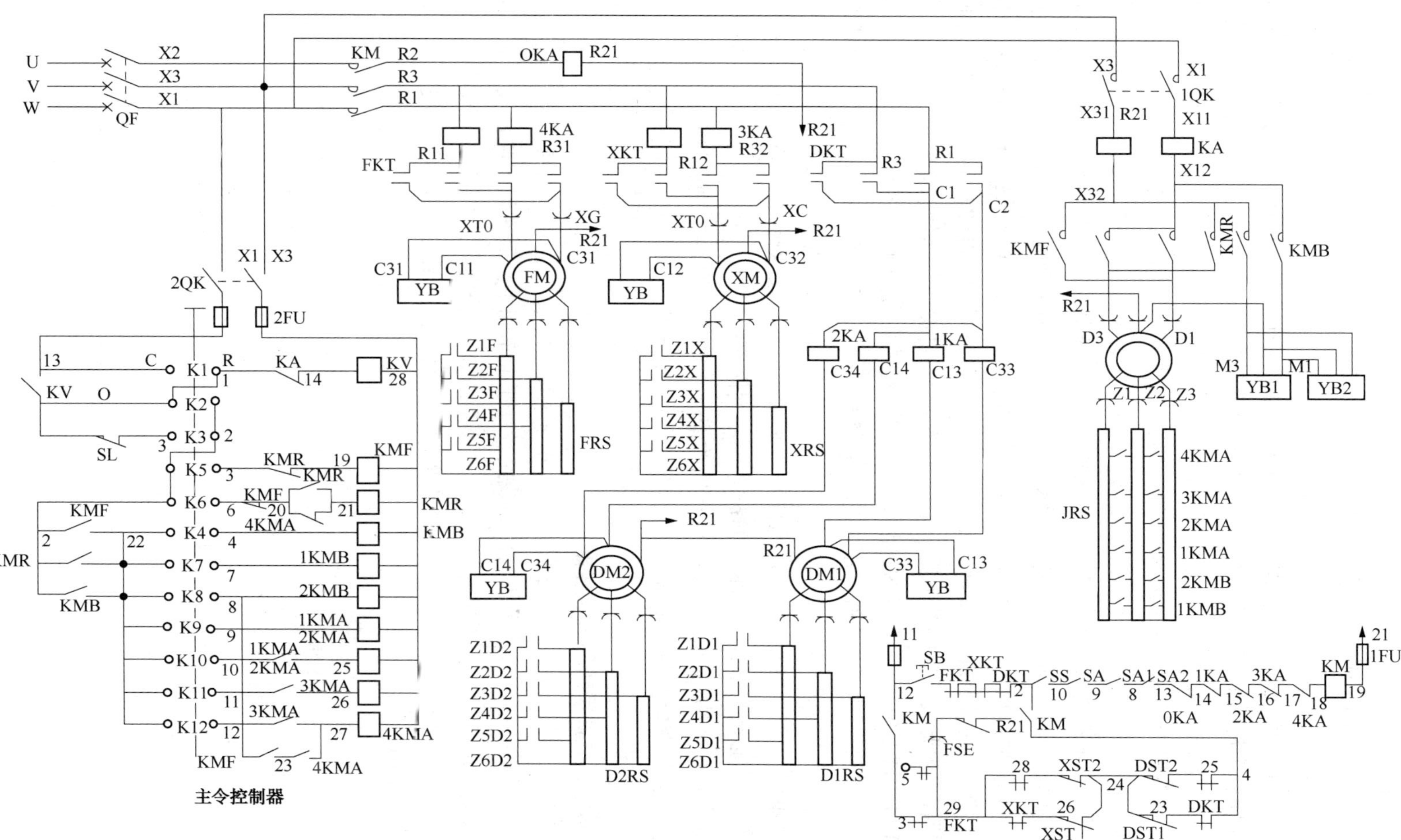

图2-7 桥式起重机常用的电气控制线路

流继电器 0KA、按钮 SB 以及信号装置等电气元件装在一台柜(屏)上，其他与控制屏相同，把这个屏叫作保护屏。

② 图 2-7 给出了保护屏的原理接线图，见图 2-7 的右下角，该图是主接触器 KM 的控制原理图，可分四部分解说明。

1）未起车前，副钩、小车、大车的凸轮控制器的零位触头。FKT、XKT、DKT 是闭合的，这时先闭合主桥架上横梁栏杆安全门开关 SA1 和 SA2，进入轿厢后将厢门关好，厢门安全开关 SA 闭合，然后闭合紧急开关 SS，因为过电流继电器 0KA(13~14)停止触点是闭合的，操作启动按钮 SB，KM 线圈接为通路得电吸合，主接触器闭合。这些触点任一个断开都会使 KM 失电而使主机停车。

2）主接触器 KM 闭合后，其辅助触头 KM(12~3)、KM(2~4)同步闭合自锁，自锁回路中均为停止触头。其中 XKT(29~28)、XKT (29~26)是小车凸轮控制器的正反联锁触头，XST2(28~24)和 XST1(26~24)分别为小车向左和向右的行程极限开关；DKT(4~25)、DKT (4~23)是大车凸轮控制器的正反联锁触头，DST2(25~24)和 DST1(23~24)分别为大车向前和向后的行程极限开关。这些触头任一个断开都会切断自保回路而使 KM 断电。

3)KM 自锁回路中，FKT(3~29)是副钩凸轮控制器的一副正反联锁触头，因为提升机构只需要向上极限的保护，这里则采用了向下联锁触头 FKT(3~29)，并串联上行极限开关 FSE，这样当副钩上行时，FKT(3~29)打开，到极限位置时行程开关 FSE 打开，副钩电机停转。但是这里要注意到，FKT(3~29)的打开还切断了自保触头 KM(12~3)，因此，熔断器(11~12)的 11 点必须与 R21 非同相，这样才能起到保护作用。

4）保护屏的原理接线图与图 2-5 有相同的部分，并且为图 2-5 的基础上发展的。需要说明的是原理接线图中的与熔断器 FU 的结线必须正确无误，即 11#接电源总线的 X1，21#线接电源总线的 X3。

2.2.4.4 其他形式起重机的控制线路

电动起重机的形式很多，如塔吊、龙门吊等，其线路及控制方式与桥式起重机基本相同，可按第一节的分析方法去分析具体的线路。在工业车间中，经常设置吨位较小的单梁电动葫芦，吨位 0.5~5t，并设置提升机构和水平移动装置，分别由两台电动机拖动、其中提升机构的电动机采用锥形转子电动机，用锥形制动圈制动，控制线路简单，一般均为点动控制，常用线路见图 2-8。

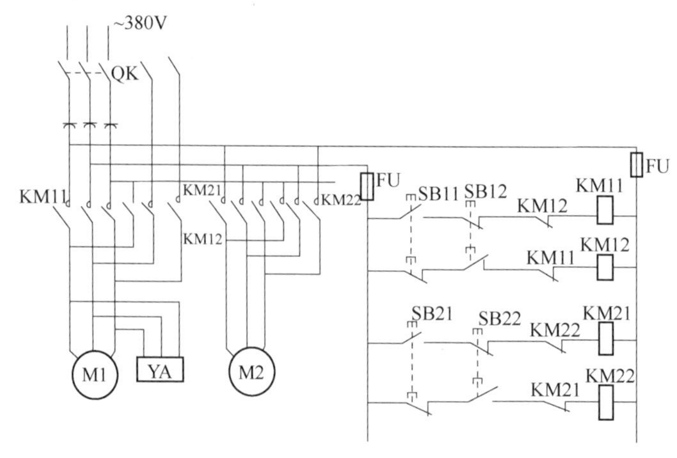

图 2-8 电动葫芦电气控制原理图

2.3 低压电动机变频启动器、软启动器启动控制电路

变频启动、软启动是利用电力电子技术将电源的频率、电压进行由低到高的调节，解决电动机启动过程中的硬特性，使电动机在低频率、低电压下启动，使转速由零缓慢启动，直到达到额定转速。并且在运行过程中，改变变频器的输出电压频率则可进行调速，以满足生产工艺速度调节和节能的需要。

变频器、软启动器在应用过程中应仔细阅读其使用说明书，按其提供的图样接线。变频启动、软启动的原理和结构很复杂，为了便于理解可以把它就当做一台接触器——继电器构成的自耦减压启动器或频敏变阻器或星角启动器，不同的是它具有调频调压功能。

2.3.1 变频器启动器控制电路

2.3.1.1 变频器基本控制电路

(1) 变频器和外部控制电路之间的联系

变频器和外部控制电路之间的联系主要通过外接端子进行联系，见图 2-9。

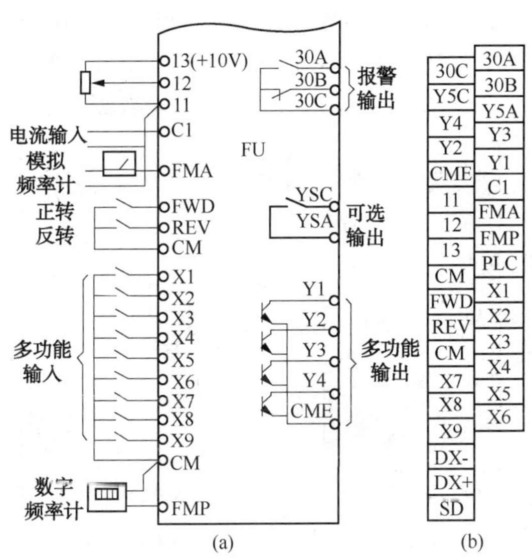

图 2-9 变频器和外部控制端子

外接端子有两大类。

① 输入信号端子：从外部输入的各种控制信号，输入至变频器的“输入信号电路”，经输入信号电路接受后把信号传至主控电路。

② 输出信号端子：主要有报警信号输出端子、外接测量端子、多功能状态信号输出端子等。

(2) 变频器的外接输入端子

① 模拟量输入端，即从外部输入模拟量信号的端子，如图 2-9 中之端子 12 和 C1。变频器配置的模拟量输入信号有：

1) 按输入信号的物理量分有电压信号：如 0～+10V、0～±10V、0～+5V、0～±5V 等；

电流信号：如0~20mA，4~20mA等。

2）按功能分有主给定信号：如主要的频率给定信号、PID控制的目标给定信号等；辅助给定信号：如叠加到主给定信号的附加信号、PID控制的反馈信号等。

② 开关量输入端接受外部输入的各种开关量信号，以便对变频器的工作状态和输出频率进行控制。主要有以下几类：

1）基本控制输入端：如正转（FWD）、反转（REV）、点动（JOG）、复位（RST）等，基本控制输入端在多数变频器中是单独设立的，其功能比较固定；

2）可编程输入端：端子的具体功能须通过功能预置来决定，如多挡转速控制，多挡升、降速时间控制，可编程序控制等。

（3）变频器的外接输出端子的类型

主要有三种类型：

① 报警输出端：当变频器因故障而跳闸时，报警输出端将动作，发出报警信号。

报警输出端通常都采取继电器输出，可以直接接到AC220V的电路中。见图2-10（a）中的MA、MB、MC和图2-10（b）中的RO31、RO32、RO33。

② 测量信号输出端：向外接仪表提供与运行参数成正比的测量信号。测量信号有两类：

1）模拟量信号见图2-10（a）中的AM端和FM端和图2-10（b）中的AO1、AO2；

2）脉冲信号其脉冲频率与被测频率成正比，见图2-10（a）中的MP—AC。

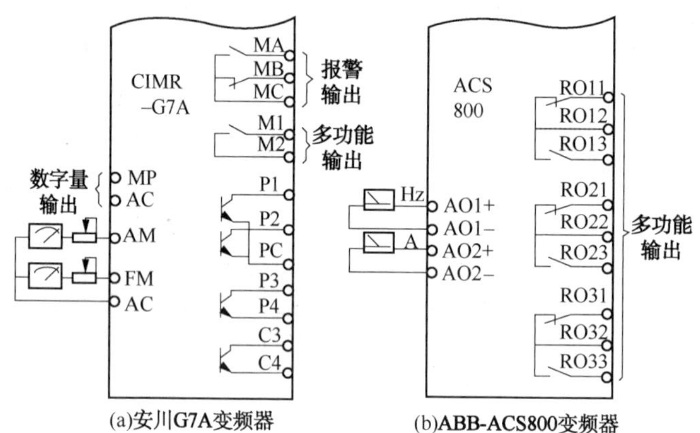

图2-10　输出信号端子

③ 状态信号输出端：输出变频器的各种运行状态的信号，输出内容如："运行"信号、"频率到达"信号、"频率检测"信号等。各输出端的具体输出内容可通过功能预置来设定，故常称为多功能输出端。

（4）变频器输出的外接开关量信号

变频器的开关量输出信号电路主要有三种类型：

① 晶体管输出型见图2-11（a），输出信号为集电极开路输出，由于受到晶体管耐压的限制，只能用于直流低压电路中；

② 继电器输出型见图2-11（b），输出端由继电器触点构成。由于继电器触点的耐压较高，故大多数可用在交流220V电路中；

③ 晶体管双向输出型见图2-11（c）。

如外电路为上"+"、下"-"，则电流从端子"11"流入，经二极管D02、输出晶体管和二极管D04后到端子"CM2"。

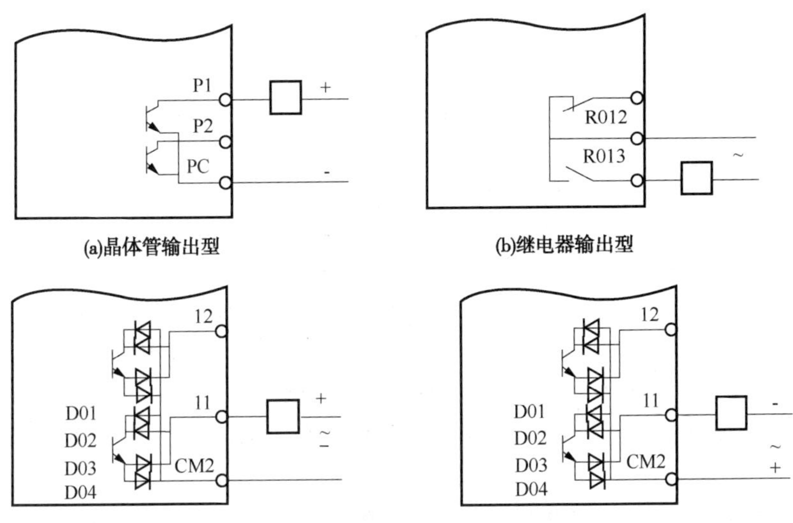

图 2-11　输出信号电路的类型

如外电路为上“-”、下“+”，则电流从端子“CM2”流入，经二极管 D01、输出晶体管和二极管 D03 后到端子“11”。

因此，双向输出型可以用在低压交流电路中。

(5) 通过外接端子进行的操作

变频器的操作方式需要通过功能预置来选定，见表 2-2。

表 2-2　操作方式的选择功能举例

变频器型号	功能码	功能名称	数据码	数据码含义
艾默生 TD3000	F0. 05	运行命令选择	0	键盘控制
			1	端子控制
			2	通讯控制
三菱 FR—A540	Pr. 59	遥控设定功能选择	0	遥控功能无效
			1	遥控功能有效，停电后有记忆功能
			2	遥控功能有效，停电后无记忆功能
丹佛士 VLT5000	002	操作器/外部控制	0	外部控制
			1	操作器控制

(6) 外接端子的基本操作功能

变频器的外接输入控制端子中，有一部分端子的功能是固定的，或出厂设定中已有明确功能，也可以通过功能预置更改的。这部分输入端子称为基本操作输入端。各种变频器对基本操作输入端的设置不尽相同，见图 2-12。

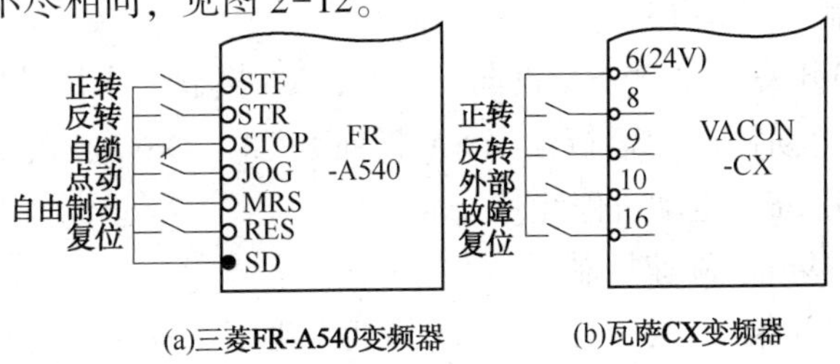

图 2-12　基本操作输入端举例

图 2-12(a)是三菱 FR—A540 系列变频器的配置，其基本操作输入端有正转、反转、自锁、点动、自由制动、复位等。

图 2-12(b)是瓦萨 CX 系列变频器的配置，其基本操作输入端有正转、反转、外部故障、复位等。

(7) 变频器的键盘控制和外接端子控制

① 键盘控制：多数变频器的面板上有点动键(JOG键)。点动时，只需按JOG键即可，见图 2-13(a)。点动方向、点动频率以及点动时的加、减速时间都通过功能预置来决定。

② 外接输入端子控制：在多功能输入端子中，任选两个端子(如 X1、X2 端)作为正、反转点动信号输入端。以康沃 CVF—G2 系列变频器为例：

将功能码 L—63(输入端子 X1 功能选择)预置为“5”，则该输入端即为“正转点动控制”输入端。

将功能码 L—64(输入端子 X2 功能选择)预置为“6”，则该输入端即为“反转点动控制”输入端。

操作时，接通 X1，即为正转点动控制；接通 X2，即为反转点动控制。

(8) 变频器的三线控制

变频器和接触器控制电路相同，见图 2-14(a)。当按下启动(常开)按钮 SF 时，电动机正转启动，由于 EF 端子具有保持(自锁)功能，松开 SF 后，电动机的运行状态将能继续下去；当按下停止按钮 ST 时，EF 和 COM 之间的联系被切断，自锁解除，电动机将停止。这样，只需要两个按钮开关就可以进行电动机的启动和停止控制了。

图 2-14(b)是自锁功能的另一种方式，其特点是可以接受脉冲信号进行控制。

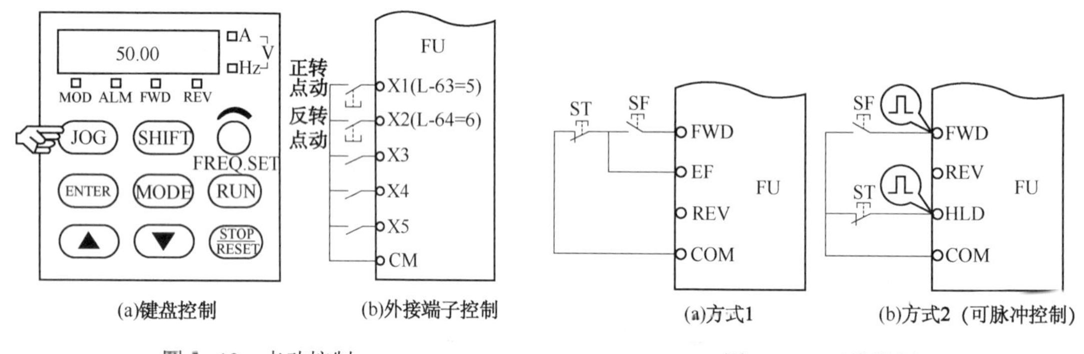

图 2-13　点动控制

图 2-14　三线控制

自锁控制需要将控制线接到三个输入端子，故称为“三线控制”。

(9) 变频器的点动控制

变频器的点动控制见图 2-15。

在 X6 中串接切换开关 SA，当 SA 投向“R”时，X6 接通，自锁功能有效。按下 SF，电动机运行，松开 SF，电动机继续运行；当 SA 投向“J”时，X6 断开，自锁功能无效。按下 SF，电动机运行，松开 SF，电动机停止。

(10) 变频器的外接升、降速控制

变频器的可编程外接端子中，可以任意选择两个端子，通过功能预置，使它们具有升、降速功能。

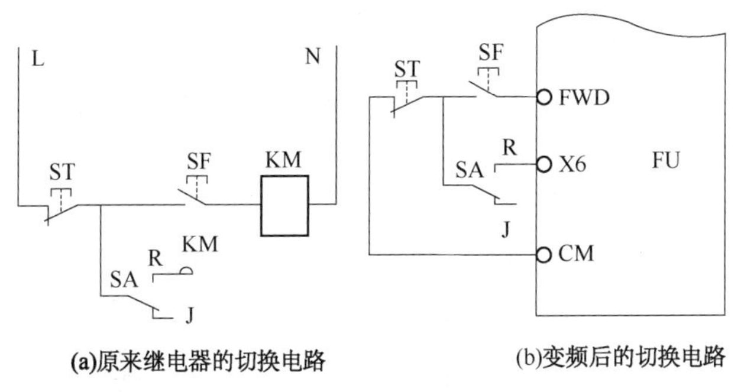

(a)原来继电器的切换电路　　(b)变频后的切换电路

图 2-15　点动与运行的切换电路

见图 2-16，通过功能预置，使端子 X1 为“升速端子”，X2 为“降速端子”，则：按下 SBl 时，变频器的输出频率上升，松开 SB1，变频器的输出频率保持不变(通过预置，也可以使输出频率回复至原来的频率)。按下 SB2 时，变频器的输出频率下降，松开 SB2，变频器的输出频率保持不变(通过预置，也可以使输出频率回复至原来的频率)。

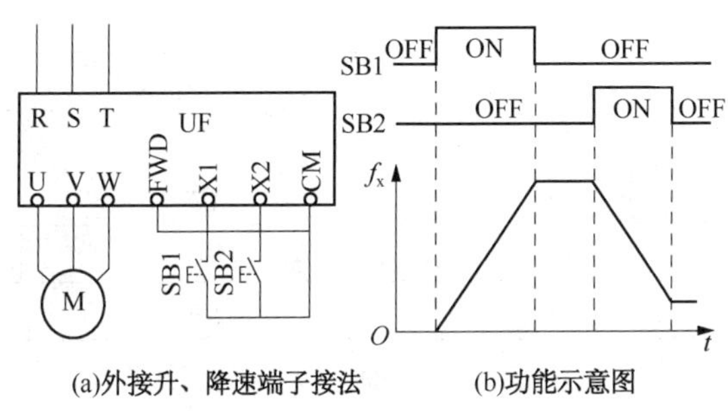

(a)外接升、降速端子接法　　(b)功能示意图

图 2-16　外接升、降速端子

(11) 变频器升、降速端子与电位器

变频器升、降速端子与电位器见图 2-17。

按下 SBl→X1 接通→频率上升；

松开 SBl→X1 断开→频率保持不变；

按下 SB2→X2 接通→频率下降；

松开 SB2→X2 断开→频率保持不变。

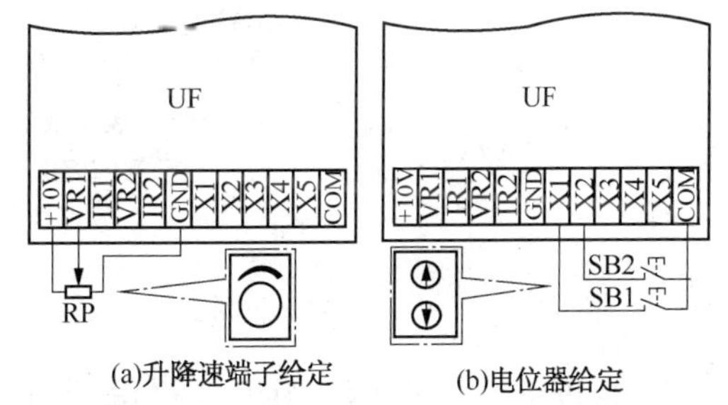

(a)升降速端子给定　　(b)电位器给定

图 2-17　用升降速端子给定、代替电位器给定

(12) 变频器的多挡转速控制

变频器的外接输入控制端子中，通过功能预置，可以将若干个(通常为 2~4 个)输入端作为多挡(3~16 挡)转速控制端。其转速的切换由外接的开关器件通过改变输入端子的状态及其组合来实现，转速的挡次是按二进制的顺序排列的，故二个输入端可以组合成 3 或 4 挡(0 状态不计时为 3 挡，0 状态计入时为 4 挡)转速，三个输入端可以组合成 7 或 8 挡(0 状态不计时为 7 挡，0 状态计入时为 8 挡)转速，四个输入端可以组合成 15 或 16 挡(0 状态不计时为 15 挡，0 状态计入时为 16 挡)转速。

如图 2-18 所示，假设输入端子 X1、X2、X3 被预置为多挡转速的信号输入端，则通过

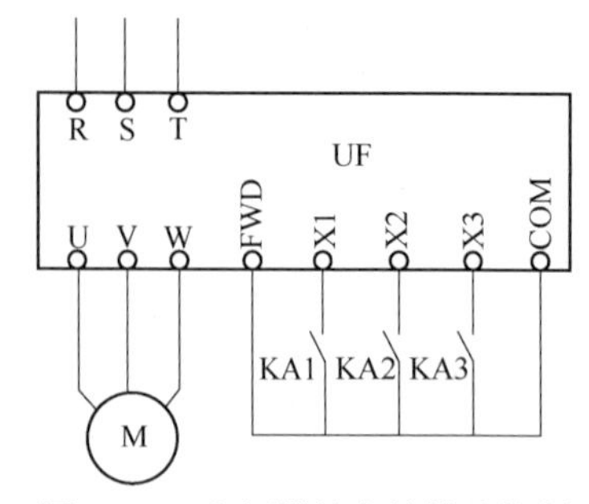

图 2-18　变频器的多挡转速控制

继电器 KAl、KA2、KA3 的不同组合，可输入 7 挡或 8 挡转速信号。

由于三个端子是任选的，又由于每一个端子代表二进制数字中的一“位”。因此，在把三个端子预置为多挡转速功能时，必须注意它们的顺序。例如：

X1 预置为最低位；X2 预置为中间位；X3 预置为最高位。

则转速挡次与各输入端状态之间的关系见表 2-3。

表 2-3　转速挡次与各输入端状态之间的关系

各输入端子状态			转速挡次
X3	X2	X1	
OFF	OFF	OFF	0
OFF	OFF	ON	1
OFF	ON	OFF	2
OFF	ON	ON	3
ON	OFF	OFF	4
ON	OFF	ON	5
ON	ON	OFF	6
ON	ON	ON	7

（13）变频器外接输入端子的预置选择功能

变频器还可以通过功能预置使各输入控制端子具有选择功能见图 2-19：

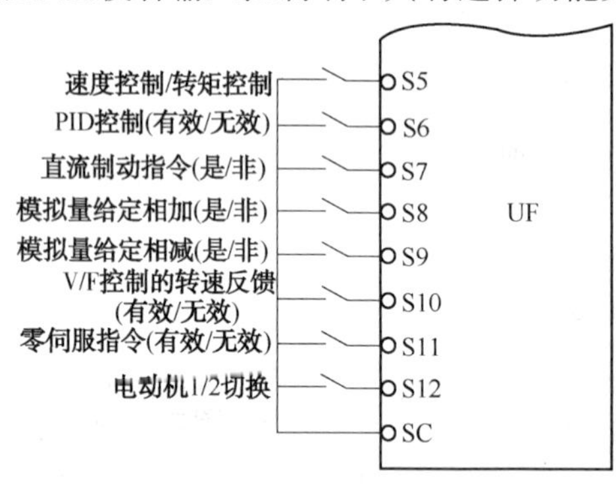

图 2-19　输入控制端子的选择功能

① 速度控制与转矩控制的选择功能：ON 时为转矩控制；OFF 时为速度控制。

② PID 的选择功能：ON 时 PID 控制无效；OFF 时 PID 控制有效。

③ 直流制动指令的选择功能：ON 时直流制动指令有效，电动机进行直流制动；OFF 时外部无直流制动指令。

④ 模拟量给定信号相加功能的选择：ON 时可进行模拟量给定之间的相加；OFF 时不能相加。

⑤ 模拟量给定信号相减功能的选择：ON 时可进行模拟量给定之间的相减；OFF 时不能

相减。

⑥ V/F 方式时的转速反馈选择：ON 时转速反馈无效；OFF 时有效。

⑦ 零伺服指令的选择功能：ON 时零伺服指令有效；OFF 时无效。

⑧ 电动机的切换功能：当一台变频器控制两台不同时运行的电动机时，对被控电动机进行切换，ON 时 2#电动机运行；OFF 时 1#电动机运行。

（14）变频器报警输出端子的功能

报警输出端子的功能主要有两个方面，见图 2-20。

① 切断变频器电源：图 2-20 中接触器 KM 是用来接通变频器电源的，报警输出的停止(常闭)触头"30B-30C 串联在 KM 的线圈电路内。为了保护报警输出的触头，在接触器的线圈两端，应并联阻容吸收电路(图 2-20 中的 R-C 电路)。

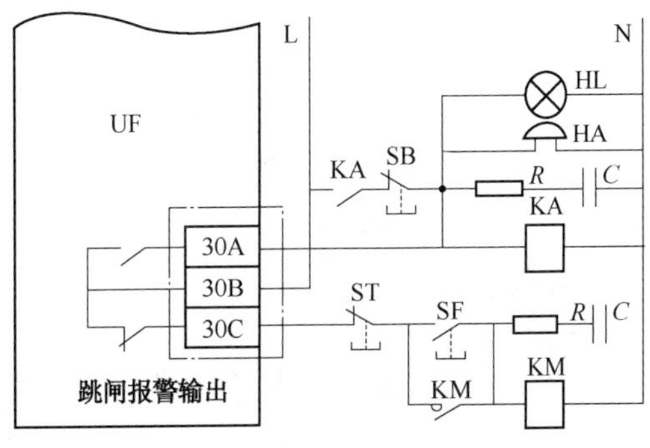

图 2-20　报警端子的应用电路

当变频器因故障而跳闸时，触头"30B-30C"断开，KM 的线圈断电，其主触头使变频器切断电源。

② 进行声光报警：声光报警电路由报警输出的启动(常开)触头"30B-30A"控制。当变频器跳闸时，触头"30B-30A"闭合，将报警指示灯 HL 和电笛 HA 接通，进行声光报警。

与此同时，继电器 KA 得电，其触点将声光报警电路自锁，使变频器断电后，声光报警能持续下去，直至工作人员按下 SB 为止。

继电器线圈和电笛线圈的两端并联阻容吸收装置，以保护触点。

（15）变频器与外接测量仪表

变频器的外接模拟量输出端子主要用于测量变频器的运行数据，如输出频率、输出电流和输出电压等，见图 2-21(a)。

变频器所提供的模拟量信号都是与被测参数成正比的低压直流电压或直流电流。用户在市场上也只能买到低压的直流电压表或直流毫安表。因此，需要进行必要的技术处理，见图 2-21(b)。

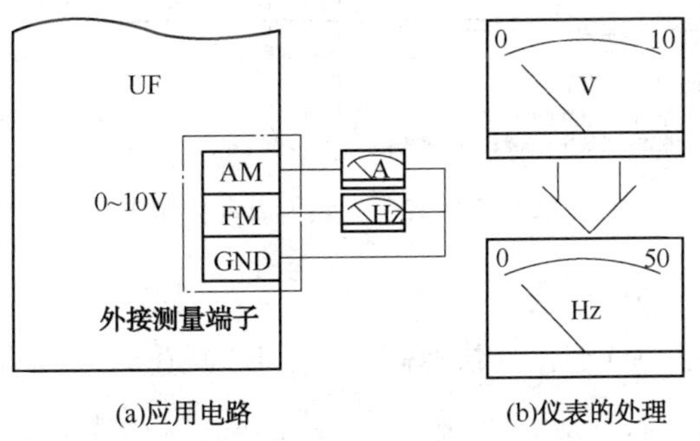

图 2-21　模拟量输出端子的应用

不同变频器的模拟量输出信号也不一样，主要有 0~10V、0~20mA、0~1mA 等几种，必须注意说明书中的相关说明。

如 0~10V 的电压表测量变频器的输出频率，假设变频器的最高频率预置为 0~50Hz，则仪表的 10V 与 50Hz 相对应，只需将仪表的刻度盘作图 2-21(b)所示的处理即可。

(16) 变频器的多功能输出端子

大部分变频器的多功能输出信号都是晶体管集电极开路输出的，见图 2-22。主要的应用方式如下：

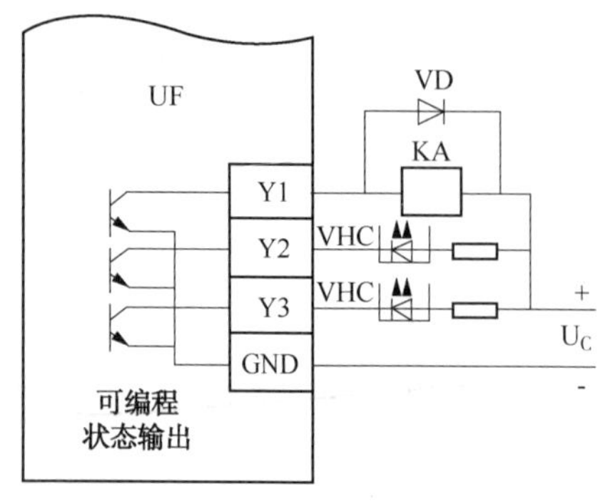

图 2-22 多功能输出端子的应用

① 继电器方式：即由低压继电器 KA 接受信号。当输出端子 Y1-GND 导通时，KA 线圈得电，其触点用以控制相关的电路。

为了保护变频器内的输出晶体管，KA 线圈的两端应反向并联一个二极管 VD，为线圈在断电时的反电动势提供释放回路。

② 光耦方式：即由光耦合器 VHC 的二极管接受信号。当输出端子 Y2-GND 或 Y3-GND 导通时，VHC 的二极管部分得到电流，其光敏晶体管部分用以控制相关的电路。

2.3.1.2 低压电动机变频器启动常用电路分析

下面以 ZY312G 变频器启动控制电路(见图 2-23)为例，作简要说明。

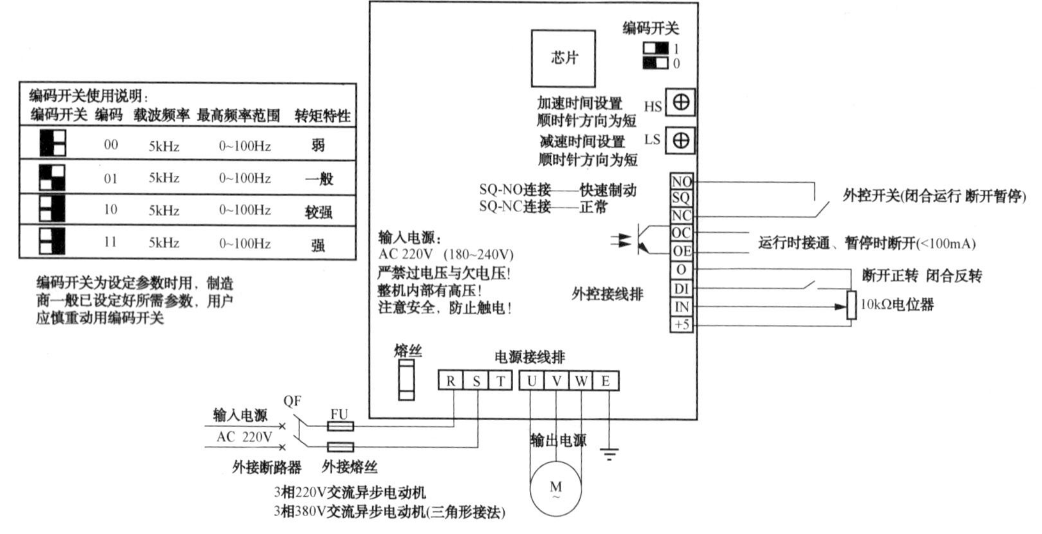

图 2-23 ZY312G 变频器启动控制电路

(1) 正常运行时，SQ-NC 连接。

(2) 快速刹车时，SQ-NO 连接。快速制动时，LS 减速时间设置不宜太长，越长制动转矩越大。

(3) NO、NC 接外控开关，闭合运行，断开暂停。

(4) OC、OE 接外控输出，运行时接通、暂停时断开，电子开关运行时应小于 100mA。

(5) 0、IN、+5 接外控电位器(1~10kΩ)调速。

(6) 0、DI 接正反转开关，断开正转，闭合反转。

(7) IN 与 0 之间可外控 DC 0~5V 或 DC 0~20mA。

(8) 外控电压控制时，应将面板电位器放在顺时针最大处(IN 与 0 之间可外控电压 DC 0~5V)(DC5V 时为 100Hz)。

(9) 电流外控控制时，应将面板电位器放在逆时针最小处(IN 与 0 之间可外控电流 DC 0~20mA)(DC 20mA 时为 100Hz)。

由图 2-23 可以看出，该变频器的电源是~220V，但能驱动三相电动机，这是变频器的最大特点。必须保证电源的容量大于电动机容量，一定要接在 R、S 上，三相电源则应接在 R、S、T 上。

如果不去探讨变频器的原理和结构，相比之下阅读该图要比接触器—继电器启动控制电路简单了许多。

2.3.2 软启动器控制电路

软启动器与变频器的原理结构有很多相同的地方，不同的是它不能进行电源频率的调节。因此，它不能调节电动机的转速，它是用改变电压来进行电动机启动的，也就是降压启动。不同的是这个过程是按设定的程序进行的，看不到那些具体的装置，这也是与接触器-继电器降压启动不同的地方。

软启动器的使用与接触器有密切联系，一般都在软启动器上设置旁路接触器，也就是说电动机启动后，由旁路接触器工作，甩掉软启动器，这和接触器-继电器中甩掉自耦变压器、启动电阻是一样的。不同的是当运行中出现压降时，设定的程序即可将接触器断开，使电动机停止。同时利用旁路接触器可使软启动器启动多台电动机，均由旁路接触器运行，这是接触器-继电器控制无法比拟的。

2.3.2.1 软启动器的保护性能

(1) 电子式过载保护　软启动器具有电动机过载保护装置的功能。软启动器有热记忆装置，提供附加保护功能，即使在控制电源断开的情况下，热记忆功能仍能保持。过载保护通过电流传感器和 I^2t 算法实现。当温度超过固定的预置极限，就立即进行分断操作，为完全过载性能提供了最佳保护。它特别适用于启动频率高、点动工作制或重载启动的传动装置。

(2) 失速保护和堵转检测　在失速或堵转的情况下，电动机将承受转子堵转电流、从而产生高的转矩，将导致线圈绝缘损坏或与负载相连部分的机械损坏。软启动器可以检测到失速和堵转，从而加强了对电动机或系统的保护。用户可对最大失速保护延迟时间编程，失速保护延迟时间是除可编程启动时间之外的时间，它是从启动时间已经超时之后开始的，如果软启动器检测到失速，它会在延迟时间之后使电动机停止。堵转检测允许用户以电动机满载电流额定值百分比编程，用户可以选择延迟时间，在电动机堵转发生后，软启动器在延迟时后脱扣。

(3) 线路故障保护　软启动器能够连续检测线路情况，以监视其异常情况。启动前线路故障如电源断电、负载连接断开、SCR 短路可报警指示；启动运行后线路故障如电源断电、负载连接断开、反相保护、可停止运行。

(4) 欠载保护　软启动器检测到电流突然下降，电动机能停止运行。

(5) 欠电压保护　软启动器检测到电压突然降低使电动机停止运行。

(6) 过电压保护　软启动器检测到输入线电压上升，过电压保护将使电动机停止运行。

(7) 电压不平衡保护　电压不平衡是检测三相电压大小及三相电压的相位关系，当软启动器检测到不平衡电压达到用户编程的脱扣水平时，电动机将停止运行。

(8) 过频繁启动　软启动器允许用户设置每小时启动的次数，有助于消除由于在短时间内反复启动所造成的电动机冲击应力。

(9) 过热保护　软启动器内部采用热传感器监测晶闸管的温度。当到达阴极最高额定温度时晶闸管被禁止触发。发热情况表明通风不良、高环境温度、过载或过频繁启动。当晶闸管的温度降低到允许的水平时，故障将自动被消除。

(10) 接地故障保护　软启动器可以在接地故障发展为短路前检测到这一故障条件，接地故障电流开始时一般很小，但能很快增加到几百或几千安培，这一特性可在不另外增加接地故障断路器情况下对人身进行保护。软启动器接地故障检测功能包括接地故障脱扣和接地故障报警。

(11) 热敏电阻/PTC 保护　软启动器通过监测定子上安置的 PTC(正温度系数)热敏电阻，可以通过外部电路加强对电动机的保护，PTC 实际上是一个热敏电阻器，它具有在激活的额定温度后电阻具有急剧变大的特性，即使电动机不过载，电动机过热有时也会出现，这一过热会导致电动机冷却系统受阻和环境温度过高，PTC 有助于辨认这一过热现象，从而提高电动机保护功能。

上述功能的元件电路都设置在设备内部，并由软件和硬件组成，它完全代替了短路、过载、过热等典型的继电器，且在准确度、灵敏度、选择性上远远超过了继电器，在使用中则能完成上述功能。

2.3.2.2　软启动器基本控制电路

(1) 基本主接线电路(见图 2-24)。

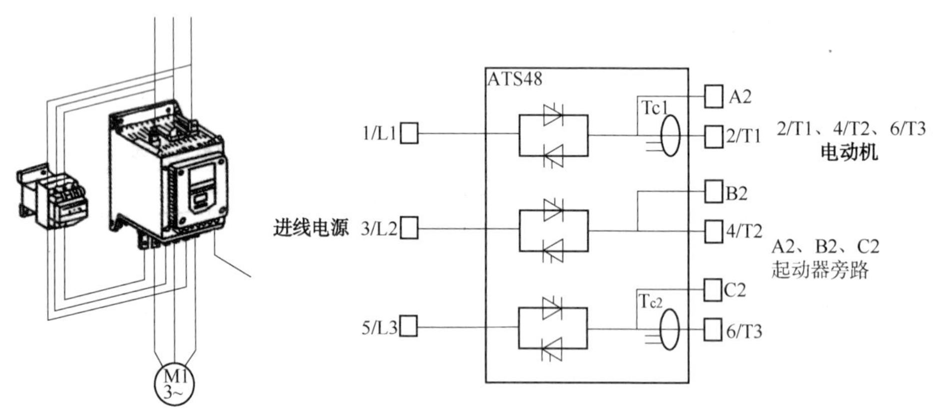

图 2-24　ATS48 软启动器主接线电路

(2) ATS48 软启动器基本控制电路。基本控制电路见图 2-25，各外接端子符号、名称、说明见表 2-4。

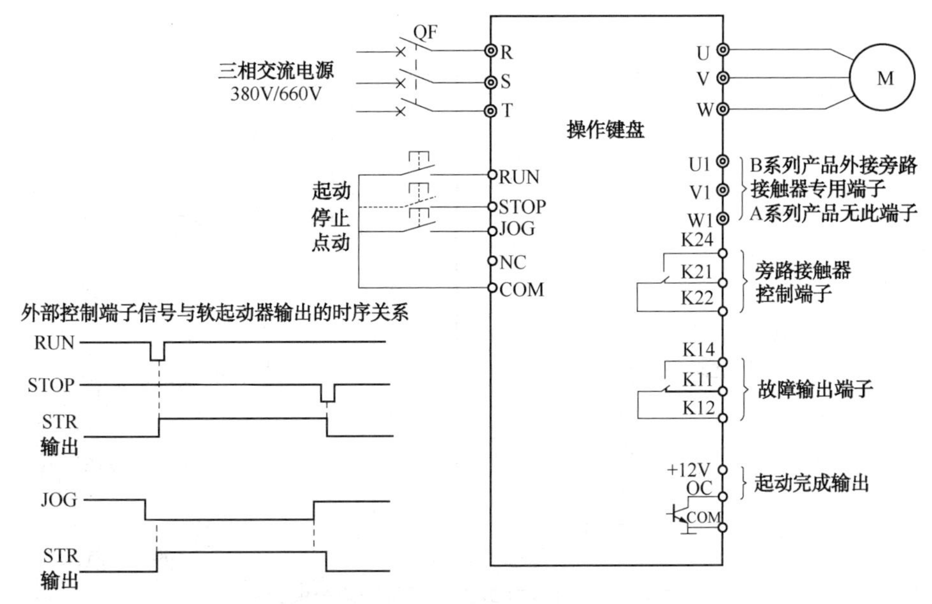

图 2-25　ATS48 软启动器的基本接线

表 2-4

<table>
<tr><th colspan="3">符号</th><th colspan="2">端子名称</th><th>说　　明</th></tr>
<tr><td colspan="2" rowspan="3">主电路</td><td>R、S、T</td><td colspan="2">交流电源输入端子</td><td>通过断路器(MCCB)接三相交流电源</td></tr>
<tr><td>U、V、W</td><td colspan="2">软启动器输出端子</td><td>接三相异步电动机</td></tr>
<tr><td>U1、V1、W1</td><td colspan="2">外接旁路接触器专用端子</td><td>B 系列专用，A 系列无此端子</td></tr>
<tr><td rowspan="14">控制电路</td><td rowspan="5">数字输入</td><td>RUN</td><td colspan="2">外控启动端子</td><td>RUN 和 COM 短接即可外接启动</td></tr>
<tr><td>STOP</td><td colspan="2">外控停止端子</td><td>STOP 和 COM 短接即可外接停止</td></tr>
<tr><td>JOG</td><td colspan="2">外控点动端子</td><td>JOG 和 COM 短接即可实现点动</td></tr>
<tr><td>NC</td><td colspan="2">空端子</td><td>扩展功能用</td></tr>
<tr><td>COM</td><td colspan="2">外部数字信号公共端子</td><td>内部电源参考点</td></tr>
<tr><td rowspan="3">数字输出</td><td>+12V</td><td colspan="2">内部电源端子</td><td>内部输出电源，12V，50mA，DC</td></tr>
<tr><td>OC</td><td colspan="2">启动完成端子</td><td>启动完成后 OC 门导通(DC30V/100mA)</td></tr>
<tr><td>COM</td><td colspan="2">外部数字信号公共端子</td><td>内部电源参考点</td></tr>
<tr><td rowspan="6">继电器输出</td><td>K14</td><td>启动</td><td rowspan="3">故障输出端子</td><td rowspan="3">故障时 K14-K12 闭合
K11-K12 断开
触点容量 AC：10A/250V
DC：10A/30V</td></tr>
<tr><td>K11</td><td>停止</td></tr>
<tr><td>K12</td><td>公共</td></tr>
<tr><td>K24</td><td>启动</td><td rowspan="3">外接旁路接触器控制端子</td><td rowspan="3">启动完成后 K24-K22 闭合
K21-K22 断开
触点容量 AC：10A/250V 或 5A/380V</td></tr>
<tr><td>K21</td><td>停止</td></tr>
<tr><td>K22</td><td>公共</td></tr>
</table>

(3) 一台 STR 软启动器控制两台电动机(一备、一开)电气线路(见图 2-26)。一台软启动器控制两台电动机是指开一台，备用一台。S 为切换开关，S 往上，则 KM1 动作，为启动电动机 M1 作准备，指示灯 HL1 亮、HL2 灭；往下则 KM1 不工作、KM2 工作，指示灯 HL2 亮、HL1 灭。

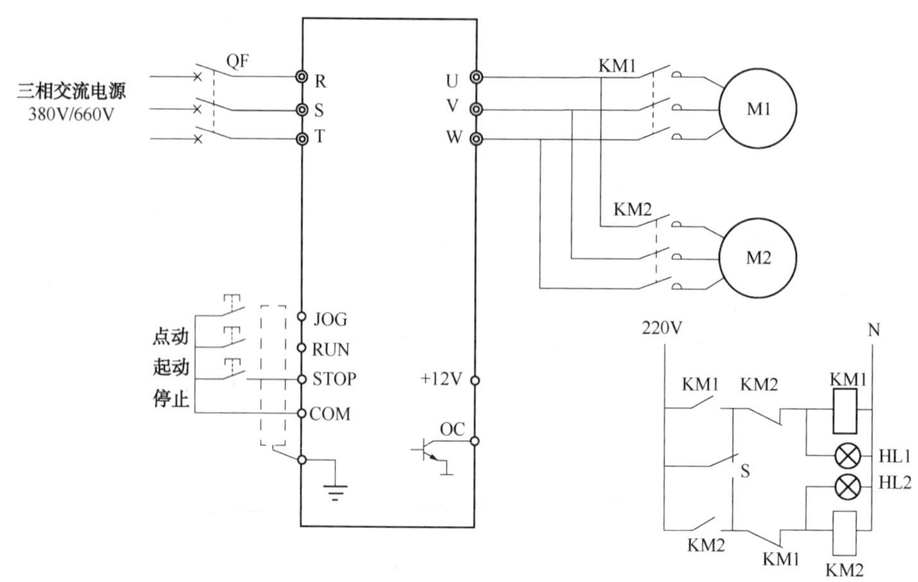

图 2-26　一台 STR 软启动器控制两台电动机

注：通过转换开关 S 可选择 M1 或 M2

电动机工作之前，必须先操动切换开关 S，确定哪台电动机工作，然后在 STR 的操作键盘上按动 RUN 键启动电动机；按动 STOP 键则停止。

（4）STR 软启动器一台启动两台电动机（旁路运行，软启动器启动）。软启动器启动、旁路接触器运行控制电路见图 2-27。断路器 QF 闭合后，STR 开始工作，按动 SBT1，KM11 吸合，为启动 M1 作准备，然后按下启动按钮 SBT，KM11 吸合后，电动机 M1 软启动，启动完成后，中间继电器 JC 吸合，其在控制电路中的启动触点闭合，使旁路接触器 KM12 吸合，时间继电器 KT1 开始延时。延时结束后，KT1 停止触点断开，切断 KM11，这时由旁路接触器为 M1 供电工作，STR 软启动器这时已退出运行状态，为启动 M2 作准备。

按下 SBP1、SBP2，则 M1、M2 停止运行。

● 一台软起动器分步起动两台电动机

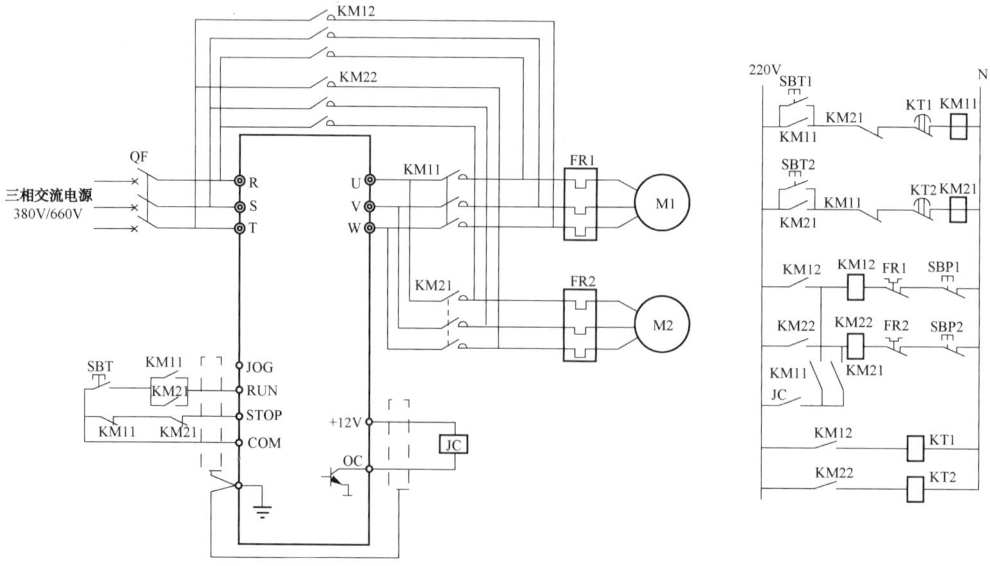

图 2-27　一台 STR 软启动两台电动机

（5）STR 软启动器两地控制电路（见图 2-28）。在控制电路中，是将另外一地控制的启动按钮与图中启动按钮 SBT 并联起来，而将另外一地控制的停止按钮与图中停止按钮 SBP 串联起来，这与接触器—继电器控制系统相同。

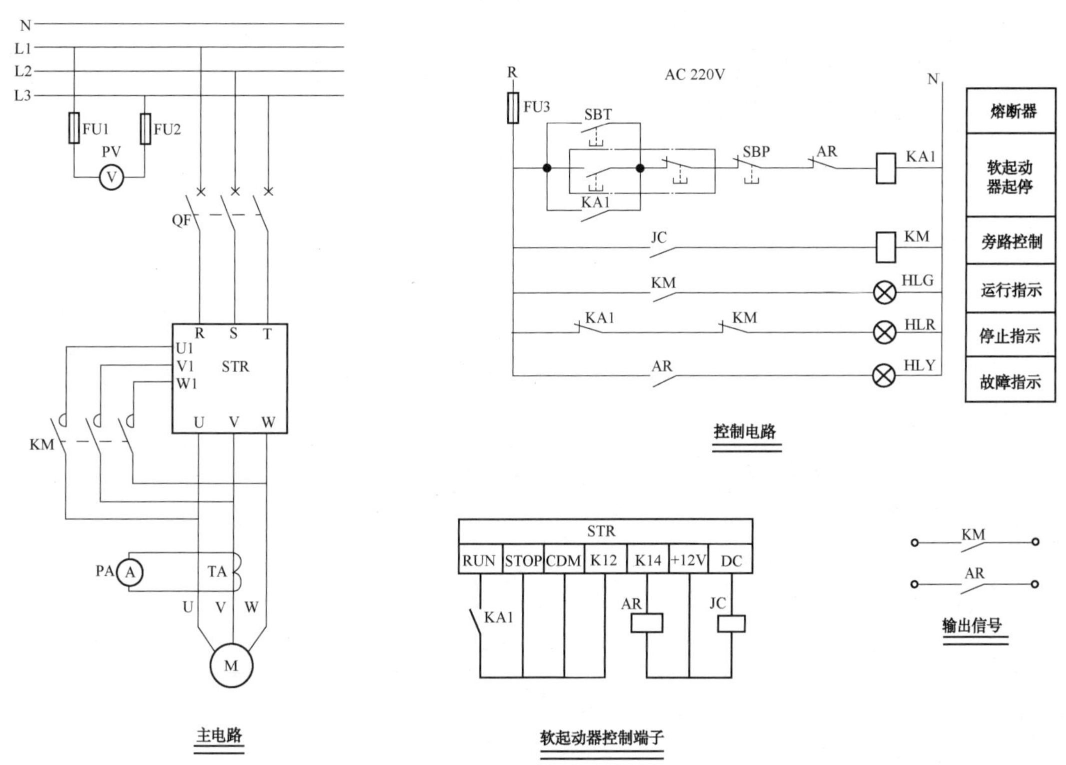

图 2-28　STR 软启动器两地控制电路

2.4　高压电动机启动控制电路

高压电动机有直接启动、串联电抗启动和转子串联频敏变阻器启动，后两种主要是为了减小启动电流，其保护和联锁与直接启动相同，启动电路可参阅低压电动机串联电阻、串联频敏变阻器启动线路。高压电动机也可采用高压变频器启动或高压软启动器启动，基本同低压变频器或软启动器，只是设备的电压高了一个等级，其他可参照低压部分解读。

2.4.1　采用继电器的高压电动机启动的二次电路

图 2-29 是 215kW、10kV 电动机启动控制原理图，图 2-29 中元器件表见表 2-5。

（1）主回路的设置和功能

① 主回路设置隔离开关 QS 和断路器 QF，由 QF 直接启动。

② 主回路设置两组电压互感器 1TV 和 2TV，作为线路电压保护继电器及测量仪表电压线圈的电压信号源。同时设置控制变压器 TC，为整流装置 EU 提供电源。

③ 主回路设置两组电流互感器，其中 1TA 作为线路的过流保护，2TA 作为测量仪表电流线圈的电流信号源。

④ 主回路设置阻容吸收装置(1～3)C 和(1～3)R，当停车时，将高压线圈的剩余电荷放掉。

表 2-5　图 2-29 中的元器件表

序号	符号	名　称	规格及型号	数量	附注
1	QS	隔离开关	GNB-10T/400	1	附 CS6-1T
2	QF	高压真空断路器	ZN5-10/630-350	1	
3	1TV、2TV	电压互感器	JDZ-10　10000V/100V	1	
4	TC	控制变压器	BK-2000　10000/245V	1	
5	1TA、2TA	电流互感器	LZX-10 0.5/3 100/5	1	
6	(1～3)R	电阻	ZG11-200A 200W 400Ω	3	
7	4R	电阻	RXYC-25 30W 50Ω	1	
8	(1～3)C	电容器	RWF10.5-25-1W	3	标称电容 0.64μF
9	4C	电容器	CD-131 450V 100μF	1	铝电解电容
10	(1～3)FU	高压熔断器	RN2-10/0.5A	3	
11	(4～8)FU	熔断器	RL1-15/5	5	
12	(9～10)FU	快速熔断器	RS3 100A/500V	2	
13	(11～12)FU	熔断器	RL1-60/40	2	
14	(13～14)FU	熔断器	RL1-15/10	2	
15	V_1、V_2	电压表	42L6-V10000V/100V	2	
16	A_1、A_2	电流表	42L6-A　100/5A	2	
17	Wh	三相三线有功电能表	42L6-W　100V/5A	1	
18	1KV、2KV	电压继电器	DJ-132	2	线圈电压～110V
19	1KA、2KA	过电流继电器	GL-12/10	2	
20	QC	组合开关	HZ10-25/2	1	
21	EU	断路器合闸电源	0DK、31A、059	1	GGZ_1-10
22	YC	合闸线圈		1	在断路器上
23	YT	分闸线圈		1	在断路器上
24	1KM	中间继电器	JZ8-44Z/4	2	线圈电压-22V
25	KM	直流接触器	CZ0-40C　-220V	1	
26	ST	行程开关	LX3-11H	1	
27	KT	时间继电器	DS-31C　-220V	1	
28	KP	压力继电器	JY1	1	装在润滑油管道上
29	1VD	二极管	10A　800V	1	
30	2VD	二极管	ZP-5A/500V	1	
31	SBT	按钮	LA19-11	1	蓝色
32	SBS、2SBS	钮	LA19-11	2	绿色、红色各 1 个
33	1HLY、2HLY	指示灯	XD13-200V	2	黄色

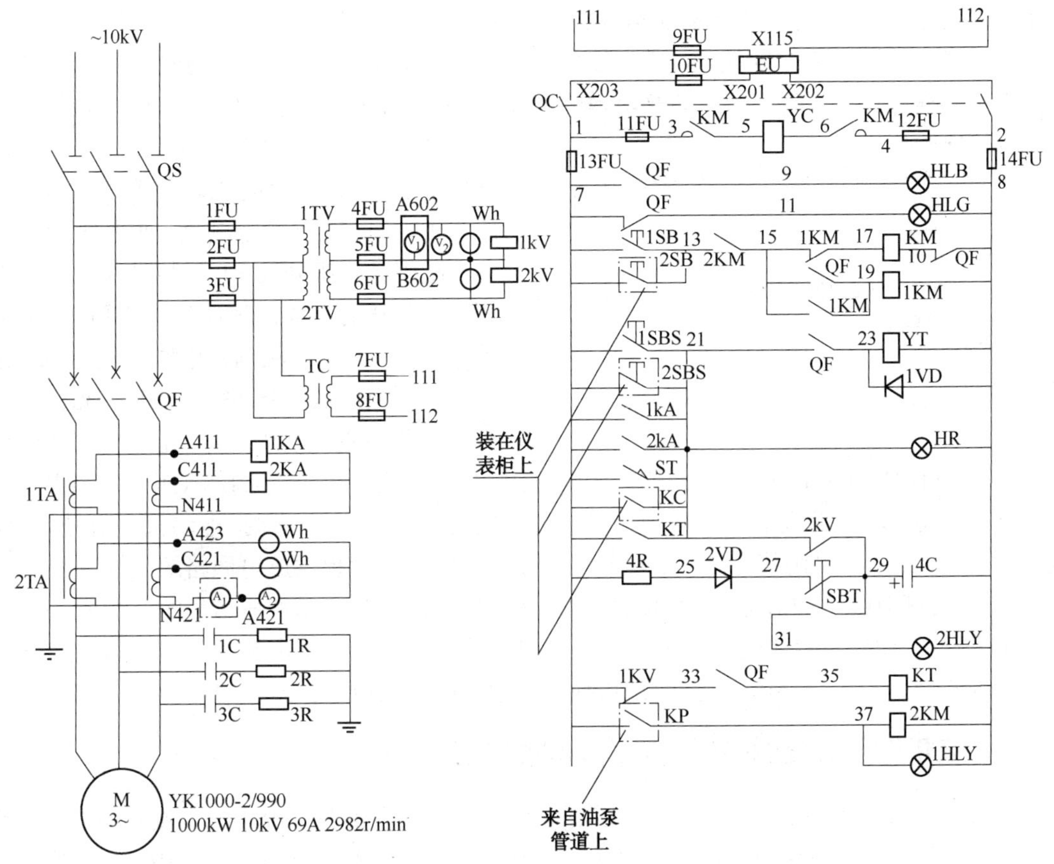

图 2-29 215kW、10kV 交流异步电动机启动控制原理图

(2) 控制回路的功能和控制原理

① 控制回路采用直流 220V 电源，由 EU 供给。

② 启动时，先闭合主回路的 QS，电压表有指示，同时闭合组合开关 QC，控制回路有电。

③ 启动油泵，并使系统油压达到额定值，油压继电器 KP 动作，其触点 KP(7-37)闭合，使中间继电器 2KM 得电吸合。2KM 得电后，其触点 2KM(13-15)闭合，为启动作准备。油压继电器装设在油泵管道上。

④ 按动常开按钮 1SB，直流接触器 KM 得电吸合，其主触头 KM(3-5、6-4)闭合，断路器的合闸线圈 YC(装在断路器上)得电吸合使断路器合闸，电动机全压启动。

⑤ 电动机启动时电压下降，电压继电器 1kV、2kV 欠压释放，其触点 1kV(7-33)复位闭合，时间继电器 KT 得电，但其动作时间大于启动时间，所以触点 KT(7-21)不会动作；2kV 触点(21-29)复位闭合，把电容器 4C 并联于跳闸线圈 YT 上，因此，启动时虽然电流继电器 1kA、2kA 动作，但电容两端电压不能突变、保持 YT 不动作，因此电动机正常启动。

⑥ 电动机启动后，断路器辅助触头 QF(15-19)闭合，1KM 得电，其停止触头(15-17)打开，启动触头(15-19)闭合使其长期得电自保，使 KM 不能发生跳跃，1KM(15-17)和 QF 辅助触头(10-8)使 KM 脱离电源，只有它们复位后 KM 才能重新得电启动。

⑦ 电机启动后，1kV、2kV 正常吸合，其启动触点打开。2kV(21-29)打开后，电容器 4C 为一通路，4C 充电，4R 和 2VD 是限制充电电流的，按钮 SBT 是 4C 放电按钮，按动

SBT，4C 通过 2HY 放电，并能鉴别 4C 的好坏。

⑧ 与跳闸线圈(装在断路器上)串接的 7 个并联的启动触头均为跳闸输入信号，其中 1SBS、2SBS 是停车按钮，2SBS 装在仪表柜上；1KA、2KA 是过电流信号触点，电机启动后电流超过 1KA 或 2KA 的整定电流(一般为 1.1~1.25 倍额定电流)便动作，使 YT 得电跳闸；行程开关 ST 是装设在电机轴上测量轴位移的，轴位移超过允许值时 ST 便动作，使 YT 得电跳闸；中间继电器 KC 是来自仪表柜的或门电路，见图 2-30，当电机或设备各部的温度超过允许值时 KC 动作，使 YT 得电跳闸；时间继电器 KT 是测量欠电压时间超过允许值时 KT 动作，使 YT 得电跳闸。电机运行时，只要有一个跳闸信号输入，电机便跳闸停车，保护电动机。信号灯 HR 与 YT 并联，是表示跳闸信号的。二极管 1VD 是为 YT 失电后提供放电回路的。

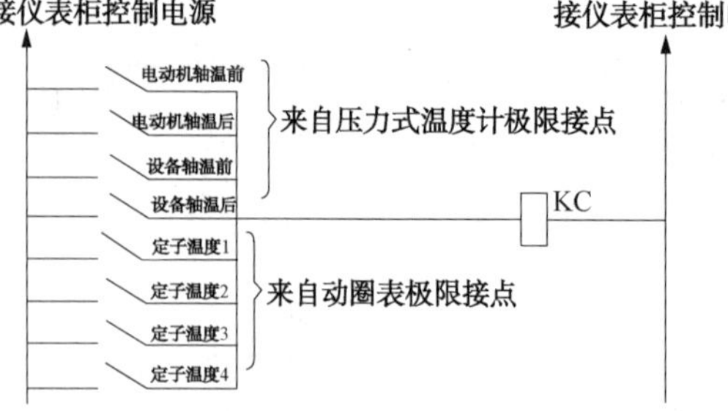

图 2-30 仪表柜上动作信号的或门电路

⑨ 信号灯 HLB、HLG 是表示电动机运行状态的，1HY 是表示油压信号的。

⑩ 高压电动机一般都设置仪表监控柜，与启动柜并列，并将电流表、电压表、启动按钮、停车控钮引至仪表柜内，把仪表柜的控制接点引到控制上。

2.4.2 采用综保装置的高压电动机启动的二次电路

图 2-31 所示为采用了 WGB-151N 型微机综合保护装置的高压电动机直接启动二次电路原理图。由于微机综保装置保护功能完善，价格不断下降，所以已呈普及之势，逐渐取代传统的过电流继电器、过电压继电器、欠电压继电器等各种分立式保护控制元件。

(1) 二次电路的控制电源

二次回路工作时，需要有控制电源 KM(KM 是公用控制小母线)，其规格有交流 220V 和 110V、直流 220V 和 110V 等几种。这里介绍的电路，选用直流 220V 电源，引自配电系统的直流屏。高压配电系统中，一般都配有直流屏，它将低压交流电源转换成直流电作为操作控制电源向二次电路供电；同时，它还向蓄电池组充电，整流电源和蓄电池电源互为备用，共同组成 KM 电源。图 2-31 中的 KM+和 KM-就是这种电源，经控制开关 1SA 后给二次电路供电。DC220V 的直流 KM 电源经熔断器 3FU、4FU 接至综保装置的 28 脚和 30 脚，是装置的系统工作电源；经熔断器 1FU、2FU 接至综保装置的 39 脚和 44 脚，是装置内部的控制输出电源，容量较大，有时要驱动装置外部的合闸线圈、分闸线圈等元件。

(2) 电动机的分合闸控制

这里所说的分合闸是针对真空断路器 QF 的。合闸时，先合上图 2-31 中的控制开关 1SA，绿灯 HLG 点亮，指示断路器为分闸状态，之后按下储能按钮 1SB，电动机 M1 使断路器操动机构内的储能弹簧拉伸储能，所储能量是断路器合闸的能源。待储能结束，机构内的辅助常闭触头 S-2 接通，黄灯 HLY 点亮，指示弹簧已储能，这时松开按钮 1SB。储能过程大约持续十几秒钟。辅助常闭触头 S-3 保证储能结束后电动机 M1 立即断电；断路器辅助常闭触头 QF-5 保证只有断路器在分闸位置才允许储能。万能开关 2SA 是分合闸指令开关。将其旋转到合闸位置时，触头 1、2 接通，经 S-1(储能后已闭合)使综保装置的 41 脚带电，再经内部逻辑控制电路使 40 脚带电。QF-1 是断路器的辅助常闭触头，断路器分闸时呈闭合

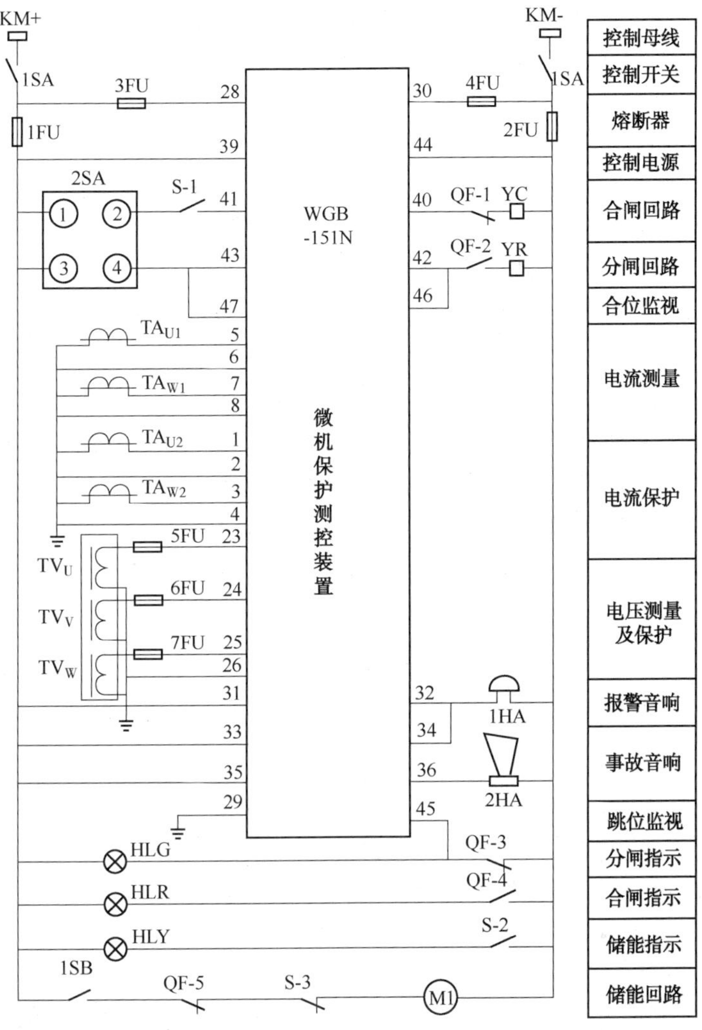

图 2-31　采用微机综合保护装置的高压电动机直接启动二次电路

状态，所以此时断路器的合闸线圈 YC 得电动作，使储能弹簧的能量释放，驱停止路器合闸，同时：

① QF-2 闭合，为分闸线圈 YR 动作作好准备；

② QF-3 断开，绿灯 HLG 熄灭；

③ QF-4 闭合，红灯 HLR 点亮，指示断路器已合闸；

④ S-2 断开，黄灯 HY 熄灭；

⑤ S-1、QF-1 断开，使重复发出的合闸指令为无效空操作，不向综保装置发送错误指令。

断路器合闸后，高压电动机 M 开始全电压启动运行。

分闸包括人工分闸和自动保护分闸两种情况。人工分闸时，将万能开关 2SA 旋转到分闸位置，其触头 3、4 接通，综保装置的 43 脚带电，经内部逻辑控制电路使 42 脚带电。QF-2是断路器的辅助常开触头，断路器合闸时呈闭合状态，所以此时断路器的分闸线圈 YR 得电动作，断路器 QF 分闸，高压电动机 M 断电停止运行。电动机运行中出现过电流、短路、电源过电压、欠电压等异常情况，通过综保装置内部运算和逻辑处理，使内部保护继电器动作，其触头将综保的 39 脚(接 KM+)和 47 脚接通，由于 47 脚和 43 脚相连，所以，其后的动作与手动分闸相同，高压电动机断电得到保护。

(3) 测量、保护与信号电路

综保装置的 5~8 脚接电流互感器二次侧的测量绕组 TA_{U1} 和 TA_{W1}，用于高压电动机运行电流的测量，测量结果显示在综保装置的液晶屏上；1~4 脚接电流互感器二次的保护绕组 TA_{U2} 和 TA_{W2}，用于获取过电流保护信号(每只电流互感器二次有保护绕组和测量绕组各一个)；23~26 脚接高压配电系统电压互感器 TV 的二次(该电压互感器的二次输出 AC100V 的标准电压，为各开关柜保护与测量公用，测量结果也可显示在综保装置的液晶屏上)。综保装置接入上述电动机运行的电流信号和电压信号，同时通过保护参数的设置，即可实现相应的保护功能。若断路器因保护分闸，液晶屏上有故障类别显示，同时电笛 2HA 鸣响。

综保装置的 45 和 46 脚结线是跳(分)闸位置和合闸位置监视电路，用于监视二次电路结线的正确性，结线有误时将发出报警信号。报警时液晶屏上有显示，同时电铃 1HA 鸣响。绿灯 HLG 和红灯 HLR 分别是分闸、合闸指示灯。

第 3 章　常用电工仪器仪表

3.1　电工测量基础

3.1.1　常用电工仪表的分类

电工仪表是电磁测量过程中所需技术工具的总称。它的分类方法很多，可以按作用原理分类，也可按测量对象分类，还可以按使用方法、准确度等级、防护性能、使用条件等分类。按其测量方法、结构、用途等方面的特性可分为指示仪表、比较仪表、数字仪表和巡回检测装置、记录仪表和示波器、扩大量程装置和变换器等。对于常用的指示仪表又可分为以下几种：

(1) 按仪表的工作原理不同，可分为磁电式、电磁式、电动式、感应式等；

(2) 按测量对象不同，可分为电流表(安培表)、电压表(伏特表)、功率表(瓦特表)、电度表(千瓦时表)、欧姆表以及多用途的万用表等；

(3) 按测量电流种类的不同，可分为单相交流表、直流表、交直流两用表、三相交流表等；

(4) 按使用性质和装置方法的不同，可分为固定式(开关板式)、携带式；

(5) 按测量准确度不同，可分为 0.1、0.2、0.5、1.0、1.5、2.5、5.0 共七个等级。

3.1.2　仪表误差的表示方法

任何一种仪表，无论制造如何精密，测量时都将有误差，即测量值与实际值之间总是不可能绝对相等。仪表误差有两种，其一是基本误差，基本误差是在标准条件下使用的误差。这种误差是由于仪表结构、材料及制造工艺上的不完善造成的，是仪表本身的固有误差。例如轴尖与轴承之间摩擦，刻度尺不准等。其二是附加误差，附加误差是仪表在非标准条件下使用产生的“额外”误差。例如环境温度变化、工作位置不符合规定、外界电磁场影响等都会产生除基本误差以外的附加误差。

3.1.2.1　绝对误差

仪表的指示值与实际值之差称为绝对误差，即

$$\Delta A = A_X - A_0$$

式中：A_X 为指示值(测量值)；A_0 为实际值，又称真值；ΔA 为绝对误差，它或正或负。

用绝对误差表示仪表误差比较直观，但它并不能反映测量的准确程度。为此引入相对误差。

3.1.2.2　相对误差

绝对误差与实际值的比值称为相对误差，用 γ 表示。在电工测量中。常用百分数表示，即

$$\gamma=\frac{\Delta A}{A_0}\times 100\%$$

相对误差表明了误差对测量结果的相对影响。它能正确的反映误差程度(即测量的准确程度)。由于相对误差可以对不同测量结果的误差进行比较，所以它是误差计算中常用的一种表示方法。工程上凡是确定或是评价测量结果的误差，一般都采用相对误差。

3.1.2.3 基准误差与最大基准误差

基准误差是绝对误差 ΔA 与仪表量程(满刻度值)A_m 之比，即

$$\gamma_n=\frac{\Delta A}{A_m}\times 100\%$$

由于仪表标尺的各刻度处的绝对误差不一定相等，其值有大小，符号有正负。我们把仪表在规定的正常工作条件下进行测量时，可能产生的绝对值最大的绝对误差 ΔA_m 与仪表量程 A_m 之比称为最大基准误差，用 γ_{nm} 来表示。即

$$\gamma_{nm}=\frac{\Delta A_m}{A_m}\times 100\%$$

常用最大基准误差反映仪表的准确性。一只合格的仪表，在规定的标准条件下其最大基准误差应小于其允许值。

3.1.2.4 电工仪表的准确度等级

准确度是电工测量仪表的主要特性之一，直读式电工仪表的准确度等级是以最大基准误差来划分的。若以 K 表示仪表的准确度等级，则 K 与最大基准误差的关系是

$$K\geqslant\frac{|\Delta A_m|}{A_m}\times 100\%$$

例如，准确度等级 $K=0.5$ 的仪表，在标准条件下工作，其最大基准误差不允许超过 ±0.5%。仪表的准确度等级数值越小，允许的最大基准误差越小，表示仪表的准确度等级越高。

我国标准规定电流表和电压表的准确度等级(K)分别为 0.05、0.1、0.2、0.3、0.5、1.0、1.5、2.0、2.5、3.0 和 5.0 共十一级。其中 0.05~0.5 级的仪表常作为标准表用来对低等级仪表进行校正或用在精密测量中。1.5~5 级表用于配电盘中。

由仪表的准确度等级及仪表的量程，还可以算出仪表的最大基本误差。在规定的正常工作条件下，仪表的最大基本误差是不变的。

例：要测量实际值为 90V 左右的电压. 现有甲为 0.5 级、量程 0~300V 及乙为 1.0 级、量程 0~100V 的电压表各一个，问采用哪一块表测量的相对误差较小?

解：两表可能的最大绝对误差(取绝对值)分别为

$$\Delta U_{m甲}=300\times 0.5\%=1.5(\mathrm{V})$$

$$\Delta U_{m乙}=100\times 0.5\%=1(\mathrm{V})$$

它们可能的相对误差(取绝对值)为

$$\gamma_{甲}=(\Delta U_{m甲}/U_0)\times 100\%=\frac{1.5}{90}\times 100\%=1.67\%$$

$$\gamma_{乙}=(\Delta U_{m乙}/U_0)\times 100\%=\frac{1}{90}\times 100\%=1.11\%$$

由上例可见，1.0 级电压表较 0.5 级电压表的相对误差小，测量更准确：由此例可知，选择仪表时，应兼顾准确度等级和量程两个方面，而不能只看准确度等级的高低。此外，为保证测量的相对误差较小，还应使被测量尽量接近仪表满刻度，至少应在满刻度的一半以上。

3.1.3　电工仪表的标志

不同种类的电工仪表具有不同的技术特性。为了便于选择和使用仪表，通常把这些技术特性用不同的符号标示在仪表的刻度盘或面板上，叫做仪表的标志。有关标志的各种符号见表 3-1。

表 3-1　常用电工仪表的标记符号及含义

分　　类	符　　号	名　　称
电流种类	—	直流
	～	交流
	$\overline{\sim}$	直流和交流
测量单位	A	安
	V	伏
	W	瓦
	var	乏
	Hz	赫
工作原理		磁电系仪表
		电磁系仪表
		电动系仪表
		磁电系比率表
		铁磁电动系
准确度等级	1.5	以表尺量限的百分数表示
	(1.5)	以指示值的百分数表示
工作位置	⊥	标尺位置垂直
	⊓	标尺位置水平
	∠60°	标尺位置与水平面夹 60°

续表

分　类	符　号	名　称
外界条件		Ⅰ级防外磁场(例如磁电系)
		Ⅰ级防外电场(例如静电系)
	Ⅱ	Ⅱ级防外磁场及电场
	Ⅲ	Ⅲ级防外磁场及电场
	Ⅳ	Ⅳ级防外磁场及电场
	A	A 组仪表
	B	B 组仪表
	C	C 组仪表
绝缘强度	0	不进行绝缘强度试验
	2	绝缘强度试验电压为 2kV
端钮调零器	+	正端钮
	-	负端钮
	*	公共端钮
		与屏蔽相连接的端钮
		调零器

3.2　常用电工仪表和仪器

本节对万用表的工作原理、操作使用方法进行重点介绍；对电流表、电压表、钳形电流表、兆欧表、接地电阻测定仪、功率表、电度表等的测量原理及使用方法逐一分析和介绍。

测量电流、电压、功率等电量的指示仪表，称为电工测量仪表。电工仪表的基本组成和工作原理见图 3-1。

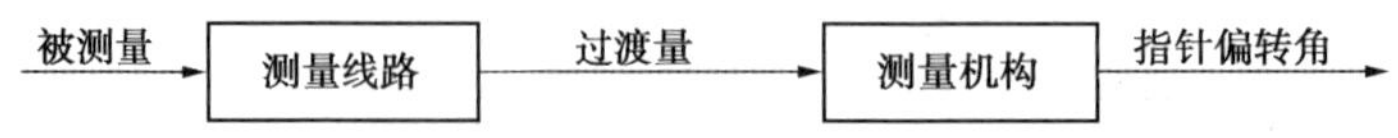

图 3-1　电工指示仪表基本组成框图

图 3-1 表示的基本工作原理：测量线路将被测电量或非电量转换成测量机构能直接测量的电量时，测量机构活动部分在偏转力矩的作用下偏转。同时，测量机构产生反作用力矩的部件所产生的反作用力矩也作用在活动部件上，当转动力矩与反作用力矩相等时，可动部分便停止下来。指出被测量的大小。

3.2.1　电流表与电压表

电流表与电压表按工作原理的不同，分为磁电式、电磁式、电动式三种类型，其原理与结构在此不作具体介绍。

3.2.1.1　电流的测量

测量电流时，电流表必须与被测电路串联。

(1) 交流电流的测量

测量交流电流通常采用电磁式电流表。

在测量量程范围内将电流表串入被测电路即可，如图 3-2 所示。

测量较大电流时，必须扩大电流表的量程。可在表头上并联分流电阻或加接电流互感器，其接法如图 3-3 所示。

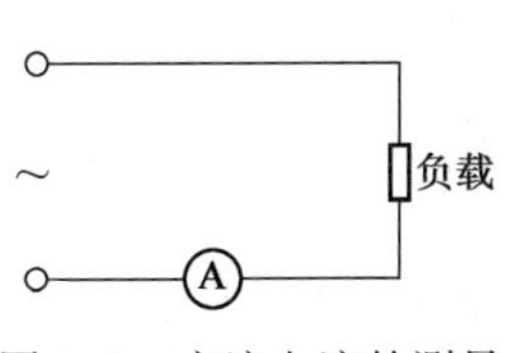

图 3-2　交流电流的测量

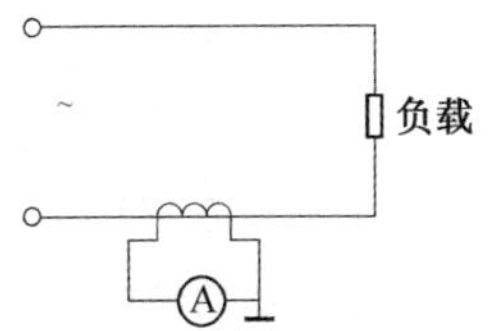

图 3-3　用互感器扩大交流电流表量程

(2) 直流电流的测量

通常采用磁电式电流表。

直流电流表有正、负极性，测量时，必须将电流表的正端钮接被测电路的高电位端，负端钮接被测电路的低电位端，如图 3-4 所示。

被测电流超过电流表允许量程时，须采取措施扩大量程。对磁电式电流表，可在表头上并联低阻值电阻制成的分流器，如图 3-5 所示。

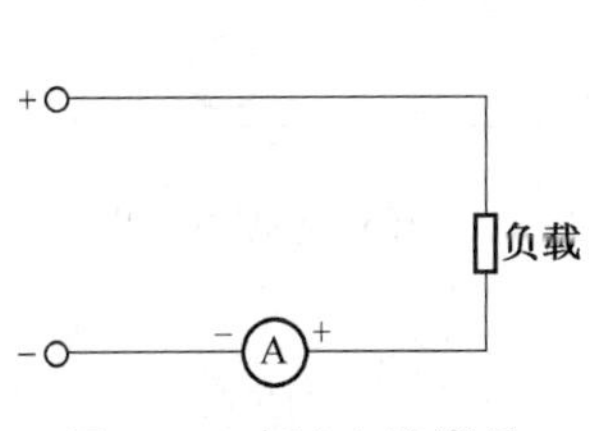

图 3-4　直流电流测量

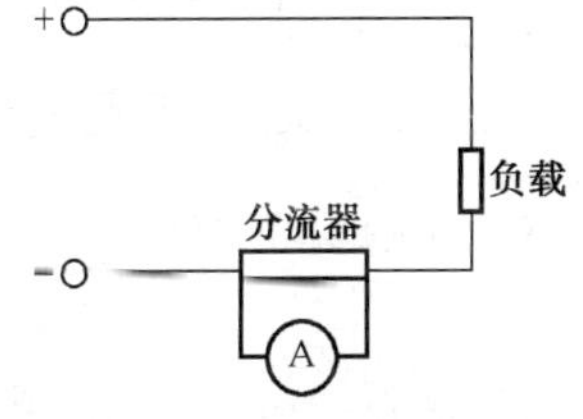

图 3-5　用分流器扩大量程

对电磁式电流表，可通过加大固定线圈线径来扩大量程。也可将固定线圈接成串、并联形式做成多量程表，如图 3-6 所示。

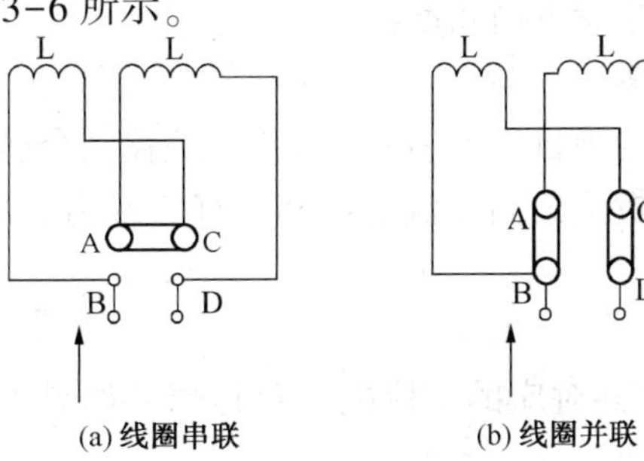

(a) 线圈串联　　(b) 线圈并联

图 3-6　电磁式电流表扩大量程

3.2.1.2　电压的测量

测量电压时，电压表必须与被测电路并联。

(1) 交流电压的测量

测量交流电压通常采用电磁式电压表。

在测量量程范围内将电压表直接并入被测电路即可，如图 3-7 所示。

用电压互感器来扩大交流电压表的量程，如图 3-8 所示。

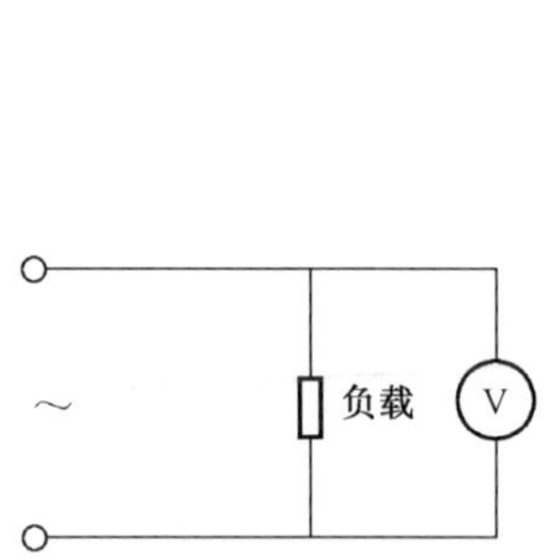

图 3-7　交流电压的测量

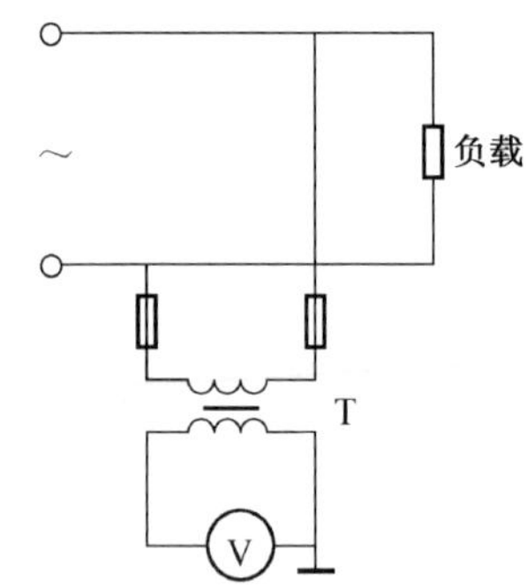

图 3-8　用互感器扩大交流电压表量程

(2) 直流电压的测量

通常采用磁电式电压表。

直流电压表有正、负极性，测量时，必须将电压表的正端钮接被测电路的高电位端，负端钮接被测电路的低电位端，如图 3-9 所示。

在电压表外串联分压电阻扩大量程，如图 3-10 所示。

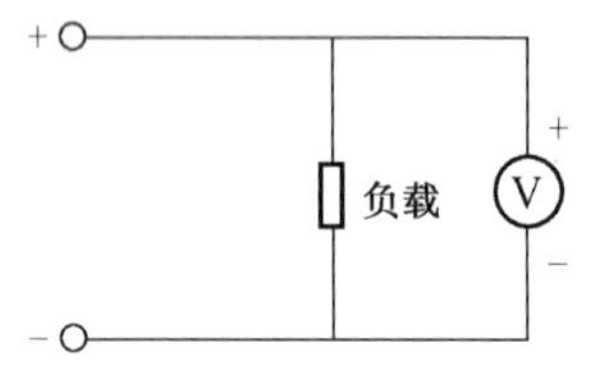

图 3-9　直流电压的测量

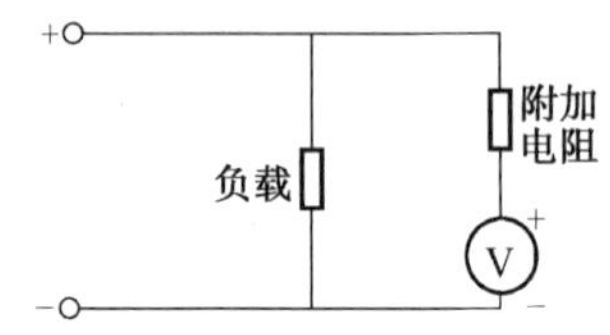

图 3-10　串分压电阻扩大量程

3.2.2　万用表

3.2.2.1　指针式万用表

结构主要由表头、测量线路、转换开关三部分组成。外形结构如图 3-11 所示。

使用指针式万用表，主要注意下面几点：

使用前，应将表头指针调零。

测量前，应根据被测电量的项目和大小，将转换开关拨到合适的位置。

测量完毕，应将转换开关拨到最高交流电压档，有的万用表(如 500 型)应将转换开关拨到标有“·”的空档位置。

(1) 交流电压的测量

① 测量前，将转换开关拨到对应的交流电压量程档。如果事先不知道被测电压大小，量程宜放在最高档，以免损坏表头。

② 测量时，将表笔并联在被测电路或被测元器件两端。严禁在测量中拨动转换开关选

择量程。

③ 测电压时，要养成单手操作习惯，且注意力要高度集中。

④ 由于表盘上交流电压刻度是按正弦交流电标定的，如果被测电量不是正弦量，误差会较大。

⑤ 可测交流电压的频率范围一般为 45 ~ 1000Hz，如果超过范围，误差会增大。

(2) 直流电压的测量

测量方法与交流电压基本相同，但要注意下面两点：

① 与测量交流电压一样，测量前要将转换开关拨到直流电压的档位上，在事先不清楚被测电压高低的情况下，量程宜大不宜小；测量时，表笔要与被测电路并联，测量中不允许拨动转换开关。

② 测量时，必须注意表笔的正负极性。红表笔接被测电路的高电位端，黑表笔接低电位端。若表笔接反了，表头指针会反打，容易打弯指针。如果不知道被测点电位高低，可将表笔轻轻地试触一下被测点。若指针反偏，说明表笔极性反了，交换表笔即可。

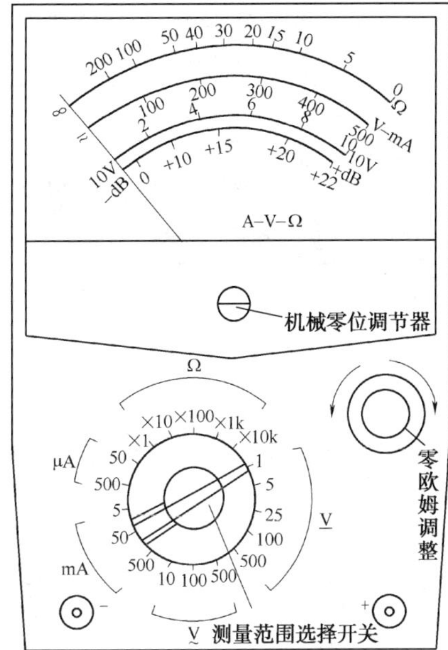

图 3-11　MF30 型万用表的外形结构

(3) 直流电流的测量

① 测量时，万用表必须串入被测电路，不能并联。

② 必须注意表笔的正、负极性。测量时，红表笔接电路断口高电位端，黑表笔接低电位端。

③ 在不清楚被测电流大小情况下，量程宜大不宜小。严禁在测量中拨动转换开关选择量程。

(4) 电阻的测量

① 正确选择电阻倍率档，使指针尽可能接近标度尺的几何中心，可提高测量数据的准确性。

② 严禁在被测电路带电的情况下测量电阻。

③ 测量时，直接将表笔跨接在被测电阻或电路的两端，注意不能用手同时触及电阻两端，以避免人体电阻对读数的影响。

④ 测量热敏电阻时，应注意电流热效应会改变热敏电阻的阻值。

3.2.2.2　数字式万用表

数字式万用表的结构如图 3-12 所示。

(1) 直流电压、交流电压的测量

① 先将黑表笔插入 COM 插孔，红表笔插入 V/Ω 插孔，然后将功能开关置于 DCV(直流)或 ACV(交流)量程，并将测试表笔连接到被测源两端，显示器将显示被测电压值。

② 如果显示器只显示“1”，表示超量程，应将功能开关置于更高的量程(下同)。

(2) 直流电流、交流电流的测量

先将黑表笔插入 COM 插孔，红表笔需视被测电流的大小而定。如果被测电流最大为 2A，应将红表笔插入 A 孔；如果被测电流最大为 20A，应将红表笔插入 20A 插孔。再将功

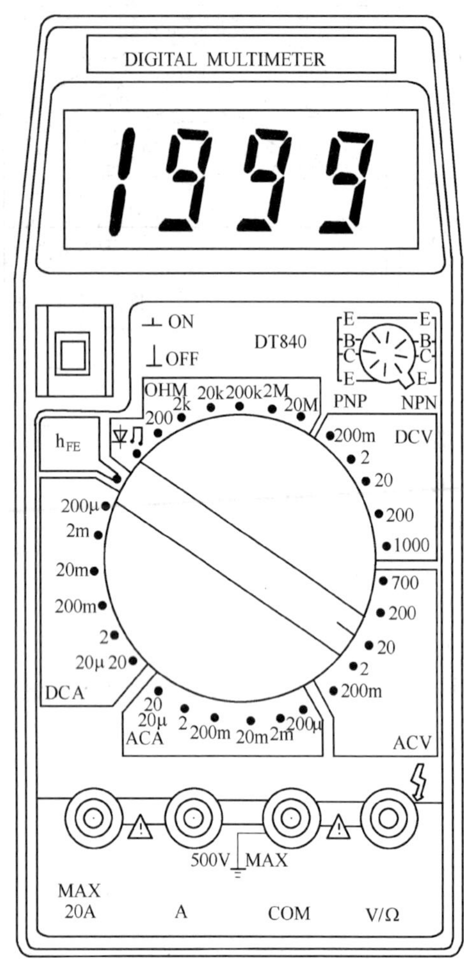

图 3-12 所示数字万用表面板结构

能开关置于 DCA 或 ACA 量程，将测试表笔串联接入被测电路，显示器即显示被测电流值。

（3）电阻的测量

先将黑表笔插入 COM 插孔，红表笔插入 V/Ω 插孔（注意：红表笔极性此时为“+”，与指针式万用表相反），然后将功能开关置于 OHM 量程，将两表笔连接到被测电路上，显示器将显示出被测电阻值。

（4）二极管的测试

① 先将黑表笔插入 COM 插孔，红表笔插入 V/Ω 插孔，然后将功能开关置于二极管档，将两表笔连接到被测二极管两端，显示器将显示二极管正向压降的 mV 值。当二极管反向时则过载。

② 根据万用表的显示，可检查二极管的质量及鉴别所测量的管子是硅管还是锗管。

③ 测量结果若在 1V 以下，红表笔所接为二极管正极，黑表笔为负极；

测量显示若为 550~700mV 者为硅管；150~300mV 者为锗管。

④ 如果两个方向均显示超量程，则二极管开路；若两个方向均显示“0”V，则二极管击穿、短路。

（5）晶体管放大系数 h_{FE} 的测试

将功能开关置于 h_{FE} 档，然后确定晶体管是 NPN 型还是 PNP 型，并将发射极、基极、集电极分别插入相应的插孔。此时，显示器将显示出晶体管的放大系数 h_{FE} 值。

（6）基极判别

将红表笔接某极，黑表笔分别接其他两极，若都出现超量程或电压都小，则红表笔所接为基极；若一个超量程，一个电压小，则红表笔所接不是基极，应换脚重测。

（7）管型判别

在上面测量中，若显示都超量程，为 PNP 管；若电压都小（0.5~0.7V），则为 NPN 管。

（8）集电极、发射极判别

用 h_{FE} 档判别。在已知管子类型的情况下（此处设为 NPN 管），将基极插入 B 孔，其他两极分别插入 C、E 孔。若结果为 $h_{FE}=1\sim10$（或十几），则三极管接反了；若 $h_{FE}=10\sim100$（或更大），则接法正确。

（9）带声响的通断测试

先将黑表笔插入 COM 插孔，红表笔插入 V/Ω 插孔，然后将功能开关置于通断测试档（与二极管测试量程相同），将测试表笔连接到被测导体两端。如果表笔之间的阻值低于约 30Ω，蜂鸣器会发出声音。

3.2.3 钳形电流表

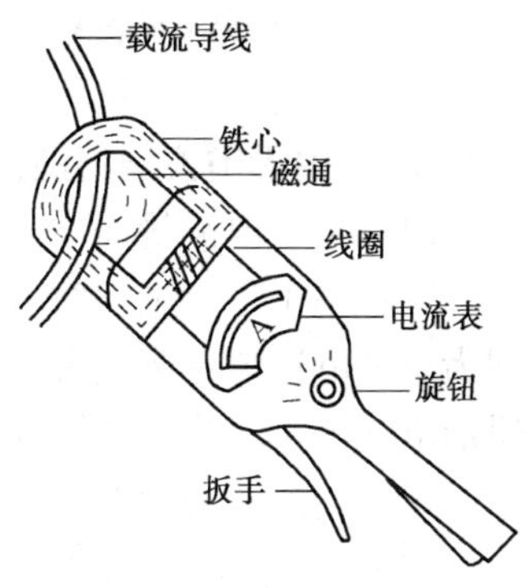

图 3-13 钳型表外形结构

用钳形电流表可直接测量交流电路的电流，不需断开电路。

3.2.3.1 结构和工作原理

外形结构如图 3-13 所示。测量部分主要由一只电磁式电流表和穿心式电流互感器组成。穿心式电流互感器铁心做成活动开口，且成钳形。

原理：当被测载流导线中有交变电流通过时，交流电流的磁通在互感器副绕组中感应出电流，使电磁式电流表的指针发生偏转，在表盘上可读出被测电流值。

3.2.3.2 使用方法

（1）根据被测对象，正确选择不同类型的钳形电流表。如测量交流电时，可选用交流钳形电流表 T-301 型；测量直流电流时，应选用的钳形电流表，如 MG20 或 MC21 等。

（2）测量前应先估计被测电流的大小，选择合适的量程档；若无法估计则应先用较大量程，然后根据被测电流的大小再逐步换成合适的量程。

对指针式的电表应使指针偏转 2/3 以上才读数；对数字式电表，使读数最接近所选量程的上限值时才读数，以降低测量误差。

（3）测量时被测载流导线应放在钳口内的中心位置，钳口必须紧闭，以免增大误差。

当被测量的导线被卡入钳型电流表的钳口后，若发现有噪声或表针振动时，应将钳型电流表的手柄转动几次或重新开合几次，若杂声依然存在，应检查钳口处有无污垢存在，若有可用汽油擦干净。

为了消除钳形电流表铁心中剩磁对测量结果的影响，在测量较大的电流之后，若立即测量较小的电流时，应该把钳形电流表的铁心开、合数次，以消除铁心中的剩磁。

（4）变换量程时，必须先将钳口打开，不允许在测量过程中变换量程。

由于钳型电流表实际上是由一只电流互感器和一只电流表组成，当钳口卡入带电导线时，导线就相当于电流互感器的一次绕组，而电流表相当于电流互感器的二次侧的负载。若在测量过程中切换量程，则会形成相当于电流互感器二次瞬间开路的结果，它会感应出相当高的电压而击穿钳型电流表的绝缘，危机人身及设备的安全，因此，不得在测量过程中切换档位。

（5）测量较小电流时，为了使读数较准确，在条件许可时，可将被测导线多绕几圈，再放进钳口进行测量，实际电流值等于仪表的读数除以放进钳口的导线圈数。

（6）不允许用钳形电流表去测量高压电路的电流，以免发生事故。

（7）测量完毕一定把仪表的量程开关置于最大量程位置上，以防下次使用时，因疏忽大意未选量程就进行测量，造成损坏仪表的意外事故。

3.2.3.3 钳形电流表使用注意事项

（1）对仪表外观进行检查，外观应完好，绝缘应完好无破损，手把应清洁干燥。

（2）测量时应戴绝缘手套或干净的线手套，并注意身体各部位与带电体保持安全距离，测量时防止短路。

（3）用钳形电流表只能测量低压电流，不能测量通过裸导体（如硬母线等）的电流。

（4）避免在有严重污染、腐蚀及有害气体的环境及雨水中使用。

3.2.3.4 钳形电表使用的扩展

（1）扩大电流量程

测量小于最小量程的电流时，可将待测回路导线在钳口内绕 N 圈，指示电流数被 N 除，即为所测电流值；测量大于最大量程的电流时，可接入电流互感器，互感器次级接成短路，钳形电表测量电流互感器次级短路导线的电流，再乘上变比，就是所测电流值。

（2）判断三相回路是否平衡

将 U、V、W 三相导线均钳在口内，如无指示即三相平衡，有读数表示出现了零序电流，说明三相不平衡；钳入三相导线中的二根，读出的值，就是未钳入相的电流值。

（3）检测交流漏磁场

使用小量程挡，微张钳口，靠近电机或变压器，出现读数，就说明有交变漏磁场，从不同读数中，可对比出漏磁的程度。

（4）监测晶闸管工作状态

流过管子的是半波交流，因此钳测晶闸管阳（阴）极会有读数，从指示值的有无和大小，并换测 U、V、W 三相，看读数是否一致，就能判断晶闸管及触发回路是否正常，移相是否正确。

3.2.4 兆欧表

一种测量电器设备及电路绝缘电阻的仪表，主要分为手摇式兆欧表和数字式兆欧表。

3.2.4.1 手摇式兆欧表

结构如图 3-14（a）所示。主要包括三个部分：手摇直流发电机（或交流发电机加整流器）、磁电式流比计、接线桩（L、E、G）。工作原理可用图 3-14（b）来说明。

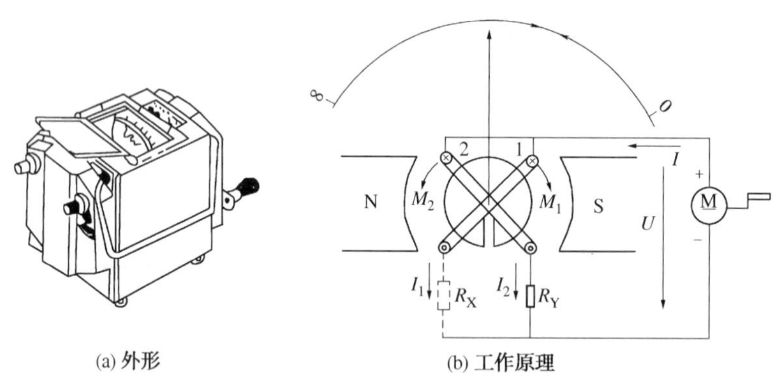

(a) 外形　　(b) 工作原理

图 3-14　手摇式兆欧表

3.2.4.2 数字式兆欧表

原理图如图 3-15 所示，其负载特性如图 3-16 所示。数字兆欧表是将直流电源变频产生直流高压，通过程序控制使各种绝缘测试可由菜单选择自动进行或设定方式进行。其测试电压从 500~5000V 可设定选择；试验电流为 2mA、5mA 等；测量范围比手动兆欧表大，最大量程可读到 5×10^6MΩ，显示直观准确。较好的数字兆欧表由一个三位数字显示和一条模拟弧形刻度显示指针构成的双显指示系统。由于目前变压器等大容量设备需作极化指数试验，用手摇式兆欧表测量就比较困难，因此，数字式兆欧表正在逐步取代手摇式兆欧表。

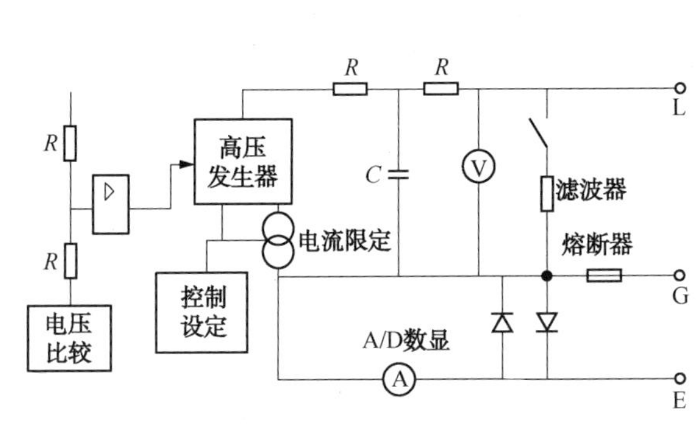

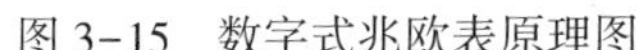

图 3-15　数字式兆欧表原理图

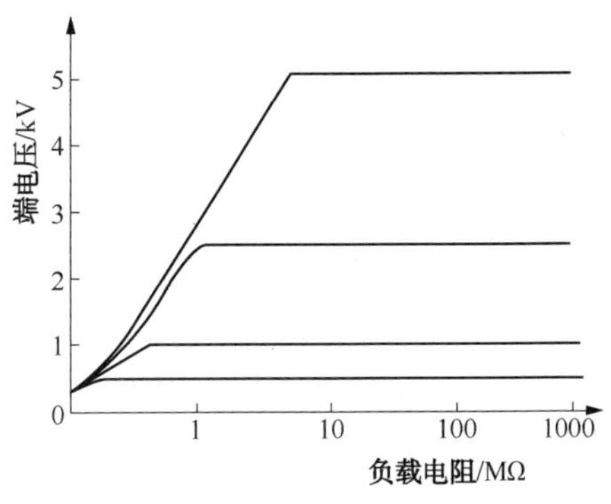

图 3-16　数字式兆欧表负载特性

3.2.4.3　兆欧表的选择及使用

（1）兆欧表的选择

兆欧表的选择，主要是选择其电压及测量范围。

高压电气设备绝缘电阻要求高，须选用电压高的兆欧表进行测试；低压电气设备内部绝缘材料所能承受的电压不高，为保证设备安全，应选择电压低的兆欧表。表 3-2 列出了不同额定电压的兆欧表的使用范围。

表 3-2　不同额定电压的兆欧表的使用范围

电气设备或回路的电压范围	选用兆欧表的电压等级	电气设备或回路的电压范围	选用兆欧表的电压等级
100V 以下	250V　50MΩ	3000～10000V（含 3000V）	2500V　10000MΩ
100～500V（含 100V）	500V　100MΩ	10000V 以上	2500V 或 5000V　10000MΩ
500～3000V（含 500V）	1000V　2000MΩ		

（2）兆欧表的正确使用及注意事项

① 断开被试品的电源，拆除或断开对外的一切连线，并将其接地放电。对电容量较大的被试品（如发电机、电缆、大中型变压器和电容器等）更应充分放电。此项操作应利用绝缘工具（如绝缘棒、绝缘钳等）进行，不得用手直接接触放电导线。

② 用干燥清洁柔软的布擦去被试品表面的污垢，必要时可先用汽油或其他适当的去垢剂洗净套管表面的积污。

③ 将兆欧表放置平稳，驱动兆欧表达额定转速，此时兆欧表的指针应指“∞”，再用导线短接兆欧表的“火线”与“地线”端头，其指针应指零（瞬间低速旋转以免损坏兆欧表）。然后将被试品的接地端接于兆欧表的接地端头“E”上，测量端接于兆欧表的火线端头“L”上。如遇被试品表面的泄漏电流较大时，或对重要的被试品，如发电机、变压器等，为避免表面泄漏的影响，必须加以屏蔽。屏蔽线应接在兆欧表的屏蔽端头“G”上。接好线后，火线暂时不接被试品，驱动兆欧表至额定转速，其指针应指“∞”，然后使兆欧表停止转动，将火线接至被试品。

④ 驱动兆欧表达额定转速，待指针稳定后，读取绝缘电阻的数值。

⑤ 测量吸收比或极化指数时，先驱动兆欧表达额定转速，待指针指“∞”时，用绝缘工具将火线立即接至被试品上，同时记录时间，分别读取 15s 和 60s 或 10min 时的绝缘电阻值。

⑥ 读取绝缘电阻值后，先断开接至被试品的火线，然后再将兆欧表停止运转，以免被试品的电容在测量时所充的电荷经兆欧表放电而损坏兆欧表，这一点在测试大容量设备时更要注意。此外，也可在火线端至被试品之间串入一只二极管，其正端与兆欧表的火线相接，这样就不必先断开火线，也能有效地保护兆欧表。

⑦ 在湿度较大的条件下进行测量时，可在被试品表面加等电位屏蔽。此时在结线上要注意，被试品上的屏蔽环应接近加压的火线而远离接地部分，减少屏蔽对地的表面泄漏，以免造成兆欧表过载。屏蔽环可用保险丝或软铜线紧缠几圈而成。

3.2.5　接地电阻测试仪

又称接地摇表，主要用于测量电气系统、避雷系统等接地装置的接地电阻和土壤电阻率，下面主要介绍 ZC-8 型接地电阻测量仪和 ETCR2000 系列接地电阻测量仪。

3.2.5.1　ZC-8 型接地电阻测试仪

外形及附件如图 3-17 所示。

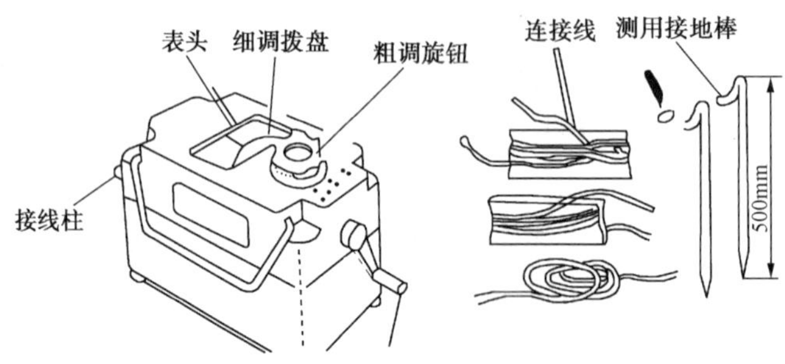

图 3-17　ZC-8 型接地电阻侧定仪外形及附件

（1）结构及原理

结构：ZC-8 型接地电阻测试仪由高灵敏度的检流计 G、交流发电机 M、电流互感器 LH 及调节电位器 RP、测量用接地极 E、电压辅助电极 P、电流辅助电极 C 等组成。

原理：交流发电机 M 以 120r/min 的速度转动时，产生 90～98Hz 的交变电流 i，通过互感器 LH 的原边、接地极 E、电流辅助电极 C 形成回路。在接地电阻 R_X 上产生电压降 iR_X，其电位分布如图 3-18 中 EP 段曲线所示。通过 PC 之间地电阻 R_C 产生的电压降 iR_C 的电位分布如图 3-18 中曲线 PC 所示。

（2）使用注意事项

ZC-8 型接地电阻测试仪测量连接如图 3-19 所示。

① 将仪表水平放置，对指针机械调零，使其指在标度尺红线上。

② 将量程（倍率）选择开关置于最大量程位置，缓慢摇动发电机摇柄，同时调整“测量标度盘”，使检流计指针始终指在红线上，这时，仪表内部电路工作在平衡状态。当指针接近红线时，加快发电机摇柄转速，使其达到额定转速（120r/min），再次调节“测量标度盘”，使指针稳定在红线上，所测接地电阻值即为“测量标度盘”读数（RP）乘以倍率标度。若“测量标度盘”读数小于 1，应将量程选择开关置于较小一档，重新测量。

③ 可用 ZC-8 型接地电阻测试仪测量导体电阻：先用导线将 P1、C1 接线桩短接，再将被测导体接于 E（或 P2、C2 短接的公共点）与 P1 之间，其余步骤与测量接地电阻相同。

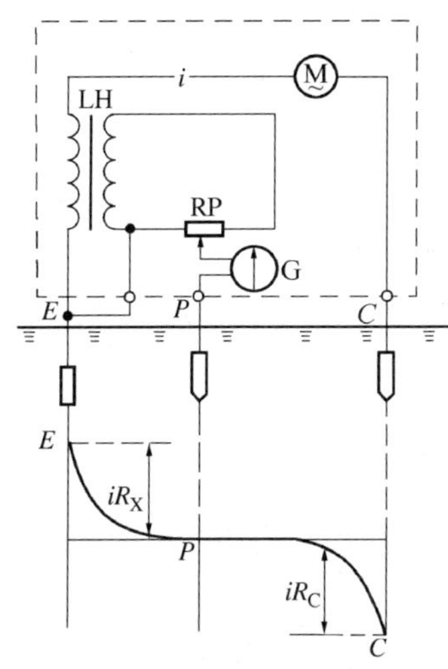

图 3-18　ZC-8 型接地电阻测试仪原理图

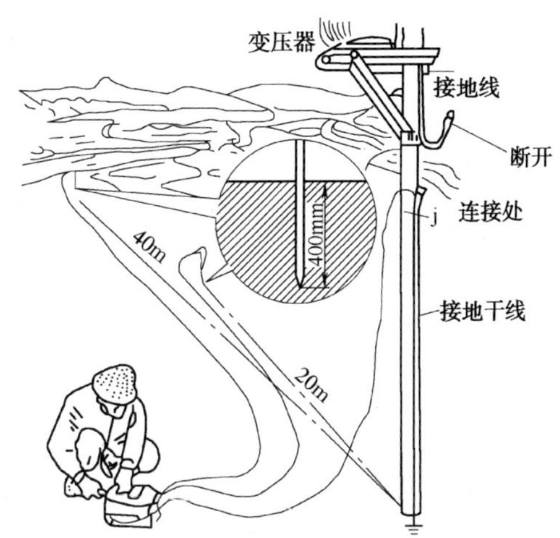

图 3-19　接地电阻测量连接示意图

3.2.5.2　ETCR2000 系列钳形接地电阻仪

(1) 电阻测量原理

ETCR2000 系列钳形接地电阻仪测量接地电阻的基本原理是测量回路电阻。见图 3-20。钳表的钳口部分由电压线圈及电流线圈组成。电压线圈提供激励信号，并在被测回路上感应一个电势 E。在电势 E 的作用下将在被测回路产生电流 I。钳表对 E 及 I 进行测量，并通过下面的公式即可得到被测电阻 R。

$$R=\frac{E}{I}$$

ETCR2000C 钳形接地电阻仪测量电流的基本原理与电流互感器的测量原理相同。见图 3-21。被测量导线的交流电流 I，通过钳口的电流磁环及电流线圈产生一个感应电流 I_1，钳表对 I_1 进行测量，通过下面的公式即可得到被测电流 I。

$$I=n\cdot I_1$$

其中 n 为副边与原边线圈的匝数比。

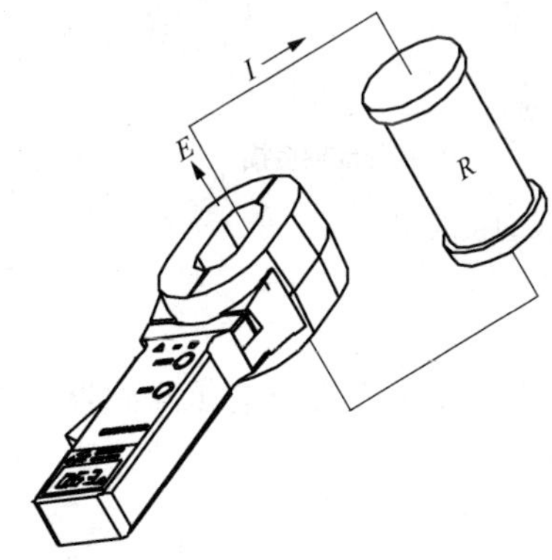

图 3-20　钳形接地电阻仪电测量原理图

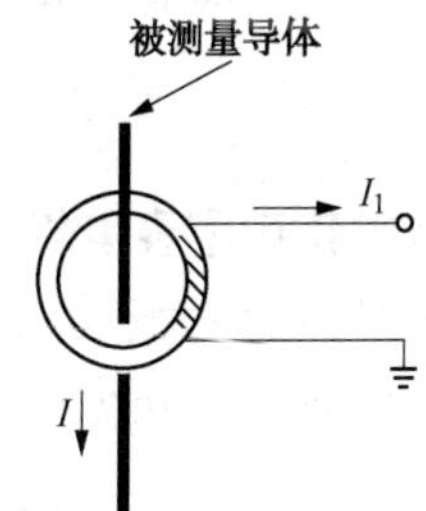

图 3-21　钳形接地电阻仪电流测量原理图

(2)测量点的选择

在某些接地系统中，如图 3-22 所示，应选择一个正确的测量点进行测量，否则会得到不同的测量结果。

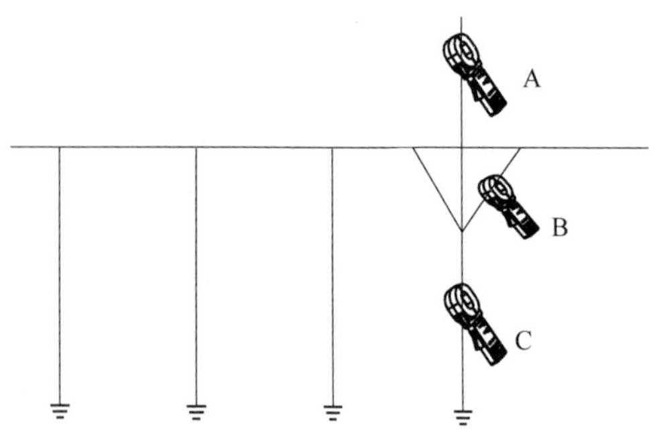

图 3-22　测试点的选取

在 A 点测量时，所测的支路未形成回路，钳表显示“OLΩ”，应更换测量点。

在 B 点测量时，所测的支路是金属导体形成的回路，钳表显示“L0.01Ω”或金属回路的电阻值，应更换测量点。

在 C 点测量时，所测的是该支路下的接地电阻值。

3.2.6　功率表

又叫瓦特表，用于测量直流电路和交流电路的功率。主要由固定的电流线圈和可动的电压线圈组成，电流线圈与负载串联，电压线圈与负载并联。

用功率表测量直流电路的功率时，指针偏转角 α 正比于负载电压和电流的乘积。即

$$\alpha \propto UI=P$$

可见，功率表指针偏转角与直流电路负载的功率成正比 .

在交流电路中，电动式功率表指针的偏转角 α 与所测量的电压、电流以及该电压、电流之间的相位差 ϕ 的余弦成正比，即

$$\alpha \propto UI\cos\phi$$

可见，所测量的交流电路的功率为所测量电路的有功功率。

3.2.6.1　测量单相交流电路功率的接法

功率表的电流线圈、电压线圈各有一个端子标有“ * ”号，称为同名端。测量时，电流线圈标有“ * ”号的端子应接电源，另一端接负载；电压线圈标有“ * ”号的端子一定要接在电流线圈所接的那条电线上，但有前接和后接之分，如图 3-23 所示。

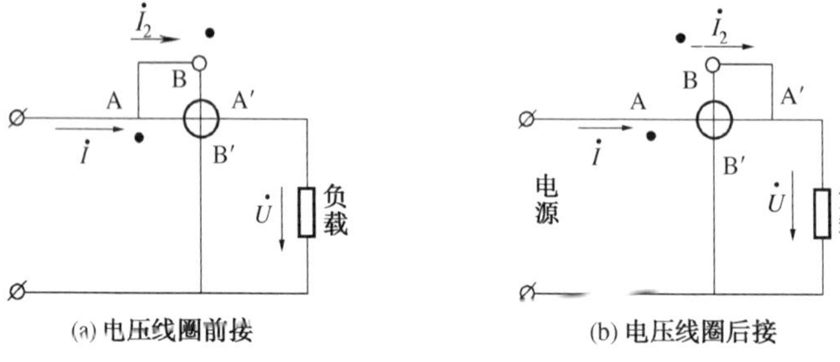

图 3-23　单相功率表的接线

3.2.6.2　扩大单相功率表量程

如果被测电路功率大于功率表量程，则必须加接电流互感器与电压互感器扩大其量程，其电路如图 3-24 所示。电路实际功率为

$$P=k_1k_2P_1$$

3.2.6.3　三相电路功率的测量

（1）用两只单相功率表测三相三线制电路的功率

结线如图 3-25 所示。电路总功率为两只单相功率表读数之和。即

$$P=P_1+P_2$$

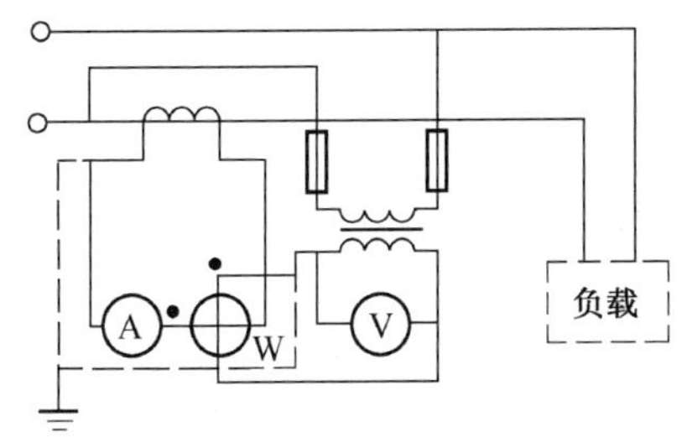

图 3-24　用电流互感器和电压互感器扩大单相功率表的量程

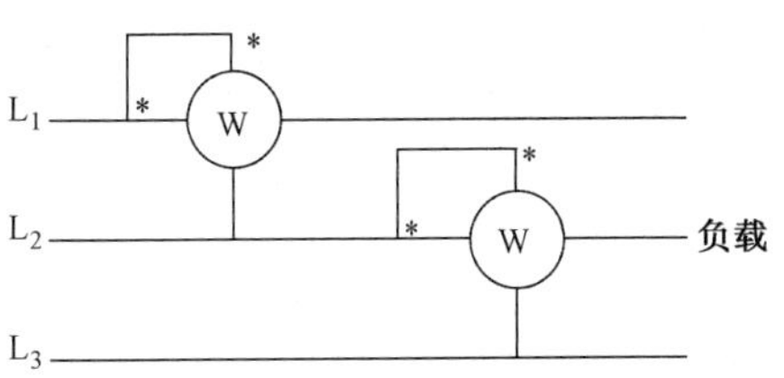

图 3-25　用两只单相功率表测三相三线制电路功率

此电路也可用于测量完全对称的三相四线制电路的功率。

(2) 用三相功率表测三相电路的功率

相当于两只单相功率表的组合，直接用于测量三相三线制和对称三相四线制电路。测量接线如图 3-26 所示。

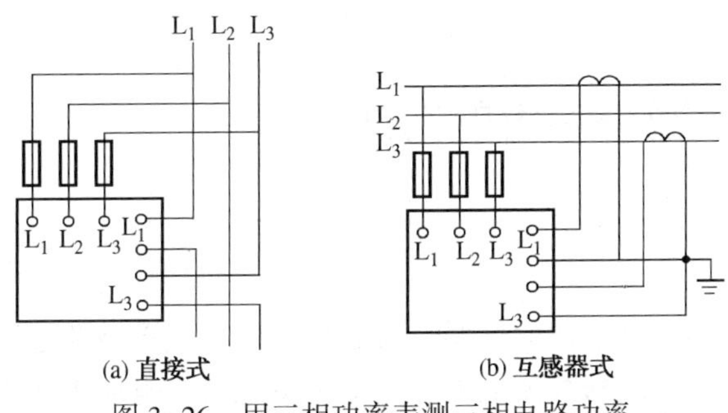

(a) 直接式　(b) 互感器式

图 3-26　用三相功率表测三相电路功率

3.2.7　电度表

电度表按结构分，有单相表、三相三线表和三相四线表三种；

按用途分，有有功电度表和无功电度表二种。

常用规格：3A、5A、10A、25A、50A、75A、100A 等多种。

交流感应式电度表主要由励磁、阻尼、走字和基座等部分组成。三相三线表、三相四线表的构造及工作原理与单相表基本相同。三相三线表由两组如同单相表的励磁系统集合而成，由一组走字系统构成复合计数；三相四线表则由三组如同单相表的励磁系统集合而成，也由一组走字系统构成复合计数。

3.2.7.1　单相电度表的接线方法

在低压小电流线路中，电度表直接接在线路上，如图 3-27(a)所示。

在低压大电流线路中，必须用电流互感器将电流变小，其接线如图 3-27(b)示。

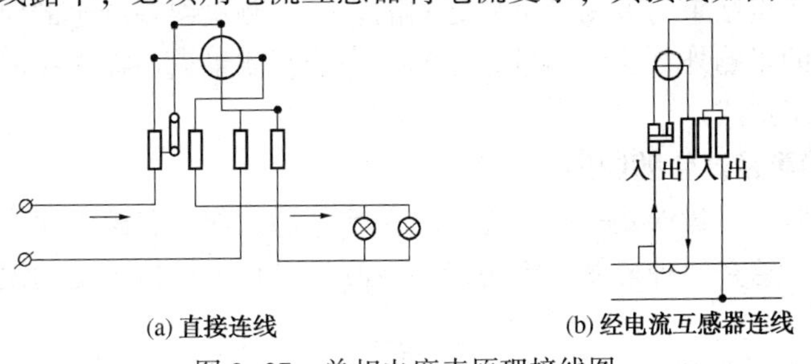

(a) 直接连线　(b) 经电流互感器连线

图 3-27　单相电度表原理接线图

3.2.7.2 三相电度表的接线方法

低压三相四线制线路中，常用三元件的三相电度表。若线路上负载电流未超过电度表的量程，可直接接在线路上，其结线如图 3-28(a)所示。

若负载电流超过电度表量程，须用电流互感器将电流变小。其接线如图 3-28(b)所示。

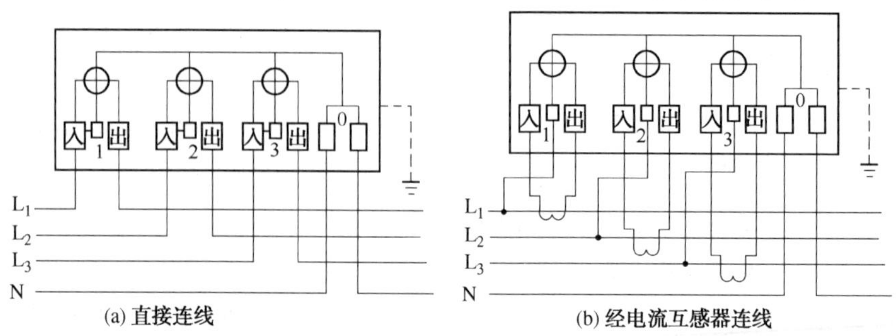

图 3-28　三相电度表接线原理图

3.3 测量误差及减少误差的方法

3.3.1 直接测量法

在测量过程中，采用直接指示的仪器、仪表可以直接读取被测量数值，而无须度量器参与的测量叫直接测量法。用欧姆表测电阻、电流表测电流、电压表测电压等都属于直接测量法。由于仪表接入测量电路后，会使电路的工作状态发生变化，直接测量法的准确度较低。

3.3.2 比较测量法

在测量过程中，需要度量器的直接参与，并通过比较仪器来确定被测量数值的测量方法叫做比较测量法。

3.3.3 间接测量法

根据被测量和其他量的函数关系，先测得其他量，然后按函数关系计算出来的一种方法叫间接测量法。例如，用伏安法测量电阻。间接法测量的误差较大，在准确度要求不太高的场合或直接测量有困难时采用。

3.3.4 测量误差及其修正

测量误差是指测量结果与被测量结果之间的差异。测量误差产生的原因，除了仪表的基本误差和附加误差的影响外，还因测量方法的不完善，测量人员操作技能和经验不足，以及人们感官差异等因素造成。

3.3.4.1 误差的分类及产生的原因

根据误差的性质，测量误差一般分为系统误差、偶然误差和疏失误差三类。

(1) 系统误差　这是一种遵循一定规律，在测量过程中保持不变的误差。造成系统误差的原因有：

测量设备的误差　标准度量器、仪表本身具有的误差。如刻度不准确等造成的系统误差；

测量方法的误差　测量方法不够完善，测量仪表安装或配线不当，外界环境变化以及测量人员操作技能和经验不足造成的系统误差。如引用近似公式，接触电阻等造成的误差。

(2) 偶然误差　是一种大小和符号都不固定的误差，这种误差主要是由外界环境(如温度、湿度、电场、磁场等)的偶然性变化引起的。在重复进行同一个量的测量过程中，其结果往往不完全相同。

(3) 疏失误差　是一种严重歪曲测量结果的误差。它是因测量时的粗心或疏忽造成，如读数错误、记录错误等。

3.3.4.2 测量误差的消除

(1) 系统误差的消除

首先，应对度量器、测量仪器、仪表进行校正。可采用合理的测量方法或配置适当的测量仪器，改善仪表安装质量和配线方式，还可采用特殊的测量方法，比如正负消去法、替代法等。

① 正负消去法　就是对同一量反复测量两次，如果其中一次误差为正，另一次误差为负，取它们的平均值后，就可以消去这种系统误差。例如，为了消除一定的外电场对电流表读数的影响，可把电流表放置的位置掉转 180°。再测一次，两种放置测得的结果产生的误差符号正好相反。

② 替代法　将被测量用已知量代替，替代时仪表的工作状态不变。仪表本身的不完善和外界因素的影响对测量结果不发生作用，从而消除了系统误差。

(2) 偶然误差的消除

对于偶然误差，不能用试验的方法加以消除，只能根据多次测量从偶然误差的总和中用统计的方法加以处理，因此，通常采用增加重复测量次数的方法来消除偶然误差对测量结果的影响，测量次数越多，其算术平均值就越接近于实际值。

(3) 疏失误差的消除

疏失误差严重歪曲了测量结果，因此包含有疏失误差的测量结果应抛弃。

第 4 章　接地及阴极保护

4.1　接地概念及分类

4.1.1　接地的概念

(1) 接地：将电力系统或建筑物电气装置、设施过电压保护装置用接地线与接地体连接，称为接地。

(2) 接地体(极)：埋入地中并直接与大地接触的金属导体，称为接地体(极)。接地体分为水平接地体和垂直接地体。

(3) 自然接地体：可利用作为接地用的直接与大地接触的各种金属构件、金属井管、钢筋混凝土建筑的基础、金属管道和设备等，称为自然接地体。

(4) 接地线：电气设备、杆塔的接地端子与接地体或零线连接用的在正常情况下不载流的金属导体，称为接地线。

(5) 接地装置：接地体和接地线的总和，称为接地装置。

(6) 接地电阻：接地体或自然接地体的对地电阻和接地线电阻的总和，称为接地装置的接地电阻。接地电阻的数值等于接地装置对地电压与通过接地体流入地中电流的比值。

4.1.2　接地的分类

一般分为保护性接地和功能性接地两种：

(1) 保护性接地

① 防电击接地：为了防止电气设备绝缘损坏或产生漏电流时，使平时不带电的外露导电部分带电而导致电击，将设备的外露导电部分接地，称为防电击接地。这种接地还可以限制线路涌流或低压线路及设备由于高压窜入而引起的高电压；当产生电气故障时，有利于过电流保护装置动作而切断电源。这种接地，也是狭义的“保护接地”。

② 防雷接地：将雷电导入大地，防止雷电流使人身受到电击或财产受到破坏。

③ 防静电接地：将静电荷引入大地，防止由于静电积聚对人体和设备造成危害。特别是目前电子设备中集成电路用得很多，而集成电路容易受到静电作用产生故障，接地后可防止集成电路的损坏。

④ 防电蚀接地：地下埋设金属体作为牺牲阳极或阴极. 防止电缆、金属管道等受到电蚀。

(2) 功能性接地

① 工作接地：为了保证电力系统运行，防止系统振荡，保证继电保护的可靠性，在交直流电力系统的适当地方进行接地，交流一般为中性点，直流一般为中点。在电子设备系统中，则称除电子设备系统以外的交直流接地为功率地。

② 逻辑接地：为了确保稳定的参考电位，将电子设备中的适当金属件作为“逻辑地”，一般采用金属底板作逻辑地。常将逻辑接地及其他模拟信号系统的接地统称为直流地。

③ 屏蔽接地：将电气干扰源引入大地，抑制外来电磁干扰对电子设备的影响，也可减少电子设备产生的干扰影响其他电子设备。

④ 信号接地：为保证信号具有稳定的基准电位而设置的接地，例如检测漏电流的接地，阻抗测量电桥和电晕放电损耗测量等电气参数测量的接地。

4.2 电力系统的接地

供电系统中可接地的一点(一般为中性点)可以不接地，也可以直接接地或通过一定的阻抗接地。电气设备可以直接接地，也可以通过导线连接到供电系统已接地的中性点上。供电系统和电气设备这几种接地方式的组合，称为接地制式。接地制式的选用与供电电压有很大关系。

4.2.1 接地的组成

接地的组成可分为电气设备和供电系统接地两部分。电气设备的接地组成部分在各种接地制式中大致相同，随着接地系统范围不同而稍有差异。供电系统的接地组成部分则随着接地制式不同而有明显的区别。

电气设备接地的组成部分如图 4-1 所示：

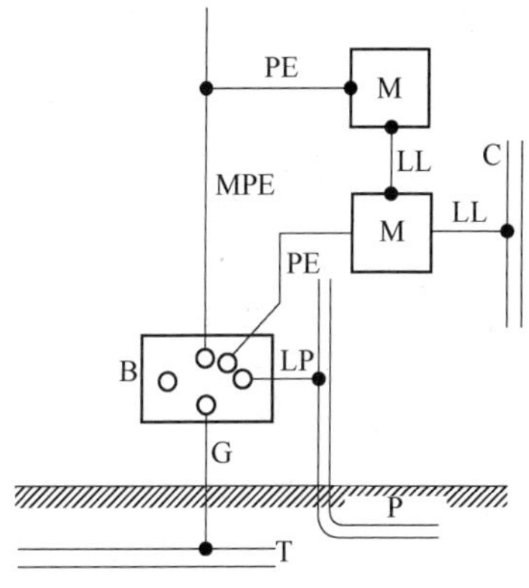

图 4-1 电气设备的接地组成

(1) 接地极(T)与大地紧密接触，并用来与大地发生电气接触的一个或一组导体。

(2) 外露导电部分(M)电气设备能触及的导电部分。正常时不带电，故障时可能带电，通常为电气设备的金属外壳。

(3) 外部导电部分(C)不属于电气设备的导电部分，但可以引入电位，一般是地电位，如建筑物的金属结构

(4) 主接地端子板(B)一个建筑物或部分建筑内各种接地(如工作接地、保护接地)端子和等电位联接线端子的组合；如成排排列则称为主接地端子排。

(5) 保护线(PE)将下列任何部分作电气连接的导体：外部导电部分、外露导电部分、主接地端子板、接地极、电源接地点或人工接地点；其中连接多个外露导电部分的导体称为保护干线(MPE)。

(6) 接地线(G)将主接地端子板或将外露导电部分直接接到接地极的保护线。连接多个接地端子板的接地线称为接地干线(MT)，MT 用于大的接地系统，图 4-1 中位示出。

(7) 等电位联结线　将保护干线、接地干线、主接地端子板、建筑物内的金属管道(如图 4-1 所示的金属水管 P)以及可作利用的金属构件、集中采暖管和空调系统的金属管道连接起来的导体称为主等电位联结线(LP)。如上述联结线只用于一套电气设备、一个场所的则称为辅助等电位联结线(LL)。等电位联结线在系统正常运行时不流通电流，只有在故障时才流过故障电流。

4.2.2 高压系统接地

高压系统的接地制式可按接地方式或接地设备分类，一般有以下几种。

(1) 直接接地制式　即将变压器或发电机的中性点(包括人工中性点)直接或通过小电

阻(例如电流互感器)与接地装置相连。这种接地制式的系统，当发生单相接地短路时。接地电流很大，又称为大电流接地制式。

(2) 不接地制式　即将变压器或发电机的中性点(包括人工中性点)不与接地装置相连或通过保护、测量、信号仪表、消弧线圈以及具有大电阻等接地设备与接地装置相连。这种接地制式的系统，当发生单相接地短路时，接地电流很小，又称为小电流接地制式。

为了说明接地制式的有效程度，把接地系数不超过 1.4 的高压系统称为有效接地制式。接地系数的定义如下：

$$接地系数=\frac{一相接地短路时，非故障两相与接地点地电位的电位差}{接地短路前，相线与接地点地电位的电位差}$$

4.2.2.1　中性点不接地系统

中性点不接地系统的供电可靠性较高。在这种系统中发生单相接地故障时，不构成短路回路，接地电流不大，不必切除接地相；但非故障相对地电压升高变为线电压，因此，对绝缘要求较高。

(1) 正常运行情况

如图 4-2(a)所示为中性点不接地系统的正常运行情况。如果不计电源的内阻抗和线路的阻抗，并假设各相导线的对地电容用集中在导线中部的等值电容 C_u、C_v、C_w 来代替，线间电容由于较小可不予考虑。

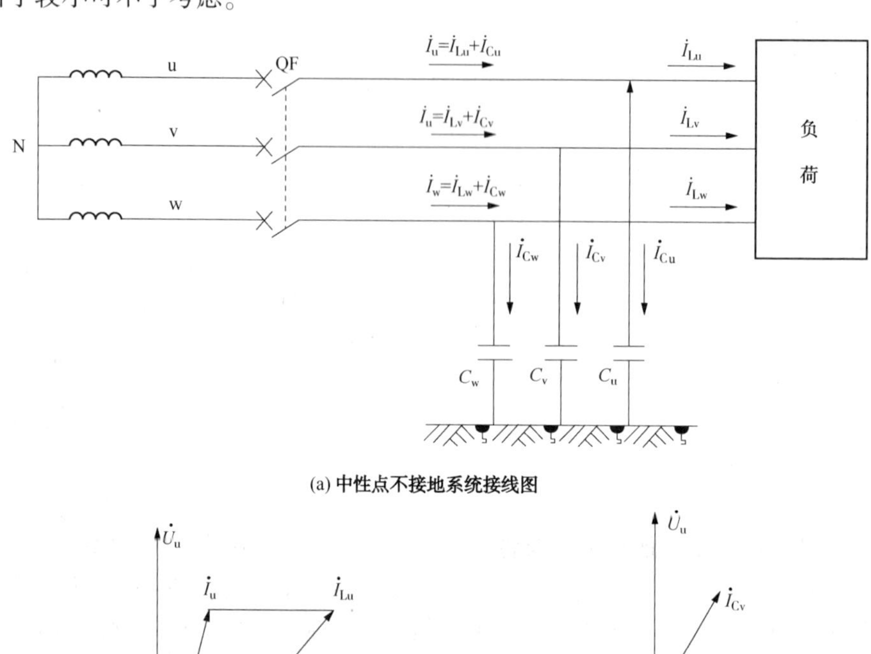

(a) 中性点不接地系统接线图

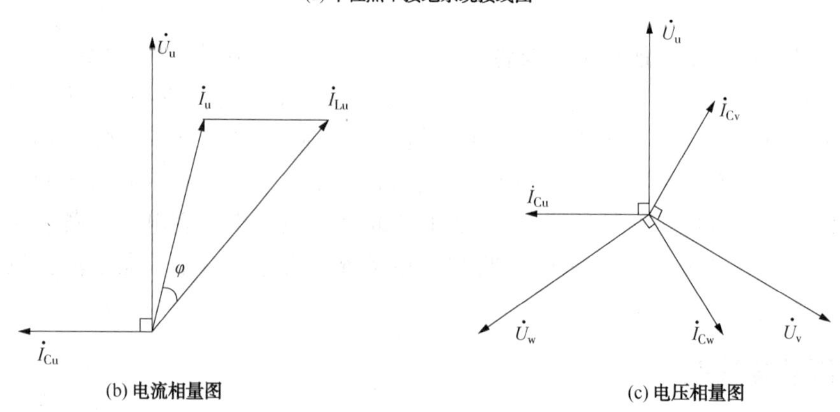

(b) 电流相量图　　(c) 电压相量图

图 4-2　中性点不接地系统正常运行情况图

正常运行情况下，C_u、C_v、C_w 是对称的，并考虑负荷对称。由于各相对地电容相等，各相对地电容电流也相等，且相位互差 120°，故三相对地电容电流之和为零，即$\dot{I}_{C_u}+\dot{I}_{C_v}+\dot{I}_{C_w}=0$，如图 4-2(c)所示。各相电源电流等于各相负荷电流与对地电容电流的相量和，如图 4-2(b)所示。

中性点的对地电压的大小和相位与各相对地电容是否对称以及网络对称程度有关。当 $C_u=C_v=C_w$ 时，则中性点对地电压$\dot{U}_n=0$。实际上电网各相对地电容不完全相等，但不对称度很小，可认为$\dot{U}_n\approx 0$。

(2) 单相接地故障

中性点不接地系统中，由于一相的某点对地绝缘损坏而发生单相金属性接地故障时，则该点到地之间的阻抗为零，使各相对地电压和对地电容电流的数值与相位发生显著的变化。如图 4-3(a)为 w 相在 k 点发生金属性接地故障示意图，$\dot{I}_C$ 为经过接地点流入地中的接地电容电流。

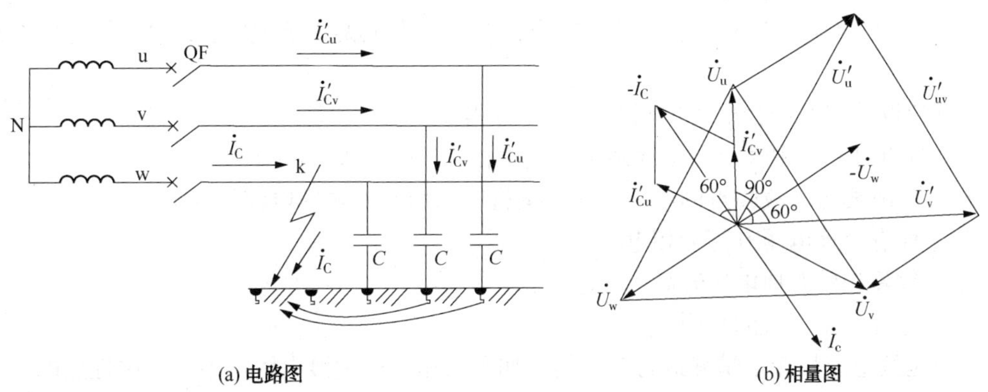

图 4-3　中性点不接地系统单相接地故障情况

w 相发生接地故障后，其对地电压，根据基尔霍夫定律，可列出电压方程为

$$\dot{U}'_w=\dot{U}_w+\dot{U}'_n=0$$

由此可得$\dot{U}'_n=-\dot{U}_w$。

式中　$\dot{U}'_n$——k 点接地时的中性点对地电压；

$\dot{U}_w$——w 相电源电压。

当 w 相发生金属性接地故障时，中性点对地电压不再为零，而变成了$-\dot{U}_w$，其有效值由零上升为电源相电压。

同理可得非故障相的对地电压为

$$\dot{U}'_u=\dot{U}_u+\dot{U}'_n=\dot{U}_u-\dot{U}_w=\sqrt{3}\,U_w e^{-j150^\circ}$$

$$\dot{U}'_v=\dot{U}_v+\dot{U}'_n=\dot{U}_v-\dot{U}_w=\sqrt{3}\,U_w e^{j150^\circ}。$$

其相量关系如图 4-3(b)所示，可见，非故障相的对地电压值升高了$\sqrt{3}$倍，即由相电压上升为线电压，相位由 120°变为 60°。线电压仍保持对称，其大小与相位关系不变，对接于线电压上的用电设备的工作并无影响。

w 相接地后，w 极电容被短接，对地电容电流 $\dot{I}'_{C_w}=0$，非故障相对地电压分别升高$\sqrt{3}$倍，变为线电压，其对地电容电流也将分别增大为原来每相对地电容电流的$\sqrt{3}$倍。

由图 4-3(b)可知，经 w 相接地故障点 k 流入地中总的接地电容电流$\dot{I}_C$为

$$\dot{I}_C=-(\dot{I}'_{C_u}+\dot{I}'_{C_v})=\sqrt{3}\omega C\dot{U}_w(e^{-j60^\circ}+e^{-j120^\circ})e^{j180^\circ}$$

$$j3\omega C\dot{U}_w=3\omega C\dot{U}_p e^{j210^\circ}$$

其有效值为 $I_C=3\omega CU_P=3I_{C_0}$。式中 $I_{C_0}=\omega C\dot{U}_P$，为正常运行时一相的对地电容电流。

接地电流 I_C(A)的大小除与网络的电压有关，还与网络的结构有关。其实用计算方法如下：

对于架空线路，$I_C=(2.7\sim3.3)UL\times10^{-3}$。

对于电缆线路，$I_C=0.1UL$。

式中 U——网络的线电压；

L——与电压为 U 有电联系的所有线路总长；当无架空地线时，取 2.7；有架空地线时取 3.3。

同杆架设的双回线，I_C 为单回的 1.3~1.6 倍。

综上分析可知，中性点不接地系统发生单相接地时有以下特点：

① 经故障相流入故障点的电流为正常运行时每相对地电容电流的 3 倍；

② 中性点对地电压升高为相电压；

③ 非故障相的对地电压升高为线电压；

④ 线电压与正常时的相同。

以上是按金属性接地情况进行分析的，如果一相经过过渡电阻接地，则中性点的对地电压和故障相对地电压将大于零而小于相电压，非故障相对地电压将大于相电压而小于线电压，接地电容电流比金属性接地要小。

实践证明，当接地电流大于 5~10A 而小于 20A 时，由于电网的电感和电容形成振荡回路，将会产生一种不稳定的间歇性电弧，从而引起电弧过电压，非故障相电压的幅值可达相电压峰值的 2.5~3 倍。这种过电压会危及与接地点有电联系的整个电网绝缘的安全运行，容易引起非故障相对地击穿而发展成相间短路。因此，在发生单相接地时，应由绝缘监察装置立即发出预告信号，此时警铃响、“系统接地”光字牌亮，值班人员应尽快找出故障设备并将其切除，以免发展成多相接地短路。

(3) 中性点不接地系统的应用范围

由上述分析可知，在中性点不接地系统中，当发生单相接地时，线电压仍然对称。若接地电流小，电流过零值时电弧将自行熄灭，接地故障随之消失；若接地电流大，则产生间歇电弧或稳定电弧，造成过电压或烧坏电气设备。因此，中性点不接地系统仅适用于单相接地电容电流不大的小电网。目前中国规定中性点不接地系统的应用范围为：在 3~10kV 电网，单相接地电流不应大于 30A；在 35~60kV 电网，单相接地电流不应大于 10A。

4.2.2.2 中性点经消弧线圈接地系统

在中性点不接地系统中，为了减小接地电流超过允许值时在接地点形成间歇性电弧或稳定电弧的危害，通常采用中性点经消弧线圈接地的方式，如图 4-4(a)所示。

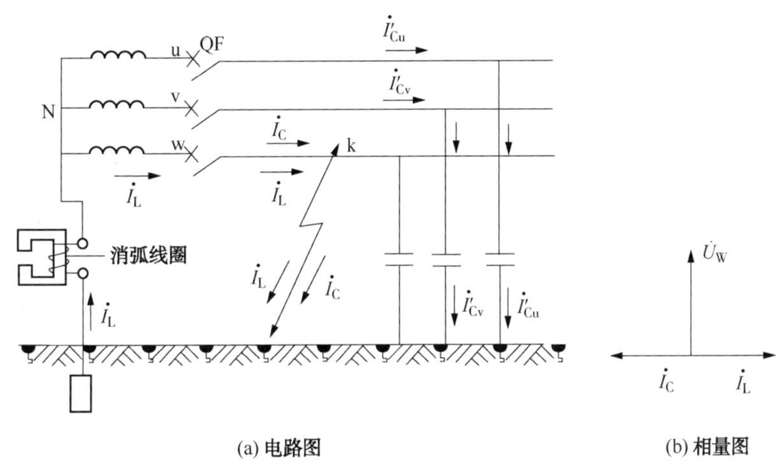

图 4-4　中性点经消弧线圈接地系统

（1）消弧线圈的结构和作用

消弧线圈是一个具有铁心可调的电感线圈，其外形与单相电力变压器相似。它的铁心上套有绕组，此绕组具有若干个抽头，以便根据电网的不同情况调整消弧线圈的补偿电流。另外，它还有一个额定电压为 110V、额定电流为 10A 的信号线圈。当电网中有接地故障时，此信号线圈发出警告信号，并接通位于消弧线圈隔离开关旁边的信号灯，指示有接地故障存在或中性点对地电压过大，此时禁止操作隔离开关，否则会导致带负荷拉隔离开关的误操作。在消弧线圈的接地端还装有一个电流互感器，用以检测通过消弧线圈电流的大小。

消弧线圈安装在变压器或发电机的中性点，正常运行时，电网三相导线接近对称，中性点对地电压近似为零，通过消弧线圈的电流很小。发生单相接地后，中性点电位漂移，消弧线圈中产生一个与单相接地电容电流相位相反的电感电流进行补偿，使接地点的电流减小至不致产生间隙性电弧或稳定电弧，促使电弧自行熄灭，消除单相接地故障产生的危害，消弧线圈也因此而得名。

当发生单相接地时，各电气量的变化情况与中性点不接地系统单相接地时相同，不同的是消弧线圈中有电流 $\dot I_L$ 流过，$\dot I_L$ 的相位与 $\dot I_C$ 相反，起到抵消接地电流的作用。如图 4-4(b)所示。

（2）补偿方式

① 全补偿

若 $I_L=I_C$，即$\frac{U_P}{\omega L}=3\omega CU_P$，则有$\frac{1}{\omega L}=3\omega C$。表明接地点的电容电流全部被补偿，接地点电流为零，这种情况称为全补偿。

从表面上看，采用全补偿时通过接地点的电流为零，没有电弧产生，似乎最理想，但实际上是不允许的。因为全补偿的条件$\frac{1}{\omega L}=3\omega C$，也正是串联谐振的条件，这时电网易产生串联谐振过电压，可能造成电气设备的损坏。因而，一般电网都不采用全补偿方式。

② 欠补偿

若 $I_L<I_C$，即$\frac{U_P}{\omega L}<3\omega CU_P$，则有$\frac{1}{\omega L}<3\omega C$。电感电流不能完全补偿接地电容电流，因而在

接地点仍有残余的电容电流存在。如数值较小，电流过零值时电弧可自行熄灭。但当系统运行方式改变需切除部分线路时，整个电网对地容抗减小，有可能接近全补偿方式；另外，当系统频率降低时，也有可能造成$\frac{1}{\omega L}=3\omega C$，从而导致不容许的过电压。基于以上原因，一般也不采用欠补偿方式。

③ 过补偿

若$I_L>I_C$，即$\frac{U_P}{\omega L}>3\omega\ CU_P$，则有$\frac{1}{\omega L}>3\omega C$，由于补偿后的残余电流呈电感性，因而即使系统运行方式发生变化也不会出现串联谐振的情况。当然，残余的电感电流不能太大，也不能太小。太大会在接地处产生间歇性电弧或稳定电弧，太小又将接近全补偿而引起谐振过电压，因而补偿必须适度。

（3）中性点经消弧线圈接地系统的应用范围

由于消弧线圈能有效地减小单相接地电流，迅速熄灭电弧，防止间歇性电弧引起的过电压，故广泛用于3~60kV的电网。中国规定，在中性点不接地的3~10kV系统中，当电容电流超过30A，或在中性点不接地的35~60kV系统中，电容电流超过10A时，需采用消弧线圈接地方式。

4.2.2.3 中性点直接接地系统

大多数的110kV电网均采用中性点直接接地方式，以降低绝缘水平，减少设备和线路的投资。

220kV及以上电压的电网，除存在对地电容外，还有较大的电晕损耗和泄漏损耗。因而接地电流中既有无功分量（电容电流）又有有功分量（对应于有功损耗）。即使消弧线圈的电感按全补偿的条件选择，也只能使接地电流的无功分量为零，而接地点仍有接地电流的有功分量流过。电压等级越高，这部分有功电流分量就越大，其数值可达100~200A以上，致使电弧不能熄灭，从而损坏电气设备或发展为相间短路。因此，220kV及以上电压的电网，规定其中性点采用直接接地方式。

中性点直接接地系统如图4-5所示。在中性点直接接地电力网中发生单相接地故障时，中性点的电位仍保持为零，非故障相的对地电压也基本上不会变化。但是，线路中将流过较大的单相接地短路电流，从而使线路继电保护装置迅速断开故障部分，有效地防止单相接地时可能产生的间歇电弧过电压。因而，采用中性点直接接地方式可以克服中性点不接地方式所存在的某些不足。但是，由于中性点直接接地系统在发生单相接地时，除了接地相要流过较大的单相接地短路电流，危害设备的运行外，严重时还会破坏系统稳定，中断供电。为了弥补这个缺点，可在线路上装设三相或单相自动重合闸装置，以此来提高供电的可靠性。

此外，在中性点直接接地系统中，单相接地电流将在导线周围造成单相磁场，从而对附近的通信线路和信号装置产生电磁干扰。为了避免这种干扰应使输电线路远离通信线路，或在弱电线路上采用特殊的屏蔽装置，这些措施将在一定程度上使线路的造价增大。为了限制单相短路电流值，通常只将电力网中一部分变压器的中性点直接接地或经阻抗接地。

另外，在中性点直接接地系统中发生单相接地故障时，其中性点的电位接近于零，非故障相的对地电压仍为相电压，故对设备的绝缘没有危害，因而可降低设备的绝缘水平和造价。目前，中国对110kV及以上的电力网基本上都采用中性点直接接地。

中性点直接接地系统中，发生单相接地故障时的短路电流很大，故称为大接地电流系统。

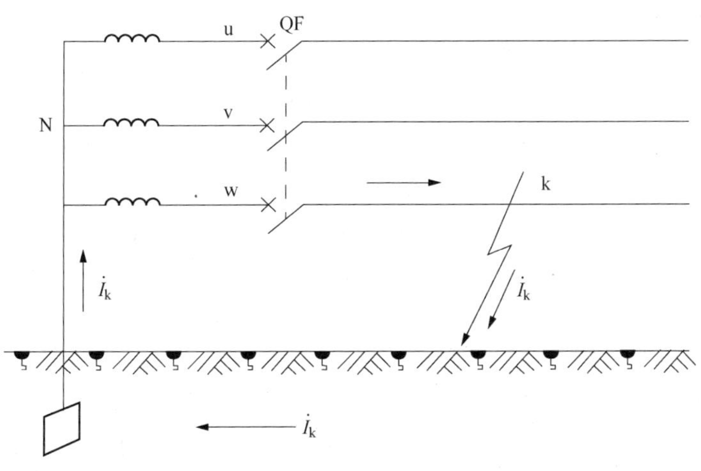

图 4-5　中性点直接接地系统

4.2.3　低压系统接地

低压系统接地制式按配电系统和电气设备不同的接地组合来分类。按照 IEC(国际电工委员会)规定，低压系统接地制式一般由两个字母组成，必要时可加后续字母。因为 IEC 以法文作为正式文件，因此所用的字母为相应法文文字的首字母。

第一个字母表示电源接地点对地的关系：其中 T(法文 Terre 的首字母)表示直接接地，I(法文 Isolant 的首字母)表示不接地(包括所有带电部分与地隔离)或通过阻抗与大地相连。

第二个字母表示电气设备的外露导电部分与地的关系；其中 T 表示独立于电源接地点的直接接地，N(法文 Neutre 的首字母)表示直接与电源系统接地点或与该点引出的导体相连接。

后续字母表示中性线与保护线之间的关系：其中 C(法文 Combinaison 的首字母)表示中性线 N 与保护线 PE 合并为 PEN 线，S(法文 Separateur 的首字母)表示中性线与保护线分开，C-S 表示在电源侧为 PEN 线，从某点分开为 N 及 PE 线。

根据以上的分类方法，按接地制式划分的配电系统有 TN-S、TN-C、TN-C-S、TT、IT 共 5 种。

4.2.3.1　TN 系统的组成和特点

在 TN 系统中，所有电气设备的外露导电部分接到保护线上，与配电系统的接地点相连。这个接地点通常是配电系统的中性点。保护线应在每个变电所或变电站附近接地。配电系统引入建筑物时。保护线在其入口处接地。为了在故障时，保护线的电位尽量接近地电位，尽可能将保护线与附近的有效接地极相连，如有必要，可增加接地点，并使其均匀分布。

当中性线截面小于相线截面时，如果回路的相线保护装置不能保护中性线短路或者正常工作时流过中性线的电流并不明显小于该导线的载流量时，在中性线上必须装设相应于该导线截面的过电流检测装置，该装置激励时，应使相线断电，但不必断开中性线。

根据中性线 N 与保护线 PE 是否合并的情况，TN 系统又分为 TN-C、TN-S 及 TN-C-S，其各自的组成和特点说明如下。

（1）TN-C 系统

如图 4-6 所示，在 TN-C 系统中，保护线与中性线合并为 PEN 线，具有简单经济的优点。当发生接地短路故障时，故障电流大，可采用一般过电流保护电器切断电源，保证安全。但对于单相负荷或三相不平衡负荷以及有谐波电流负荷的线路中，PEN 线流有电流，其所产生的压降呈现在电气设备的金属外壳和线路金属套管上，对敏感性的电子设备不利。另外，PEN 线上的微弱电流在爆炸危险环境也可能引起爆炸，因此我国《爆炸和火灾危险环境电力设计规范》中明确规定：在 1、10 区爆炸危险环境中不能采用 TN-C 系统。同时由于 PEN 线在同一建筑物内往往相互有电气连接，因此当 PEN 线断线或相线直接与大地短路时，都将呈现相当高的对地故障电压，这时可能扩大事故范围。

（2）TN-S 系统

如图 4-7 所示，在 TN-S 系统中保护线和中性线分开，具有 TN-C 系统的优点，但价格较贵。由于正常时 PE 线不通过负荷电流，与 PE 线相连的电气设备的金属外壳在正常运行时不带电位，所以适用于数据处理和精密电子仪器设备的供电，也可用于有爆炸危险的环境中。在民用建筑内部，家用电器大都有单独接地点的插头，采用 TN-S 供电，既方便又安全。但 TN-S 系统仍不能解决相线对大地短路引起电压升高和对地故障电压的蔓延问题。

（3）TN-C-S 系统

如图 4-8 所示，PEN 线自 A 点起分为保护线和中性线。分开以后，N 线应对地绝缘。为了防止分开后的 PE 线与 N 线混淆，应按国标 GB 7947 的规定，给 PE 线和 PEN 线涂以黄绿相间的色标，给 N 线涂以浅蓝色色标。PEN 线自分开后，PE 线与 N 线不能再合并，否则将丧失分开后形成的 TN-S 系统的特点。

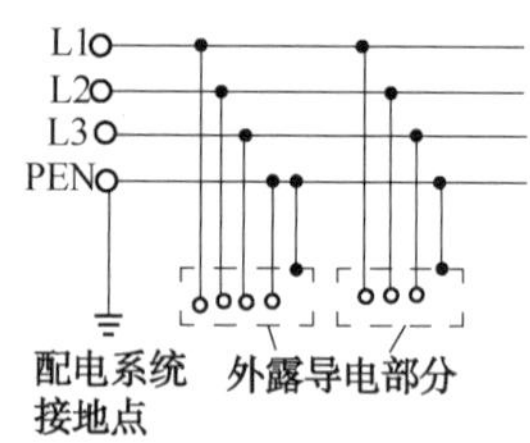

图 4-6　TN-C 系统

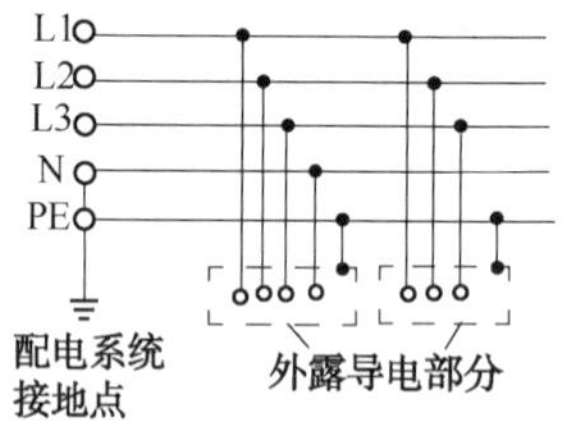

图 4-7　TN-S 系统

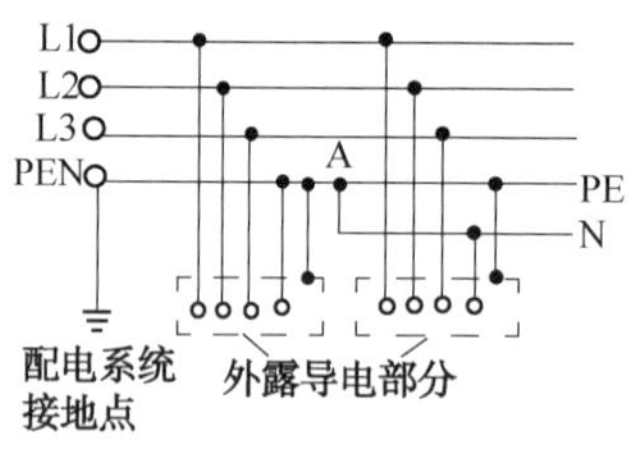

图 4-8　TN-C-S 系统

TN-C-S 是一个广泛采用的配电系统。在工矿企业中，对电位敏感的电气设备往往设备在线路末端，而线路前端大多数为固定设备，因此到了末端改为 TN-S 系统十分有利。在民用建筑中，电源线路采用 TN-C 系统，进入建筑物内改为 TN-S 系统。这种系统，线路结构简单又能保证一定的安全水平。在电源侧的 PEN 线上难免有一定电压降，但对工矿企业的固定设备及作为民用建筑的电源线都没有影响，PEN 分开后即有专用的保护线，可以确保 TN-S 所具有的特点。

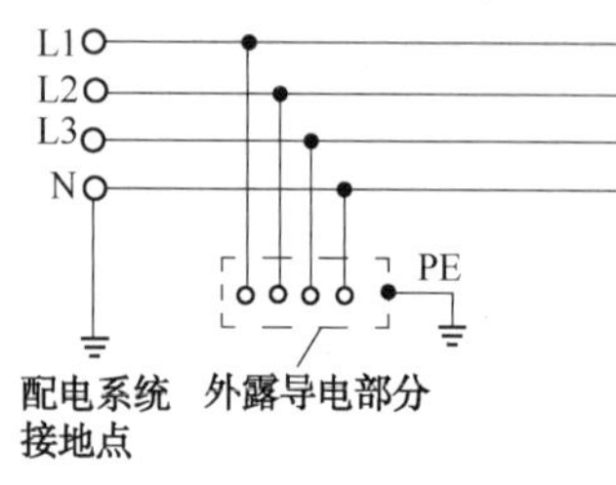

图 4-9　TT 系统

4.2.3.2　TT 系统的组成和特点

如图 4-9 所示，TT 系统必须有一个直接接地点，一般是变压器或发电机的中性点，如果没有中性点，必须有一根相线接地。电气设备的外露导电部分也必须接地，由同一保护电器保护的电气设备的所有外露导电部分用保护线连接在一起，接到其共同的接地极上。当几个保护电器分级保护时，每个保护电器所保护的所有外露导电部分也必须按照这种方法接地。中性线的检测与相应地切断导线的要求与 TN 系统相同。

在 TT 系统内，电气设备的金属外壳用单独的接地极接地，与电源在接地上无电气联系，所以适用对电位敏感的数据处理设备和精密电子设备的供电。PE 线也可各自独立，避免发生故障时对地故障电压的蔓延问题，但对中性线断裂后引起相电压的升高等问题和 TN 系统一样，需要采取适当措施。

TT 系统当发生接地短路时，短路电流由于受到电源侧接地电阻和电气设备侧接地电阻的限制，短路电流不大，故可减少接地短路时产生的危险性；但除了小容量的用电设备以外，在大多数情况下不足以使一般过电流保护设备切断电源，容易造成电击事故。因此 TT 系统特别适用于容量较小的电气负荷，例如对住宅供电等。如电气负荷容量较大，必须采用剩余电流保护电器，例如漏电保安器，利用接地故障时的泄漏电流是漏电保安器动作切断电源。由于剩余电流保护电器价格较贵，且在容量上、品种上还必须满足大容量及特殊负荷，如电焊机、整流设备等的要求，给 TT 系统的应用带来一定的限制性。

4.2.3.3　IT 系统的组成和特点

IT 系统的组成如图 4-10 所示，其中(a)是配电系统中性点与地绝缘；(b)为配电系统中性点经阻抗接地，电源接地极和外露导电部分的接地极分开；(c)为电源中性点经阻抗接地，外露导电部分接到电源的接地极上。

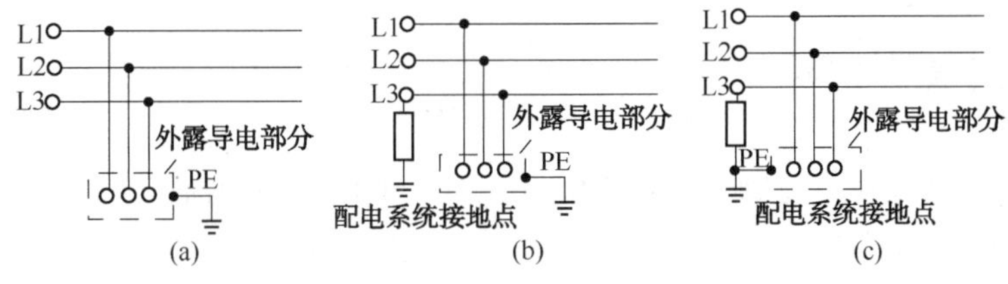

图 4-10　IT 系统

IT 系统的电源不接地或通过阻抗接地，电气设备的外露导电部分可直接接地或通过保护线接到电源的接地极上。这种系统当出现第一次故障时，故障电流受到限制，电气设备的金属外壳上不会产生危险性的接触电压，因此可以不切断电源，电气设备尚能继续运行，此时，报警设备报警，通过检查线路来消除故障，可减少或消除电气设备的停电时间，所以特别适用于要求能连续工作的电气设备。如大型电厂的厂用电荷需要连续生产的生产线等。同时，由于第一次故障时的故障电流很小，因此也适用于有爆炸危险的环境，如矿山等。但如果在消除第一次故障前又发生第二次故障，例如不同相的双重短路，故障点遭受线电压，故障电流很大，非常危险，因此必须具有可靠而且易于检测出故障点的报警设备。

IT 系统强烈要求不要配出中性线，因为配出中性线后，当发生第一次故障时，IT 系统将根据电气设备外露导电部分的接地情况转变为 TN 或 TT 系统，而保护设备原按 IT 系统配置，不能按 TN 或 TT 系统的要求动作，所以非常不安全。因为照明电压的需要，IT 系统往往引出中性线。在这种情况下，中性线上需要装设过电流检测装置，该装置受到激励时，应将包括中性线在内的所有带电导线从电源断开。如果该中性线短路已受到电源侧保护电器的有效保护，或该回路由剩余电流保护装置保护，且其额定剩余电流不超过该中性线载流量的 0.15 倍。该装置动作时又能将所有带电导线包括中性线断开，则可不装设检测设备。

4.2.3.4 等电位联结

等电位联结是低压交流配电系统防止电击事故的主要措施之一。现对其作用、应用范围及连接到线等选用问题作进一步探讨。同时，当对 TN、TT、IT 系统的防电击采取上述具体措施及等电位联结以后，还必须对有关电击安全的主要参数，如接触电压等进行测量，确认其合乎电气安全要求后才能投入运行。

等电位联结是在建筑物内将保护干线、结线干线或总接地端子、建筑物内公用管道(如水管)和类似金属构件以及可资利用的建筑物的金属构件、集中采暖管和空调系统相互联结，并将进入建筑物的这类金属部件及管道在建筑物内靠近入口处连接(对于电信线路的金属保护管，未征得电信部门主管单位同意时不能连接)，使电位均衡，降低接触电压，并消除电源线路引入建筑物的危险电压。

等电位联结的主要目的，不在于缩短保护电器的动作时间，而是使人所能同时触及的外露导电部分和外部导电部分之间的电位近似相等，也就是将接触电压降到安全值以下。这个安全值，在正常条件下为 50V，在潮湿环境中为 25V。对于某些特殊环境或特殊设备，国际电工委员会(IEC)采用 6V，有些国家如日本则采用更低电压 2.5V。当采用自动切断电源作为防止间接电击的措施时，主等电位联结是不可缺少的措施。

4.3 接地装置的施工

接地施工时接地工作是关键，直接影响到电力、电信系统的运行正常，影响到对人身以及对电气设备和用电设备本身的安全，因此，必须予以足够的重视。为了使接地施工工作满足系统正常运行和对人身及财产的安全，接地系统必须坚固可靠，且是一个电气连续的系统，还应经久耐用、便于测试。

4.3.1 自然接地极的施工

4.3.1.1 建筑物内的钢筋及钢结构

对于钢筋混凝土结构的建筑物而言，钢管桩、水泥桩和灌浇桩内的钢筋、基础内的钢筋可作接地极；屋架、柱子内的钢筋可作接地线或避雷引下线。

用基础桩(钢管桩、水泥桩和灌浇桩)作为接地极时，打好桩后，应测量每根桩的接地电阻值，然后用 40mm×4mm 镀锌扁钢或基础内不小于 ϕ10mm 的圆钢，把作为接地极的每根桩焊接连接成一体，测量总的接地电阻。如总接地电阻符合要求就不必增加人工接地极。

如果建筑物不高，不打基础桩时，也可用建筑物基础中的钢筋作为接地极。此时基础中必须选择不少于 2 根主钢筋(直径不小于 10mm)，作为地下接地线，沿建筑物四周，把主钢筋与引上作为接地线的主钢筋焊成一体。

利用柱子内主钢筋作为避雷引下线时，该柱子内应不少于 2 根主钢筋，该主钢筋的连接应采用焊接。当作为避雷引下线的主钢筋引出屋面后，与避雷带相连。

接地电阻检测点设在引下线桩头上，通常用一块 100mm×100mm×5mm 预埋钢板与引下线焊接固定。

预埋钢板的位置和高度根据设计要求而定；在设计未作规定时，一般设在建筑物的四角，高度为中心离地坪高300mm，如图4-11所示。

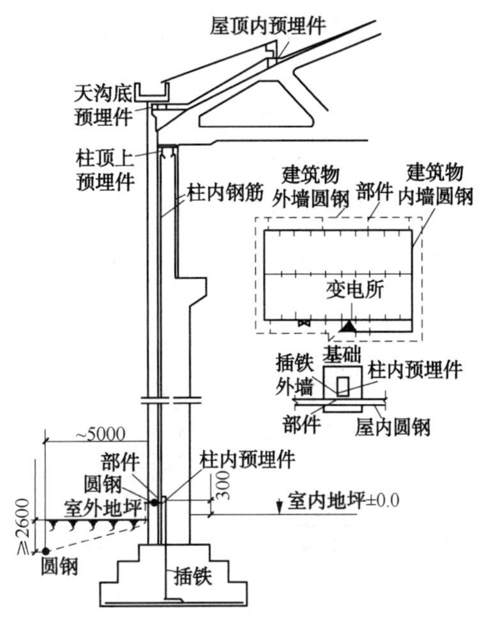

图4-11　利用附设变电所的建筑物基础作为接地极

采用上述的具体措施，经实测结果，说明利用基础钢筋作为接地装置时，其接地电阻值是相当低的。一般大、中型厂房的接地电阻值可达1Ω及以下。完全能满足共同接地电阻值的要求。根据对单独基础测定，接地电阻值一般在30Ω以下，因此如基础的数目在30只及以上时，其总接地电阻可以达到1Ω以下。在接地装置施工过程中，必须与土建施工密切配合，否则会产生遗漏预埋件或达不到施工要求。实际经验证明部件必须相互焊牢，焊接质量与接地电阻值有密切关系，而土建施工对于这些部件又往往疏忽。

对于钢结构的建筑物，可利用建筑物的钢结构作为接地装置，其主要要求是保证成为连续的导体。因此，除了其在结合处采用焊接者以外，凡是用螺栓连接或铆钉连接以及其他仅以接触相连接的地方，都要采用跨结线连接，如图4-12(a)所示。跨结线一般采用扁钢，作为接地干线的，其截面积不得小于100mm^2；作为接地支线的，其截面积不得小于48mm^2。当金属结构的扁钢、工字钢、槽钢等与圆钢相连，或圆钢与圆钢相接时，可采用图4-13所示的连结线。该连结线用钢绞线制成，直径不得小于12mm，两端焊以适当的接头。

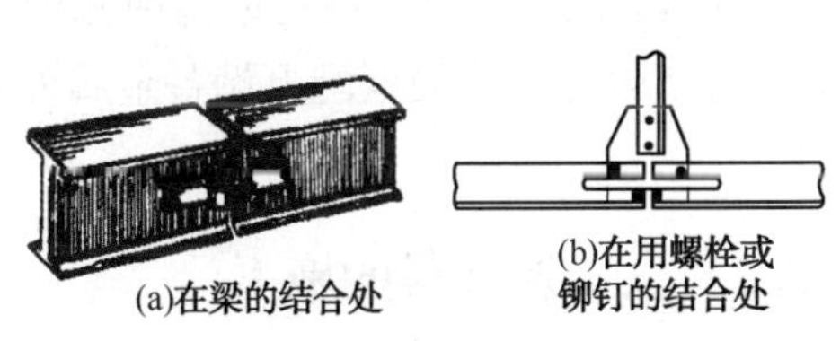

图4-12　利用建筑物的金属结构作为接地装置

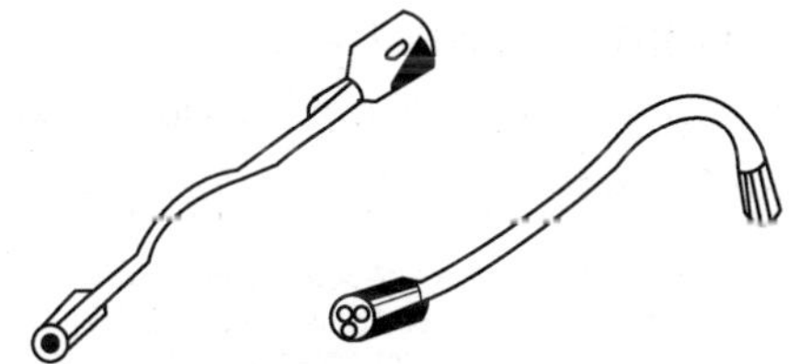

图4-13　利用钢绞线作为连结线

在建筑物伸缩缝的地方，避免由于建筑物沉陷不均等情况造成电气上不连续的可能，也必须采用连结线跨过伸缩缝，在金属结构的两端连接。这种连结线采用直径不小于12mm的钢绞线，两端均焊有图4-12(b)所示的与平面相接的接头。

4.3.1.2　工业管道

利用金属管道作为接地用时必须选用不输送可燃或可爆的液体或气体的管道，例如压缩空气管道，如图4-14所示。抱箍与管道连接处，管道部分必须除锈并擦拭干净，涂以导电脂。抱箍部分必须镀锌，保证有良好的电气接触。当管道与阀门或其他连接处，如是不良导体，应用扁钢跨接。扁钢的截面积不小于管道管壁的截面积。

4.3.1.3 电缆外皮及电缆沟的角钢

利用电缆的金属外皮作为接地装置时，接地线线箍的内部须放入熔化的锡锅内，涂上0.5mm厚的锡层，电缆钢铠与接地线箍相接触的部分必须刮拭洁净，以保证两者接触的可靠性。接地线引出的方法有两种，如图4-15所示。其中a型是从电缆敷设的垂直方向引出，b型是从电缆敷设的平行方向引出。

管径/mm		15	25	40	50	60
尺寸/mm	D	26	38	52	64	80
	A	56	68	82	94	110

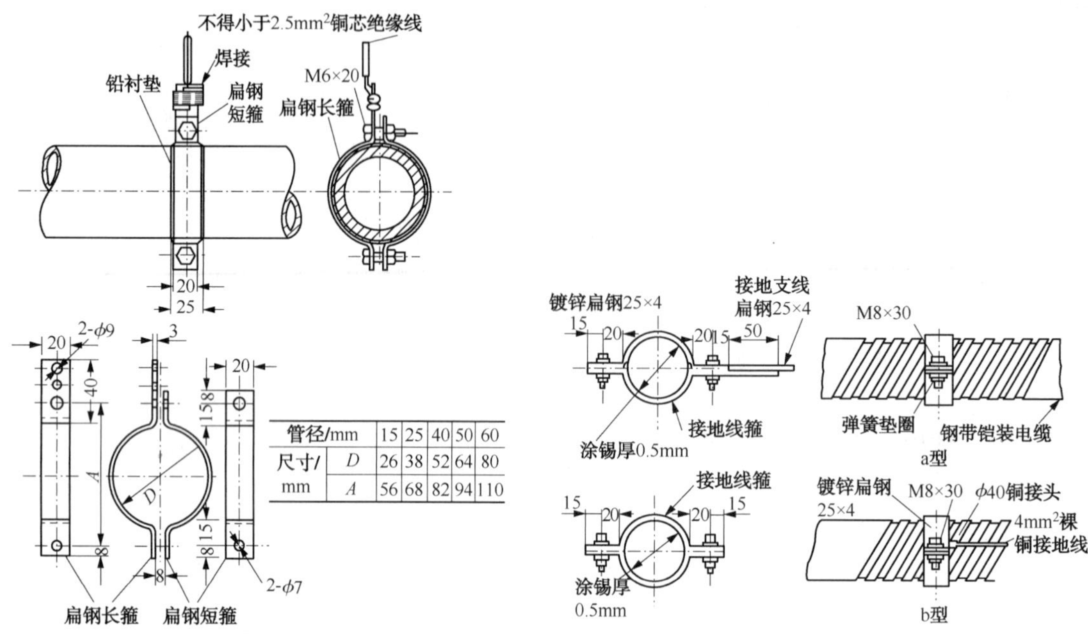

图4-14　在工业管道上的接地装置
（长短箍制成后应镀锌）

图4-15　利用电力电缆钢铠作为接地装置

当电缆沿地沟敷设时，电缆地沟边缘的保护角钢是很好的连续导体，非常适宜于作为接地线，利用保护角钢作为接地线时，在地沟两端须用40mm×4mm扁钢将地沟两侧的保护角钢连接一次。由电缆地沟的保护角钢沿柱引上接至行车轨道，或接至配电设备金属外壳及构架等的安装连接方法，如图4-16所示。

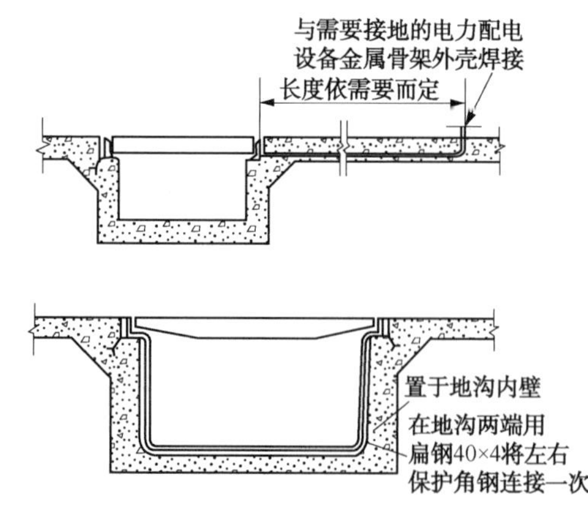

图4-16　利用电缆沟边缘角钢作为接地装置

4.3.2 人工接地极的施工

工程中常用的人工接地极有：角钢接地极、钢管接地极、圆钢接地极等。

4.3.2.1 角钢接地极

用∠50mm×5mm，长2500mm的镀锌角钢制作如图4-17所示，头部做成尖角的目的是使接地极容易打入地中。打接地极时，为了避免将接地极顶部打裂，可制作如图4-18所示的保护帽，施工时将保护帽套在接地极顶部，再施工，施工完毕后将帽去掉。

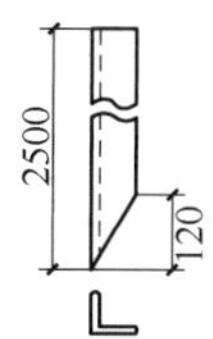

图 4-17　角钢接地极制作图

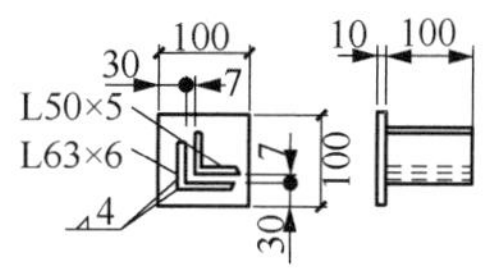

图 4-18　保护帽

角钢接地极和接地线的连接如图 4-19 所示，有三种方式，接地极和接地线之间采用焊接，为了保证连接强度，应四周焊。焊后应除去焊渣并在焊接处涂上防腐漆。

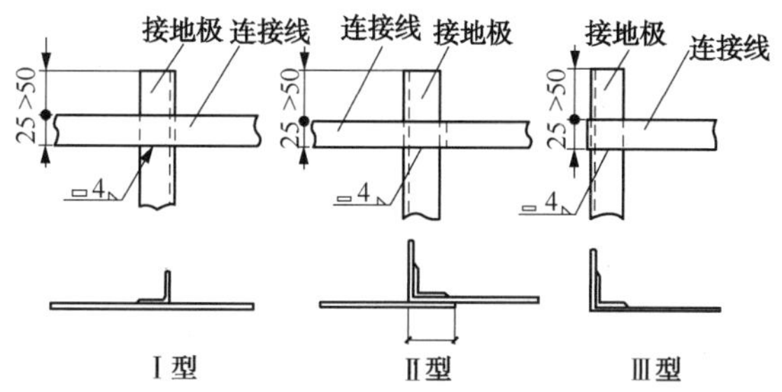

图 4-19　接地极与连结线的连接方式

接地极为∠50×5，L=2500mm；连结线为扁钢 25×4，潮湿地区为 40×4。

接地线在离接地极尾部大于 50mm 处和接地极连接。此距离不能过大，过大不利于接地极打入地中；也不能过短，过短会使打接地极时焊缝裂开损坏。

一组接地极中，若有数根接地极时，接地极之间的距离应相距 5m。其目的是为了减少相邻接地极间的屏蔽效应而导致降低流散的作用。一般规定接地极之间的距离为接地极的长度的两倍，即不少于 5m，当地位受限制时，可适当减少，但至少等于接地极的长度。

接地线埋在地下部分，应呈"S"形，防止接地线受到地面上重物压力时断裂损伤。

4.3.2.2　钢管接地极

一般用壁厚 3.5mm、直径为 40mm 的镀锌钢管制成，钢管长 2500mm，头部 120mm 长的一段，锯成四块锯齿形，尖端向内打合焊接成尖端，如图 4-20 所示。

钢管接地极和接地线的连接亦有三种方式，如图 4-21 所示。钢管接地极机械强度高，不必套保护帽，直接用铁锤打入地下。

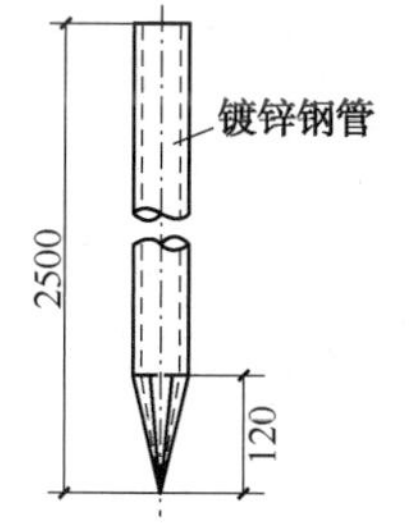

图 4-20　钢管接地极制作图

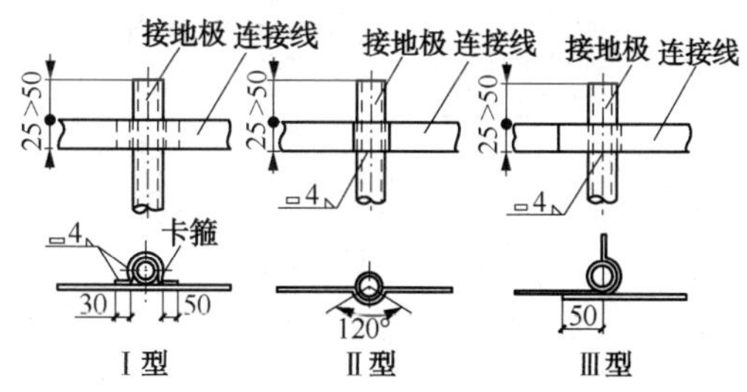

图 4-21　钢管接地极与扁钢连结线的连接方式

接地极为钢管 DN40，L = 2500，δ = 3.5；连结线为扁钢 25×4，卡箍为扁钢 25×4、L=190。

4.3.2.3　圆钢接地极

一般在圆钢外面套上铜管，使接地极的流散电阻降低。与这种接地极配套的接地线是铜绞线。这种铜绞线表面经过处理，抗氧化、抗腐蚀能力加强。铜绞线和外套铜管的圆钢接地极之间的连接，应采用热熔焊法。通常把需连接点放入一石墨模具内，在连接点周围放上铜末和火药的混合焊药，点燃焊药，使焊药燃烧，把铜末溶解从而使接地极和接地线连成一体。

圆钢接地极亦可用镀锌扁钢或圆钢连接后引出地面。圆钢接地极和接地线的连接如图 4-22所示。

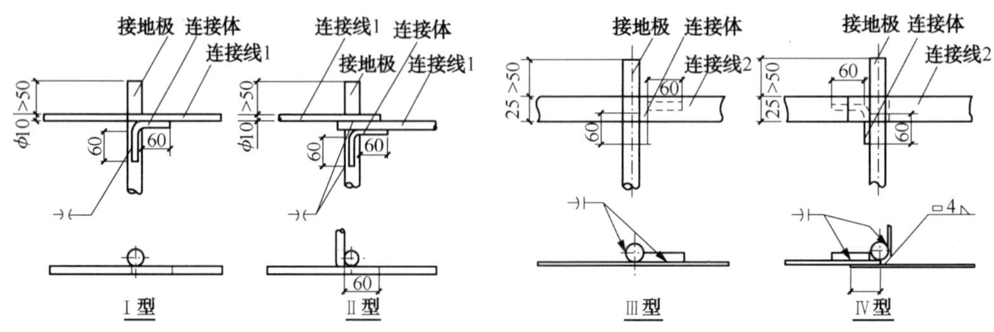

图 4-22　圆钢接地极与扁连接线的连接方式

接地极为 ϕ18、L=2500 圆钢；连接体为 ϕ10、L= 160 圆钢；连接线 1 为圆钢 ϕ10；连接线 2 为扁钢 25×4。

4. 3. 2. 4　在基础内敷设人工接地极

当建筑物的基础是素混凝土结构(即基础内无钢筋)或毛石基础时，采用图 4-23(a)、(b)的布置图，即将圆钢敷设于车间外离墙约 5m 处的地下。不采用插铁，而将柱内的铜预埋件通过钢连接部件引伸至建筑物外与埋地圆钢或扁钢相连，可每隔 3~4 个柱子引出一根。在车间砌墙时，可先将钢连接件预埋于墙内，与柱子上预埋件焊好，并伸出外墙约 50mm，然后与建筑物外的扁钢或圆钢焊成一整体。屋架上预埋件的连接见图 4-23。

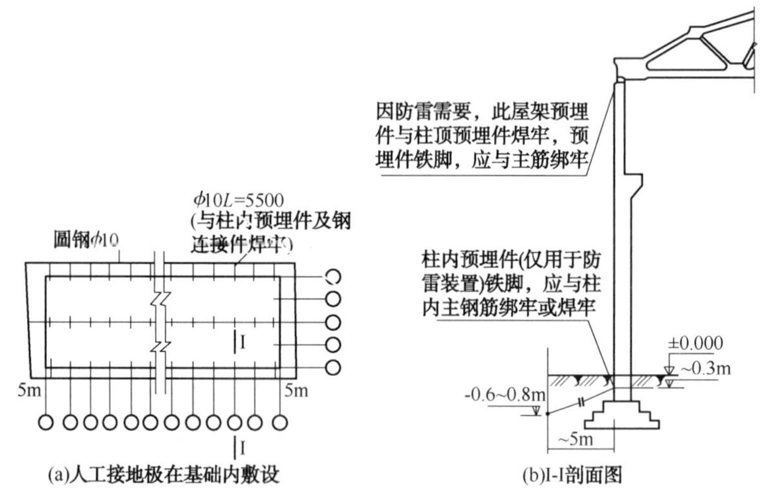

图 4-23　在基础内敷设人工接地极

当建筑物的内外墙都有基础时，可在内墙及外墙的基础内都埋设人工接地极，一般采用 25mm×4mm 扁钢或 ϕ10mm 圆钢，如图 4-24 所示。从基础内引向接地端子的方法，如图 4-25 所示。在建筑物基础的膨胀点处采用跨接方法，如图 4-26 所示。

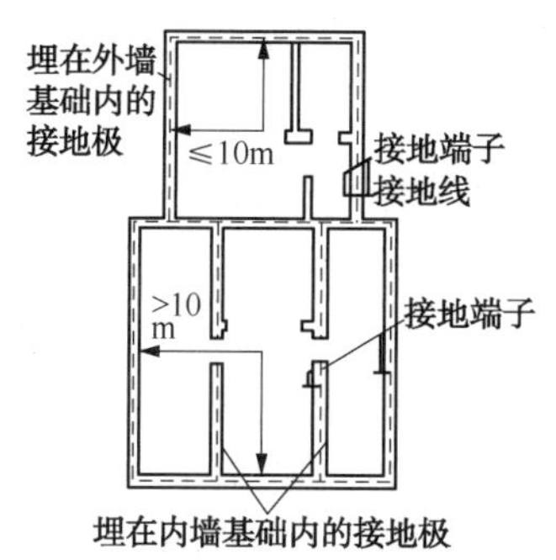

图 4-24 在建筑物内、外墙基础内埋设人工接地极

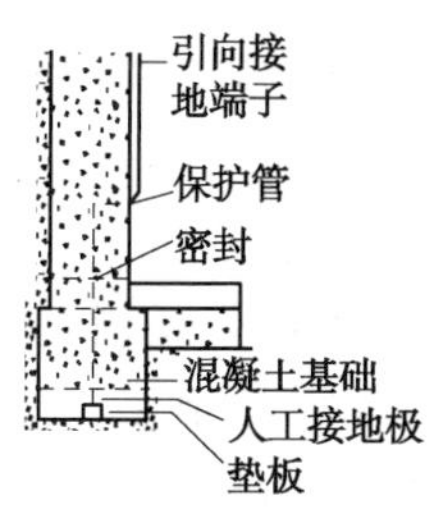

图 4-25 有人工接地极引向接地端子

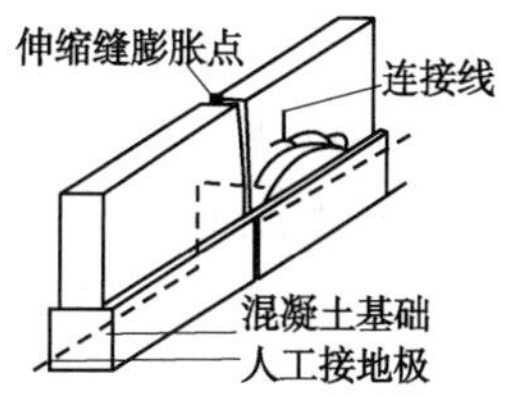

图 4-26 在基础膨胀点处跨接

4.3.2.5 接地极施工应注意的问题

接地体顶面埋设深度应符合设计规定。当无规定时，不应小于 0.6m。因为在地表下 0.15~0.5m 处是处于土壤干湿交界的地方，接地导体易腐蚀。除接地体外，接地体引出线的垂直部分和接地装置连接(焊接)部位外侧 100mm 范围内应做防腐处理。在做防腐处理前，表面必须除锈并去掉焊接处残留的焊药。

角钢、钢管、铜棒、铜管等接地体应垂直配置。角钢、铜管和圆钢接地极，施工时必须采取用铁锤(一般用 5.5kg 重铁榔头)打入的方法，不要采取挖坑埋入的方法。因为土壤与接地极接触得越紧，流散电阻就越小，用打入的方法，可使接地极附近的土壤压实，并使接地极与土壤紧密接触，从而达到减少土壤电阻率的效果。对带形接地极和铜板接地极，无法采取打入的办法，只能采取挖沟和挖坑埋入的方式。当接地极埋入后，应覆黏土等软土，受压后颗粒易于紧密，电阻率小；砂土及石块，颗粒不易紧密，电阻率大。埋入法施工接地极、覆土后必须夯实接地极附近的土壤，以减少土壤电阻率。

垂直接地体的间距不宜小于其长度的 2 倍。水平接地体的间距应符合设计规定。当无设计规定时不宜小于 5m。

在有腐蚀性较强的场所，接地极和接地线若采用钢材，则钢材应进行热镀锌处理，施工中焊接后，因为镀锌层遭到破坏，故应在焊接部位涂防腐漆。

当接地极埋设在可能有化学腐蚀性的土壤中时，应加大接地极与连接扁钢连接面，各焊接头必须用玻璃布加涂沥青油二度缠包，以加强防腐能力。

4.3.3 接地线的施工

4.3.3.1 接地线施工的总体要求

(1) 接地线应采取防止发生机械损伤和化学腐蚀的措施。在与公路、铁路或管道等交叉及其他可能使接地线遭受损伤处，均应用钢管或角钢等加以保护。接地线在穿过墙壁、楼板和地坪处应加装钢管或其他坚固的保护套，有化学腐蚀的部位还应采取防腐措施。热镀锌钢材焊接时将破坏热镀锌防腐，应在焊痕外 100mm 内做防腐处理。

(2) 接地干线应在不同的两点及以上与接地网相连接。自然接地体应在不同的两点及以上与接地干线或接地网相连接。

(3) 接地体敷设完后的土沟其回填土内不应夹有石块和建筑垃圾等；外取的土壤不得有较强的腐蚀性；在回填土时应分层夯实。室外接地回填宜有 100~300mm 高度的防沉层。在山区石质地段或电阻率较高的土质区段应在土沟中至少先回填 100mm 厚的净土垫层，再敷接地体，然后用净土分层夯实回填。

(4) 接地装置由多个分接地装置部分组成时，应按设计要求设置便于分开的断接卡，自然接地体与人工接地体连接处应有便于分开的断接卡。断接卡应有保护措施。扩建接地网时，新、旧接地网连接应通过接地井多点连接。

(5) 地下接地体(线)的连接应采用焊接，焊接必须牢固无虚焊。接至电气设备上的接地线，应用镀锌螺栓连接；有色金属接地线不能采用焊接时，可用螺栓连接、压接、热剂焊(放热焊接)方式连接。用螺栓连接时应设防松螺帽或防松垫片。螺栓连接处的接触面应按现行国家标准 GB 50149《电气装置安装工程　母线装置施工及验收规范》的规定处理。不同材料接地体间的连接应进行处理。

(6) 接地体(线)为铜与铜或铜与钢的连接工艺采用热剂焊(放热焊接)时，其熔接接头必须符合下列规定：

① 被连接的导体必须完全包在接头里；

② 要保证连接部位的金属完全熔化，连接牢固；

③ 热剂焊(放热焊接)接头的表面应平滑；

④ 热剂焊(放热焊接)的接头应无贯穿性的气孔。

(7) 采用钢绞线、铜绞线等作接地线引下时，宜用压接端子与接地体连接。

4.3.3.2　地下接地线

地下接地线的导体截面府符合热稳定和机械强度的要求，一般采用钢材做接地线。

通常地下接地线用 40mm×4mm 镀锌扁钢。当接地板采用铜材时，接地线亦应采用铜材，一般用铜绞线。

接地线和接地极的连接，在图 4-19、图 4-21、图 4-22 中已作了表达，必须采取四周焊，焊后去除焊渣，并在焊接处涂上防腐漆。

位于地下的接地线，不管是与接地极连接，还是接地线之间的连接，都必须采用焊接的方法，不宜用螺栓连接。焊接时应符合下列规定：

扁钢与扁钢之间的连接不准如图 4-27 采用对接焊；应采取搭接焊，如图 4-28 所示，搭接倍数为扁钢宽度的 2 倍。其中Ⅲ型通常用于接地干线分支处，为保证搭接倍数为扁钢宽度的 2 倍，其中一根接地线弯成 90°，随后再搭接。

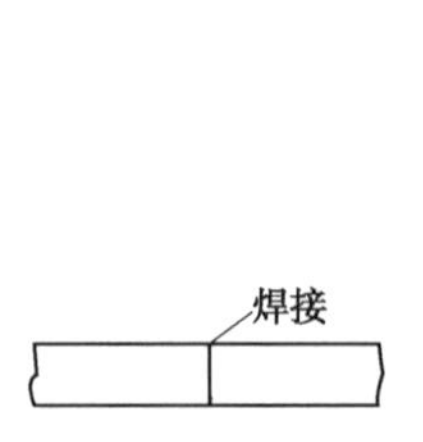

图 4-27　扁钢与扁钢之间的对接焊

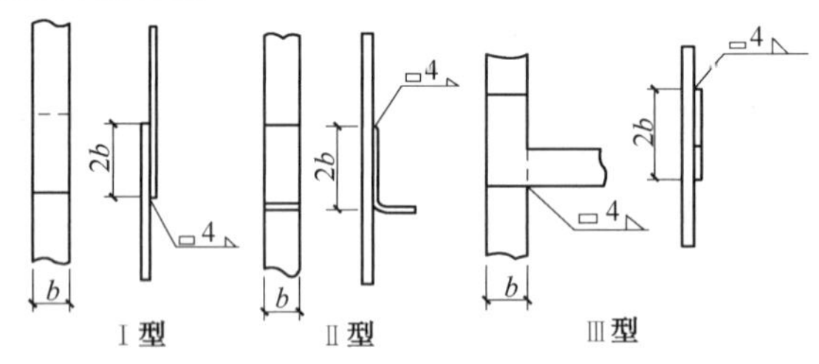

图 4-28　扁钢与扁钢之间的搭接焊

当两根接地干线交叉相遇时，或“T”型相遇时，如果这两根接地干线都已和一组接地极有了可靠的连接，那么这两根接地干线之间的搭接长度允许和扁钢宽度相等，如图 4-29 所示。

接地线应尽可能减少焊接，图 4-30 的做法是不合理的。它利用一段短扁钢把两根对接焊的接地线连起来，显然这种缝接方法与图 4-28 中Ⅰ型比较，导电性能要差些。

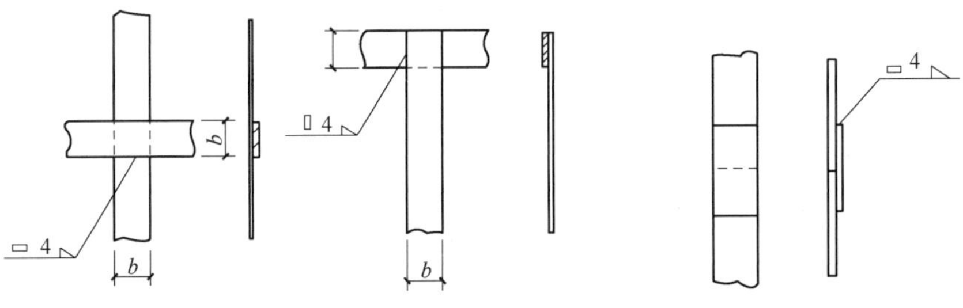

图 4-29 接地干线交叉时的搭接方式　　图 4-30 利用短扁钢的对接焊

扁钢接地线在地中应侧放而不可平放，因侧放时流散电阻较小。埋地钢管的跨结线，若用圆钢，对于交流电流回路，跨接圆钢的直径应不小于 10mm，直流电流回路的直径应不小于 12mm。

圆钢与圆钢搭接时，其搭接长度应不小于圆钢直径的 6 倍，如图 4-31(a)所示；圆钢与扁钢连接时，搭接长度亦为圆钢直径的 6 倍. 如图 4-31(b)所示。

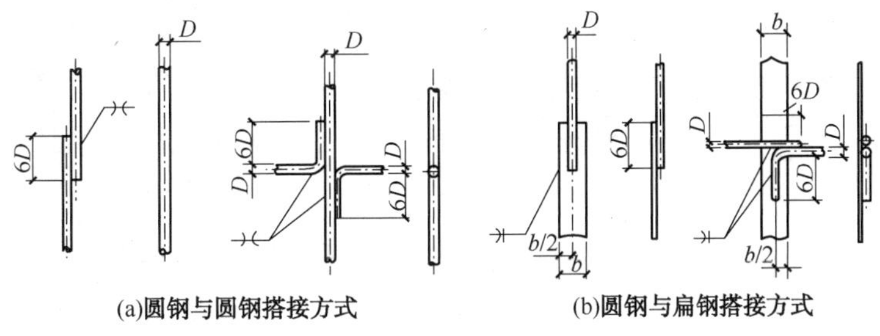

图 4-31 圆钢与圆钢或扁钢的搭接方式

4.3.3.3 室内接地线

（1）接地线的安装位置应合理，便于检查，无碍设备检修和运行巡视；

（2）接地线应水平或垂直敷设，亦可与建筑物倾斜结构平行敷设；在直线段上，不应有高低起伏及弯曲等现象；

（3）室内接地线施工时，除了要保证连接可靠外，还要注意美观，但要防止因加工方式造成接地线截面减小、强度减弱、容易生锈；

（4）室内接地线沿墙敷设时，通常采用图 4-32 的做法，接地线和墙保持 10~15mm 距离。这是因为当设备需接地时，接地夹子可方便地夹住接地线。接地线沿混凝土墙敷设时，也可用射钉固定，如图 4-33 所示。

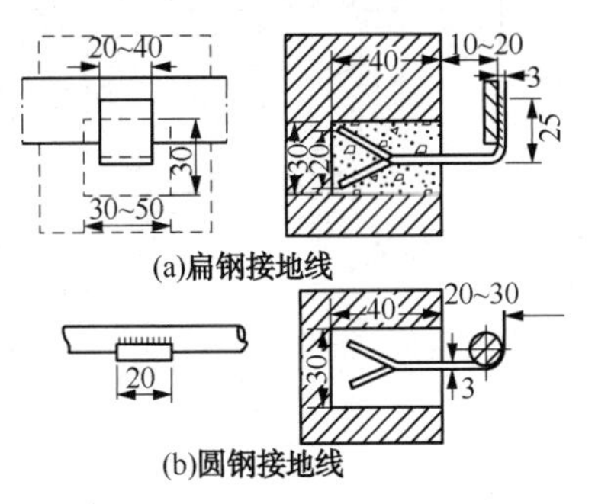

图 4-32 接地线沿墙敷设图

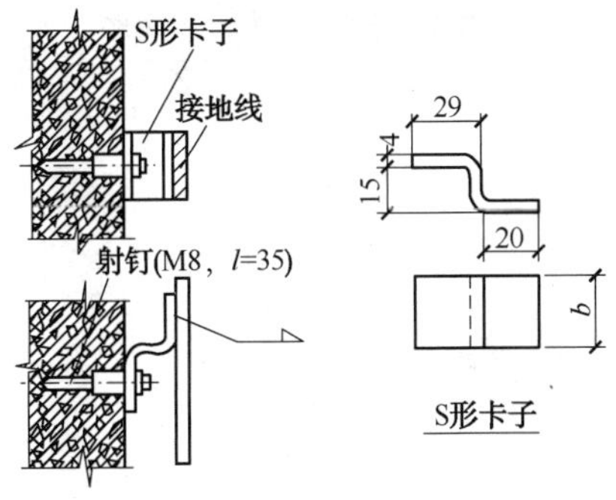

图 4-33 接地线在混凝土中的固定

（5）在接地线跨越建筑物伸缩缝、沉降缝处时，应设置补偿器。补偿器可用接地线本身弯成弧状代替，其做法如图 4-34 所示。

（6）接地线跨越轨道、门的施工如图 4-35 及图 4-36 所示。接地干线与支线的连接如图 4-37 所示。接地线穿过墙和楼板的施工如图 4-38 所示。

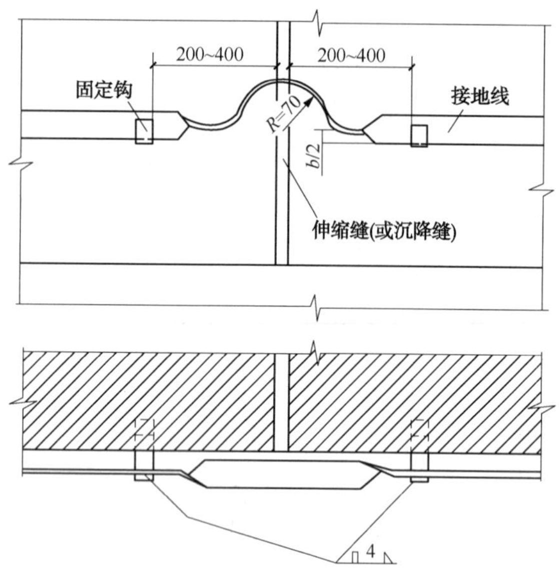

图 4-34　接地线过伸缩缝或沉降缝的施工图

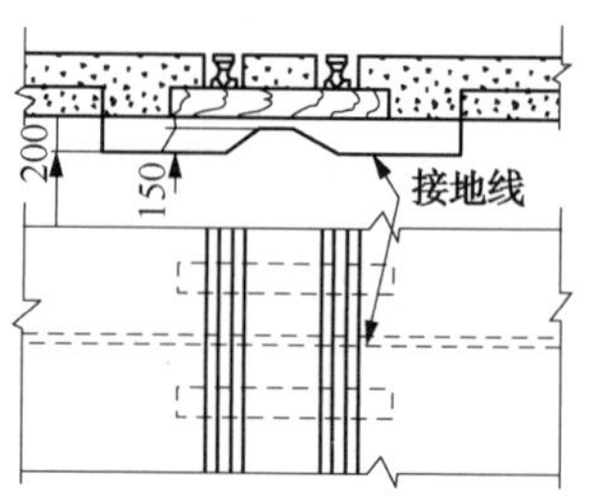

图 4-35　接地线跨越轨道的施工图

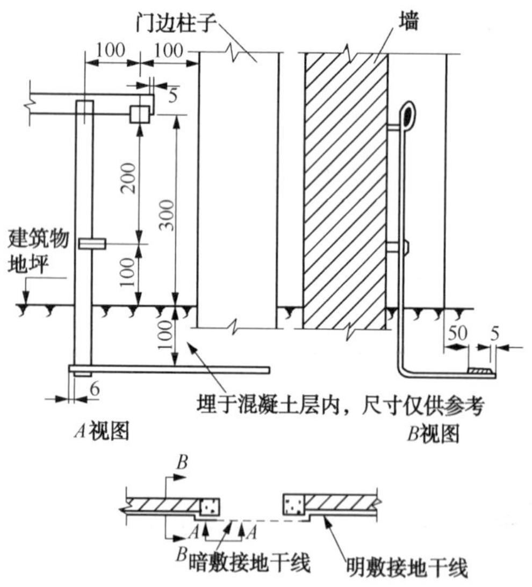

图 4-36　接地线跨越门的施工图

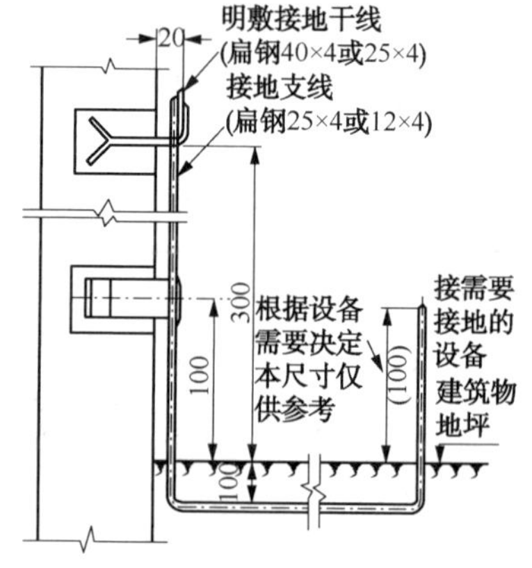

图 4-37　明敷接地干线与支线间的连接施工图

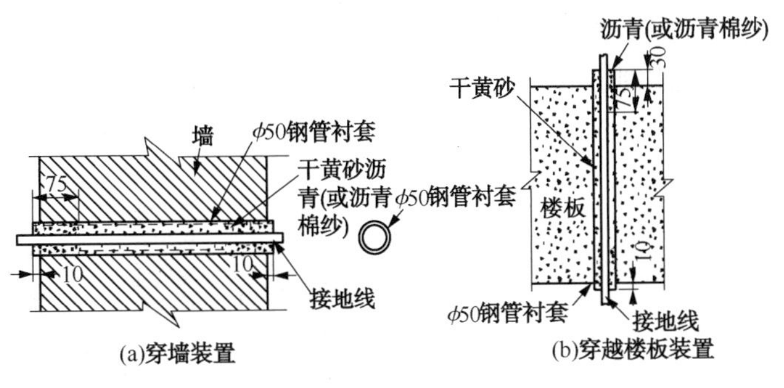

图 4-38　接地线穿过墙和楼板的施工图

（7）当接地线上需要装设临时接地线柱时，可按照图 4-39 的做法焊上一只 M10mm 蝶形螺母。

（8）室内明装接地线连接时应该拗定身，使连接部两边的接地线处在同一平面上，如图 4-40 所示。

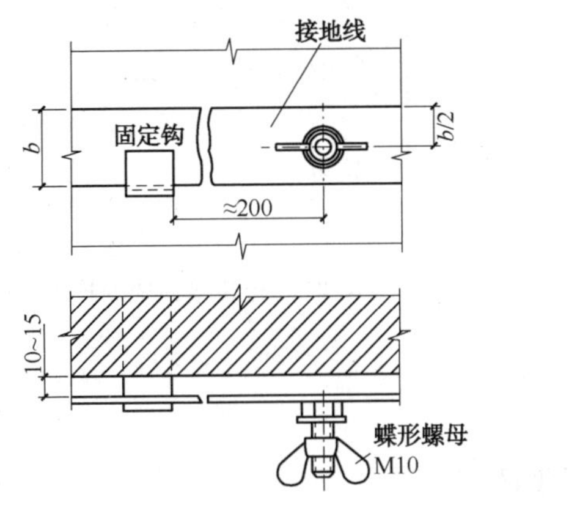

图 4-39　接地线上装设临时接地线柱的施工图

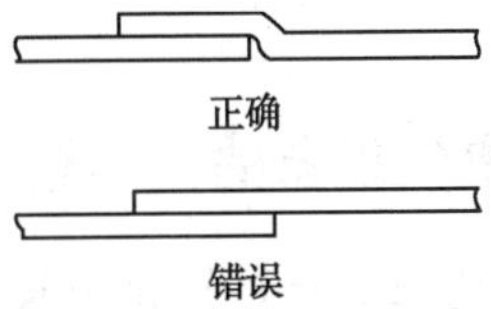

正确

错误

图 4-40　明敷接地线的连接

（9）明敷接地线直线敷设时支架间的距离，在水平直线部分宜为 0.5~1.5m；垂直部分宜为 1.5~3m；转弯部分宜为 0.3~0.5m。

（10）接地线转弯敷设时，在离转角处 100mm 以内处应设有支架。在引出接地线 100mm 范围以内处应设有支架。

（11）接地线在电缆沟内敷设时，支架离开电缆沟盖板下面的净距不应小于 50mm。

（12）接地线在室内沿墙敷设，一般离地面距离为 250~300mm。

（13）明敷接地线，在导体的全长度或区间段及每个连接部位附近的表面，应涂以 15~100mm 宽度相等的绿色和黄色相间的条纹标识。当使用胶带时，应使用双色胶带。中性线宜涂淡蓝色标识。

（14）在接地线引向建筑物的入口处和在检修用临时接地点处，均应刷白色底漆并标以黑色标识，其代号为“⏚”。同一接地体不应出现两种不同的标识。

（15）在断路器室、配电间、母线分段处、发电机引出线等需临时接地的地方，应引入接地干线，并应设有专供连接临时接地线使用的接线板和螺栓。

4.3.3.4　接地检测点做法

当接地装置只有一组接地极时，接地线检测点可不设断接卡，但需有检测点。如有多根引下线，每根引下线距地面 1.5~1.8m 处宜设断接卡。接地装置有多组接地极，且要求分别检测各组接地极的接地电阻时，接地检测点应有断接卡，测量时松开断接卡，然后测量该组的接地电阻。明装断接卡的做法如图 4-41 所示，安装断接卡可按图 4-42 制作。

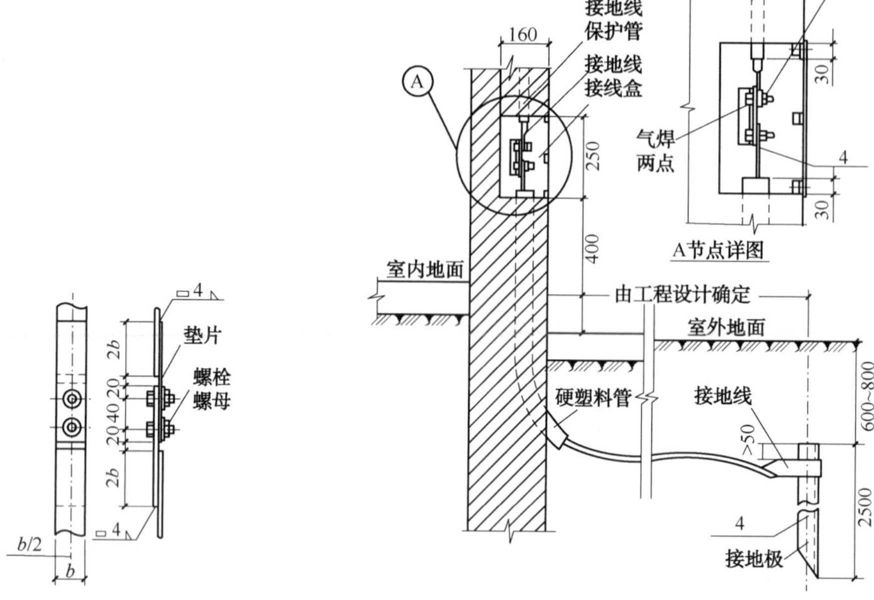

图 4-41　明敷接地线断接卡　　　　图 4-42　暗装接地线断接卡

4.3.4　电气设备的接地施工

4.3.4.1　电气装置应接地或接零的金属部分

（1）电机、变压器、电器、携带式或移动式用电器具等的金属底座和外壳；

（2）电气设备的传动装置；

（3）室内外配电装置的金属或钢筋混凝土构架以及靠近带电部分的金属遮栏和金属门；

（4）配电、控制、保护用的屏（柜、箱）及操作台等的金属框架和底座；

（5）交、直流电力电缆的接头盒、终端头和膨胀器的金属外壳和可触及的电缆金属护层和穿线的钢管。穿线的钢管之间或钢管和电器设备之间有金属软管过渡的，应保证金属软管段接地畅通；

（6）电缆桥架、支架和井架；

（7）装有避雷线的电力线路杆塔；

（8）装在配电线路杆上的电力设备；

（9）在非沥青地面的居民区内，不接地、消弧线圈接地和高电阻接地系统中无避雷线的架空电力线路的金属杆塔和钢筋混凝土杆塔；

（10）承载电气设备的构架和金属外壳；

（11）发电机中性点柜外壳、发电机出线柜、封闭母线的外壳及其他裸露的金属部分；

（12）气体绝缘全封闭组合电器（GIS）的外壳接地端子和箱式变电站的金属箱体；

（13）电热设备的金属外壳；

（14）铠装控制电缆的金属护层；

（15）互感器的二次绕组。

4.3.4.2 需接地直流系统的接地装置的要求

（1）能与地构成闭合回路且经常流过电流的接地线应沿绝缘垫板敷设，不得与金属管道、建筑物和设备的构件有金属的连接；

（2）在土壤中含有在电解时能产生腐蚀性物质的地方，不宜敷设接地装置，必要时可采取外引式接地装置或改良土壤的措施；

（3）直流电力回路专用的中性线和直流两线制正极的接地体、接地线不得与自然接地体有金属连接；当无绝缘隔离装置时。相互间的距离不应小于1m；

（4）三线制直流回路的中性线宜直接接地。

（5）接地线不应作其他用途。

4.3.5 防雷接地的施工

防雷接地的施工包括接闪器、引下线和接地装置的施工。对于不同的建筑物及构筑物，如钢筋混凝土建筑、钢结构建筑、木结构建筑、烟囱、水塔、油罐等的防雷接地施工方法也不尽相同。有火灾爆炸危险的建筑物和电视天线的防雷更有其特殊要求，应予以重视。

4.3.5.1 接闪器

一般防雷用的接闪器是安装在建筑物或构筑物上的避雷针、避雷带。有些特殊要求的则有独立避雷针、避雷网等。

（1）避雷针

当不采用成品避雷针时，避雷针可自行加工。用于建筑物、构筑物上的避雷针可按图4–43的方法制作。避雷针在平屋面上的施工如图4–44所示。

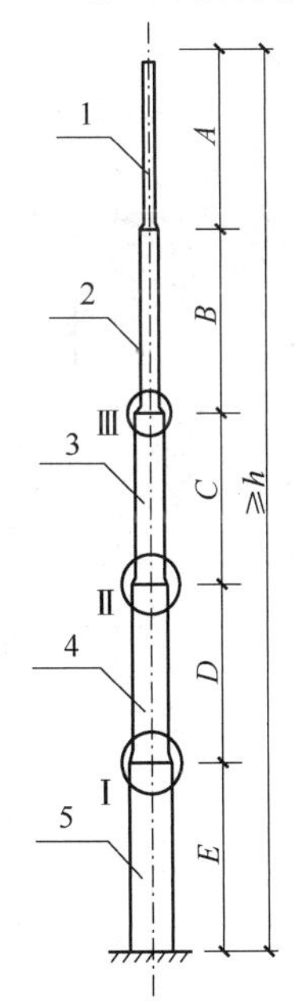

针体各节尺寸表

针高	h/m	3.0	4.0	5.0	6.0	7.0	8.0	9.0	10	11	12
各节尺寸/mm	A	1500	1000	1500	1500	1500	1500	1500	1500	2000	2000
	B	1500	1500	1500	2000	1500	1500	1500	1500	2000	2000
	C		1500	2000	2500	2000	2000	2000	2000	2000	2000
	D					2000	3000	2000	2000	2000	3000
	E							2000	3000	3000	3000

各节针管规格

编号	名称	型号及规格	单位	数量
1	针尖	ϕ12~16	m	A+0.25
2	针管	G25	m	B+0.25
3	针管	G40	m	C+0.25
4	针管	G50	m	D+0.25
5	针管	G70	m	E
6	穿钉	M12	个	

电焊
50
150
50
6(M12螺栓)
节点 Ⅰ~Ⅲ

图4–43　避雷针的制作

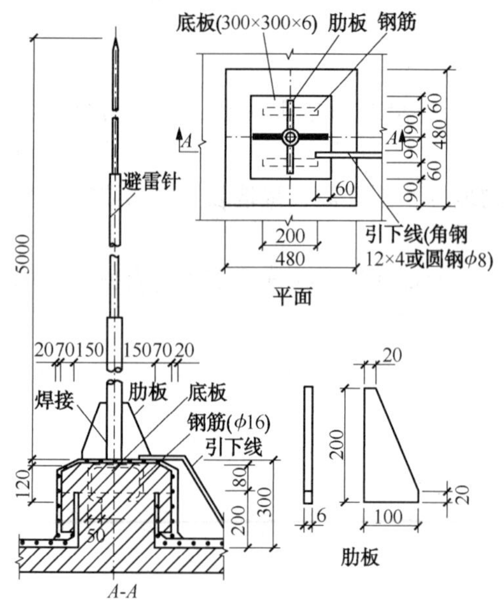

图 4-44　避雷针在平屋面上施工图

避雷针必须能耐风力。如用钢或铝合金制造，其直径不小于 12mm。当采用钢管作为避雷针的支持物时，避雷引下线不能通过钢管；但如支持用的钢管或铝合金管的直径在 12mm 及以上，且厚度不小于 2mm 时，可利用该管作为引下线。如避雷针暴露在有腐蚀性的气体中，采用圆棒时，其直径至少为 15mm，采用圆管时，其厚度至少在 4mm 及以上，也可采用不少于 1.6mm 的铝外层。避雷针必须离开可燃物 0.3m 及以上。

建筑物上的金属结构，如金属旗杆等，若等效直径及厚度不低于上述数值时，可作为避雷针，但第一类防雷建筑物上的金属结构不能利用作为接闪器。

发电厂、变电站配电装置的架构或屋顶上的避雷针(含悬挂避雷线的构架)应在其附近装设集中接地装置，并与主接地网连接。

建筑物上的避雷针或防雷金属网应和建筑物顶部的其他金属物体连接成一个整体。

(2) 避雷带

避雷带通常用 12mm×4mm～25mm×4mm 镀锌扁钢、ϕ8mm～ϕ10mm 圆钢制作。为使避雷带安装平直，在施工前用木榔头敲打，对扁钢进行整形。

避雷带在屋顶女儿墙上安装时，一般亦用 12mm×4mm～25mm×4mm 镀锌扁钢支起，支起高度为 150～200mm，支点间距不应大于 1.5m，一般取 1m，转角处间距不大于 0.3m，且转角两边应对称。支持件埋设应牢固，深度应不小于 50mm。

避雷带在转角部位需弯曲时，扁钢不应出现直角死弯，平弯时最小弯曲半径为 $2a$(a 为扁钢厚度)，立弯时最小弯曲半径为 $0.5b$(b 为扁钢宽度)，扁钢弯曲应采取冷弯，不应该采取加热弯曲。

避雷带的连接和过伸缩缝的做法同接地线的施工方法，这里不再赘述。

避雷带在平屋面上施工如图 4-45 所示。当避雷带需支起时，应预制混凝土支座。混凝土支座的最大间隔为 2m。建筑物上的避雷针或防雷金属网应和建筑物顶部的其他金属物体连接成一个整体。因此高出屋顶的放散管、风管等都应和避雷针(线、带、网)连成一体。连接方法可采取焊接、抱箍连接、螺栓连接等。

屋顶部分的金属物体和防雷装置连成一体后，不可与电源系统的 PE 或 PEN 相连，以防止雷击时，雷电流从 PE、PEN 线进入电源系

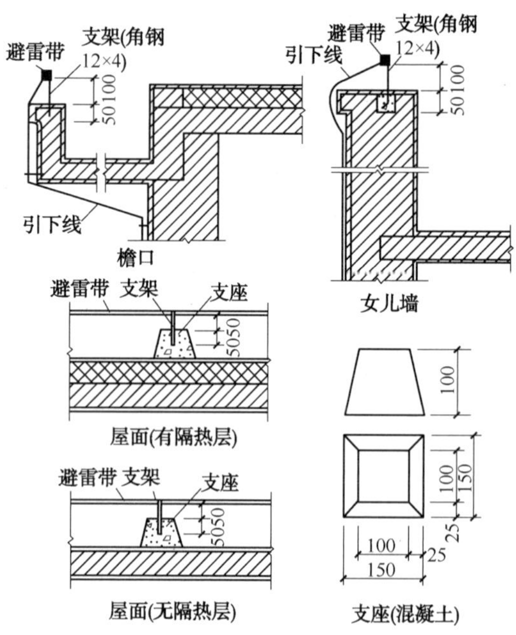

图 4-45　避雷带在平屋面上施工图
(避雷针的引下线采用 12×4 扁钢或 ϕ8 圆钢)

统。GB 50169—2006 第 3.5.3 条明确规定：装有避雷针和避雷线的构架上的照明灯电源线必须采用直埋于土壤中的带金属护层的电缆或穿入金属管的导线。电缆的金属护层或金属管必须接地，埋入土壤中的长度应在 10m 以上，方可与配电装置的接地网相连或与电源线、低压配电装置相连接。例如航空灯电源线不能直接从建筑物的顶层接出，航空灯电源线的金属保护管亦不能直接从屋顶进入顶层，应先直埋于土壤中 10m 以上后，方可与配电装置相连接。当采用光缆时电源线和电源线保护管不必高过屋顶，故不必考虑雷电流引入室内的危险。对高于屋顶的光缆，它是一种绝缘体。因此亦不必担心雷击。

避雷带的设置应在易受雷击的建筑物边缘、栏杆、屋顶等处。对于平屋顶应在四周敷设，避雷带离开可燃物的距离不少于 0.3m。

4.3.5.2 引下线

(1) 引下线与避雷针和避雷带的连接

避雷针(带)与引下线之间的连接应采用焊接或热剂焊(放热焊接)；避雷针(带)的引下线及接地装置使用的紧固件均应使用镀锌制品。当采用没有镀锌的地脚螺栓时应采取防腐措施。

避雷针与引下线的连接见图 4-46，避雷带与引下线的连接见图 4-47。

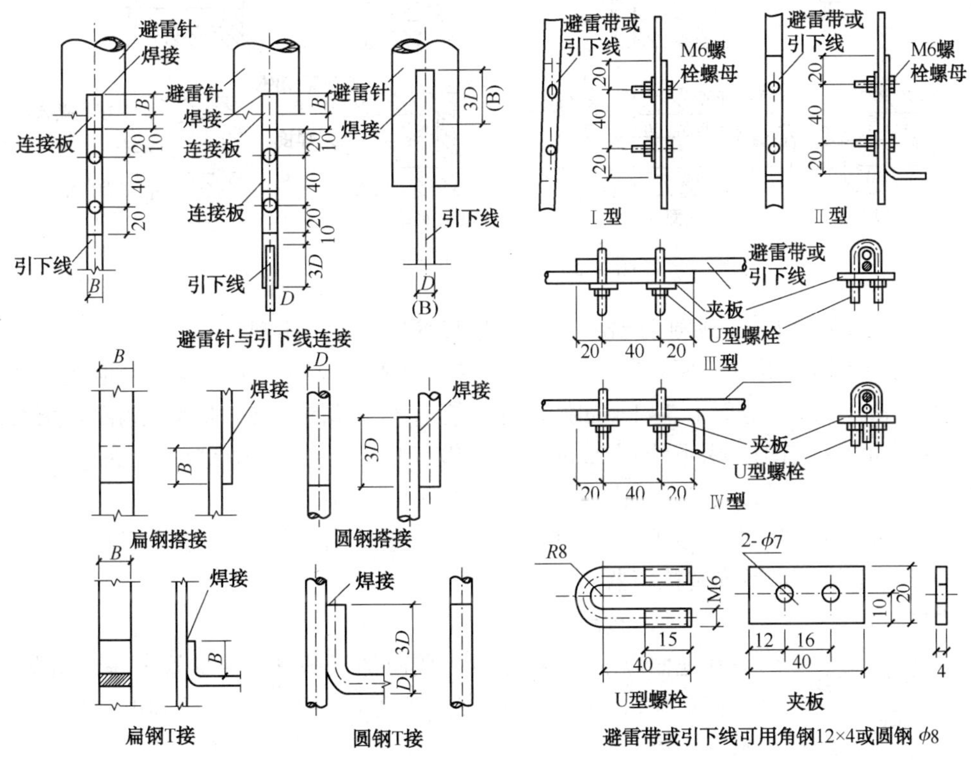

图 4-46 避雷针与引下线连接施工图　　图 4-47 避雷带与引下线连接施工图

(2) 引下线施工时应注意的问题

① 引下线可用扁钢或圆钢制成，其截面不应小于 48mm^2，通常用 12mm×4mm～25mm×4mm 扁钢。引下线均应使用镀锌制品。

② 装有避雷针的金属筒体。当其厚度不小于 4mm 时，可作避雷针的引下线。筒体底部应至少有 2 处与接地体对称连接。

③ 引下线沿建筑物外墙敷设时，敷设路径应尽可能短而直。如引下线沿建筑物表面敷设时，在建筑物转角处，防雷引下线应倾斜敷设，路径短，如图 4-48(a)所示。如果引下线必须弯曲，可采用U形弯，但整个U形的弯曲部分不超过开口端长度的10倍，即如图 4-49 中 $L \leqslant 10h$。

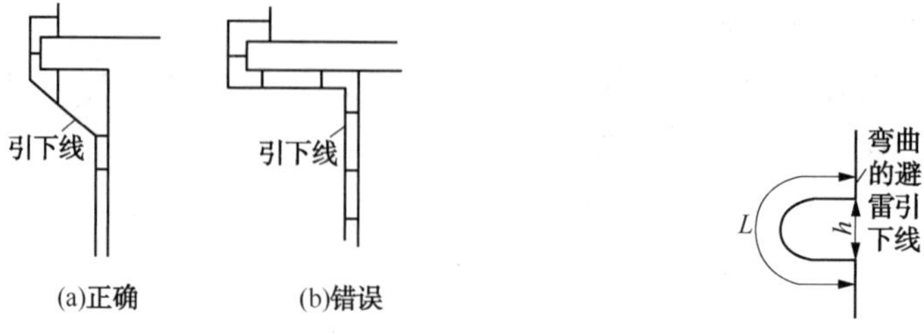

图 4-48　引下线沿建筑物外墙敷设方法　　　图 4-49　引下线的U形弯

④ 引下线的固定支点间距不应大于 2m，引下线在敷设前，应先用木锤整平直，引下线应保持一定的松紧度，引下线离墙距离保持 10~15mm 左右，如图 4-50 所示。

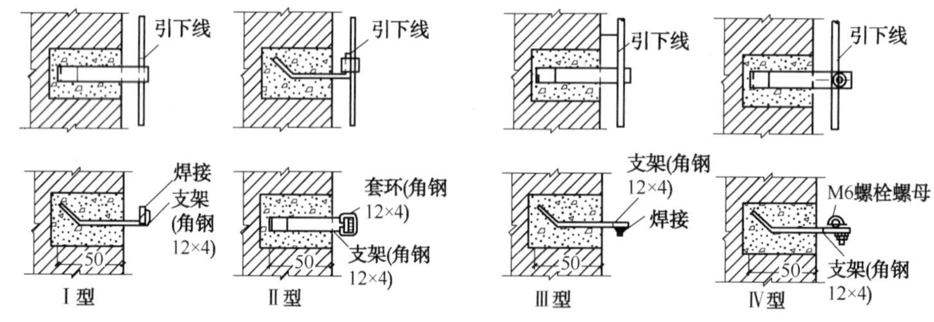

图 4-50　引下线固定施工图

引下线采用角钢 12×4 或圆钢 $\phi 8$；支架Ⅰ型与Ⅲ型也可采用圆钢。

⑤ 采用多根明装引下线时，为了便于测量接地电阻以及检验引下线和接地线的连接情况，宜在每条引下线距地面 1.5~1.8m 处设置断接卡子，如图 4-51 所示。地面引出线通常用 40mm×4mm 镀锌扁钢，引下线用 25mm×4mm 镀锌扁钢，连接螺栓为 M10mm，每只螺栓配两只平垫圈，这里不必加弹簧垫圈。断接卡应加保护措施。

⑥ 避雷针(网、带)及其接地装置，应采取自下而上的施工程序。首先安装集中接地装置，后安装引下线，最后安装接闪器。

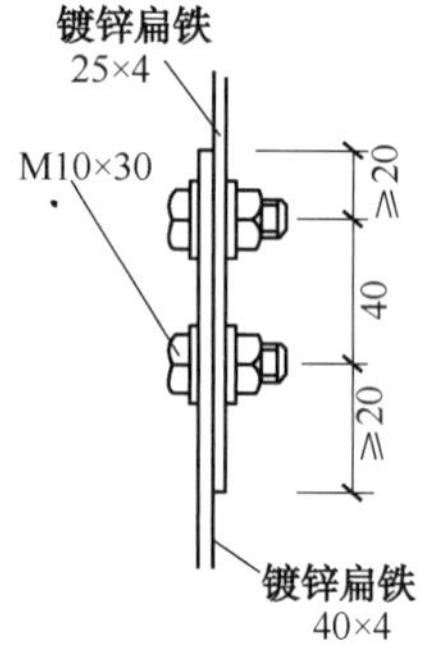

图 4-51　引下线断接卡子施工图

(3) 保护管

在地面以上 1.7m 长的一段应加保护管，保护管一般采用塑料管。这是避免在雷雨时，人体直接触及防雷引下线而受到电击伤害。目前尚有不少单位采用金属管作为保护管，这是不妥当的。因雷击时，由于雷电流是高频电流，在钢管上感应出反电势，相当于增加接地电阻，既不利雷电泄放，又使钢管上产生高电压，这时人触及保护管就会受到电击，起不到保护作用。防雷引下线如设在容易受碰撞的地方，则保护管起机械保护作用。但有条件时，防雷引下线一般尽量安装在受不到机械损伤的地方。此时可不加机械保护。电气安装图集及国外设计都采用 PVC 塑料管或其他绝缘材料，而不采用金属管。

4.3.6 防静电接地的施工

防止静电的危害，接地是简单易行且行之有效的方法之一。在有些情况下，必须伴随其他方法才完全有效。

4.3.6.1 金属管道

需防静电的金属管道必须连接成一个连续的导电体，并进行接地。

对固定式法兰盘连接等管道，在法兰盘两边用 $4mm^2$ 软铜线连接，如图 4-52(a)所示；对黑铁焊接钢管，管道已成连续的导电体不必跨接，当几根管道平行敷设时，管道间可用 25mm×4mm 扁钢连成一体，如图 4-52(b)所示；当平行敷设的管道为镀锌管道时，管道间不能用焊接连接，因为焊接时会破坏镀锌层，这时应采用抱箍连接，如图 4-52(c)所示；同样对法兰盘连接的管道，若为黑铁焊接钢管，则可以用扁钢焊接，做法如图 4-52(d)所示；当法兰盘连接的管道为镀锌管道时，同样不可焊接，应采取抱箍连接，如图 4-52(e)所示。

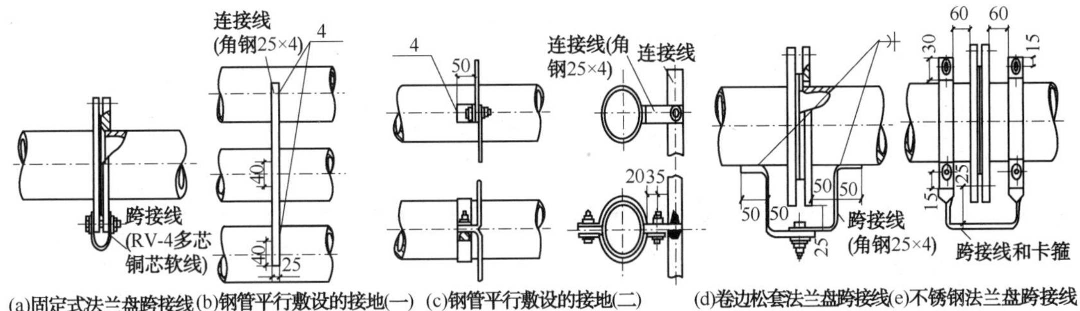

图 4-52 金属管道防静电跨结线施工图

4.3.6.2 风管

风管需要防静电接地时，风管咬口处要进行锡焊，锡焊长度不小于 100mm；风管的法兰盘应进行跨接，每一法兰盘跨结线不少于 2 根，跨结线采用 $4mm^2$ 多股铜芯软线，如图 4-53 所示。风管的一端用接地线和接地装置相连。

4.3.6.3 稀料设备

稀料也称稀释剂或溶剂油，包括医疗麻醉剂(石油醚)、油漆稀释剂和油料稀释剂等，冰点-116℃，沸点 34.6℃，闪点-45℃，属于易燃危险物，按规定，生产或使用稀料的场所，空气中的油气浓度不得超过 0.3mg/L。

稀料具有较弱的绝缘性，容易产生静电。如用塑料桶装稀料，反复摇晃振荡，所产生的静电电压可达 1500V，其内部放电，也可引起火灾，因此必须将金属容器和导管进行接地。运输时也要用金属悬链接地。接地的目的为泄放静电，故接地电阻要求不高，只要不超过 100Ω 即可。

对于贮存稀料或使用稀料的建筑物，为防止工作人员行走，由摩擦而产生的静电，一般可在进出建筑物处设置泄漏静电的金属栅，即在进门处设一与门宽相同、

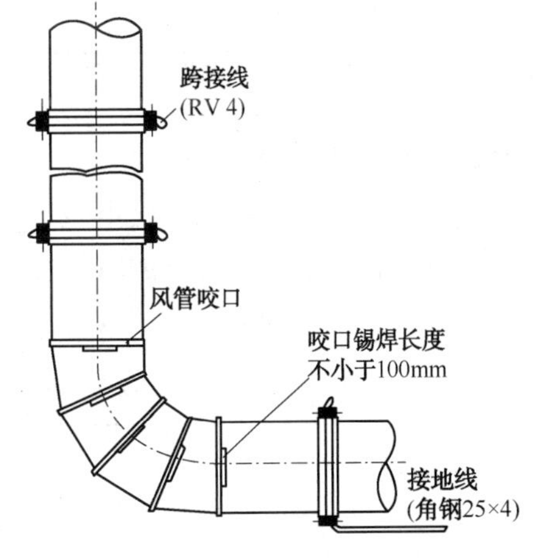

图 4-53 风管防静电接地装置安装施工图

长度不小于0.8m的铜框，用直径不小于10mm圆钢或25mm×4mm的扁铜条构成，铜条的间距不大于200mm。对于面积大于100m^{2}的稀料贮存建筑物，除门口设铜框外、全室都用与上述相同的铜框布满，也可用钢屑混凝土地坪，以便泄放静电。

4.4 阴极保护装置

4.4.1 阴极保护基本原理

4.4.1.1 腐蚀电位或自然电位

自然界中，大多数金属是以化合状态存在的。通过炼制，被赋予能量，才从离子状态转变成原子状态。然而，回归自然状态是金属固有本性。我们把金属与周围的电解质发生反应、从原子变成离子的过程称为腐蚀。

每种金属浸在一定的介质中都有一定的电位，称之为该金属的腐蚀电位(自然电位)，见表4-1。腐蚀电位可表示金属失去电子的相对难易。腐蚀电位愈负愈容易失去电子，我们称失去电子的部位为阳极区，得到电子的部位为阴极区。阳极区由于失去电子(如，铁原子失去电子而变成铁离子溶入土壤)受到腐蚀而阴极区得到电子受到保护。

表4-1 相对于饱和硫酸铜参比电极(CSE)，不同金属在土壤中的腐蚀电位(V)

金　属	电位(CSE)	金　属	电位(CSE)
高纯镁	-1.75	低碳钢(表面光亮)	-0.50~-0.80
镁合金(6%Al，3%Zn，0.15%Mn)	-1.60	低碳钢(表面锈蚀)	-0.20~-0.50
锌	-1.10	铸铁	-0.50
铝合金(5%Zn)	-1.05	混凝土中的低碳钢	-0.20
纯铝	-0.80	铜	-0.20

在同一电解质中，不同的金属具有不同的腐蚀电位，如轮船船体是钢，推进器是青铜制成的，铜的电位比钢高，所以电子从船体流向青铜推进器，船体受到腐蚀，青铜器得到保护。钢管的本体金属和焊缝金属由于成分不一样，两者的腐蚀电位差有时可达0.275V，埋入地下后，电位低的部位遭受腐蚀。新旧管道连接后，由于新管道腐蚀电位低，旧管道电位高，电子从新管道流向旧管道，新管道首先腐蚀。同一种金属接触不同的电解质溶液(如土壤)，或电解质的浓度、温度、气体压力、流速等条件不同，也会造成金属表面各点电位的不同。

4.4.1.2 参比电极

为了对各种金属的电极电位进行比较，必须有一个公共的参比电极。饱和硫酸铜参比电极，其电极电位具有良好的重复性和稳定性，构造简单，在阴极保护领域中得到广泛采用。不同参比电极之间的电位比较见表4-2。

表4-2 土壤中或浸水钢铁结构最小阴极保护电位(V)

被保护结构	相对于不同参比电极的电位			
	饱和硫酸铜参比电极	氯化银参比电极	锌参比电极	饱和甘汞参比电极
钢铁(土壤或水中)	-0.85	-0.75	0.25	-0.778
钢铁(硫酸盐还原菌)	-0.95	-0.85	0.15	-0.878

4.4.2 阴极保护方式

阴极保护技术有两种：牺牲阳极阴极保护和强制电流(外加电流)阴极保护。

4.4.2.1 牺牲阳极阴极保护技术

牺牲阳极阴极保护技术是用一种电位比所要保护的金属还要负的金属或合金与被保护的金属电性连接在一起，依靠电位比较负的金属不断地腐蚀溶解所产生的电流来保护其他金属。

土壤中，牺牲阳极阴极保护系统主要有牺牲阳极、填包料、和测试桩组成。水环境中，除导线连接外，牺牲阳极也可直接焊接到被保护结构上，见图 4-54(b)。

4.4.2.2 强制电流阴极保护技术

强制电流阴极保护技术是在回路中串入一个直流电源，借助辅助阳极，将直流电通向被保护的金属，进而使被保护金属变成阴极，实施保护。

强制电流阴极保护系统主要由电源、控制柜、辅助阳极、焦炭(碳素)填料、电缆、控制参比电极、电位测试桩、电流测试桩、保护效果测试片、电绝缘装置、电绝缘保护装置，见图 4-54(a)。

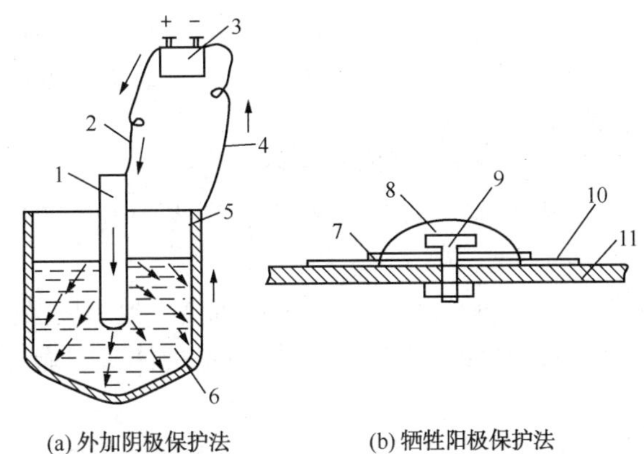

(a) 外加阴极保护法　　(b) 牺牲阳极保护法

图 4-54　阴极保护示意图

1—辅助阳极；2—导线；3—直流电源；4—导线；5—被保护金属；
6—溶液；7—垫片；8—牺牲阳极；9—螺栓；10—涂层；11—设备

4.4.3 阴极保护主要参数

(1) 自然电位

自然电位是金属埋入土壤后，在无外部电流影响时的对地电位。自然电位随着金属结构的材质、表面状况和土质状况，含水量等因素不同而异，一般有涂层埋地管道的自然电位(CSE)在-0.4~0.7V 之间，在雨季土壤湿润时，自然电位会偏负，一般取平均值-0.55V。

(2) 最小保护电位

金属达到完全保护所需要的最低电位值。一般认为，金属在电解质溶液中，极化电位达到阳极区的开路电位时，就达到了完全保护。

(3) 最大保护电位

如前所述，保护电位不是愈低愈好，是有限度的，过低的保护电位会造成管道防腐层漏点处大量析出氢气，造成涂层与管道脱离，即阴极剥离，不仅使防腐层失效，而且电能大量消耗，还可导致金属材料产生氢脆进而发生氢脆断裂，所以必须将电位控制在比析氢电位稍高的电位值，此电位称为最大保护电位，超过最大保护电位时称为“过保护”。

（4）最小保护电流密度

使金属腐蚀下降到最低程度或停止时所需要的保护电流密度，称作最小保护电流密度，其常用单位为 mA/m^2 表示。处于土壤中的裸露金属，最小保护电流密度一般取 $10mA/m^2$。

（5）瞬时断电电位

在断掉被保护结构的外加电源或牺牲阳极 0.2~0.5s 中之内读取得结构对地电位。由于此时没有外加电流从介质中流向被保护结构，所以所测电位为结构的实际极化电位，不含 *IR* 降(介质中的电压降)。由于在断开被保护结构阴极保护系统时，结构对地电位受电感影响，会有一个正向脉冲，所以，应选取 0.2~0.5s 之内的电位读数。

4.4.4 阴极保护系统常见故障的分析

1. 保护管道绝缘不良，漏电故障的危害

在阴极保护站投入运行，或牺牲阳极保护投产一段时间后，出现了在规定的通电点电位下，输出电流增大，管道保护距离却缩短的现象，或者在牺牲阳极系统中，牺牲阳极组的输出电流量增大，其值已超过管道的保护电流需要，但保护电位仍达不到规定指标的现象。发生上述情况的原因，主要是被保护金属管道与未被保护的金属结构物“短路”，这种现象称之为阴极保护管道漏电，或者叫做“接地故障”。

接地故障，使得被保护管道的阴极保护电流流入非保护金属体，在两管道的“短接”处形成“漏电点”，这就会造成阴极保护电流的增大；阴极保护电源的过负荷和阴极保护引起的干扰。

另外，阳极地床断路，阴极开路，零位接阴断路都会导致阴极保护不能投保。例如：格尔木站和甘森站，93 年由于阳极电缆断路，造成阴极保护体系不能正常工作，判断阳极地床连接电缆断路时，可采用：

（1）测输出电流，将恒电位仪开启，在恒电位仪阳极输出端串上一电流表，如果电流为零，则说明有断路现象。

（2）将恒电位仪机后阳极输出线断开，接入临时地床或其他接地装置，若有输出电压、电流，则可断定阳极地床连结线断路。在阳极电缆与地床阳极结线处应设置接线用水泥井或标志。

2. 造成管道漏电的原因

（1）施工不当，交叉管道间距不合规范，即当两条管道，一条为阴极保护的管道，另一条为未保护的管道交叉时，施工要求应保持管道间的垂直净距不小于 0.3m，并在交叉点前后一定长度内将管道作特别绝缘，如果施工时不严格按照上述规定去做，那么在管道埋设一段时间后，在土壤应力的作用下，管道相互可能搭接在一起，会造成绝缘层破损，金属与金属的相连，形成漏电点。

（2）绝缘法兰失效或漏电，绝缘法兰质量欠佳，在使用一段时间后绝缘零件受损或变质，使法兰不再绝缘，从而使得两法兰盘侧不再具有绝缘性能，阴极保护电流也就不再有限制；或者是输送介质中有一些电解质杂质使绝缘法兰导通，不再具有绝缘性能。从上述原因看，漏电点只可能发生在保护管道与非保护管道的交叉点，或保护管道的绝缘法兰处，因此查找漏电点就带有上述局限性。但如果地下管网复杂，被保护管道与多条管线有交叉穿越，则使得漏电点的查找出现复杂现象。常常要根据现场实际情况，反复测量、多方位检查并综合判断才能找到真正的漏电故障点。

3. 漏电点的查找

（1）利用查找管道绝缘层破损点，从而确定管道的漏电点或短接点的方法。此方法首先将脉冲信号送到被测管道上，如果管道防腐绝缘层良好，流入管道的电流很弱，仪表没有显示。如果管道防腐层有破损，电流将从土壤中通过破损处漏入管道，电流的流动会在周围土壤中将产生明显的电位梯度。当探测人员手持两个参比电极在管道正上方探测行走时，伏特计将明显的抖动，当伏特计指针停止抖动时，两个参比电极的中间既为防腐层漏点位置，该方法简便宜行，定位准确，是目前国际上公认的检漏方法(DCVG)。

（2）可利用测定管内电流大小的方法寻找漏电点。因为无分支的阴极保护管道，管内电流是从远端流向通电点。当非保护管道接入后就会形成分支电路，使保护电流经过漏电点会变小。因此，可利此法来寻找漏电点的位置。利用此法测定时，在有怀疑的管段上可依次选点，用 *IR* 压降法或者补偿法(详见有关说明)测定管内电流。再通过比较各点电流的大小来确定漏电点的电位。

（3）绝缘法兰漏电的测定。当绝缘法兰漏电而导致阴极保护系统故障时，则可通过在绝缘法兰两侧管段上，分别测量管地电位，若保护侧为保护电位，非保护侧为自然电位，则绝缘法兰正常。否则，有问题存在。也可在非保护侧测法兰端部的对地电位，如此电位比非保护管道或其他金属构筑物的电位要负，则此绝缘法兰漏电。

测定流过绝缘法兰的电流，也可用来判定绝缘法兰的性能。若绝缘法兰非保护端一侧，能测出电流，则法兰漏电；若测不出电流，绝缘法兰不漏电。

（4）近间距电位测量法 CIPS

在测试桩上测量保护电位只能反映管道的整体保护水平，不能说明管道各点都得到了保护。采用近间距测量方式，是沿管道每隔 1~2m 测量一次管地电位，可以准确的检测出没有得到保护的管段。

4. 阳极接地故障

阴极保护另一常见故障是由阳极接地引起的。阳极接地电阻与阳极地床的设计与施工质量密切相关。“冻土”会使阳极地床电阻增加几倍至十几倍，“气阻”也会使阳极地床电阻增加。当阳极使用一段时间后，也会由于腐蚀严重，表面溶解不均匀造成电流障碍。因此，在阴极保护的仪器上会出现电位升高，而保护电流下降的现象。此时，应通过测量，更换或检修阳极地床，来使阴极保护正常运行。另一薄弱环节，是阳极电缆线与阳极接头处的密封与绝缘，若施工不妥则会造成接头处的腐蚀与断路，使阴极保护电流断路而无法输入给管道。

第5章　电力线路

5.1　架空线路

5.1.1　架空线路简介

电力架空线路施工包括勘察定位、基础施工、杆塔组立、线路架设、附件安装等的作业过程。电力架空线路是利用离地架空的导线输送电能的线路。它包括：发电厂至电力用户中心的输电架空线路；用户中心至用户点的配电架空线路；专用于照明系统的照明架空线路。线路的电压等级有低压（1kV及以下）、高压（3～220kV）、超高压（330～765kV）和特高压（1000kV及以上）之分。石化工厂采用的一般是110kV及以下的高压、低压电压等级。

线路构成由导线、避雷线、杆塔、绝缘子及金具等构成，见图5-1。

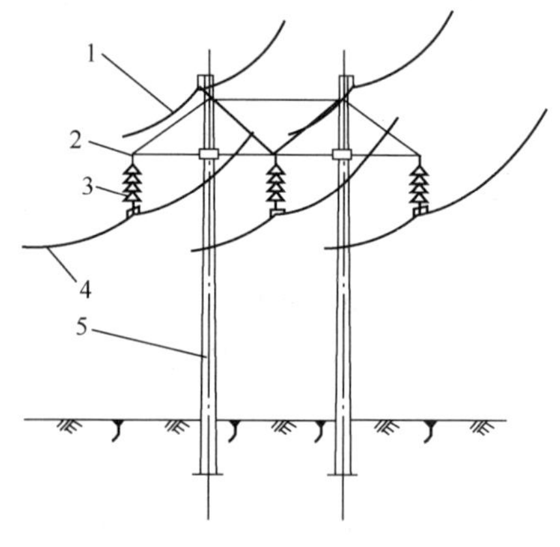

图5-1　架空线路组成
1—避雷线；2—金具；3—绝缘子；4—导线；5—电线杆

（1）导线　导线材料要求导电性能好，机械强度高，坚硬耐磨、质韧耐折、质轻、价廉、抗腐性好。常用的有铜线、铝线、铝合金线、镀锌钢绞线及钢芯铝绞线等。

（2）避雷线　架设在被保护导线的上方，用以保护架空电力线路免遭雷电袭击的装置。常用的材料为镀锌钢绞线，近年来在超高压线路上趋向采用良导体，即用铝合金或铝包钢导线。避雷线又称架空地线，必须与杆塔接地装置牢固连接。

（3）杆塔　由钢材、木材、混凝土制成的杆柱和塔架。杆塔架设导线，并使导线与导线、避雷线及其他物体之间保持规范要求的安全距离。

（4）绝缘子　用来保证导线与杆塔间的绝缘状态。绝缘子应具有足够的绝缘强度、机械强度和耐腐蚀性。常用的材料为陶瓷，也可采用钢化玻璃或玻璃钢。绝缘子的形式常用的有针式、蝶式、悬式、棒式及瓷横担等。

（5）金具　线路上所用的金属部件称为金具。主要用于导地线与绝缘子的连接、绝缘子与杆塔间的连接以及导地线的接续连接。常用的金具有悬垂线夹、耐张线夹、压接管、防振金具、均压环、屏蔽环和接地体等。

5.1.2　架空线施工

5.1.2.1　施工现场的架空线路的安装要求

（1）在施工现场，人员活动频繁，大型机具集中，易产生触电事故。为确保人身和设备的安全，在施工作业区内架空线必须采用绝缘导线。

（2）架空线在一个档距内，每层导线的接头数不得超过该层导线条数的50%，且一条导线应只有一个接头，在跨越铁路、公路、河流、电力线路档距内，架空线不得有接头。

(3) 架空线路的档距不得大于35m。

(4) 架空线路的线间距不得小于0.3m，靠近电杆的两导线的间距不得小于0.5m。

(5) 钢筋混凝土杆不得有露筋、宽度大于0.4mm的裂纹和扭曲。

(6) 架空线路与邻近线路或固定物应符合规范中规定的距离。

(7) 电杆埋设深度宜为杆长的1/10加0.6m，回填土应分层夯实。在松软土质处宜加大埋入深度或采用卡盘等加固。

(8) 电杆的拉线宜采用不少于3根*D*4.0mm的镀锌钢丝。拉线与电杆的夹角应在30°~45°之间。拉线埋设深度不得小于1m。电杆拉线如从导线之间穿过，应在高于地面2.5m处装设拉线绝缘子。

(9) 因受地形环境限制不能装设拉线时，可采用撑杆代替拉线，撑杆埋设深度不得小于0.8m，其底部应垫底盘或石块。撑杆与电杆的夹角宜为30°。

(10) 接户线在档距内不得有接头，进线处离地高度不得小于2.5m。接户线最小截面和接户线线间及与邻近线路间的距离应符合相关规范中的要求。

5.1.2.2 主要施工工序注意事项

(1) 立杆

小型线路的塔杆一般为电杆。可按设计要求挖坑埋设；终端杆与角杆则应加上拉线以使电杆受力平衡，稳定牢固。埋设输电线路杆柱、塔架的基础可采用大开挖基础、掏挖扩底基础、爆扩桩基础、岩石锚桩基础、钻孔灌注桩基础等形式。基础工程的测量应考虑高差和转角杆塔的分度，避免造成返工。杆塔的组立视杆塔形式的不同，可采用扒杆整体扳吊组立、全倒装组立、内扒杆组立、分片组立、液压提升、自行式起重机等多种方案，亦可采用直升飞机吊立。立杆前应注意对杆塔结构及其受力进行验算，以确保施工安全。

(2) 架线

避雷线和照明架空线一般采用人力放线。线盘用放线支架固定，通过放线滑车牵拉。要求高的线路多采用张力放线，使导线保持一定的张力，以保证导线离开地面及跨越物、障碍物，免受摩擦而损伤。特殊的架线方法还有：直升飞机架线法、船舶架线法、高张力架线法、高张力循环架线法和单双三轮串联滑车法等。

(3) 紧线

将展放完毕后的导线，收紧挂于杆塔上的工作称为紧线，导线弛度应达到设计要求。弛度的计算、测定及误差调整是紧线的主要任务。由于架空线路悬挂点之间的距离很大，导线在自重及其他均匀压力(复冰、积雪、风力等)的作用下会发生弯曲，形成一条荷重沿线均布的曲线——悬链线。导线弛度计算可采用悬链线法，也可采用抛物线法进行近似计算。根据导线规格、紧线时的温度、紧线耐张段规律档距及观测档距等按设计给定的放线曲线进行紧线段观测挡的弛度计算，并作为弛度观测的依据。弛度测定经常使用的方法有平行四边形法(等长法)、异长法、角度法和平视法。也可采用观测表法、波动法。紧线除可采取耐张段紧线外，还可采取多档连紧。在分裂相线及超高压线路施工中，必须对耐张杆塔的跳线长度进行计算与调整，以保证施工质量。

(4) 相序排列规定

① IT、TT系统供电时，其相序排列：面向负荷从左向右为L1、L2、L3；

② TN-S 系统或 TN-C-S 系统供电时，和保护零线在同一横担架设时的相序排列：面向负荷从左至右为 L1、N、L2、L3、PE；

③ TN-S 系统或 TN-C-S 系统供电时，动力线、照明线同杆架设上、下两层横担，相序排列方法：上层横担，面向负荷从左至右为 L1、L2、L3，下层横担，面向负荷从左至右为 L1、(L2、L3)、N、PE。当照明线在两个横担上架设时，最下层横担面向负荷，最右边的导线为保护零线 PE。

5.2 电缆线路

电力电缆主要用于电力的传输与分配网络。因此，它必须满足输电、配电网络对电力电缆提出的各项要求，如：

(1) 能承受电网电压，包括工作电压、故障过电压和大气、操作过电压；

(2) 能传送需要传输的功率，包括正常和故障情况下的电流；

(3) 能够满足安装、敷设、使用所需要的机械强度和可曲度，并耐用可靠；

(4) 材料来源丰富、经济，工艺简单，成本低。

5.2.1 电缆常用型号及用途

电缆常用型号及用途见表 5-1。

表 5-1 电缆常用型号及用途

型号 (铜芯)	名　称	用　途
NA-YJV NB-YJV	交联聚乙烯绝缘聚氯乙烯护套 A(B)类耐火电力电缆	可敷设在对耐火有要求的室内、隧道及管道中
NA-YJV_{22} NB-YJV_{22}	交联聚乙烯绝缘钢带铠装聚氯乙烯护套 A(B)类耐火电力电缆	适宜对耐火有要求时埋地敷设，不适宜管道内敷设
NA-VV NB-VV	聚氯乙烯绝缘聚氯乙烯护套 A(B)类耐火电力电缆	可敷设在对耐火有要求的室内、隧道及管道中
NA-VV_{22} NB-VV_{22}	聚氯乙烯绝缘钢带铠装聚氯乙烯护套 A(B)类耐火电力电缆	适宜对耐火有要求时埋地敷设，不适宜管道内敷设
WDNA-YJY WDNB-YJY	交联聚乙烯绝缘聚烯烃护套 A(B)类无卤低烟耐火电力电缆	可敷设在对无卤低烟且耐火有要求的室内、隧道及管道中
WDNA-YJY_{23} WDNB-YJY_{23}	交联聚乙烯绝缘钢带铠装聚烯烃护套 A(B)类无卤低烟耐火电力电缆	适宜对无卤低烟且耐火有要求时埋地敷设，不适宜管道内敷设
ZA-YJV ZB-YJV ZC-YJV	交联聚乙烯绝缘聚氯乙烯护套 A(B、C)类阻燃电力电缆	可敷设在对阻燃有要求的室内、隧道及管道中
ZA-YJV_{22} ZB-YJV_{22} ZC-YJV_{22}	交联聚乙烯绝缘钢带铠装聚氯乙烯护套 A(B、C)类阻燃电力电缆	适宜对阻燃有要求时埋地敷设，不适宜管道内敷设

续表

型号（铜芯）	名　称	用　途
ZA-VV	聚氯乙烯绝缘聚氯乙烯护套A(B、C)类阻燃电力电缆	可敷设在对阻燃有要求的室内、隧道及管道中
ZB-VV		
ZC-VV		
ZA-VV_{22}	聚氯乙烯绝缘钢带铠装聚氯乙烯护套A(B、C)类阻燃电力电缆	适宜对阻燃有要求时埋地敷设，不适宜管道内敷设
ZB-VV_{22}		
ZC-VV_{22}		
WDZA-YJY	交联聚乙烯绝缘聚烯烃护套A(B、C)类阻燃电力电缆	可敷设在对阻燃且无卤低烟有要求的室内、隧道及管道中
WDZB-YJY		
WDZC-YJY		
WDZA-YJY_{23}	交联聚乙烯绝缘钢带铠装聚烯烃护套A(B、C)类阻燃电力电缆	适宜对阻燃且无卤低烟有要求时埋地敷设，不适宜管道内敷设
WDZB-YJY_{23}		
WDZC-YJY_{23}		
VV	铜芯聚氯乙烯绝缘聚氯乙烯护套电力电缆	敷设在室内、隧道及管道中或户外托架敷设，不承受压力和机械外力
VY	铜芯聚氯乙烯绝缘聚乙烯护套电力电缆	
VV_{22}	铜芯聚氯乙烯绝缘钢带铠装聚氯乙烯护套电力电缆	敷设在室内、隧道、电缆沟及直埋土壤中，电缆能承受压力及其他外力
VV_{23}	铜芯聚氯乙烯绝缘钢带铠装聚乙烯护套电力电缆	

5.2.2　电缆保护管的安装

5.2.2.1　电缆保护管安装要求

（1）暗配管时，电缆保护管宜沿最近的路线敷设，并应减少弯曲。埋入建筑物、构筑物的电线保护管，与建筑物、构筑物表面的距离不应小于15mm。

（2）电线保护管的弯曲处，不应有折皱、凹陷和裂缝，且弯瘪程度不应大于管外径的10%。且电线保护管的弯曲半径应符合下列要求：

① 当线路暗配管时，弯曲半径不应小于管外径的6倍，当埋设于地下或混凝土内时，其弯曲半径不应小于管外径的10倍；

② 当线路明配管时，弯曲半径不宜小于管外径的6倍；当两个接线盒间只有一个弯曲时，其弯曲半径不宜小于管外径的4倍。

（3）当电线保护管遇到下列情况之一时，中间应加装接线盒或电缆井，且接线盒或电缆井的位置应便于穿线：

① 管长度超过30m，无弯曲；

② 管长度超过20m，有一个弯曲；

③ 管长度超过15m，有二个弯曲；

④ 管长度超过8m，有三个弯曲；

（4）在 TN-S、TN-C-S 系统中，当金属电线保护管、金属盒(箱)、塑料电线保护管、塑料盒(箱)混合使用时，金属电线保护管和金属盒(箱)必须与保护地线(PE 线)有可靠的电气连接。

（5）塑料管不应敷设在高温和易受机械损伤的场所。

（6）塑料管管口应平整、光滑；管与管、管与盒(箱)等器件应采用插入法连接，连接处结合面应涂专用胶合剂，接口应紧固密封，并符合下列要求：

① 管与管之间采用套管连接时，套管长度宜为管外径的 1.5~3 倍；管与管的对口处应位于套管的中心；

② 管与器件连接时，插入深度宜为管外径的 1.1~1.8 倍。

（7）硬质塑料管在套接或插接时，在插接面上应涂以胶合剂胶牢密封；采用套接时套管两端应封焊。

（8）塑料管及其配件的敷设、安装和煨弯制作，均应在原材料规定的允许环境温度下进行，其温度不宜低于-15℃。

（9）电缆管的弯曲半径不应小于所穿入电缆的最小允许弯曲半径；电缆管的内径与电缆外径之比不得小于 1.5。

（10）电缆管不应有穿孔、裂缝和显著的凹凸不平，内壁光滑；金属电缆管不应有严重锈蚀。

（11）每根电缆管的弯头不应超过 3 个，直角弯不应超过 2 个。

5.2.2.2　预制、预埋

（1）钢管敷设

① 预制管应下料准确，套丝时应两遍成型以保证牙型完整、规则，煨弯时不应有显著的凹扁现象，并注意保护丝扣。管口应无毛刺和尖锐棱角，无螺纹连接的管口宜做成喇叭型。

② 暗敷设钢管的内壁、外壁均应做防腐处理。当埋设于混凝土内时，钢管外壁可不做防腐处理；直埋于土层内的钢管外壁应涂两度沥青；采用镀锌钢管时，锌层剥落处应涂防腐漆。当设计有特殊要求时，应按设计规定进行防腐处理。

③ 电缆管的埋设深度不应小于 0.7m；在人行道下面埋设时，不应小于 0.5m。

④ 钢管宜采用套管连接，套管长度宜为管外径的 1.5~3 倍，管与管的对口处应位于套管的中心。焊接连接时管孔应对准，接缝应严密，不得有地下水和泥浆渗入。

⑤ 电缆管应有不小于 0.1%的排水坡度。

⑥ 暗配的黑色钢管与盒(箱)连接可采用焊接连接，管口宜高出盒(箱)内壁 3~5mm，且焊后应补涂防腐漆；镀锌钢管与盒(箱)应采用锁紧螺母或护圈帽固定，用锁紧螺母固定的管端螺纹宜外露锁紧螺母 2~3 扣。

⑦ 钢管连接处的两端应焊接跨接接地线或采用专用接地卡跨接。

⑧ 配管工程施工结束后，应将施工中造成的建筑物、构筑物的孔、洞、沟槽等修补完整。

（2）塑料管敷设

① 直埋于地下或楼板内的硬塑料管，在露出地面易受机械损伤的一段，应采取加套钢管保护。

② 塑料管直埋于现浇混凝土内，在浇捣混凝土时，应采取防止塑料管发生机械损伤的

措施。

③ 塑料管在砖砌墙体上剔槽敷设时，应采用强度等级不小于 M10 水泥砂浆抹面保护，保护层厚度不应小于 15mm。

5.2.2.3 明配管

(1) 钢管敷设

① 水平或垂直敷设的明配电线保护管，其水平或垂直安装的允许偏差为 1.5mm/m，全长偏差不应大于管内径的 1/2。

② 明配钢管应排列整齐，固定点间距应均匀，钢管管卡间的最大距离应符合表 5-2 的规定；管卡与终端、弯头中点、电气器具或盒(箱)边缘的距离宜为 150~500mm。

表 5-2 钢管管卡间的最大距离

敷设方式	钢管种类	钢管直径/mm			
		15~20	25~32	40~50	65 以上
		管卡间最大距离/m			
吊架、支架或沿墙敷设	厚壁钢管	1.5	2.0	2.5	3.5
	薄臂钢管	1.0	1.5	2.0	—

③ 配管工程中的非带电部分的接地和接零应可靠。电气线路与管道间最小距离见表5-3。

表 5-3 电气线路与管道间最小距离 mm

管道名称	配线方式		穿管配线
蒸汽管	平行	管道上	1000
		管道下	500
	交叉		300
暖气管、热水管	平行	管道上	300
		管道下	200
	交叉		100
通风、给排水及压缩空气管	平行		100
	交叉		50

注：①蒸汽管道，当在管道外包隔热层后，上下平行距离可减至 200mm。

②暖气管、热水管应设隔热层。

④ 钢管的连接应符合下列要求：

1) 金属电缆管连接应牢固，密封应良好，两管口应对准。套接的短套管或带螺纹的管接头的长度，不应小于电缆管外径的 3 倍。金属电缆管不宜直接对焊。

2) 采用螺纹连接时，管端螺纹长度不应小于管接头长度的 1/2；连接后，其螺纹外露 2~3 扣，螺纹表面应光滑、无缺损。

3) 套管采用焊接连接时，焊缝应牢固严密；采用紧定螺钉连接时，螺钉应拧紧；在振动的场所，紧定螺钉应有防松动措施。

⑤ 镀锌钢管和薄壁钢管应采用螺纹连接或套管紧定螺钉连接，不应采用熔焊连接；钢管连接的管内表面应平整、光滑。

⑥ 钢管与盒(箱)或设备的连接应符合下列要求：

1）明配钢管与盒(箱)应采用锁紧螺母或护圈帽固定，用锁紧螺母固定的管端螺纹宜外露锁紧螺母 2~3 扣。

2）当钢管与设备直接连接时，应将钢管敷设到设备的接线盒内。

3）当钢管与设备间接连接时，对室内干燥场所，钢管端部宜增设电线保护软管或可挠金属电线保护管后引入设备的接线盒内，且钢管管口应包扎紧密；对室外或室内潮湿场所，钢管端部应设防水弯头或加装密封格兰。

4）与设备连接的钢管管口高出地面的距离宜大于 200mm。

5）引至设备的电缆管管口位置，应便于与设备连接并不妨碍设备拆装和进出。并列敷设的电缆管管口应排列整齐。

6）利用电缆的保护管做接地线时，应先焊好接地线；有螺纹的管接头处，应用跳线焊接或用专用接地卡跨接，再敷设电缆。

（2）塑料管敷设

① 明配硬塑料管应排列整齐，固定点间距应均匀，管卡间最大距离应符合表 5-4 的规定。管卡与终端、转弯中点、电气器具或盒(箱)边缘的距离为 150~500mm。

表 5-4　硬塑料管管卡间最大距离　　m

敷设方式	管内径/mm		
	20 及以下	25~40	50 以上
吊架、支架或沿墙敷设	1.0	1.5	2.0

② 明配硬塑料管在穿过楼板易受损伤的地方，应采用钢管保护，其保护高度距楼板表面的距离不应小于 500mm。

③ 敷设半硬塑料管或波纹管宜减少弯曲，当直线段长度超过 15m 或直角弯超过三个时，应增设接线盒。

（3）金属软管敷设

① 弯曲半径不应小于软管外径的 6 倍

② 固定点间距不应大于 1m，管卡与终端、弯头中点的距离宜为 300mm。

③ 与嵌入式灯具或类似器具连接的金属软管，其末端的固定管卡，宜安装在自灯具、器具边缘起沿软管长度 1m 处。

④ 金属软管应可靠接地，且不得作为电气设备的导体。

⑤ 金属软管应敷设在不易受机械损伤的干燥场所，且不应直埋于地下或混凝土中。当在潮湿等特殊场所使用金属软管时，应采用带有非金属护套且附配套连接器件的防液型金属软管，其护套应经过阻燃处理。

⑥ 金属软管不应退绞松散，中间不应有接头；与设备器具连接时，应采用专用接头，连接处应密封可靠；防液型金属软管的连接处应密封良好。

5.2.3　电缆桥架的安装

5.2.3.1　桥架安装

（1）根据桥架的平面布置、各层标高及桥架进出建筑物的中心坐标进行定位划线，也可采用粉线或细铁线。

（2）如果制造厂家未提供立柱及托臂成品，可根据设计要求现场制作或预制，制作时应将材料矫正、平直，下料误差在5mm范围内，切口处不应有卷边和毛刺。制作好的支架应牢固、平正、尺寸准确，并按设计要求涂刷防腐漆。

(3) 立柱和托臂在金属结构上和混凝土构筑物的预埋件上固定时，应采用焊接固定，并应由合格焊工持证上岗；焊接应牢固，无显著变形。

(4) 立柱和托臂在混凝土上固定时宜采用预埋螺栓或膨胀螺栓固定，膨胀螺栓的选用应满足桥架安装的强度和设计要求。

(5) 在不允许焊接支架的工艺管道上及一些其他场合应采用"U"型卡子、双头螺栓、圆钢吊杆或抱箍固定。

(6) 各支架的同层横档应在同一水平面上，其高低偏差不应大于5mm，托臂、支吊架沿桥架走向左右偏差不应大于10mm。

(7) 水平安装的电缆桥架的金属支架或托臂间距应满足设计要求，当设计无要求时，间距宜为2m，在拐弯处、终端处及其他重要的位置可适当减小间距；垂直安装时可适当增大间距。弯通、三通处应按设计或桥架样本增加加强支架。

(8) 电缆桥架的安装程序是先主干线，后分支线；先将弯通、三通和大小头定位后，再进行直线段的安装。

(9) 预制桥架应采用机械切割、钻孔，制作好的桥架应平整，内部光洁、无毛刺，预制多层桥架时，弯曲部分弧度应一致，层间间距均匀，允许误差±3mm。

(10) 桥架在每个支吊架上的固定应牢固，桥架内外连接板齐全，连接板的螺栓应紧固，螺母应位于桥架的外侧。

(11) 电缆桥架的层间允许最小距离，当设计无规定时，可采用桥架的外壳高度加100mm，但层间净距不应小于两倍最大电缆外径加10mm，35kV及以上高压电缆不应小于两倍最大电缆外径加50mm。

(12) 电缆桥架最上层及最下层至楼板和地面的距离，当设计无规定时，最上层不宜小于350~450mm，最下层不宜小于100~150mm。

(13) 铝合金桥架在钢制支吊架上固定时，应在接触面处预先涂一层导电膏或中性凡士林油。

(14) 当直线段钢制电缆桥架超过30m，铝合金或玻璃钢制电缆桥架超过15m时，桥架不宜直接固定在支架上，应在支架两侧焊接导向板或在桥架内侧焊接压板，使电缆桥架在导向板或压板内能够滑动自如，桥架接口处应预留适当的膨胀间隙。

(15) 电缆桥架转弯处的转弯半径，不应小于该桥架上的电缆最小允许弯曲半径的最大值。

(16) 因受空间条件限制不便装设弯通或有特殊要求时，可选用软接板、铰接板。

(17) 需要在托盘底、侧板开保护管引出孔时，应采用油压开孔机或其他机械开孔，不得用电弧焊、气焊切割。开孔后边缘应打磨光滑，并采用合适的橡皮护圈保护电缆。梯架式电缆桥架不允许在侧板上开孔，保护管应采用特殊卡件固定。

5.2.3.2 隔板安装

低压电力电缆与控制电缆共用同一托盘或梯架时，以及高压电缆与低压电缆共用同一托盘或梯架时，相互间宜设置隔板；隔板应低于桥架高度。

不同种类电缆所占用的电缆桥架间隔宽度应符合设计要求，隔板固定采用专用卡件。

隔板安装应在电缆敷设前安装完。

5.2.4 电缆的敷设

5.2.4.1 电缆敷设的一般要求

(1) 敷设前的检查。支架齐全，电缆型号规格相符。电缆外观无损伤、盘上电缆端头密封良好。如对油纸电缆密封有怀疑，应进行潮湿判断。电缆的线间及芯线对金属铠的绝缘电阻良好，高压电缆敷设前进行耐压泄漏试验。电缆路径、排列、交叉均能满足设计和运行要求。

(2) 符合电缆使用条件。三相四线制系统必须用四芯电缆或五芯电缆，不能用一根三芯电缆加一根单芯电缆或电缆金属护套作中性线的方式，否则三相不平衡时，相当于单芯电缆的运行状态，容易引起工频干扰，而金属护套和金属铠装将加速腐蚀并发热。

(3) 减少运行损耗。三相系统采用三根单芯电缆，应三根电缆紧贴成正三角形并每隔1m 绑扎；并联运行的电缆，规格和长度必须相等。除交流单芯外的电力电缆，电力电缆相间宜有 3mm 的空隙。

(4) 电缆应防止扭伤和过分弯曲，电缆最小允许弯曲半径：单芯油浸纸绝缘电缆(铅包、铠装或无铠装)、单芯交联聚乙烯电缆、自容式铅包充油电缆和铅包钢带铠装橡皮电缆应≥20d；多芯铠装铅包油浸纸绝缘电缆、多芯交联聚乙烯电缆和裸铅护套橡皮绝缘电缆应≥15d；其余均应≥10d(d 为电缆外径)。

(5) 备用长度可补偿温度引起的变形和供检修时用。如电缆从垂直面引向水平面、保护管出入口、引入建筑物处、电缆终端头及中间接头等处均应留有备用长度。通常 6kV 及以上的电缆预留 3~5m；3kV 及以下电缆预留 1.5~2m。

(6) 通过铁路的地区应采取防护措施，防止地中杂散电流对电缆铅包的影响。应不选铅包电缆或将铅包电缆装在陶瓷或浸过沥青的石棉水管中，以增强铅包对地绝缘，满足电缆与钢轨间最小净距的规范要求。

(7) 敷设温度。在电缆敷设前 24h 内的平均温度低于表 5-5 数值时不宜敷设。若温度低于表 5-5 规定值时，应采取措施(若厂家有要求，按厂家要求执行)。采取的措施通常有加热法或避开寒冷期，加热法常采用提高周围温度的方法或用电流通过电缆导体的方法。

表 5-5 电缆最低允许敷设温度

电缆类型	电缆结构	最低允许敷设温度/℃
油浸纸绝缘电力电缆	充油电缆	-10
	其他油纸电缆	0
橡皮绝缘电力电缆	橡皮或聚氯乙烯护套	-15
	裸铅套	-20
	铅护套钢带铠装	-7
塑料绝缘电力电缆		0
控制电缆	耐寒护套	-20
	橡皮绝缘聚氯乙烯护套	-15
	聚氯乙烯绝缘聚氯乙烯护套	-10

(8) 电缆断头处。油浸纸绝缘电缆切断后，应将端头立即铅封；橡皮和塑料绝缘电缆切断后应用绝缘带严密包扎好。并列敷设的电缆，其接头盒的位置宜相互错开；电缆明敷接头

盒，须用托板(如石棉板)托置，并用耐弧隔板与其他电缆隔开，托板和隔板伸出接头两端的长度不小于 0.6m。直埋电缆接头盒外应有防止机械损伤的保护盒(环氧树脂接头盒除外)；位于冻土层内保护盒，盒内宜浇注沥青，以防止进入盒内因冻胀而损坏。

(9) 电缆敷设操作。电缆应从盘架上端引出，电缆上不应有未消除的机械损伤，如铠装压扁、绞拧、护层折裂等。采用机械敷设电缆时，钢丝网套牵引铅套(铝套)电缆的牵引强度不应超过 10(40)MPa，牵引头牵引铜芯(铝芯)时，牵引强度不应超过 70(40)MPa。

电缆敷设时不宜交叉，应排列整齐并加以固定。及时装设标志牌，注明线路编号、电缆型号、规格、起始地点。

(10) 进出电缆沟、隧道、竖井、建筑物、盘(柜)以及穿入管子处，出入口应封闭，管口应密封。这对防火、防水以及防止小动物进入电气间引发短路事故极为重要，并可防止水和垃圾进入管内，腐蚀电缆及堵塞管子。

5.2.4.2 直埋电缆的敷设

(1) 敷设电缆前的准备工作

① 路径复测。按设计图路径确定路径上的重要地点，补加标桩，对穿越障碍地点提出施工方法，了解沿线交通情况，初步确定材料存放点。

② 估工估料、组织施工。组织施工人员应了解施工内容并进行讨论，完善施工步骤，制定出技术措施和安全措施，核对用料、预算、组织施工。

③ 检查备料和质量。如剖验电缆，检查预埋管的质量；检查电缆保护盖板电缆接头保护盒、电缆防护用砂、砖是否充分，质量是否合格；制作电缆中间接头、终端头的材料、附件是否齐全，质量是否合格。

④ 检查中间接头地点。接头地点要易于检修时开挖，不影响交通，确保施工、检修方便。

⑤ 电缆敷设点的选择和搬运。敷设电缆前，核算好屯放电缆盘的地点，运输到位，并盘平放搬运或储存；缆架必须用吊车装卸，钢绳、钢轴应是试验合格的专用工具。

(2) 敷设电缆

① 放样划线。电缆沟应尽量保持直线；转弯处曲率半径不应小于电缆盘的半径，最小也不能小于所敷电缆最小弯曲半径；山坡地带挖掘电缆沟时，应挖成蛇形曲线，以使最高点电缆不易被洪水冲断。

② 敷设过路导管。应事先将过路导管全部敷设完毕，施工中尽量采用液压动力顶管机将钢管顶向另一侧，不得已时开挖路面。

③ 挖沟。电缆沟上应设置临时跳板，挂警告标志和红色警示灯；开挖深度应小于 0.85m，埋设电缆深度一般为 0.7m。

④ 敷设。电缆沟挖好后即在沟底铺上 100mm 厚的软土或砂层，可用铁丝插入检查；检查电缆沟的宽、深、转弯半径和保护管口的喇叭口；敷设时应有专人指挥、专人领线、专人看盘，转弯、穿越及障碍地点要派有经验的电缆工看守；缆盘架要有合适工具制动，电缆从盘上端引出，转弯处人员应站立外侧；在电缆盘上全部电缆放完后，将全部电缆放在沟沿，然后听命令依次放入沟内。

⑤ 覆土填沟。电缆置于沟底后，上面应覆以 100mm 厚的软土或砂层，然后盖上钢筋混凝土保护盖板或机制砖。板厚为 30mm，宽大于 150mm，长为 300~400mm，板与板之间连接应紧靠，撬电缆盖板时要用竹签等不太硬的工具；用砖做盖板，砖中应不含有石灰石或矽

酸盐等成分，以免遇水后分解出碳酸钙，对电缆铅皮侵蚀。

⑥ 填设电缆标示桩，并绘竣工图。位于城郊或空旷地带时，沿电缆路径的直线间隔约为100m，转弯或接头处应竖立明显的标示桩。电缆标示桩埋设于电缆沟中心，标示桩埋设于送电方向右侧，埋深均为450mm。

（3）直埋电缆敷设标准

① 路径上应有危害地段的保护措施。易受机械性损伤、化学作用、地下电流、振动、热影响、腐殖物质、虫鼠等危害的地段，应采取保护措施，如穿管、铺砂、筑槽、排流等，并选用适当电缆防止电缆损坏。

② 埋深。电缆距地面距离不应小于0.7m，穿越车行道和农田不小于1m，引入建筑物、与地下建筑物交叉及绕过地下建筑物处，可埋设浅些，但应采取保护措施。

③ 电缆与其他设施平行、交叉。电缆与铁路、公路、城市街道、厂区道路交叉时，应敷设在坚固的保护管或隧道内。电缆保护管应伸出路基两侧各2m，伸出水沟0.5m，在城市街道应伸出车道路面。

④ 电缆坡地敷设。其倾斜角不应大于地形的自然坡度，并符合该类型电缆最大允许高差规定，在斜坡开始及最高点固定。坡度在30m以下，每15m固定一次；300m以上时，每10m固定一次。用2.5m的固定桩打入地下，以固定夹板夹住电缆。

⑤ 不同用途电缆合沟敷设。每层电缆之间要用砂层隔开(约50~100mm)，一般高压电缆在最底层，弱电电缆在最上层，上面用砂层覆盖并放盖板。沟底有浸水可能时，底层铺砂应厚些。同时应注意，同沟电缆不得相互重叠、交叉、扭绞。

⑥ 直埋电缆埋设。电缆应有铠装和防腐层。沟底应平整无石块，上铺10cm厚筛过的软土或砂层作垫层，电缆长度应比沟槽长出1%~1.5%，作波状敷设。电缆敷设后，上面再铺10cm厚软土或砂层，然后盖上保护板或砖，覆盖宽度应超出电缆直径两侧各5cm。直埋电缆应在拐弯处、中间接头处，长度超过500m的直线段中间点附近埋设电缆标示桩，并标在电缆线路图上。

⑦ 电缆保护管。从地下0.5m至地面上2m范围内应加钢管或角钢防护，确无机械损伤可能时，敷设的铠装电缆可不加防护。此外，电缆在穿过立墙进入室内及与铁路、公路交叉处敷设时，也应穿管保护。电缆保护管内径按电缆外径的1.5~1.7倍选择，并在管两端有喇叭口。

5.2.4.3 室内电缆的敷设

（1）电缆在室内电缆支架上明敷和在电缆沟内敷设

电缆在室内电缆支架上明敷和在电缆沟内敷设均可敷设在装配式支架、角钢支架、电缆桥架及电缆托架上。

电缆敷设在电缆支架上，应注意支架与电缆表面的距离不得小于200mm，电缆支架之间的垂直距离不得小于250mm；当同一侧支架上敷设几种电压等级的电力电缆时，应按电压等级高低从上层往下层排列，电力电缆和控制电缆一般应分开排列，当它们处于同一侧托架上时，电力电缆应放在上面；垂直电缆支架在通道边上，应设保护罩将电缆支架保护起来，保护高度至少2m，罩内空气必须流通；在可能积水、积尘、积油的电缆沟中，电缆必须敷设在电缆架上；在隧道及沟道内敷设电缆后，应及时清除杂物，盖好盖板。

（2）电缆穿管敷设

电缆敷设在电缆管中应符合下列要求：

① 电缆管埋设于地下的电缆线路应有拉电缆的井坑，井坑之间距离应计算确定，一般不得超过 25 米。线路分支、接头和大转弯处也应设井坑。在每一条敷设的电缆线路上不宜超过 4 个弯头，电缆管 90°弯曲的地方不宜超过 3 个。

② 电缆管的内径应大于所穿电缆外径 1.5 倍，且不宜小于 75mm。电缆管的弯曲半径不得小于电缆管直径的 8 倍，每根电缆应穿在单独的管内。

③ 电缆管与墙距离应不小于 100mm，与热表面距离不得小于 200mm，交叉电缆管不得小于 30mm，平行电缆管相距不得小于 20mm。地中埋管，距地面深度不宜小于 0.5m；与铁路交叉处距路基不宜小于 1m；距排水沟底不宜小于 0.5m。

④ 电缆穿管敷设时，应先疏通和清扫管道。一般用铁丝绑上破布穿入清除脏污，检查通畅情况。管路较长或有直角弯时，可先将铁丝穿入管内，一端扎紧电缆，牵拉另一端电缆，逐渐引入管内。也可采用机械牵引敷设。

5.2.4.4 桥梁、隧道中电缆敷设

(1) 桥梁中电缆敷设

电缆通过钢筋混凝土大桥和钢梁大桥的敷设方式是采用金属制成的电缆槽道。

电缆在桥上敷设时，必须做好接地，包括电缆中间接头接地及电缆槽道两端的接地，槽道上任意一点的接地电阻值均应小于 10Ω。

(2) 隧道中电缆的敷设

电缆在铁路隧道中敷设有两种方式，即在混凝土槽中敷设和在隧道侧壁上悬挂敷设。电缆在混凝土槽中敷设时，混凝土槽在隧道下部紧靠隧道壁处。

电缆在槽内敷设时，应垫细砂或其他耐展材料，槽上加盖板，进出水泥槽处电缆应穿钢管保护，管口缠麻带沥青封口。敷设在混凝土槽内的电缆中间接头应浇注绝缘胶保护，电缆预留应放置于避车洞内。

电缆在隧道侧壁上悬挂敷设是一种比较简单的敷设方式。钢索悬挂要采用大量钢件，在隧道容易腐蚀，近年已不常采用。

5.2.5 电缆头的制作

5.2.5.1 高压电缆头制作

在电力系统中，电缆以其施工维护方便、供电可靠性高等特点得以广泛应用。高压电缆头的制作有冷缩和热缩两种工艺。冷缩电缆头由于现场施工简单方便，其冷缩管具有弹性，只要抽出内芯尼龙支撑条，即可紧紧贴服在电缆上，不需要使用加热工具，克服了热缩材料在电缆运行时，因热胀冷缩而产生的热缩材料与电缆本体之间的间隙，因而得到了越来越广泛的应用。

(1) 冷缩电缆头制作的基本工艺原理

利用冷缩管的收缩性，使冷缩管与电缆完全紧贴，同时用半导体自粘带密封端口，使其具有良好的绝缘和防水防潮效果。

冷缩电缆头制作的基本工艺流程

1) 剥外护套

将电缆校直、擦净。剥去从安装位置到接线端子的外护套(可将恒力弹簧暂时绕在外护套切断处，以方便剥去外护套)。

2) 锯钢铠

暂用恒力弹簧顺钢铠将钢铠扎住，然后顺钢铠包紧方向锯一环形深痕，(不要锯断第二层钢铠，防止伤到电缆)，用一字螺丝刀撬起(钢铠边断开)，再用钳子拉下并转松钢铠，脱出钢铠带，处理好锯断处的毛刺。整个过程都要顺钢铠包紧方向，不能让电缆上的钢铠松脱。

3）剥内护套：关键点：防止划伤铜屏蔽

留钢铠 30mm、内护套 10mm，并用扎丝或 PVC 带缠绕钢铠以防松散。铜屏蔽端头用 PVC 带缠紧，以防松散和划伤冷缩管。

4）安装钢铠接地线

将三角垫锥用力塞入电缆分岔处，除去钢铠上的油漆、铁锈，用大恒力弹簧将钢铠地线固定在钢铠上。为固定牢固，地线应预留 10~20mm，恒力弹簧缠绕一圈后，把预留部分反折，再用恒力弹簧缠绕。

5）缠填充胶

自断口以下 50mm 至整个恒力弹簧、钢铠及内护层，用填充胶缠绕两层，三岔口处多缠一层，这样做出的冷缩指套饱满充实。

6）固定铜屏蔽接地线

将一端分成三股的地线分别用三个小恒力弹簧固定在三相铜屏蔽上，缠好后尽量把弹簧往里推。将钢铠地线与铜屏蔽地线分开，不要短接。

7）安装冷缩 3 芯分支(按电缆附件说明书的要求进行)

8）套装冷缩护套管(按电缆附件说明书的要求进行)

可在填充胶及小恒力弹簧外缠一层黑色自粘带，使冷缩指套内的塑料条易于抽出。将指端的三个小支撑管略微拽出一点(从里看和指根对齐)，再将指套套入尽量下压，逆时针将端塑料条抽出。清洁屏蔽层后，在指套端头往上 100mm 之内缠绕 PVC 带，将冷缩管套至指套根部，逆时针抽出塑料条，抽时用手扶着冷缩管末端，定位后松开，不要一直攥着未收缩的冷缩管，根据冷缩管端头到接线端子的距离切除或加长冷缩管或切除多余的线芯。

9）剥铜屏蔽层

在电缆芯线分叉处做好色相标记，按电缆附件说明书，正确测量好铜屏蔽层切断处位置，(用 PVC 带包一下，防止铜屏蔽层松开)，或在切断处内侧用铜丝扎紧，顺铜带扎紧方向沿铜丝用刀划一浅痕(务必注意不能划破半导体层)，慢慢将铜屏蔽带撕下，最后顺铜带扎紧方向解掉铜丝。

10）剥外半导电层

在离铜带断口 10~20mm 处(以说明书规定尺寸为准)为外半导电层断口，断口内侧包一圈胶带作标记。

(a）可剥离型外半导电层处理方法

在预定的半导电层剥切处(胶带外侧)，用刀划一环痕，从环痕向末端划两条竖痕，间距约 10mm。然后将此条形半导电层从末端向环形痕方向撕下(务必注意不能拉起环痕内侧的半导电层)，用刀划痕时不应损伤绝缘层，半导电层断口应整齐。检查主绝缘层表面有无刀痕和残留的半导电材料，如有应清理干净。

(b）不可剥离型外半导电层处理方法

从芯线末端开始用玻璃刮掉半导电层(也可用专用刀具)，在断口处刮一斜坡，断口要整齐，主绝缘层表面不应留半导电材料，且表面应采用砂带打磨光滑。(35kV 电缆的外屏蔽

多为不可剥离型)

11) 安装接线端子

测量好电缆固定位置和各相引线所需长度，锯掉多余的引线。测量接线端子压接芯线的长度，按尺寸剥去主绝缘层，压接线端子。锉除接线端子压接毛刺、棱角，并清洗干净。

12) 清洁主绝缘层表面

用专用清洁剂擦净主绝缘表面的污物，清洁时注意应从绝缘端擦向外半导层端，一般不要反向擦，以免将半导电物质带到主绝缘层表面。

13) 安装冷缩电缆终端管

用填充胶将端子压接部位的间隙和压痕缠平。将冷缩管终端套入电缆线芯并和限位线对齐，轻轻拉动支撑条，使冷缩管收缩。

14) 密封端口

分别在收缩后各相冷缩管和冷缩指套的端口处包绕半导体自粘带。这样，既能使冷缩管外半导体层与电缆外半导体屏蔽层良好接触，又能起到轴向防水防潮的作用。

(2) 制作冷缩电缆头注意事项

1) 冷缩电缆终端头的制作必须在天气晴朗、空气干燥的情况下进行。施工场地应清洁，无飞扬的灰尘或纸屑。

国家标准 GB 50168—2006《电缆线路施工及验收规范》第 6. 1. 3 条规定："制做塑料绝缘电力电缆终端与接头时，应防止尘埃、杂物落入绝缘内。严禁在雾或雨中施工"。如果在制作中不注意环境因素的影响，就会使电缆头绝缘中进入尘埃、杂质等，从而形成气隙，并在强电场下发生局部放电，继而发展为绝缘击穿，造成电缆头击穿的故障。如果在潮湿的环境中制作，则电缆容易受潮而使得整体绝缘水平下降，另外也容易进入潮气形成气隙而出现局部放电。

2) 剥除半导电屏蔽层并清除干净

5. 2. 5. 2 低压电缆头制作

(1) 剥切铠层、打卡子 。

(2) 绝缘合格后，根据电缆与设备连接的具体尺寸，确定剥除长度，剥除外护套。

(3) 剥电缆铠装钢带，用钢锯在第一道卡子向上 3 ~ 5mm 处，锯一环形深痕，深度为钢带厚度的 2/3，不得锯透。

(4) 用螺丝刀在锯痕尖角处将钢带挑起，用钳子将钢带撕掉，完后用钢锉将钢带毛刺去掉，使其光滑。

(5) 将地线的焊接部位用钢锉处理，以备焊接。

(6) 在打钢带卡子的同时，将接地线一端卡在卡子里。

(7) 利用电缆本身钢带做卡子，卡子宽度为钢带宽的 1/2。采用咬口的方法将卡子打牢，必须打两道，防止钢带松开，两道卡子的间距为 15mm，也可采用铜丝缠绕的方式固定接地线。

(8) 压接接线端子。

量取接线端子孔深加 5mm 作为剥切长度，剥去电缆芯线绝缘，将接线端子内壁和芯线表面擦拭干净，除去氧化层和油渍，并在芯线上涂上电力复合脂。

将芯线插入接线端子内，调节接线端子孔的方向到合适位置，用压线钳压紧接线端子，压接应在两道以上。

（9）固定热缩管

用填充胶填满接线端子根部裸露的间隙和压坑。

将热缩管套入电缆各芯线与接线端子的连接部位，用喷灯沿轴向加热，使热缩管均匀收缩，包紧接头，加热收缩时不应产生褶皱和裂缝。

（10）连接设备：将已制作好终端头的电缆，固定在预先做好的电缆头支架上，并将芯线分开。根据接线端子的型号选用螺栓，将电缆接线端子压接在设备上，注意应使螺栓由下向上或从内向外穿，平垫和弹簧垫应安装齐全。

5.2.5.3 制作低压电缆头注意事项

（1）铠装电力电缆头的接地线应采用镀锡铜编织带，电缆截面积为 $16mm^2$ 及以下的，接地线可与芯线面积相同；电缆截面积为 $16\sim120mm^2$ 的接地线截面积为 $16mm^2$；电缆截面积为 $150mm^2$ 及以上的接地线截面积为 $25mm^2$。

（2）低压电缆，线间和线对地的绝缘电阻值必须大于 $10M\Omega$。

（3）电线、电缆结线必须准确，并联运行电线或电缆的型号、规格、长度、相位应一致。

（4）电缆终端头固定牢固，芯线与接线端子压接牢固，接线端子与设备螺栓连接紧密，相序正确，绝缘包扎严密。

（5）焊接部位处理时，将钢带锉出新茬，焊接使用电烙铁不得小于 500W，避免地线焊接不牢。

（6）接线端子与芯线截面必须配套，压接时模具与芯线应规格一致，压接数量不得小于 2 道，避免电缆芯线与接线端子压接不紧固。

（7）用电工刀剥皮时，不宜用力过大，电缆绝缘外皮不完全切透，里层电缆皮应撕下，防止损伤电缆芯线。

（8）电缆芯线锯断前应量好尺寸，以芯线能调换相序为宜，防止电缆芯线过长或过短。

（9）在电缆钢带上焊接地线时，电烙铁温度应适中，注意不要将电缆绝缘层烫伤。

第 6 章　照明装置

工程中的照明分为建筑照明和生产装置照明两部分，其中，建筑照明基本上是室内照明，室外照明(包括路灯照明)等。生产装置照明则以防爆灯具为主照明装置。

照明系统主要由照明装置及电气装置组成。照明装置主要由照明灯具、照明开关、熔断器、导线、插座、照明配电盘等组成。

6.1　照明灯具

6.1.1　照明分类

(1) 正常照明

正常情况下，生产装置中的办公室、变电站、值班室、道路照明和生活所需的替代日光和辅助日光的照明。按照明方式分：

一般照明：区域中均等照明，与位置无关；

局部照明：对特定位置，区域高照度需要的照明；

混合照明：一般照明和局部照明结合的照明。

(2) 应急照明

当正常照明因故停电熄灭后，对关键的工作地点(位置)短时间内提供的应急光源。

应急照明装置应由单独电源供电，应急照明线路上不得接其他临时用电线路或用电设备。应急照明电源应可靠。如采用蓄电池供电的照明电源，连续供电时间不应少于 20min。应急照明的照度不应低于工作照明总照度的 10%。

应急照明的灯具一般采用能瞬时点亮的灯具，一般采用白炽灯或卤钨灯。正常时，应急照明不工作。

应急照明主要有：

① 事故照明：在关键生产地点(位置)失去正常照明的情况下，短时间内提供的应急光源。如：控制室、消防中心、总机室等。

② 疏散照明：在紧急情况下，保证人员安全疏散所提供的基本照明光源；

③ 安全照明：在紧急情况下，保证处在危险环境中人员安全所设置的照明光源。

6.1.2　灯具分类

灯具有控制光源、保护光源、安全、美化环境作用。光源必须配置各种灯具才能具备其照明作用。灯具分为以下几种：

① 开启式：开启式灯具是无灯罩的电光源。与灯具外界相通，如：配照灯、广照灯、深照灯等；

② 闭合式：闭合式光源被透明灯罩包合，如：圆球灯、吸顶灯等；

③ 封闭型：封闭型光源被透明罩封闭，如：投光灯等；

④ 密闭型：密闭型光源被透明罩密封，如：防潮灯、防水防尘灯等；

⑤ 防爆灯：为防止点燃周围爆炸性混合物而采取了各种特定措施的灯具。石油化工工程上用的防爆灯具有以下两种：

1）隔爆型灯具

隔爆型灯具有高强度透明罩密封，但不是靠密封性能防爆。而是在灯座的法兰与灯罩的法兰之间有一隔爆间隙，如气体在灯罩内部爆炸，高温气体经隔爆间隙被充分冷却，不致引起外部爆炸性混合气体爆炸。隔爆型灯具可应用在有爆炸危险介质的场所。隔爆型灯具外形图见图 6-1～图 6-3。

图 6-1　隔爆型防爆灯　图 6-2　隔爆型平台灯

图 6-3　隔爆型无极灯

2）增安型灯具

增安型灯具有高强度透明罩密封，能承受足够压力，灯具在正常运行条件下不会产生火花，采取一些附加措施以提高其安全程度，防止其内部和外部部件可能出现危险温度、火花的可能性，可应用在有爆炸危险介质的场所。增安型灯具外形图见图 6-4～图 6-6。

图 6-4　增安型防爆灯

图 6-5　增安型防爆灯

图 6-6　增安型防爆灯

6.1.3　照明光源

热辐射光源：热辐射光源有白炽灯、卤钨灯，能瞬时启动，功率因数高。

气体放电光源：气体放电光源有荧光灯、高压汞灯、钠灯、金属卤化物灯、氙灯、无极灯等。

半导体光源：半导体光源有 LED 指示灯、LED 广告牌、交通指示灯等。

6.2　照明装置保护

（1）照明线路的保护

① 短路保护

短路故障是指载流导体间的短路，即相间短路或相线与中性线间的短路，这是一种使回路中电流急剧增大的故障，系统设备或线路不能承受，也不能保证电气系统的正常运行。

② 过负荷保护

过负荷是指超过设备或线路可以承受的长期工作负荷，且超过值不大的情况。此时会使系统中导体温度升高加快，所以应控制过负荷时间。

③ 接地故障保护

接地故障是指因绝缘损坏致使相线与 PE 线、电气装置的外露可导电部分、装置外可导电部分或大地间的短路。

对于中性线的保护要求有：

1）不得断开中性线，若断开中性线，则应装设能同时切断相线和中性线的保护电器；

2）装设剩余电流动作的保护电器时，应将其所保护回路的所有带电导线断开；

3）在 TN 系统中，严禁断开保护中性线，不得装设断开保护中性线的任何电器；当需要为保护中性线设置保护时，只能断开有关的相线回路。

（2）照明线路常用的保护电器

照明线路中常用的保护电器有低压熔断器、低压断路器的脱扣器和剩余电流保护器等。

6.3 建筑照明安装

常见建筑物明配线有塑料线槽配线、塑料管配线、钢管配线等。

明配线主要用于原建筑物照明线敷设或因土建无条件不能暗敷设线路的建筑物。瓷夹配线、塑料线夹配线、瓷珠配线目前已很少采用，室内建筑常见配线方式主要有塑料槽板配线、塑料管配线、钢管配线等。

目前，建筑物基本为砖混结构。在砖混结构上明配线基本采用射钉枪将铁钉射入墙内或使用电动工具在砖混结构墙上打孔，使用胀管螺丝固定线路安装件。

6.3.1 照明灯具安装

6.3.1.1 灯具的安装类型

（1）壁灯：附壁装在墙上、柱上，主要用于局部照明、装饰照明或不适应在顶棚安装的灯具或没有顶棚的场所；

（2）吸顶灯：将灯具吸贴在顶棚面上，主要用于没有吊顶的房间内；

（3）嵌入式灯：将灯嵌入在吊顶内、墙内安装的。嵌入式灯大部分适用于有吊顶的房间，这种灯具能有效地消除眩光、与吊顶结合能形成美观的装饰艺术效果。嵌入式灯有的嵌入墙内安装；

半嵌入式灯将灯具的一半或一部分嵌入顶棚内，另一半或一部分露在顶棚外面，它介于吸顶灯和嵌入式灯之间。这种灯在消除眩光的效果上不如嵌入式灯，但它适用于顶棚吊顶深度不够的场所，在走廊等处应用较多。

（4）吊灯：用吊链或吊杆将灯具悬挂固定在房顶上。吊灯一般安装在装饰性要求较高或有局部照明要求的场所；

（5）直杆灯：将灯具固定在灯杆或灯架上，主要适用于公园、庭院、广场、道路照明。灯杆高度视环境需要，与灯具的功率、造型尺寸结合。

6.3.1.2 灯具固定

（1）灯具质量大于 3kg 时，固定在螺栓或预埋吊钩上。

（2）软线吊灯，灯具质量在0.5kg及以下时，采用软电线自身吊装；大于0.5kg的灯具采用吊链，并且将软电线编叉在吊链内，不应电线受力。

（3）灯具使用胀管固定，每个灯具固定用螺钉或螺栓不少于2个；当绝缘台直径在75mm及以下时，采用1个螺钉或螺栓固定。

（4）花灯吊钩圆钢直径不应小于灯具挂销直径，且不应小于6mm。大型花灯的固定及悬吊装置，应按灯具质量的2倍做过载试验。

（5）当使用钢管做灯杆时，钢管内径不应小于10mm，钢管厚度不应小于1.5mm。

（6）固定灯具带电部件的绝缘材料以及提供防触电保护的绝缘材料，应耐燃烧和防明火。

6.3.1.3 灯具的安装高度

（1）一般敞开式灯具，灯头对地面距离不小于下列数值：

室内：2m；室外：2.5m(室外墙上安装)；厂房：2.5m；

（2）当灯具距地面高度小于2.4m时，灯具的可接近裸露导体必须保护接零(PE)或接零(PEN)可靠，并应有专用接地螺栓，且有标识；

（3）危险性较大及特殊危险场所，当灯具距地面高度小于2.4m时，使用额定电压为36V及以下的照明灯具，或有专用保护措施；

（4）软吊线带升降器的灯具在吊线展开后0.8m。

6.3.1.4 导线最小截面

引向每个灯具的导线线芯最小截面积，应符合表6-1的数值。

表6-1 导线线芯最小截面积

灯具安装的场所及用途		线芯最小截面积/mm^2		
		铜芯软线	铜线	铝线
灯头线	民用建筑室内	0.5	0.5	2.5
	工业建筑室内	0.5	1.0	2.5
	室　外	1.0	1.0	2.5

6.3.1.5 保护管内穿线要求

（1）穿在管内导线绝缘等级不低于500V。

（2）管内导线不得有接头。

（3）管内导线总截面(包括绝缘)，不应超过管内截面40%。

（4）不同回路、不同绝缘等级导线不得穿同一管内。

（5）多相供电时，同一建筑物、构筑物的导线绝缘层颜色应一致，即：保护零线(PE)黄绿相间，工作零线(N)淡蓝色，A相：黄色，B相：绿色，C相：红色。

6.3.1.6 灯具的外形、灯头及其结线的要求

（1）灯具及其配件齐全，无机械损伤、变形、涂层剥落和灯罩破裂等缺陷；

（2）软线吊灯的软线两端作保护扣，两端芯线搪锡；当装升降器时，套塑料软管，采用安全灯头；

（3）除敞开式灯具外，其他各类灯具灯泡容量在100W及以上者采用瓷质灯头；

（4）连接灯具的软线盘扣、搪锡压线，当采用螺口灯头时，相线接于螺口灯头中间的端子上；

（5）灯头的绝缘外壳不得破损和漏电；带有开关的灯头，开关手柄无裸露的金属部分；

（6）装有白炽灯泡的吸顶灯具，灯泡不应紧贴灯罩；当灯泡与绝缘台间距离小于 5mm 时，灯泡与绝缘台间应采用隔热措施。

6.3.1.7　专用灯具安装

（1）36V 及以下行灯变压器和行灯安装要求

① 行灯电压不大于 36V，在特殊潮湿场所或导电良好的地面上以及工作地点狭窄、行动不便的场所行灯电压不大于 12V；

② 变压器外壳、铁芯和低压侧的任意一端或中性点，保护接零（PE）或接零（PEN）可靠；

③ 行灯变压器为双圈变压器，其电源侧和负荷侧有熔断器保护，熔丝额定电流分别不应大于变压器一次、二次的额定电流；

④ 行灯灯体及手柄绝缘良好，坚固耐热耐潮湿；灯头与灯体结合紧固，灯头无开关，灯泡外部有金属保护网、反光罩及悬吊挂钩，挂钩固定在灯具的绝缘手柄上；

⑤ 行灯变压器的固定支架牢固，油漆完整；

⑥ 携带式局部照明灯电线采用橡套软线。

（2）应急照明灯具安装要求

① 疏散照明采用荧光灯或白炽灯；安全照明采用卤钨灯，或采用瞬时可靠点燃的荧光灯；

② 安全出口标志灯和疏散标志灯装有玻璃或非燃材料的保护罩，面板亮度均匀度为 1：10（最低：最高），保护罩应完整、无裂纹；

③ 应急照明灯的电源除正常电源外，另有一路电源供电；或者是独立于正常电源的柴油发电机组供电；或由蓄电池柜供电或选用自带电源型应急灯具；

④ 应急照明在正常电源断电后，电源转换时间为：疏散照明≤15s，金融交易所≤1.5s，安全照明≤0.5s；

⑤ 疏散照明由安全出口标志灯和疏散标志灯组成。安全出口标志灯距地高度不低于 2m，且安装在疏散出口和楼梯口里侧的上方；

⑥ 疏散标志灯安装在安全出口的顶部，楼梯间、疏散走道及其转角处应安装在 1m 以下的墙面上。不易安装的部位可安装在上部。疏散通道上的标志灯间距不大于 20m（人防工程不大于 10m）；

⑦ 疏散标志灯的设置，不影响正常通行，且不在其周围设置容易混同疏散标志灯的其他标志牌等；

⑧ 应急照明灯具，运行中温度大于 60℃的灯具，当靠近可燃物时，采取隔热、散热等防火措施。当采用白炽灯、卤钨灯等光源时，不直接安装在可燃装修材料或可燃物件上；

⑨ 应急照明线路在每个防火分区有独立的应急照明回路，穿越不同防火分区的线路有防火隔堵措施；

⑩ 疏散照明线路采用耐火电线、电缆，穿管明敷或在非燃烧体内穿刚性导管暗敷，暗敷保护层厚度不小于 30mm。电线采用绝缘等级不低于 750V 的铜芯绝缘电线。

（3）航空障碍标志灯安装要求

① 灯具装设在建筑物或构筑物的最高部位。当最高部位平面面积较大或为建筑群时，除在最高端装设外，还在其外侧转角的顶端分别装设灯具；

② 当灯具在烟囱顶上装设时，安装在低于烟囱口 1.5~3m 的部位且呈正三角形水平排列；

③ 灯具的选型根据安装高度决定；低光强的(距地面 60m 以下装设时采用)为红色光。高光强的(距地面 150m 以上装设时采用)为白色光，有效光强随背景亮度而定；

④ 灯具的电源按主体建筑中最高负荷等级要求供电；

⑤ 灯具安装牢固可靠，且设备维修和更换光源的措施；

⑥ 同一建筑物或建筑群灯具间的水平、垂直距离不大于 45m；

⑦ 灯具的自动通、断电源控制装置动作准确。

6.3.2 照明设备安装

6.3.2.1 照明开关安装

(1) 同一建筑物、构筑物的开关采用同一系列的产品，开关的通断位置一致，操作灵活、接触可靠。

(2) 相线经开关控制。

(3) 开关安装位置便于操作，开关边缘距门框边缘的距离 0.15~0.2m，开关距地面高度 1.3m；拉线开关距地面高度 2~3m，层高小于 3m 时，拉线开关距顶板不小于 100mm，拉线出口垂直向下。

(4) 相同型号并列安装同一室内开关安装高度一致，且控制有序不错位。并列安装的拉线开关的相邻间距不小于 20mm。

(5) 暗装的开关面板应紧贴墙面，四周无缝隙，安装牢固，表面光滑整洁、无碎裂、划伤，装饰帽齐全。

6.3.2.2 插座安装

当交流、直流或不同电压等级的插座安装在同一场所时，应有明显的区别，且必须选择不同结构、不同规格和不能互换的插座；配套的插头应按交流、直流或不同电压等级区别使用。

插座结线应符合下列规定：

(1) 单相两孔插座，面对插座的右孔或上孔与相线连接，左孔或下孔与零线连接；单相三孔插座，面对插座的右孔与相线连接，左孔与零线连接；

(2) 单相三孔、三相四孔及三相五孔插座的保护接零(PE)或接零(PEN)线接在上孔。插座的保护接零端子不与零线端子连接。同一场所的三相插座，结线的相序一致；

(3) 保护接零(PE)或接零(PEN)线在插座间不得串联连接；

(4) 当不采用安全型插座时，托儿所、幼儿园及小学等儿童活动场所安装高度不小于 1.8m；

(5) 暗装的插座面板紧贴墙面，四周无缝隙，安装牢固，表面光滑整洁、无碎裂、划伤，装饰帽齐全；

(6) 车间及试(实)验室的插座安装高度距地面不小于 0.3m；

(7) 特殊场所暗装的插座不小于 0.15m；同一室内插座安装高度一致；

(8) 地插座面板与地面齐平或紧贴地面，盖板固定牢固，密封良好。

6.3.3 建筑物照明通电试运行

变电所内，高低压配电设备及裸母线的正上方不应安装灯具。

照明系统通电，灯具回路控制应与照明配电箱及回路的标识一致，开关与灯具控制顺序相对应，风扇的转向及调速开关应正常。

公用建筑照明系统通电连续试运行时间应为24h，民用住宅照明系统通电连续试运行时间应为8h。所有照明灯具均应开启，且每2h记录运行状态1次，连续试运行时间内无故障。

6.4 装置照明安装

防爆灯是用于可燃性气体和粉尘存在的危险场所，能防止灯具内部可能产生的电弧、火花和高温引燃周围环境里的可燃性气体和粉尘，从而达到防爆要求的灯具。也称作防爆灯具、防爆照明灯。不同的可燃性气体混合物环境对防爆灯的防爆等级和防爆形式有不同的要求。

石油化工装置的罐区、装置区、生产车间、集输站对光源要求防爆等级要高，耐腐蚀、亮度高、工作稳定、能适应较差的工作环境，维护方便。

6.4.1 防爆灯具安装

防爆灯具在安装前，核对灯具防爆型式、类别、级别、组别、外壳的防护等级，安装方式及安装用的紧固件要求等。防爆灯的安装要确保固定牢靠，紧固螺栓不得任意更换，弹簧垫圈应齐全。防尘、防水用的密封圈安装时要原样放置好。电缆进线处，电缆与密封垫圈要紧密配合，电缆的断面应为圆形，且护套表面不应有凹凸等缺陷。多余的进线口，须按防爆类型进行封堵，并将压紧螺母拧紧，使进线口密封。

在石油化工装置的罐区、装置区、生产车间的防爆灯具安装方式一般为立杆防爆灯、直杆防爆吊灯、吸顶防爆灯、壁式防爆灯、防爆投光灯等，见图6-7 ~图6-10。

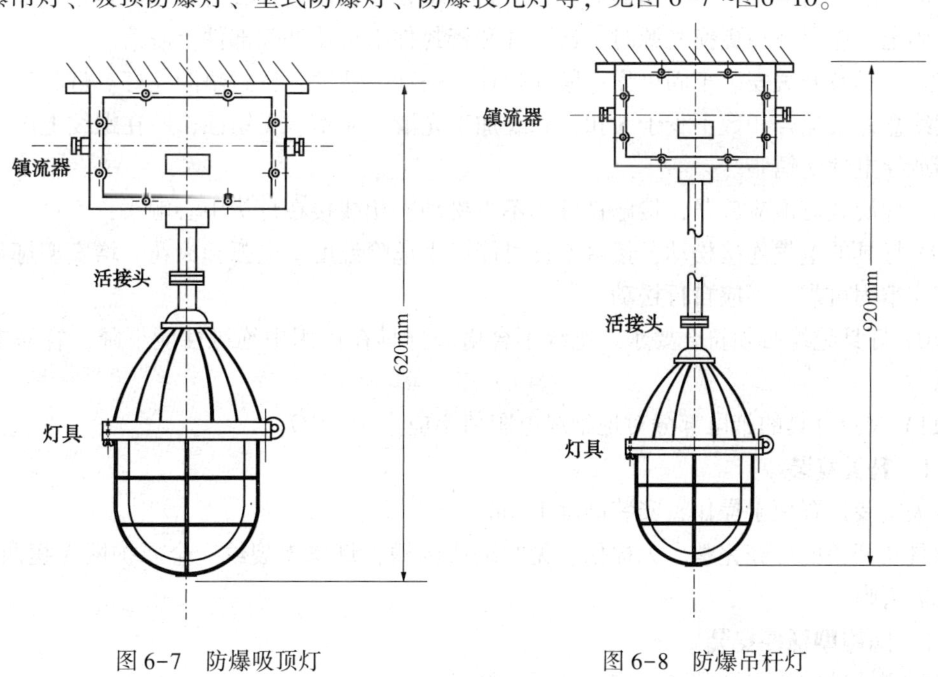

图6-7　防爆吸顶灯　　　　图6-8　防爆吊杆灯

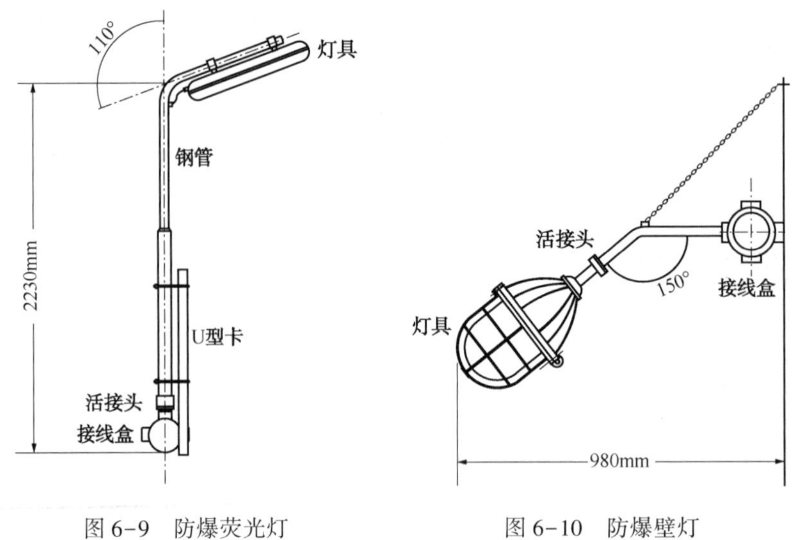

图 6-9　防爆荧光灯　　　　图 6-10　防爆壁灯

(1) 在防爆场所安装的灯具，应有防爆标志、外壳防护等级和温度级别与爆炸危险环境相适配。

(2) 灯具的种类、型号和功率，应符合设计和产品技术条件的要求，不得随意变更。

(3) 灯具配套齐全，不用非防爆零件替代灯具配件(金属护网、灯罩、接线盒等)。

(4) 灯具的绝缘外壳无损伤，无漏电。外罩应齐全，螺栓应紧固。

(5) 灯具的安装位置离开释放源，且不在各种管道的泄压口及排放口上下方安装灯具。

(6) 在安装灯具玻璃透件时，应保证压紧灯罩、玻璃管，透明板的周边，受力要均匀，避免透明件内部产生危险的机械应力。对于隔爆型灯具的玻璃透明件，可采用与外壳灯体直接胶封的方法密封固定。这种结构对胶封材料要求较高，以硅橡胶为宜。灯具透明件与外壳部件的固定，应保证在更换光源时，透明件和密封件不得从外壳部件上脱落。

(7) 灯具及开关安装牢固可靠，紧固螺栓无松动、锈蚀，密封垫圈完好。灯具吊管及开关与接线盒螺纹啮合扣数不少于 5 扣，螺纹加工光滑、完整、无锈蚀，并在螺纹上涂以电力复合脂或导电性防锈脂。

(8) 螺旋式灯泡应旋紧，接触良好，不得松动，相线接在灯头中心触头；

(9) 灯具的电气连接松动，接触不良可能产生危险温度、电弧和火花。增安型灯具的电气连接应牢固可靠，不应自行松动。

(10) 灯具绝缘必须符合要求。绝缘不合格的灯具在使用中绝缘性能下降，容易击穿产生电弧。

(11) 成套灯具的带电部分对地绝缘电阻值不应小于 2MΩ。

6.4.1.1　开关安装

开关安装位置便于操作，安装高度 1.3m。

灯具及开关的外壳完整，无损伤、无凹陷或沟槽，灯罩无裂纹，金属护网无扭曲变形，防爆标志清晰。

6.4.1.2　隔爆型插座安装

隔爆型插销的检查和安装，应符合下列要求：

(1) 插头插入时，接地或接零触头应先接通，插头拔出时，主触头应先分断；

(2) 开关应在插头插入后才能闭合，开关在分断位置时，插头应能插入或拔脱；

(3) 防止骤然拔脱的徐动装置，应完好可靠，不得松脱。

6.4.1.3 穿管导线

(1) 导线连接应采用压接、螺栓连接或焊接；

(2) 导线对地或线间绝缘电阻一般不应小于 0.5MΩ；

(3) 钢管配线应使用防爆接线盒，未用出线口应密封；

(4) 超过规定长度设接线盒，见表 6-2。

表 6-2 钢管配线接线盒设置规定

配管长度超过/m	46	35	20	12
应加接线盒	无弯曲	一个弯曲	两个弯曲	三个弯曲

6.4.2 隔离密封

隔离密封管接头是一种在防爆电气线路铺设中常有的一种辅件，采用隔爆技术，主要是用在钢管布线时需要在连接部位进行更好的密封时和防爆胶泥联合使用的一种隔离密封件。

隔离密封管接头适用于 1 区、2 区危险场所，ⅡA、ⅡB、ⅡC 类 T1-T6 组易燃易爆性气体环境，户内外防护等级为 IP54 或 IP65，可防中等腐蚀。

隔离密封管接头一般采用优质铝合金材质，表面喷塑。根据功能可分为 L 立式、H 横式、P 排水式等三种类型，见图 6-11。

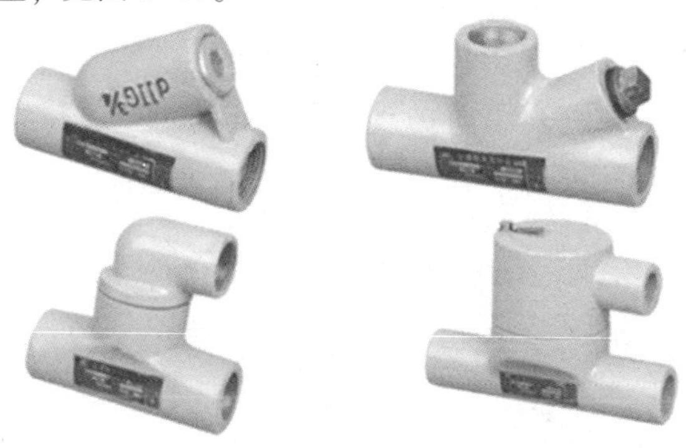

图 6-11 隔离密封管接头

设在有爆炸性气体环境 1 区、2 区和有爆炸性粉尘环境 10 区的钢管配线，在以下各处应装设不同型式的隔离密封件：

(1) 无密封装置的进线口；

(2) 配线管路通过相邻的隔墙时，应在隔墙的任一侧装设横向式隔离密封件；

(3) 配线管道通过楼板或地面引入其他场所时，均应在楼板或地面上方装设纵向式密封件；

(4) 配线管径为 50mm 及以上的管路在距引入的接线箱 450mm 以内以及每距 1500mm 处，应设置隔离密封件。

有关防爆的具体要求见第 11 章。

6.4.3 装置照明通电试运行

(1) 照明通电试运行前，应测试照明装置所有照明灯具(包括线路)的绝缘电阻，且每回路的绝缘电阻应符合规范要求。

（2）灯具及其配件齐全，无机械损伤、变形、涂层剥落和灯罩破裂等缺陷。

（3）连接灯具的相线接于螺口灯头中间的端子上。

（4）灯头的绝缘外壳不破损和漏电；带有开关的灯头，开关手柄无裸露的金属部分。

（5）应急照明在正常电源断电后，电源转换时间为：疏散照明≤15s；备用照明≤15s；安全照明≤0. 5s。

（6）防爆灯具应符合下列规定：

① 灯具及开关的外壳完整，无损伤、无凹陷或沟槽，灯罩无裂纹，金属护网无扭曲变形，防爆标志清晰；

② 灯具及开关的紧固螺栓无松动、锈蚀，密封垫圈完好。

（7）照明通电试运行时，照明装置所有照明灯具均应开启，且每 2h 记录运行状态 1 次，连续试运行时间内无故障。

（8）照明系统通电，灯具回路控制应与照明配电箱及回路的标识一致。

（9）建筑照明、生产装置系统通电连续试运行时间应为 24h。

第 7 章　旋转电动机

目前，石油化工装置所使用的交流电动机主要以 380V 三相低压异步电动机、6(10)kV 三相高压异步电动机和三相高压同步电动机为主。因石油化工装置属易燃易爆场所，所以，石油化工装置安装的交流电动机基本上都是防爆型的交流电动机。

交流电动机是一种旋转设备，它将电能转变为机械能。电动机主要包括一个用以产生磁场的电磁铁绕组或分布定子的绕组和一个旋转电枢或转子，其导线中有电流通过并受磁场的作用而使转动。这些机器中有些类型可作电动机用，也可作发电动机用。作为电动机使用，它是将电能转变为机械能。

按工作原理分类如下：

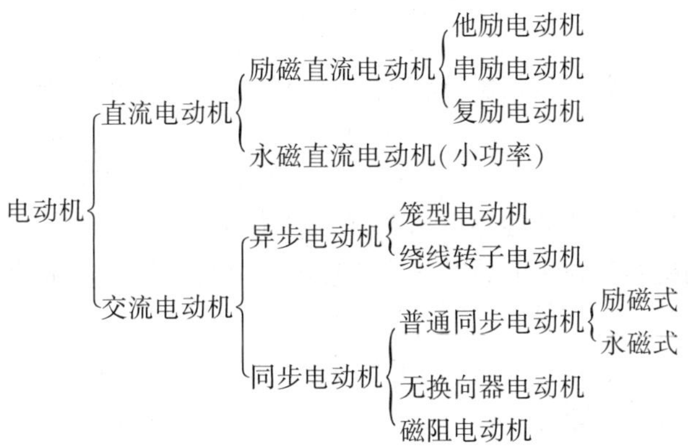

7.1　三相异步电动机

7.1.1　异步电动机型号及额定值

7.1.1.1　电动机型号

电动机型号意义见表 7-1：

表 7-1　电动机型号意义

符号顺序	1	2	3			4
表示符号	字母	数字	字母			数字
意义	系列	机座中心高/mm	机座长度代号			磁极数
			S	M	L	
			短机座	中机座	长机座	

例如：Y132S-4 表示：Y 三相异步电动机，机座中心高 132 mm，短机座，4 极。

7.1.1.2　电动机额定值

(1) 额定功率 P_N：电动机在额定状态下运行时，轴上输出的机械功率；

（2）额定电压 U_N：电动机在额定状态下运行时，定子三相绕组的线电压，与定子绕组连接方式相对应；

（3）额定电流 I_N：电动机在额定状态下运行时，定子三相绕组的线电流，满足电动机长期运行时所允许的定子线电流；

（4）额定频率 F_N：电动机在额定状态下运行时，施加在定子三相绕组上的电源频率；

（5）额定转速 n_N：电动机在额定状态下运行时的转子转速；

（6）额定功率因数 $\cos\phi$：电动机在额定状态下运行时的功率因数。

（7）绝缘等级：绝缘等级是电动机所用绝缘材料耐热等级，由绝缘材料耐热等级决定电动机的最高工作温度，其工作温度见表 7-2：

表 7-2　绝缘等级最高工作温度

绝缘等级	A	E	B	F	H
最高工作温度/℃	105	120	130	155	180

7.1.2　异步电动机的启动方式

1. 直接启动

直接启动是利用空气开关或接触器将电动机直接接到额定电压上的启动方式，又叫全压启动。

优点：启动简单。

缺点：启动电流较大，将使线路电压下降，影响负载正常工作。

适用范围：电动机容量在 10kW 以下，并且小于供电变压器容量的 20%。

2. 降压启动

Y-Δ 换接启动：在启动时将定子绕组连接成星形，通电后电动机运转，当转速升高到接近额定转速时再换接成三角形。

适用范围：正常运行时定子绕组是三角形连接，且每相绕组都有两个引出端子的电动机。

优点：启动电流为全压启动时的 1/3。

缺点：启动转矩均为全压启动时的 1/3。

3. 自耦降压启动

利用三相自耦变压器将电动机在启动过程中的端电压降低，以达到减小启动电流的目的。自耦变压器备有 40%、60%、80%等多种抽头，使用时要根据电动机启动转矩的要求具体选择。

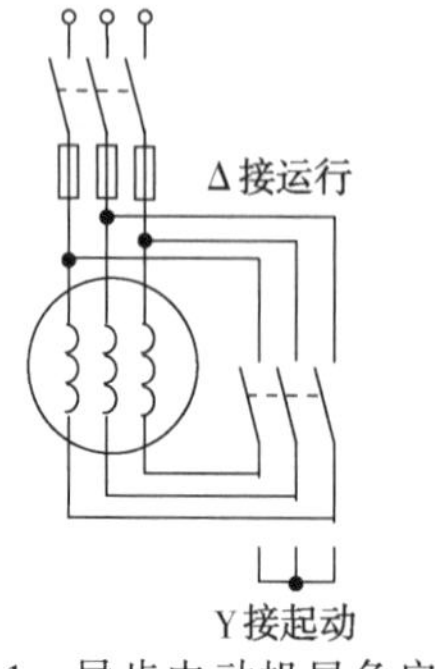

图 7-1　异步电动机星角启动

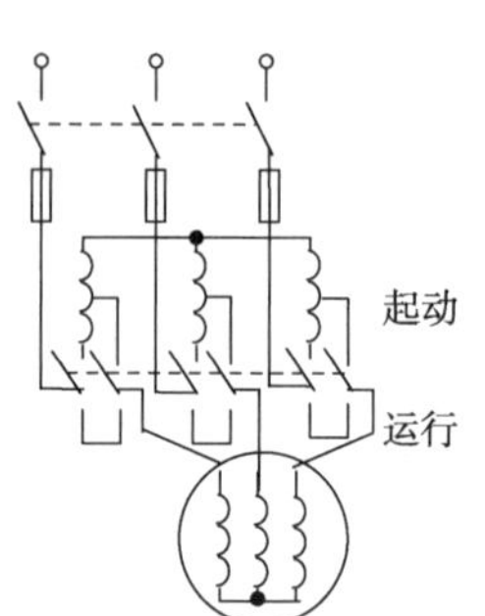

图 7-2　异步电动机自耦降压启动

7.1.3 三相异步电动机的调速及保护

（1）三相异步电动机的调速

三相异步电动机的转速：

$$n = (1 - s)n_0 = (1 - s)\frac{60f_1}{p}$$

变频调速：通过变频器把频率为50Hz工频的三相交流电源变换成为频率和电压均可调节的三相交流电源，然后供给三相异步电动机，从而使电动机的速度得到调节。变频调速属于无级调速，具有机械特性曲线较硬的特点。

（2）三相异步电动机的保护

高压电动机在运行中常见的故障为电动机绕组相间短路、匝间短路、单相接地等。不正常的工作状态有电动机过负荷、低电压，同步电动机失磁、失步等。针对上述常见故障，采取的保护措施有相间短路保护、差动保护、单相接地保护、过负荷保护、低电压保护、失步保护、负序过电流保护等。

7.2 三相同步电动机

7.2.1 同步电动机的特点

在石油化工生产装置中，一些大型压缩机、风机、高压泵等设备，基本上都采用高压同步电动机拖动。这是因为同步电动机具有输出功率大、转速恒定等优点，广泛应用于拖动容量较大、转速需要恒定的机械负载。

同时，同步电动机功率因数高，可对系统进行补偿，改善电网的质量。同步电动机运行效率高，过载能力强等特点。因而在石油化工生产装置得到广泛应用。

（1）同步电动机与异步电动机的相同点：

定子结构相同，定子三相绕组均通三相交流电。

（2）同步电动机与异步电动机的根本区别：

同步电动机转子侧装有磁极并通入直流电流励磁，具有确定极性。

（3）同步电机的运行特点：

① 转子的旋转速度 n 必须与定子磁场的旋转速度 n_0 严格同步，并由此而得名。

② 同步电机转速 $n = n_0 = \frac{60f_1}{p}$，不随负载 大小而改变。极对数愈多，转速愈低。

③ 可以提高功率因数 ：本身的功率因数高，还可提高电网的功率因数。

④ 比同容量的三相异步电动机运行效率高，低速还更明显。

⑤ 运行稳定性好，过载能力强。

7.2.2 同步电动机的基本结构

7.2.2.1 定子

三相同步电动机的定子又称电枢，由定子铁芯、定子绕组、机座和端盖等组成。定子铁芯由硅钢片组成，铁芯槽内嵌入三相对称三相绕组。

7.2.2.2 转子

三相同步电动机的转子由转子铁芯、励磁绕组、启动绕组和转轴组成。转子铁芯由铸钢或锻钢制成，其上绕有励磁绕组。励磁绕组与励磁电源相连，接入励磁电流。启动绕组由嵌装磁极表面的铜条组成，铜条两端用铜环连接，同异步电动机鼠笼型转子相同，主要作启动绕组用。

三相同步电动机的转子有隐极式和凸极式两种。

隐极式转子铁芯为圆柱形，表面开槽，槽内嵌装励磁绕组。与定子铁芯之间的气隙比较均匀。

凸极式转子的励磁绕组集中绕在两磁极之间铁芯柱上，与定子铁芯之间的气隙不均匀。

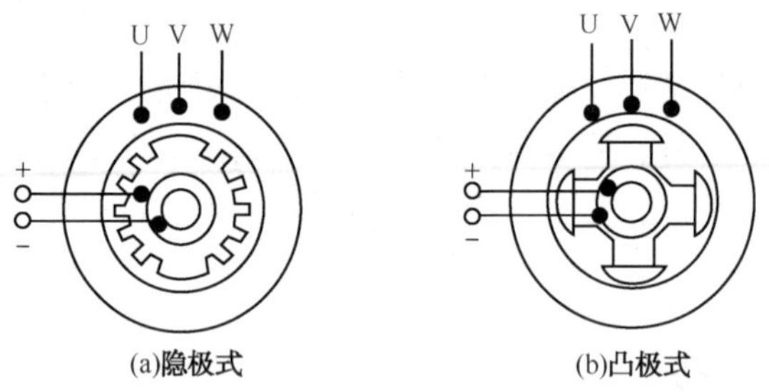

图 7-3 同步电动机转子形式

7.2.3 同步电动机额定值

（1）额定电压 U_N：指定子三相绕组上的线电压，单位：V；

（2）额定电流 I_N：指电动机额定运行时，流过定子绕组的线电流，单位：A；

（3）额定转速 n_N：指电动机额定运行时的同步转速，单位：r/min；

（4）额定功率 P_N：同步电动机在额定状态下运行时的输出功率，单位：kW。对三相同步电动机的输出功率：$P_N = \sqrt{3}U_N I_N \cos\phi \eta_N$；

（5）额定功率因数 $\cos\phi_N$：指电动机额定运行时的功率因数；

（6）额定频率 f_N：指电动机额定运行规定的频率，单位：Hz；

（7）额定效率 η_N：指电动机额定运行时的效率；

（8）额定励磁电压 U_{fN}：指电动机额定运行时的励磁电压，单位：V；

（9）额定励磁电流 I_{fN}：指电动机额定运行时的励磁电流，单位：A。

7.2.4 励磁方式

同步电机运行时，必须在励磁绕组中通入直流电流，建立励磁磁场。将供给励磁电流的整个装置称为励磁系统。

（1）直流励磁机励磁

由同步电动机上安装的小型发电动机供电，这种专用于励磁的发电动机称励磁机。

（2）静止整流器励磁

将与同步电动机同轴的交流发电机发出的交流电经静止整流器整流成直流后，接入同步电动机转子作为励磁电流。

（3）旋转整流器励磁(无刷励磁)

在同步电动机的同一转轴上安装一台交流发电机，发电机的定子作为励磁绕组，由外电源提供励磁电流，转子安装在与电动机同一轴上，转子上的三相绕组交流电流接入与电动机同轴的旋转整流器励磁(整流环)上，经整流后的直流电流接入同步电动机转子线圈。

7.2.5 同步电动机的启动与失步

三相同步电动机在启动瞬间，转子处于静止状态，定子旋转磁场的磁极高速转过转子磁场的磁极，同步电动机的电磁转矩的大小、方向呈交变状态，其平均转矩为：0N·m。因此，同步电动机无法自行启动，需采取其他启动方法。

7.2.5.1 同步电动机的启动

三相同步电动机的启动方法有拖动启动法、变频启动法和异步启动法三种。

(1) 拖动启动

将一台极数与同步电动机极数相同的异步电动机作辅助电动机，拖动同步电动机旋转，当接近同步转速时，接入励磁电流，接通三相电源，同步电动机产生转矩使转子同步。然后，将辅助电动机与电源断开。拖动启动的辅助电动机的容量为同步电动机容量的5%~15%。拖动启动方式适用于空载启动，不适于带负荷启动。

(2) 变频启动

启动时，转子接入励磁电流，定子绕组由变频电源供电，逐步增加电压的频率，旋转磁场牵引转子逐渐加速，直至达到同步转速后，将定子绕组接入电网，切除变频电源。

采用变频启动方式时，励磁电源不能采用与同步电动机同轴的励磁方式。因为在启动初始阶段，转速低，励磁机不能建立所需励磁电压。

变频电源只在启动时短时使用，如果同步电动机不需要调节器速，可以用一台变频电源分时启动多台同步电动机。

(3) 异步启动

异步启动方法是应用最广泛的一种方法。刚启动时，如果励磁绕组开路，定子绕组的旋转磁场与转子之间相对转速很大，可在转子的励磁绕组中产生很高的感应电动势，启动时，将励磁绕组经一个为8~12倍励磁绕组阻值的电阻联接，形成一个闭合回路。经电阻泄放后，避免感应高压对励磁绕组绝缘的损害。

启动时，因同步电动机装有启动绕组，按异步电动机的启动过程启动，当转速接近于同步转速后，接入励磁电流，旋转磁场吸引转子以同步转速旋转，依靠同步电磁转矩将转子牵入同步。

采用异步启动方法时，电动机的启动电流比较大。

7.2.5.2 同步电动机的失步

理论上，同步电动机运行时，转子磁极与定子磁极相重合，这时，定子磁极对转子磁极的吸力完全是径向的不产生轴向转矩。

当同步机轴上加上负载时，转矩把转子拖后一个角度 θ，这样，出现旋转磁场对转子吸力的切线分量，该分量所形成的电磁转矩与负载转矩相平衡，于是同步电动机拖动负载以同步转速旋转。

θ 角是磁极移动的相对空间角度，沿圆周相邻两个N、S极之间的 θ 角为180°。

三相同步电动机最大电磁转矩出现在 $\theta=90°$ 的地方。当 $\theta>180°$ 时，电磁转矩反向。

可见，当 θ 为0°~90°时，是同步电动机稳定工作区。超出这个区间，同步电动机不能稳定运行，同步电动机失去稳定称为“失步”。

为了避免失步，通常给出同步电动机转矩的具体参数，对最大负载转矩 T_m 进行限制，T_m 是过载能力重要指标。

7.3 直流电动机

7.3.1 直流电动机原理

图 7-4 为直流电动机原理图，其基本结构和发电机完全相同。当电刷 A 接至电源的正极，电刷 B 接至负极，电流将从正极流出，经过电刷 A，换向片 1、线圈 abcd 到换向片 2 和电刷 B，最后回到负极。根据电磁力定律，载流导体在磁场中受磁力的作用，其方向由左手定则确定。如图 7-4 所示的瞬间，导体 ab 中的电流方向由 a 到 b，且导体 ab 处于 N 极下，因此由左手定则确定出导体 ab 所受电磁力的方向向左。而导体 cd 所受电磁力的方向向右，这样便产生了一个转矩。在转矩的作用下，电枢便按逆时针方向向旋转起来。当电枢从图 7-4 所示的位置转过 90°时，电刷不与换向片接触而与换向片间的绝缘物接触，这时线圈中电流为零，因而使电枢旋转的转矩消失。但由于机械惯性的作用，电枢仍能转过一个角度，使电刷 A、B 分别与换片 2、1 接触，于是线圈中有电流流过。这时电流从电源正极流出，经过电刷 A、换向片 2、线圈 abcd 到换向片 1 和电刷 B，最后回到电源负极，此时导体 ab 中的电流改变了方向，由 b 到 a，同时导体 ab 已由 N 极下转到 S 极下，其所受电磁力的方向向右。同理，处于 N 极下的导体 cd 所受的电磁力方向向左。因此，在转矩的作用下，电枢继续沿着逆时针方向旋转，这样电枢便能一直旋转下去，这就是直流电动机的基本原理。

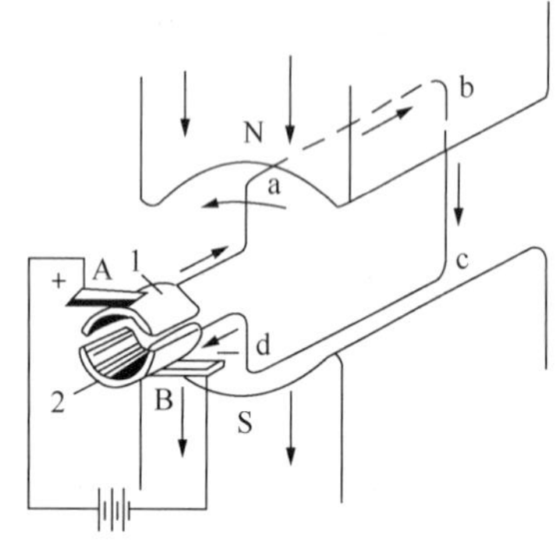

图 7-4 直流电动机原理图
1，2—换向片

直流电机可以当作发电机运行，也可以作电动机运行，这就是电机的可逆原理。如果原动机供给直流电机机械能，拖动电枢旋转，通过电磁感应，使将机械能转换为电能，供给负载，这就是发电机；如果由外部直流电源供给电机以电能，通过电磁感应，便将电能转换为机械能，拖动负载转动，这就是电动机。

7.3.2 直流电机的分类

直流电机励磁绕组取得电流的方式称为励磁方式，它对电机运行性能影响很大，因此，直流电机常按励磁方式的不同进行分类。

（1）他励式

他励直流电机的励磁绕组与电枢绕组没有电的联系，励磁绕组由其他直流电源供电。他励直流电机接线图如图 7-5 所示。

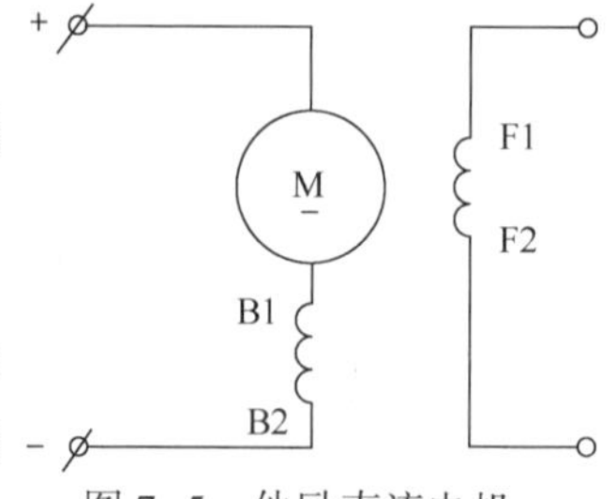

图 7-5 他励直流电机

（2）并励、串励和复励式

根据励磁绕组与电枢绕组连接方式的不同，又分为并励、串励和复励三种，其接法如图 7-6 所示。在直流电动机中，励磁绕组与电枢绕组由同一个电源供电，称为并励电动机。在直流发电机中，励磁电流由电机自身供给，称为自励发电机。

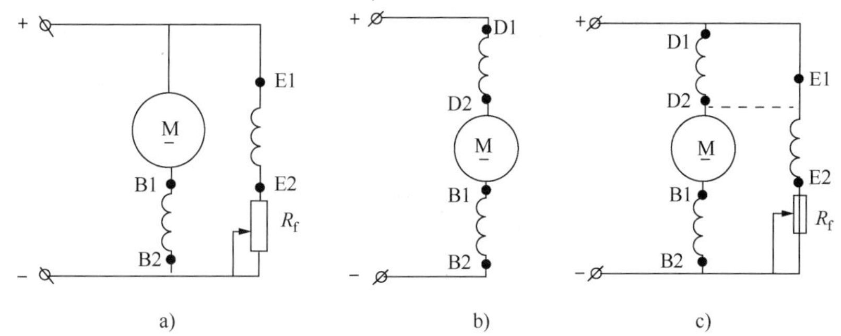

图 7-6　直流电机励磁方式

a) 并励；b) 串励；c) 复励

① 并励直流电机的励磁绕组与电枢绕组并联，并励绕组的电压即为电枢绕组的端电压，因此，励磁电流的大小与电枢电压有关。大中型直流电机的励磁电流，在正常情况下仅为额定负载的 2%～3%，小型直流电机为 5%～10%。励磁绕组的匝数较多，导线截面积较小。

② 串励直流电动机的励磁绕组和电枢绕组串联，励磁电流即为电枢电流。串励绕组匝数少，导线截面积大。

③ 复励直流电动机的主磁极铁芯上装有并励绕组与串励绕组两个励磁绕组。根据并励、串励两个绕组磁动势方向是否相同又可分为积复励和差复励两种。如果串励绕组产生的磁动势与并励绕组产生的磁动势方向相同，称为积复励；若两者方向相反，则称为差复励。

7.4　电动机试运

7.4.1　电动机空载试运

电动机空载运行是在额定状态下，电动机无任何负载情况下进行。主要是观察在空载运行状态下电动机的转速、振动值、噪声、温升、三相电流是否平衡等，判断电动机的电气性能、机械性能是否符合技术要求。

(1) 经工频耐压试验合格后的电动机定子绕组连同电力电缆绝缘电阻不低于 1 MΩ/kV，绕线电动机转子绕组绝缘电阻不低于 0.5 MΩ/kV。

(2) 电动机结线应牢固可靠，接线方式符合制造商技术文件规定。

(3) 电动机安装后，应进行盘车转动试验。

(4) 电动机外壳保护接地线与接地干线连接良好。

(5) 电动机的控制回路、保护装置、信号回路、测量表计已投入，采用热继电器作为过载保护的低压电动机，热继电器或过载脱扣器的整定电流应接近，但不小于电动机的额定电流。

(6) 交流电动机的带负荷启动次数，应符合产品技术条件规定；当产品技术条件无规定时，可符合下列规定：

① 在冷态时，可启动 2 次。每次间隔时间不得小于 5min；

② 在热态时，可启动 1 次。当在处理事故以及电动机启动时间不超过 2～3s 时，可再启动 1 次。

（7）检查电动机的旋转方向符合要求，声音正常。

（8）电动机振动的双倍振幅值不应大于表 7-3 的规定：

表 7-3　电动机振动的双倍振幅值

同步转速/（r/min）	3000	1500	1000	750 及以下
双倍振幅值/mm	0.05	0.085	0.10	0.12

（9）空载电流一般为额定电流 20%～50%。电动机空载运行中，三相电流不平衡度、空载时不超过 10%，中载以上时不超过 5%。电源电压与额定电压的偏差不超过±5%，三相电压不平衡度不超过 1.5%。

7.4.2　电动机运行温度及检查

电动机根据绝缘材料的不同只能承受一定限定的温度。超过允许的限定温度，电动机的绝缘会被烧毁。电动机对发热最灵敏的地方是绕组绝缘，因此，电动机过载会发热，绕组温度升高，影响电动机寿命，以至电动机绝缘损坏，因此，电动机运行时不能过载。

（1）使用红外测温仪，测试定子绕组、转子绕组、前、后轴承等各部位的温度，电动机各部位最高允许温度及最大允许温升不应超过该电机绝缘等级所规定的限度或不超过制造厂技术文件的规定。

（2）电动机允许发热温度由其使用绝缘材料的种类决定，当冷却温度不超过 40℃，海拔不超过 1000m 时，电动机最高允许温升见表 7-4：

表 7-4　交流电动机各部温升限度（℃）

电动机部位		A 级绝缘		E 级绝缘		B 级绝缘		F 级绝缘		H 级绝缘	
		最高允许温度	最大允许温升	最高允许温度	最大允许温升	最高允许温度	最大允许温升	最高允许温度	最大允许温升	最高允许温度	最大允许温升
定子绕组	温度计法	95	55	105	65	110	70	125	85	145	105
	电阻法	100	60	115	75	120	80	140	100	165	125
转子绕组	温度计法	95	55	105	65	110	70	125	85	145	105
	电阻法	100	60	115	75	120	80	140	100	165	125
定子铁芯		100	60	115	75	120	80	140	90	165	125
滑动轴承		80	40	80	40	80	40	80	40	80	40
滚动轴承		95	55	95	55	95	55	95	55	95	55

（3）当电动机与其机械部分连接不易拆开时，应与机械专业协调，将电动机与机械连在一起进行空载检查试验。试验前，首先确认电动机的转向应符合被拖动的机械设备的要求。

（4）电动机空载运行时间为 2h。

第 8 章　电力变压器

电力变压器在石油化工生产装置是一种应用广泛、重要的电气设备。

变压器是一种静止的电气设备，利用电磁感应作用，把一种电压和电流的交流电能在频率不变的状态下转变成另一种电压和电流的交流电能。在电力系统中，变压器是实现电能的经济传输，灵活分配和合理使用的关键设备。

8.1　变压器的分类和主要结构

8.1.1　变压器的分类

一般按照变压器的用途进行分类，也有按照结构特征、相数多少、冷却方式等进行分类的。为适用不同使用目的和工作条件，变压器的类型很多，它们在结构上、性能上差异也很大。

电力变压器分类和表示符号见表 8-1。

表 8-1　电力变压器分类和表示符号

序号	分　　类	类　　别	表示符号
1	相数	单相 三相	D S
2	线圈外绝缘介质	变压器油 空气 成型固体	— G C
3	冷却种类	自冷 风冷 水冷	— F S
4	油循环方式	自然循环 强迫油循环	— P
5	线圈数	双圈 三圈	— S
7	调压方式	无励磁调压 有载调压	— Z
8	线圈导线材质	铜 铝	— L
9	线圈耦合方式	自耦 分列	O —

我国目前电力变压器电压的级别与电力系统相对应。

我国电力变压器容量按规定分为：

20，30，40，50，63，100，125，160，200，315，400，500，630，800，1000，1250，

1600，2000，2500，3150，4000，5000，6300，8000，10000，12500，16000，20000，25000，31500，40000，50000，63000……(kV·A)。

8.1.2 变压器的参数

变压器的油箱上都有一个铭牌，铭牌上标明了变压器的额定值，主要有：

(1) 额定容量 S_N

额定容量是变压器额定工作状态下运行的视在功率，变压器额定容量是一个固定值。

在单相变压器中 $S_N = U_{2N}I_{2N} = U_{1N}I_{1N}$

在三相变压器中 $S_N = \sqrt{3}U_{2N}I_{2N} = \sqrt{3}U_{1N}I_{1N}$

额定容量以 V·A、kV·A 或 MV·A 为单位。对于两绕组变压器，一次侧和二次侧的额定容量设计必须相等。

(2) 额定电压 U_{1N}/U_{2N}

变压器的额定电压是指变压器在空载运行时一次侧额定电压 U_{1N} 、二次侧额定电压 U_{2N} 绕组电压的额定值。

额定电压以 V 或 kV 为单位。按规定，二次侧额定电压 U_{2N} 是当变压器一次侧外加额定电压 U_{1N} 时的二次侧空载电压。对于三相变压器，额定电压指线电压。

(3) 额定电流 I_{1N}/I_{2N}

变压器的额定电流是指变压器在满载运行时一次侧额定电流 I_{1N} 、二次侧额定电流 I_{2N} 绕组的电流值。

额定电流以 A 为单位，对于三相变压器，额定电流指线电流。

对于单相变压器

$$I_{1N} = \frac{S_N}{U_{1N}} \qquad I_{2N} = \frac{S_N}{U_{2N}}$$

对于三相变压器

$$I_{1N} = \frac{S_N}{\sqrt{3}U_{1N}} \qquad I_{2N} = \frac{S_N}{\sqrt{3}U_{2N}}$$

(4) 额定频率 f_N

我国规定工业标准频率(工频)为 $f_N = 50\text{Hz}$，频率单位：Hz。

(5) 效率 η

变压器的效率是变压器输出有功功率 P_2 和输入有功功率的 P_1 的比值 η，用百分数表示：

$$\eta = \frac{P_2}{P_1} \times 100\%$$

(6) 额定温升

变压器绕组或油箱上层油面的温度与变压器外围空气之差，称为变压器温升。安装地点海拔高度在 1000m 以下时，变压器上层油面温度不宜长时间超过 85℃。

当变压器接在额定频率 f_N 、额定电压 U_{1N} 的电网上，一次侧电流为 I_{1N} ，二次侧电流为 I_{2N} ，并且功率因数为额定值时，称为额定运行状态，此时的负载称为额定负载。变压器能长期可靠地运行于额定状态。

(7) 阻抗电压

当变压器一、二次侧绕组为额定电流时，两侧绕组漏阻抗产生的电压降占额定电压的百分数。

（8）变压器接线组别

三相绕组的连接法、绕组的绕向和绕组端头的标志这几个因素影响三相变压器一、二次线电压的相位关系。

8.1.3 油浸式变压器部件及附件

8.1.3.1 主要结构部件

变压器铁芯、绕组是变压器实现电磁感应的基本部分，称为器身。

（1）铁芯

铁芯是变压器的磁路部分。为了提高磁路的磁导率和降低铁芯内的涡流损耗，铁芯通常用厚度为0.35mm、表面涂绝缘漆的含硅量较高的硅钢片制成. 铁芯分为铁芯柱和铁轭两部分，铁芯柱上套绕组，铁轭将铁芯柱连接起来，使之形成闭合磁路。

（2）绕组

绕组是变压器的电路部分，一般用绝缘包铜线或铝线绕制而成。

变压器中，接到高压电网的绕组称为高压绕组，接到低压电网的绕组称为低压绕组。

（3）套管

变压器的引出线从油箱内穿过油箱盖时，必须穿过绝缘套管，套管主要起绝缘作用，穿过套管的引出线实现绕组和其他电气设备的连接。绝缘套管一般是瓷质的，为了增加表面放电距离，外表是多级伞形，电压愈高级数愈多。内部结构主要取决于电压等级，1kV以下的采用实心瓷套管，110~35kV采用空心充气式或充油式瓷套管，110kV以上采用电容式瓷套管，以使引出线至套管间的径向电场强度均匀分布。

（4）油箱

油箱是油浸式变压器的支撑部件，不仅作为承载变压器油的容器，而且还支撑变压器的芯部及所有附属部件。

（5）储油柜

变压器的储油柜又叫油枕，安装在油箱顶盖上部，通过管道与变压器油箱接通。当变压器油受热膨胀时，将使油箱受到很大的压力，严重时可把油箱胀坏。为此在油箱顶上装有一个圆筒形的储油柜，储油柜和油箱连通，柜内油面高度随油的热胀冷缩而变动。储油柜分敞开式和密封式两大类。

① 敞开式储油柜

为防止油浸变压器绝缘油氧化及受潮，敞开式储油柜一般采取在下面装有放置氧化钙或硅胶等干燥剂的吸湿器，其结构示意图见图8-1。空气必须经过吸湿器才能进入储油柜，这样变压器油箱中的油不与外面空气直接接触，减少了油的氧化和水分的侵入。

敞开式储油柜变压器油一般通过吸湿器与外界大气相通，由于不隔离外界空气，运行时变压器油易受潮，长期运行中的油易氧化，易老化变质。因此，敞开式储油柜多用于小型变压器。

② 密封式储油柜

密封式分隔膜式、气囊式和金属波纹密封式。金属波纹密封式有两种形式：外油卧式储油柜和内油立式储油柜。

1）隔膜式储油柜

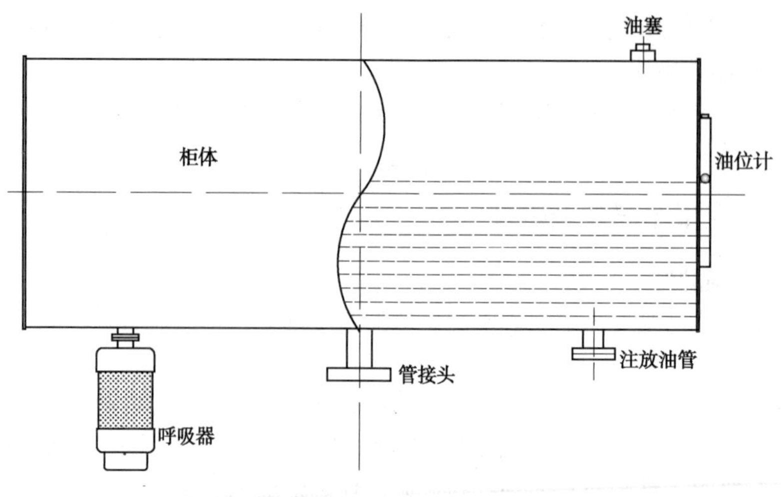

图 8-1　敞开式储油柜

隔膜式储油柜利用柜内隔膜将变压器油和大气隔离，防止油老化和吸收水分，保证变压器油的绝缘强度。

隔膜式储油柜中间装有半圆形橡胶隔膜，隔膜周边均由柜沿上下密封垫压紧，使其隔膜在油面上，并随着油面的上升或下降上下浮动。在储油柜的柜底上方，装有磁针式油位表，油位表连杆可以自由伸缩，连杆端头与隔膜上的支架联在一起，当隔膜上下浮动时，改变连杆运动角度，由传动齿轮和机构来变换油位表指针的指示位置。其结构示意图见图 8-2。

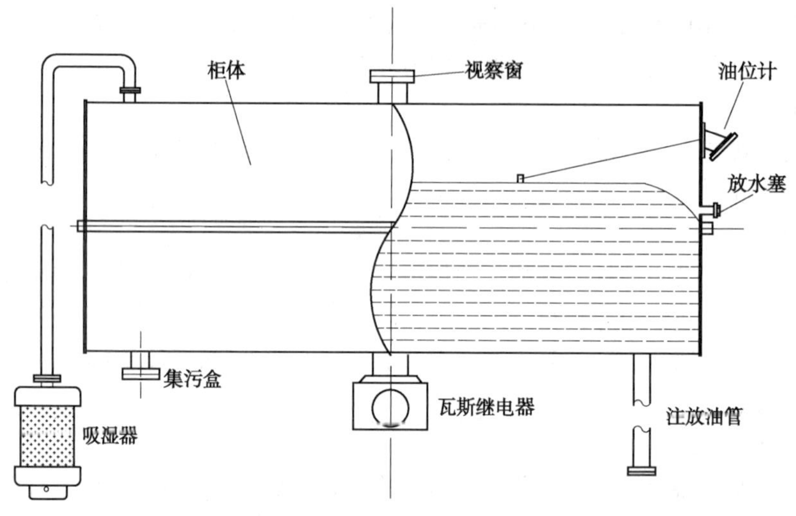

图 8-2　隔膜式储油柜

油位表在最高和最低油位均有报警信号，当储油柜内油位达到最高或最低油位时，可自动发出报警信号。通过油位表上的刻度和油温度关系曲线，观察变压器油的温度。

在储油柜下边设有集气盒，它与气体继电器连接，这样从气体继电器逸出的气体就集聚在盒内使之不能进入储油柜，在集气盒上焊有导气管，通过导气管，可以放出气体或取样用。集污盒供放出储油柜内的污物。

2）胶囊式储油柜

胶囊式储油柜是在储油柜内装一密闭的、能承受较高压力的胶囊。

胶囊式储油柜下方有一个压油袋箱，箱内放一个压油袋，把储油柜的油与油标里面的油隔开。胶囊式储油柜变压器安装时，应检查胶囊是否漏气，经过试漏合格方可安装使用。安装时要注意袋身方向与储油柜方向平行，防止袋身扭转或折皱导致损坏。储油柜内壁表面应光滑无毛刺和焊渣，以防割破刺伤胶囊。其结构示意图见图 8-3。

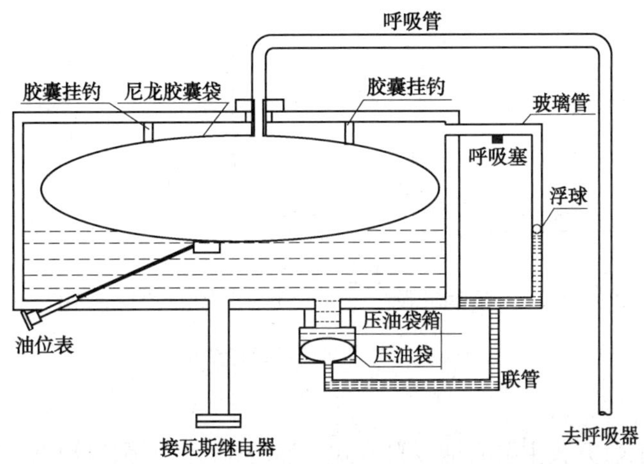

图 8-3　胶囊式储油柜

利用不锈钢波纹管做体积补偿组件的新型储油柜——金属波纹膨胀储油柜。真正实现了变压器的全密封运行，其结构分为内油立式储油柜和外油卧式储油柜。

3）内油立式储油柜

内油立式储油柜的变压器油通过气体继电器直接流入金属波纹体内。当变压器油温升高时，将油吸收，当变压器油温降低时，将油返回变压器本体。其结构示意图见图 8-4。

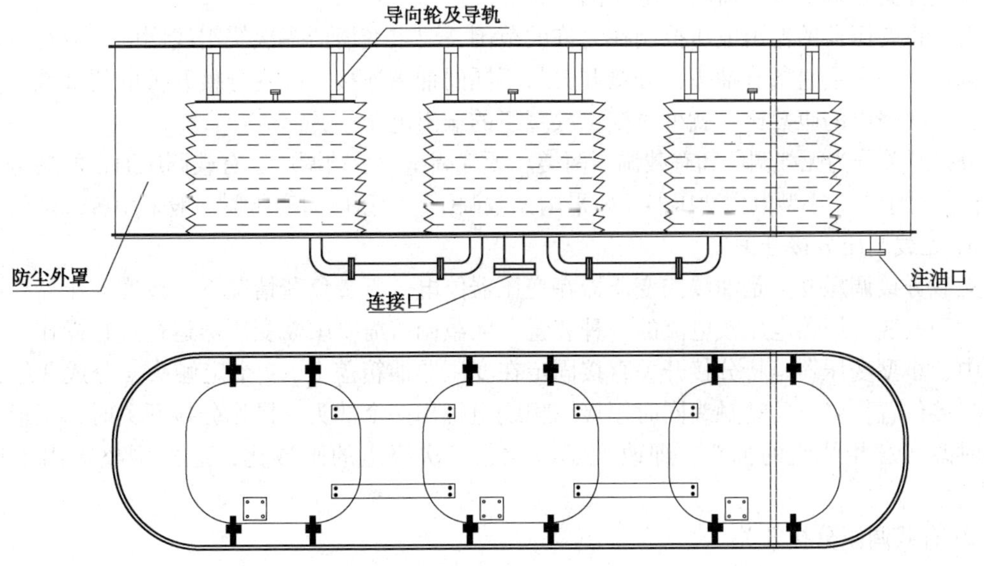

图 8-4　内油立式波纹储油柜

4）外油卧式储油柜

外油卧式储油柜的变压器油通过气体继电器，流入一个装有密封波纹体的金属桶内，波纹体的一端与大气相同。当变压器油温升高时，油膨胀进入金属桶；当变压器油温降低时，油在大气压作用下返回变压器本体。其波纹体是一个膨胀体，容积可随变压器油温的变化而产生膨胀与收缩。其结构示意图见图 8-5。

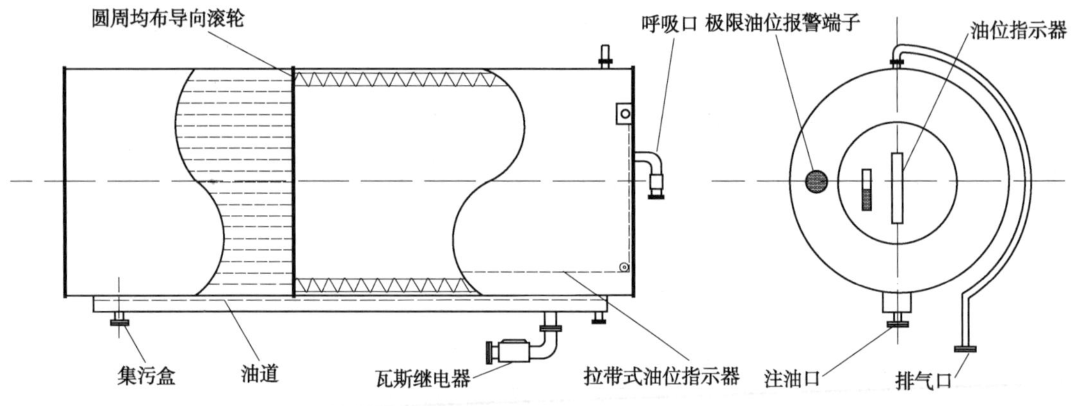

图 8-5　外油卧式波纹储油柜

(6) 散热器

油浸式变压器散热方式主要有油浸自冷式、油浸风冷式及强迫油循环等三种。油浸自冷式依靠油的自然对流带走热量. 没有其他冷却设备；油浸风冷式是另加风扇给油箱、油管外表面吹风，以加强散热作用，强迫油循环式是用油泵将变压器中的热油抽到变压器外的冷却器中冷却后再送回变压器，冷却器可以用循环水冷却或强迫风冷。

散热器是油浸变压器的冷却装置。变压器在运行时，变压器油经散热器后，将热量传给周围的冷却介质，变压器油的温度得到降低，使得变压器的器身温度降低。

(7) 分接开关及操作机构

分接开关是调节变压器输出电压的装置。

为了将变压器的输出电压控制在允许的范围，要求变压器一次绕组线圈的匝数在一定范围内调节。一次绕组备有抽头，分接开关与不同的抽头连接，改变分接开关的位置就可改变一次、二次绕组的匝数比，就可改变二次绕组的输出电压。

分接开关分为无载调压和有载调压两类。无载调压为手动调压。有载调压通常配装电动操作机构。对于中、小型电力变压器一般采用无载调压。大型电力变压器一般采用有载调压。

① 无载调压分接开关

无载分接调压开关是油浸式变压器在变压器停电、不带负荷情况下，改变变压器线圈匝数，达到改变变压器电压或电流的一种装置。无载调压需要中断变压器运行进行操作。

中、小型变压器是将分接开关直接固定在变压器油箱盖上。9 个定触头，分成 3 组，成三个分接位置。星形的动触头同时短接三相绕组每相一个抽头。操作分接开关时，星形动触头同时改变三相绕组的抽头，即改变了一次、二次绕组的匝数比，达到调整输出电压的目的。

② 有载调压分接开关

有载调压分接开关是油浸式变压器在变压器带负荷情况下，改变变压器线圈匝数，达到改变变压器电压或电流一种装置。有载调压进行操作时，不需要中断变压器运行。

8.1.3.2　附件

(1) 气体继电器

在油箱相储油柜之间的连接管中还装有气体继电器(瓦斯继电器)。当变压器内部发生故障时，内部绝缘物气化，产生气体，通过油联管进入气体继电器，将充满油气体继电器的油挤出，使继电器的浮筒下沉(浮筒式)，上浮筒的水银接点闭合，发出预告信号，当变压器发生严重故障时，变压器油急剧膨胀，油流通过油联管挤向储油柜，气体继电器的下浮筒的水银接点闭合，接通保护回路。重瓦斯直接作用保护装置的跳闸回路，将变压器退出运行。

集气盒是气体继电器的一个附件，用细铜管和气体继电器连在一起。当有少量气体产生的时候，气体继电器不会动作，将气体继电器中积聚的气体通过铜导管引至变压器下部集气盒，不用登上箱顶就可以在带电运行时取样检测气体继电器中产生的气体进行色谱分析，通过气体组成判断变压器的运行状况。

气体继电器主要有三种形式：浮筒式、挡板式及复合式。

(2) 压力释放阀

压力释放阀是变压器专用的一种安全阀，取代原防爆管(安全气道)。压力释放阀作为变压器内部过压保护一种专用保护装置。当变压器内部出现故障时，油箱内部压力急剧升高，变压器油的压力大于压力释放阀的开启压力，油流从阀口经导流管喷出，防止变压器的油箱损坏和变压器油的燃烧。

变压器正常运行时，压力释放阀保持密封，不得有任何的泄漏。

变压器内部有故障时(过热、短路、击穿等)，变压器油膨胀，油箱内的油被气化，产生大量的气体，油箱内部压力急剧升高，当压力达到释放阀开启压力时，压力释放阀在2ms内迅速开启，释放出变压器内的过压。当压力降到压力释放阀的关闭压力值时，压力释放阀关闭，使变压器油箱内保持正压。

变压器内部压力升高的原因有：

① 变压器内部故障；

② 呼吸系统堵塞；

③ 变压器运行温度过高；

④ 储油柜已满，体积随温度变化的变压器油无处膨胀，内部压力升高；

⑤ 变压器补充油时操作不当。

(3) 吸湿器(呼吸器、过滤器)

吸湿器的作用除去空气中的灰尘和潮湿的空气。它的上端接到储油柜，下端是空气进口处的油封装置。当变压器的变压器油因温度变化，储油柜产生吸气或排气，空气经吸湿器中的硅胶除去空气中的灰尘和潮湿的空气，达到净化空气的作用。

新安装变压器在投运前，将呼吸器托油罩上侧变压器储存、运输时用的密封橡皮垫圈拆除，以保证变压器“呼吸”顺畅。

(4) 油位表

隔膜式、气囊式和金属波纹密封式储油柜都安装各种类型的油位表，监视变压器运行时油位的变化。

磁力油位计的指针通过轴与一磁铁相连，另一磁铁通过轴与连杆相连，该连杆的两端又分别装有玻璃浮子和平衡锤。当变压器油枕的油面升高或降低时玻璃浮子也随着升降，通过连杆使永久磁铁转动，由于磁铁的相互作用，指针所指刻度即油位高度。

(5) 温度计

变压器上常使用的温度计可分为信号温度计、电阻温度计、水银温度计。

信号温度计通常采用弹性元件、毛细管和温包组成 。当被测温度变化时，温包内感温液体的体积随之变化，这个体积的变化量通过毛细管测温仪表内的弹性元件，使之产生一个位移。这个位移经放大后指示温度，并驱动微动开关，输出信号以启动冷却系统。大型变压器的信号温度计采用复合传感技术，在温包内嵌装 Pt100 铂电阻，可以将信号远距离传输至数显温度仪表。

电阻式温度计由铜线绕制成测温电阻和指温计组成。指温计内部是桥式电路，桥的一臂接到测温电阻，测温电阻放到变压器油箱内，接到指温计。

水银温度计用来测量变压器各部温度，监视变压器运行状态。

8.1.4 干式变压器

干式变压器结构简单，维护方便，具有防潮、耐腐蚀、阻燃、防火、防爆、无污染、可靠性高等优点，适用于各种环境及条件恶劣的场合。

干式变压器可分为开启式、封闭式和浇注式。目前运行中的干式变压器大部分是用环氧树脂或其他树脂浇注作为绝缘材料的干式变压器。

干式变压器铁芯采用优质高导磁冷轧取向硅钢片，高压绕组采用多段铜箔绕绕制，层间绝缘采用 F 级高强度聚脂薄膜，绕组内外浇注层采用玻璃纤维网络作支撑骨架，在真空状态下用填充型树脂浇封。

采用环氧树脂真空浇注工艺无环境污染，有利于环境保护，该变压器具有免维护、防潮、抗湿热、阻燃等性能。在相同容量下，它的体积小、质量轻，可节约安装费用等。

绕组温度超过绝缘耐受温度使绝缘受到破坏，因此对变压器的运行温度的监测、报警并进行控制。在环氧树脂干式变压器上安装温度显示控制器，对变压器绕组的运行温度进行显示和控制。其测温传感器 Pt100 铂电阻插入低压绕组内取得温度信号，经电路处理后在控制板上循环显示各相绕组温度。并启、停风机，发出声光信号报警和超温自动跳闸。

8.2 变压器保护

8.2.1 变压器常见故障

变压器主要内部故障有：绕组相间短路、绕组匝间短路、中性点接地侧单相接地短路、铁芯多点接地。

变压器主要外部故障有：引出线绝缘套管故障。

变压器不正常工作状态：过负荷、油面升高及变压器温度升高等。

8.2.2 典型保护

8.2.2.1 变压器瓦斯保护

气体保护又称瓦斯保护，瓦斯保护元件是安装在变压器油箱与储油柜(油枕)之间连通管上的气体继电器，是保护油浸式变压器内部故障的一种基本保护。

气体继电器的优点是：动作快、灵敏度高、结构简单。据统计，变压器的内部故障70%是由气体继电器切除。

气体继电器的缺点是：不能反应变压器油箱外套管及联接导线上的故障，所以，瓦斯保护不能全面反应变压器的故障。

气体继电器有一对轻瓦斯常开触点和一对重瓦斯常开触点。当变压器油箱内发生轻度故障时，轻瓦斯接点接通，一般设置信号报警，当变压器油箱内发生严重故障时，重瓦斯触点接通，作用于断路器跳闸。当变压器油箱发生漏油故障时，轻瓦斯触点和重瓦斯触点先后接通。

室外容量 800kVA，室内 400kVA 及以上油浸式电力变压器应装设气体继电器，当绝缘油因故障分解产生气体或变压器油面降低时，瓦斯保护应动作，轻瓦斯动作于信号，重瓦斯动作于跳闸。

8.2.2.2 变压器温度保护

油浸式变压器的测量装置包括油位计及油位信号器、油温温度计及温度信号器、测温电阻、绕组温度信号器、变送器等。油浸式变压器的温度包括油温监测和线圈温度监测。

变压器油温常采用铂热电阻(Pt100)三线制测量方式测量，变压器油温保护及监测由铂热电阻和数字式温度显示调节仪联合组成。数字式温度显示调节仪输出一路 4~20mA 模拟量至全厂计算机监控系统；另外，分别输出一对温度过高信号接点和一对油温升高信号接点至变压器保护系统。

变压器线圈温度保护仪输出一路 4~20mA 模拟量至全厂计算机监控系统；另外，分别输出一对线圈温度过高信号接点和一对线圈温度升高信号接点至变压器保护系统。变压器线圈温度测量装置包括信号源、测量及转换装置等。

温度保护是干式变压器内部故障的一种基本保护。干式变压器的温度保护分温度显示和温度控制两部分。温度显示是通过埋在低压绕组内的热敏电阻(Pt100 铂电阻)测量温度，直接显示各相绕组温度，发出超温报警信号，启动冷却系统运行，当超高温时，直接作用于跳闸。

8.2.2.3 变压器压力保护

(1) 压力释放阀结构型式：外弹簧、分为带或不带定向喷射装置两种型式。它的主要部件由阀体及电气、机械信号装置组成。

(2) 压力释放阀的安装可采用法兰安装或螺纹安装，释放阀可安装在油箱盖上、升高座上或油箱上部侧壁上。使用环境温度：30~100℃；

(3) 压力释放阀开启、关闭：带有机械信号标志的释放阀，当释放阀开启后，标志杆应明显动作。释放阀关闭时，标志杆仍应滞留在开启后的位置上，然后手动复位。装有信号开关的释放阀，当释放阀开启后，信号接点应可靠地切换并自锁，然后由手动复位。

当作用在膜盘上的压力达到开启压力时，释放阀应快速开启，其开启时间应不大于 2ms。当环境温度在 30~100℃范围内时，释放阀的开启压力应符合表 8-2 规定。

表 8-2　释放阀开启压力、关闭压力和密封压力　　kPa

开启压力	开启压力偏差	关闭压力(不小于)	密封压力(不小于)
15	±5	8	9
25		13.5	15
35		19	21
55		29.5	33
70		37.5	42
85		45.5	51

8.2.2.4 变压器电流保护

(1) 电流速断保护

变压器速断保护是定时限保护方式，动作电流应躲过变压器二次侧母线三相短路时最大穿越电流。

变压器速断保护只能保护一次绕组和部分二次绕组，有保护死区。

（2）变压器零序电流保护

变压器联接组别为 Y/yn0 时，当发生二次单相短路时，如果变压器过电流保护灵敏度不够，可采用在变压器二次侧上装设零序电流保护。零序电流保护的动作电流，应躲过变压器二次侧最大不平衡电流，为变压器二侧额定电流 25%。动作时限为应比下级分支最长的时限大一个时限阶段，一般设定为 0.5～0.7s。

（3）变压器过负荷保护

变压器过负荷电流在大多数情况下是三相对称，过负荷保护装置一般动作于信号。变压器过负荷动作电流应躲过变压器的额定电流。为防止变压器外部短路时过负荷保护误动作，并且躲过启动时间，过负荷动作时限通常取 10～15s。

（4）变压器的差动保护

变压器的电流保护有死区，瓦斯保护只能保护变压器油箱内部故障。因此，在 10000kVA 及以上单台运行和 6300kVA 及以上并列运行的变压器，6300kVA 以下重要的变压器应装设差动保护。电流速断保护灵敏度达不到要求时，应装差动保护。

变压器的差动保护是按循环电流原理构成。在变压器两侧装有电流互感器，互感器二次绕组按环流原则串联，差动继电器并联在差流回路中。其原理见图 8-6，结线原理见图8-7。

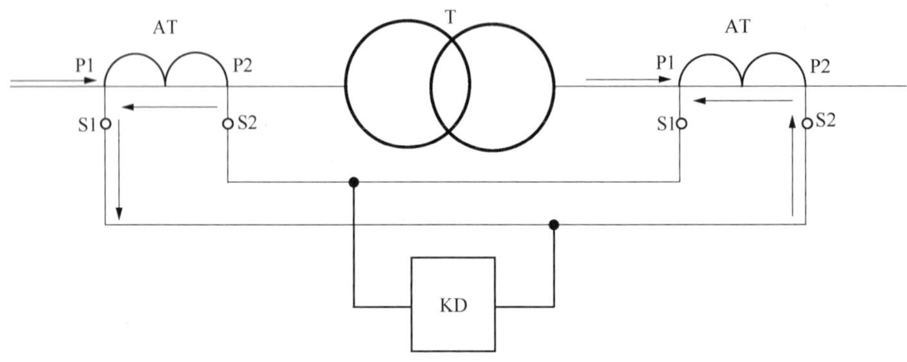

图 8-6　变压器差动保护原理图

当变压器正常运行及外部故障时，互感器二次绕组中的电流在回路中环流，此时，差动继电器流过的电流大小相等，相位相反，理论上差流为零。

当变压器发生内部相间短路故障时，互感器二次绕组中的电流大小不等，相位相同，两部分电流相加流过继电器，此时，差动继电器动作，跳开变压器一次、二次侧断路器。

变压器差动保护采取纵联差动保护方式，在变压器一次、二次侧安装电流互感器，电流互感器二次绕组顺极性首、尾串联。而差动继电器并接在环路上，流入继电器的电流即变压器两侧电流互感器二次绕组电流之差，即：

$$\dot{I}_{KD} = |\dot{I}_1 - \dot{I}_2| = \dot{I}_{unp}$$

式中　$\dot{I}_1$、$\dot{I}_2$——变压器一、二次侧电流；

$\dot{I}_{unp}$ ——变压器一、二次侧不平衡电流；

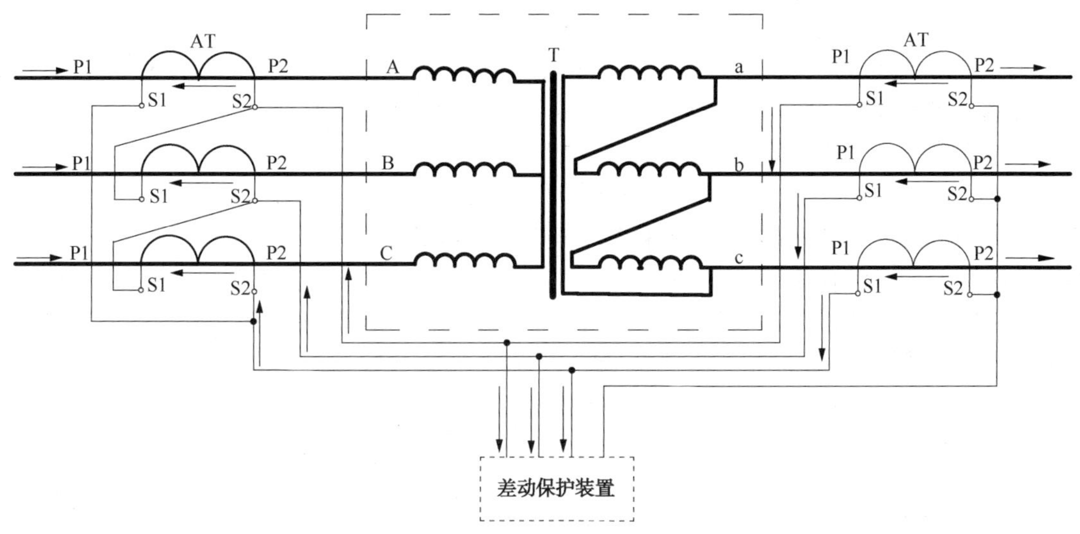

图 8-7　变压器差动接线原理图

$\dot{I}_{KD}$ ——流入差继电器不平衡电流。

变压器差动保护范围是变压器两侧电流互感器一次回路结线之间的区域，保护范围是：变压器内部、变压器两侧绝缘套管、引出线相间等。

双绕组变压器差动保护装置需 6 台电流互感器，接成环流电路。当变压器正常运行或保护区外故障时，希望流入继电器的不平衡电流尽量小，但是由于电流互感器的特性、接线方式、变压器运行过程等因素，在差动保护回路中产生稳态和暂态不平衡电流。

① 变压器联接组引起的不平衡电流

变压器通常采用 Y/△接线方式，绕组两侧之间有 30°的相位差，反映到互感器二次绕组差流回路，产生一个不平衡电流 I_{bp} 。

通常采用相位补偿方法消除不平衡电流。即将变压器星形侧的电流互感器接成三角形，变压器三角形侧接成星形，把电流互感器二次绕组的相位校正过来。

② 电流互感器变比引起的不平衡电流

电力变压器两侧电压不同，两侧电流互感器的型号不同。电流互感器用的是定型产品，标准整数的变流比，反映到电流互感器二次绕组，在差动回路产生一个不平衡电流。

因变流比引起的不平衡电流，利用差动继电器平衡线圈的磁势平衡原理来消除。

③ 变压器励磁涌流引起的不平衡电流

变压器在空载投入和外部故障切除后电压恢复时，可出现数值很大的电流，即励磁涌流。励磁涌流包含很大的非周期分量，有大量的高次谐波(主要是二次、三次谐波)，波形之间出现间断。

常用的方法主要有：采用有速饱和变流器的变压器差动继电器，利用二次谐波制动原理的变压器差动继电器、采用鉴别波形“间断角”原理的变压器差动继电器、利用二次谐波制动变压器差动继电器等。

④ 电流互感器误差引起的不平衡电流

采用提高保护继电器的动作值来解决；

⑤ 有载调压变压器改变分接头引起的不平衡电流

为了消除改变分接头引起的不平衡电流，一般采取提高保护继电器的动作值来解决。

变压器差动保护采取各种有效措施最大程度消除不平衡电流对保护回路影响，当满足选择性，保证变压器发生故障时，差动保护装置有足够的灵敏性和快速性。

(5) 采用综合保护继电器的差动保护

图 8-8 是变压器综保差动保护接线原理图。目前，变压器综合保护继电器(简称综保)广泛地使用，综保不仅精度高，运行可靠，而且不需要改变电流互感器结线，消除因变压器一次、二次绕接法不同所引起的不平衡电流。对电流互感器变比引起的不平衡电流、励磁涌流引起的不平衡电流及有载调压改变分接头引起的不平衡电流都有很好的计算、补偿功能。

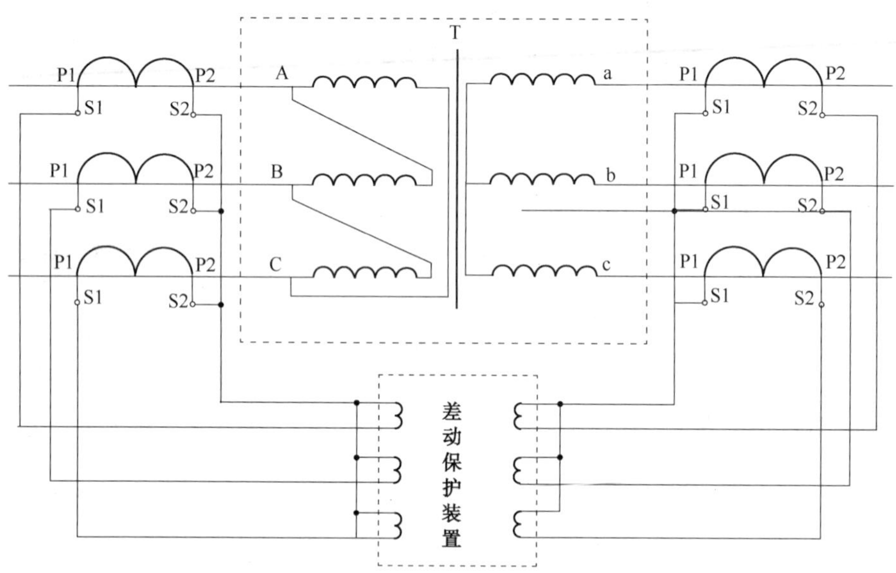

图 8-8 变压器综保差动保护接线原理图

8.3 变压器安装

8.3.1 安装变压器土建具备的条件

(1) 设备安装前，建筑工程应具备的条件

① 屋顶、楼板施工完毕，不得渗漏；

② 室内地面的基层施工完毕，并在墙上标出地面标高；

③ 混凝土基础及构架达到允许安装的强度，焊接构件的质量符合要求；

④ 预埋件及预留孔符合设计，预埋件牢固；

⑤ 模板及施工设施拆除，场地清理干净；

⑥ 具有足够的施工用场地，道路通畅。

(2) 设备安装完毕，投入运行前，建筑工程应符合的要求

① 门窗安装完毕；

② 地坪抹光工作结束，室外场地平整；

③ 保护性网门、栏杆等安全设施齐全；

④ 大型油浸式变压器下部应设有储油池，面积大于变压器所占平面，深度 1m 左右，污油井清理干净，排油水管道通畅，铺设直径 50~80mm 的鹅卵石；

⑤ 通风及消防装置安装完毕；

⑥ 送电后无法进行的装饰工作以及影响运行安全的工作施工完毕；

⑦ 设备安装用的紧固件，除地脚螺栓外，应采用镀锌制品；

⑧ 所有变压器的瓷件表面质量应符合现行国家标准的规定。

8.3.2　安装前的检查与保管

8.3.2.1　设备开箱检验

设备到达现场后，应及时进行下列检查：

(1) 按变压器的铭牌核对变压器是否与合同相符；

(2) 按变压器“出厂技术文件目录”核对所收到的技术文件、图纸是否齐全；

(3) 按变压器出厂技术文件中“附件及零部件一览表”核对到货的变压器主体与零件、部件、组件是否齐全，有无损坏，尤其是对易损件的检查；

(4) 核对所提供的变压器油、活性氧化铝的数量与清单上的数量是否相符；

(5) 检查冷却系统的散热器、风冷却器、水冷却器的数量、尺寸及控制箱是否正确；

(6) 检查变压器主体有无漏油现象，油箱有无锈蚀及机械损伤，密封应良好。油箱箱盖或钟罩法兰及封板的联接螺栓应齐全，紧固良好，无渗漏；浸入油中运输的附件，其油箱应无渗漏；

(7) 充油套管的油位应正常，无渗油，瓷体无损伤；

(8) 充气运输的变压器油箱内应为正压，其压力为 0.01~0.03MPa；

(9) 装有冲击记录仪的设备，应检查并记录设备在运输和装卸中的受冲击情况。

8.3.2.2　设备保管

设备到达现场后的保管应符合下列要求：

(1) 散热器、连通管、安全气道、净油器等应密封；

(2) 表计、风扇、潜油泵、气体继电器、气道隔板、测温装置以及绝缘材料等，应放置于干燥的室内；

(3) 短尾式套管应置于干燥的室内，充油式套管卧放时应符合制造厂的规定；

(4) 本体、冷却装置等，其底部应垫高、垫平，不得水淹，干式变压器应置于干燥的室内；

(5) 浸油运输的附件应保持浸油保管，其油箱应密封；

(6) 与变压器本体联在一起的附件可不拆下。

8.3.2.3　变压器油的验收与保管

变压器油的验收与保管应符合下列要求：

(1) 变压器油应储藏在密封清洁的专用油罐或容器内。

(2) 每批到达现场的变压器油均应有油品试验报告。如对变压器油性能有怀疑，应取样进行简化分析试验，必要时进行全分析试验。取样数量：大罐油每罐都应取样，小桶油应按表取样，取样数量见表 8-3。

表 8-3　变压器油取样数量

每批取油桶数	1	2~5	6~20	21~50	51~100	101~200	201~400	401 以上
取样桶数	1	2	3	4	7	10	15	20

(3) 不同牌号的变压器油，应分别储存，并有明显牌号标志。

(4) 放油时应目测，用铁路油罐车运输的变压器油，油的上中和底部不应有异样，用小桶运输的变压器油，对每桶进行目测，辨别其气味，各桶商标应一致。

8.3.3　变压器吊装、就位

8.3.3.1　变压器基础找平

(1) 使用水平仪、水准仪。

(2)采用 U 形管(用透明塑料管，内点彩色墨水，一端固定在长 1m 的钢板尺上)。

8.3.3.2　变压器主体吊装

(1) 作好防雨、防尘、消防措施，同时注意与周围带电设备保持一定安全距离，准备充足的施工电源及照明，安排好储油容器、大型机具、拆卸附件的放置地点和消防器材的合理布置等。

(2) 根据变压器钟罩(或器身)的质量选择起重工具，包括起重机、钢丝绳、吊环、U 型挂环、千斤顶、枕木等；

(3) 进行吊装变压器时，应使变压器四个吊拌同时受力。对于分节油箱或钟罩式油箱结构的变压器，吊装主体的吊拌位于箱底或下节油箱部位；

(4) 吊装前应先拆除影响吊装作业的各种连接，紧固器身的有关螺栓。

(5) 起吊变压器整体或钟罩(器身)时，钢丝绳或吊装带应分别挂在专用起吊装置上，遇棱角处应放置衬垫；起吊 100mm 左右时，应暂停起吊，检查悬挂及捆绑情况，确认可靠后再继续起吊；

(6) 起吊时，吊绳与垂线之间夹角应小于 30°，如因吊高限制不能满足此要求，应使用吊梁进行吊装；

(7) 起吊或落回钟罩(或器身)时，四角应系缆绳，由专人扶持，使其保持平稳。起吊或降落速度应均匀，防止倾斜；

(8) 起吊后不能移动而需在空中停留时，应采取支撑等防止钟罩(或器身)坠落措施；

(9) 吊装套管时，注意保护好变压器套管，套管不应受力，防止倾倒损坏瓷件；

(10) 采用汽车吊进行吊装时，应检查支撑稳定性，注意起重臂伸张的角度、回转范围与临近带电设备的安全距离，并设专人监护。

(11) 利用千斤顶升(或降)变压器时，应顶在油箱指定部位，以防变形；千斤顶应垂直放置；在千斤顶的顶部与油箱接触处应垫以木板防止滑倒。

(12) 在使用千斤顶升(或降)变压器时，应随升(或降)随垫木方和木板，防止千斤顶失灵突然降落倾倒；如在变压器两侧使用千斤顶时，不能两侧同时升(或降)，应分别轮流工作，注意变压器两侧高度差不能太大，以防止变压器倾斜；荷重下的千斤顶不得长期负重，并应自始至终有专人监控。

(13) 采用滑轮组牵引变压器时，工作人员必需站在适当位置，防止钢丝绳松扣或拉断伤人。

(14) 采用专用托板、滚杠搬运、装卸变压器时，通道要填平，枕木要交错放置；为便于滚杠的滚动，枕木的搭接处应沿变压器的前进方向，由一个接头稍高的枕木过渡到稍低的枕木上，变压器拐弯时，要利用滚杠调整角度，防止滚杠弹出伤人。为保持枕木的平整，枕木的底部可适当加垫厚薄不同的木板。

（15）变压器在搬运和装卸前，应核对高、低压侧方向，避免安装就位时调换方向。

8.3.4 排氮

8.3.4.1 充油置换排氮法

变压器应就位后采用充油置换排氮方法：

（1）变压器油必须经净化处理，注入变压器的油应符合要求。

（2）注油排氮前，应将油箱内的残油排尽。

（3）油管宜采用钢管，内部应进行彻底除锈且清洗干净。如用耐油胶管，必须确保胶管不污染变压器油。

（4）变压器油应经脱气净油设备从变压器下部阀门注入变压器内，氮气经顶部排出；油应注至油箱顶部将氮气排尽。最终油位应高出铁芯上沿 100mm。油的静置时间应不小于 12h。

8.3.4.2 抽真空排氮法

排氮口应装设在空气流通处。破坏真空时应避免潮湿空气进入。当含氧量未达到 18% 以上时，人员不得进入。

充氮的变压器需吊罩检查时，必须让器身在空气中暴露 15min 以上，待氮气充分扩散后进行。

8.3.5 器身检查

（1）变压器到达安装现场，正常情况下，满足下列条件之一时，不进行器身检查：

1）制造厂规定可不进行器身检查者；

2）容量为 1000kVA 及以下，运输过程中无异常情况者；

3）就地生产仅作短途运输的变压器，如果事先参加了制造厂的器身总装，质量符合要求，且在运输过程中进行了有效的监督，无紧急制动、剧烈振动、冲撞或严重颠簸等异常情况者。

（2）器身检查时，应符合下列规定：

1）周围空气温度不宜低于 0℃，器身温度不应低于周围空气温度；当器身温度低于周围空气温度时，应将器身加热，宜使其温度高于周围空气温度 10～15℃。检查前变压器内循环油的击穿电压值、含水量介质损耗等应符合规范标准；阴雨、大风天气，相对湿度大于 75%时，不能进行检查。当空气相对湿度小于 75%时，器身暴露在空气中的时间不得超过 16h；

2）吊罩检查的变压器要搭设高于油箱的临时防尘围墙；

3）调压切换装置吊出检查、调整时，暴露在空气中的时间应符合表 8-4 规定；

表 8-4 调压切换装置吊出检查调整时暴露在空气中的时间

环境温度/℃	0	0	0	0
空气相对湿度/%	65 以下	65～75	75～85	不控制
持续时间/h ≤	24	16	10	8

4）空气相对湿度或露空时间超过规定时，必须采取相应的可靠措施。时间计算规定：带油运输的变压器由开始放油时算起；不带油运输的变压器由揭开顶盖或打开任一堵塞时算起，到开始抽真空或注油为止；

5）器身检查时，场地四周应清洁和有防尘措施；雨雪天或雾天，不应在室外进行。

（3）钟罩起吊前，应拆除所有与其相连的部件。

器身或钟罩起吊时，吊索与铅垂线的夹角不宜大于30°，必要时可采用控制吊梁。起吊过程中，器身与箱壁不得有碰撞现象。

（4）器身检查的主要项目和要求应符合下列规定：

1）运输支撑和器身各部位应无移动现象，运输用的临时防护装置及临时支撑应予拆除，并经过清点作好记录以备查。

2）所有螺栓应紧固，并有防松措施；绝缘螺栓应无损坏，防松绑扎完好。

3）铁芯检查：

（a）铁芯应无变形，铁轭与夹件间的绝缘垫应良好；

（b）铁芯应无多点接地；

（c）铁芯外引接地的变压器，拆开接地线后铁芯对地绝缘应良好；

（d）打开夹件与铁轭接地片后，铁轭螺杆与铁芯、铁轭与夹件、螺杆与夹件间的绝缘应良好；

（e）当铁轭采用钢带绑扎时，钢带对铁轭的绝缘应良好；

（f）打开铁芯屏蔽接地引线，检查屏蔽绝缘应良好；

（g）打开夹件与线圈压板的连线，检查压钉绝缘应良好；

（h）铁芯拉板及铁轭拉带应紧固，绝缘良好。

4）绕组检查：

（a）绕组绝缘层应完整，无缺损、变位现象；

（b）各绕组应排列整齐，间隙均匀，油路无堵塞。

（c）绕组的压钉应紧固，防松螺母应锁紧。

5）绝缘围屏绑扎牢固，围屏上所有线圈引出处的封闭应良好。

6）引出线绝缘包扎牢固，无破损、拧弯现象；引出线绝缘距离应合格，固定牢靠，其固定支架应紧固；引出线的裸露部分应无毛刺或尖角，其焊接应良好；引出线与套管的连接应牢靠，结线正确。

7）无励磁调压切换装置各分接头与线圈的连接应紧固正确；各分接头应清洁，且接触紧密，弹力良好；所有接触到的部分，用0.05mm×10mm塞尺检查，应塞不进去；转动接点应正确地停留在各个位置上，且与指示器所指位置一致；切换装置的拉杆、分接头凸轮、小轴、销子等应完整无损；转动盘应动作灵活，密封良好。

8）有载调压切换装置的选择开关、范围开关应接触良好，分接引线应连接正确、牢固，切换开关部分密封良好。必要时抽出切换开关芯子进行检查。

9）绝缘屏障应完好，且固定牢固，无松动现象。

10）检查强油循环管路与下轭绝缘接口部位的密封情况。

11）检查各部位应无油泥、水滴和金属屑等杂物。如有金属屑末，应用面团将其沾净。

12）器身检查中的试验：

（a）铁轭螺杆与铁芯之间的绝缘电阻；

(b) 将上夹件与铁轭的接地片打开，测量夹件与铁芯的绝缘电阻；

(c) 线圈压板的接地情况。

13) 器身检查完毕后，必须用合格的变压器油进行冲洗，并清洗油箱底部，不得有遗留杂物。箱壁上的阀门应开闭灵活、指示正确。导向冷却的变压器应检查和清理进油管节头和联箱。

14) 正常情况下，大型变压器未受到严重冲击时，可从箱壁人孔处进入油箱两侧进行检查：如器身没有发现异常，不吊罩检查。主体充氮变压器，首先打开箱盖上的盖板，再由油箱下部的油阀注油排氮，注油至压板以上静止 12h 后再放油。排氮时，注意风向以防发生人身窒息事故。放油后检查人员立即进入油箱中进行检查，并向油箱中吹入干燥空气，进入油箱中的作业人员不宜超过 2 人，使用有保护罩的灯具，不准在箱内换灯泡，注意不要碰伤器身绝缘。

8.3.6 本体及附件安装

8.3.6.1 本体就位要求

(1) 变压器基础的轨道应水平，轨距与轮距应一致。如制造商规定变压器应有升高坡度时，装有气体继电器的变压器应使其顶盖沿气体继电器气流方向有 1%~ 1.5%的升高坡度。当与封闭母线连接时，其套管的中心线应与封闭母线的中心线相符。

(2) 装有滚轮的变压器其滚轮应能灵活转动，在设备就位后，应将滚轮用能拆卸的制动装置加以固定。

8.3.6.2 密封处理要求

(1) 变压器密封顶盖打开后，必须在规定的时间内密封。并立即注满变压器油，检查密封螺丝有无渗油现象。

(2) 检查所有法兰连接处应用耐油密封垫(圈)密封；密封垫(圈)必须无扭曲、变形、裂纹和毛刺，密封垫(圈)应与法兰面的尺寸相配合。

(3) 法兰连接面应平整、清洁；密封垫应擦拭干净，安装位置应准确；其搭接处的厚度应与其原厚度相同，橡胶密封垫的压缩量不宜超过其厚度的 1/3。

8.3.6.3 变压器上进行安装工作的措施

(1) 清扫变压器上的脏物；

(2) 对易损部件(如有载调压油箱的防爆隔膜)进行有效的保护；

(3) 采取防止变压器顶盖上的油漆脱落的措施等。

8.3.6.4 升高座的安装要求

(1) 升高座安装前，应放出升高座内的变压器油，并完成对电流互感器的试验。

(2) 安装升高座时，应使电流互感器铭牌位置面向油箱外侧，放气塞位置应在升高座最高处。

(3) 电流互感器和升高座的中心应一致。

(4) 绝缘筒安装牢固，其安装位置不应使变压器引出线与之相碰。

8.3.6.5 散热器安装要求

(1) 散热器严密性检查：用油泵把变压器油压到散热器里面，油温保持 30℃以上，密封试验压力一般在 150~250kPa，加到规定油压后的持续时间不少于 30min，散热器不应出现渗油现象。

（2）大修时试漏标准：片状散热器 500～1000kPa，管状散热器 1000～1500kPa 持续时间 10h。

1）散热器直立起来，用合格的热变压器油冲洗内部。变压器油从上部进，从下部联管流出，连续进行 2～3 次，直至放出的油中没有金属粉沫和脏物为止，然后用临时盲板把上、下联管的法兰密封；

2）吊装时，先插进上部联接法兰的螺栓，再插进下部联结法兰之间的螺栓，分别拧紧；

3）将散热器及储油柜的阀门打开，注入合格变压器油至储油柜正常油面高度。注油时将所有放气塞打开，冒油时再密封好。

8.3.6.6 储油柜（储油柜、气体继电器、吸湿器等）安装要求

（1）储油柜的安装应符合下列要求：

1）储油柜安装前，应清洗干净；

2）胶囊式储油柜中的胶囊或隔膜式储油柜中的隔膜应完整无破损；胶囊在缓慢充气胀开后检查应无漏气现象。隔膜储油柜安装时将隔膜拆下，检查是否有损伤、破裂情况，同时将储油柜内清理干净，再重新装好隔膜，然后加 20kPa 气体试验，持续 30min 应无漏气现象；

3）胶囊沿长度方向应与储油柜的长轴保持平行，不应扭偏；胶囊口的密封应良好，呼吸应通畅；

4）油位表动作应灵活，油位表或油标管指示必须与储油柜的真实油位相符，不得出现假油位。油位表的信号接点位置正确，绝缘良好。

（2）气体继电器的安装应符合下列要求：

1）气体继电器安装前应经检验鉴定；

2）气体继电器应水平安装，其顶盖上标志的箭头应指向储油柜，其与连通管的连接应密封良好；

3）变压器真空注油时，必须将气体继电器管接头下端的真空蝶阀关闭，保持储油柜与变压器油箱分开。变压器注完油后，将真空蝶阀打开，使储油柜同变压器油箱连通，将隔膜上的放气嘴打开，然后继续从下节油箱上的油门注油，直至放气嘴冒油为止；

4）在变压器刚投运时，由于油中气体较多，为保证储油柜呼吸畅通，吸湿器可暂不装油，待气体放净后再将吸湿器装油；

5）如果连接气体继电器油联管已经倾斜（2%～4%）、或箱盖已经倾斜时，变压器可不必垫起。否则，安装瓦斯保护的变压器应垫高（1%～1.5%）。

（3）油位表安装时，先将连杆伸入储油柜中，再用螺栓将油位表紧固在安装法兰上，然后将连杆尾部用开口销与储油柜隔膜上的连接轴相连。为了观察方便，油位表的表盘安装时与垂直面的夹角≥20°；

（4）吸湿器安装要求：

1）安装吸湿器时将吸湿器下部通过注油孔加注变压器油（吊式吸湿器），油面应与油面线平齐；

2）吸湿器与储油柜间的连接管的密封应良好；管道应通畅；吸湿剂应干燥；油封油位应在油面线上或按产品的技术要求进行；

3）净油器内部应擦拭干净，吸附剂应干燥；其滤网安装方向应正确并在出口侧；油流方向应正确；

4）所有导气管必须清拭干净，其连接处应密封良好。

（5）测温装置安装要求：

1）温度计安装前应进行校验，信号接点应动作正确，导通良好；绕组温度计应根据制造厂的规定进行整定；

2）安装水银温度计、讯号温度计、电阻温度计首先要将温度计座孔内注满变压器油。密封应良好，无渗油现象；闲置的温度计座也应密封，不应进水；

3）膨胀式信号温度计的细金属软管不得有压扁或急剧扭曲，其弯曲半径不得小50mm；

4）靠近箱壁的绝缘导线，排列应整齐，应有保护措施；接线盒应密封良好；

5）温度控制器的工作电源和控制回路应各单独使用电缆。其中，温度信号回路应使用屏蔽电缆；

（6）控制箱的安装应符合现行的国家标准的有关规定。

8.3.6.7　套管安装要求

（1）拆除套管的包装时不允许用铁锤敲打或用铁棍硬撬，以免损坏瓷套。吊起套管时注意及时由水平位置转换到垂直位置。起吊中钢丝绳不得与套管的瓷质部分发生磨擦。

（2）套管安装前应进行下列检查：

1）瓷套表面应无裂缝、伤痕；

2）套管、法兰颈部及均压球内壁应清擦干净；

3）套管应经绝缘电阻测试、介质损耗角正切值 $\tan\delta$ 试验合格；

4）充油套管无渗油现象，油位指示正常。

（3）充油套管的内部绝缘已确认受潮时，应予干燥处理；110kV 及以上的套管应真空注油。

（4）高压套管穿缆的应力锥应进入套管的均压罩内，其引出端头与套管顶部接线柱连接处应擦拭干净，接触紧密；高压套管与引出线接口的密封波纹盘结构（魏德迈结构）的安装应严格按制造厂的规定进行。

（5）套管顶部结构的密封垫应安装正确，密封应良好，连接引线时，不应使顶部结构松扣。

（6）充油套管的油标应面向外侧，套管末屏应接地良好。

（7）套管型电流互感器的引出线不得开路，不使用的二次绕组须短接后接地。

（8）如果需转动接线端子时，必须将接线端子上的螺栓松开，调整后将螺栓紧固。

（9）低压侧单瓷件绝缘变压器套管、导电杆式套管。瓷件下端有一固定凸台，用压钉、盘及螺杆固定在变压器上箱盖。瓷件下端有两个园横槽用以卡住导电杆上的定位钉至不转动。套管投入运行前，打开套管上端的放气塞，须检查内部是否充满变压油，并密封好以免渗油。

8.3.6.8　有载分接开关安装要求

（1）传动机构中的操作机构、电动机、传动齿轮和杠杆应固定牢靠，连接位置正确，且操作灵活，无卡阻现象；传动结构的摩擦部分应涂以适合当地气候条件的润滑脂。

（2）切换开关的触头及其连结线应完整无损，且接触良好，其过渡电阻应完好，无断裂现象。

（3）切换装置的工作顺序应符合产品出厂要求；切换装置在极限位置时，其机械联锁与极限开关的电气联锁动作应正确。

（4）位置指示器应动作正常，指示正确。

（5）切换开关油箱内应清洁，油箱应做密封试验，且密封良好；注入油箱中的变压器油，其绝缘强度应符合产品的技术要求。

（6）有载分接开关油箱与变压器油箱是分开的，应分别取样试验。安装传动轴时一定要使将要联轴的轴端准确处在一条直线上。

8.3.6.9 冷却装置、吹风装置安装要求

（1）冷却装置在安装前应按制造厂规定的压力值用气压或油压进行密封试验，并应符合下列要求：

1）散热器、强迫油循环风冷却器，持续30min应无渗漏；

2）强迫油循环水冷却器，持续1h应无渗漏，水、油系统应分别检查渗漏。

（2）风扇电动机及叶片应安装牢固，并应转动灵活，叶片应无扭曲变形或与风筒碰擦等情况，转向应正确；电动机的电源配线应采用具有耐油性能的绝缘导线。检查出线端标志字母U、V、W相序与电源相序是否对应。用500V兆欧表检测定子绕组对机壳的绝缘电阻，其电阻值不应低于1MΩ。按规定电源对电机进行空转运行试验（不装叶轮）应启动灵活，无卡阻；试转时应无振动、过热；运行平稳轻快、声音和谐。当三相电流平衡时，电动机的三相空载电流任意一相与三相平均值的偏差不大于三相平均值的10%。

（3）冷却装置安装完毕后应立即注满油。

（4）冷却装置安装前应用合格的变压器油经净油机循环冲洗干净，并将残油排尽。

（5）管路中的阀门应操作灵活，开闭位置应正确；阀门及法兰连接处应密封良好。

（6）外接油管路在安装前，应进行彻底除锈并清洗干净；管道安装后，油管应涂黄漆，水管应涂黑漆，并应有流向标志。

（7）油泵转向应正确，转动时应无异常噪声、振动或过热现象；其密封应良好，无渗油或进气现象。

（8）差压继电器、流速继电器应经校验合格，且密封良好，动作可靠。

（9）水冷却装置停用时，应将水放尽。

8.3.7 变压器注油

8.3.7.1 变压器油主要作用

良好的变压器油应该是清洁而透明的液体，不得有沉淀物、机械杂质悬浮物及棉絮状物质。如果其受污染和氧化，并产生树脂和沉淀物，变压器油油质就会劣化，颜色会逐渐变为深褐色的液体。

变压器油的主要作用如下：

（1）绝缘作用：变压器油具有比空气高得多的绝缘强度。绝缘材料浸在油中，不仅可提高绝缘强度，而且还可免受潮气的侵蚀。

（2）散热作用：变压器油的比热大，常用作冷却剂。变压器运行时产生的热量使靠近铁芯和绕组的油受热膨胀上升，通过油的上下对流，热量通过散热器散出，保证变压器正常运行。

（3）消弧作用：在变压器有载调压开关上，触头切换时会产生电弧。由于变压器油导热性能好，且在电弧的高温作用下能分触了大量气体，产生较大压力，从而提高了介质的灭弧性能，使电弧很快熄灭。

8.3.7.2 注油前准备

大型变压器的油量比较大，一般是不带油运输，需在安装现场进行注油。

电压等级在220kV以上级变压器必须进行真空注油，其他电压等级变压器有条件时宜采用真空注油，真空注油应遵守制造商技术文件的规定。

真空注油时变压器油箱内是负压，注进去的油可以到达所有位置，同时将变压器油箱内的空气抽了出来，保证变压器油箱内空气的湿度符合要求。

真空注油主要是防止在注油过程中有空气进入变压器油箱内部，使变压器油内存在气泡或残留气体，从而导致变压器在运行中气泡放电和变压器油受残留空气中水分影响而导致受潮。

变压器注油抽真空的极限允许值为：35kV变压器容量在4000～31500kVA不超过0.051MPa；110kV变压器容量在16000kVA及以下不超过0.051MPa；110kV变压器容量在20000kVA及以上不超过0.08MPa；220～330kV变压器不超过0.101MPa。

注油前主要的准备事项如下：

（1）注入的变压器油必须按现行的国家标准的规定试验合格后，方可注入变压器中。不同牌号的变压器油或同牌号的新油与运行过的油混合使用前，必须作混油试验。

（2）变压器主体上装有储油柜，在箱盖蝶阀上或气体继电器联管处安装抽空管。有载分接开关应安装注油管，以便与主体同时注油。

（3）注油前，变压器各接地点及油管道应可靠接地。

（4）检查变压器及连接管道密封是否完好，拆除所有在真空下不能承压的附件，如储油柜等与油箱隔离，对允许抽相同真空度的部件，应同时抽真空。

8.3.7.3 注油程序

（1）启动真空泵，以1.3～2.6kPa/h的速度，均匀地提高其真空度到0.080MPa，并维持2h。

（2）检查油箱有无较大变形，排除可能出现的漏气点，局部弹性变形不应超过箱壁厚度的2倍，同时，检查真空系统的严密性。

（3）在真空度为600mmHg(0.080MPa)状态下进行注油。注油过程中应使真空度维持在740mmHg±5mmHg（98.2kPa±0.65kPa），以不宜大于100L/min的速度将油注入变压器油箱，当油面距油箱顶盖约200mm时停止注油。

（4）注油全过程应保持真空。注入油的油温宜高于器身温度。

（5）变压器注油时，宜从下部油阀进油。对导向强油循环的变压器，注油时应符合制造厂的技术文件的规定。

（6）注油后，应继续保持真空，保持时间：110kV变压器不得少于2h，220kV变压器在真空度下继续维持4h后，解除真空，向油枕补充油。

（7）变压器补油时，必须由储油柜的注油管注油，严禁由变压器下部阀门注油。

（8）第一次真空注油后需静置24h，使固体绝缘充分浸渍。

（9）变压器注油后，将散热器、气体继电器、套管（密封式套管除外）、视察窗、高压套管升高座等放气塞密封好，并检查所有密封面。110kV变压器静止24h、220kV变压器静止48h，检查是否有渗油现象，并多次放出气体继电器内的气体。

8.3.8 整体密封检查

变压器安装完毕后，应在储油柜上用气压或油压进行整体密封试验，其压力为油箱盖上能承受0.03MPa压力，试验持续时间为24h，应无渗漏。整体运输的变压器可不进行整体密封试验。

8.4 冲击合闸试验

试运行前，应进行全面检查，确认其符合运行条件时，方可投入试运行。检查项目如下：

（1）安装工作全部结束，经检查符合规范标准；

（2）变压器主体试验、其他高压电器试验、保护装置单体调试及系统传动试验结束，经检查、验收符合规范标准；

（3）本体、冷却装置及所有附件应无缺陷，且不渗油；

（4）轮子的制动装置应牢固；

（5）油漆应完整，相色标志正确；

（6）变压器顶盖上应无遗留杂物；

（7）事故排油设施应完好，消防设施安全；

（8）储油柜、冷却装置、净油器等油系统上的油门均应打开，且指示正确；

（9）接地引下线及其与主接地网的连接应满足设计要求，接地应可靠。铁芯和夹件的接地引出套管、套管的接地小套管及电压抽取装置不用时其抽出端子均应接地；备用电流互感器二次端子应短接接地；套管顶部结构的接触及密封应良好；

（10）储油柜和充油套管的油位应正常；

（11）分接头的位置应符合运行要求；有载调压切换装置的远方操作应动作可靠，指示位置正确；

（12）变压器的相位及绕组的接线组别应符合并列运行要求；

（13）测温装置指示应正确，整定值符合要求。干式变压器温控开关整定符合要求，温控与温显所指示的温度一致；

（14）冷却装置试运行应正常，联动正确；水冷装置的油压应大于水压；强迫油循环的变压器应启动全部冷却装置，进行循环4h以上，放完残留空气；

（15）变压器的全部电气试验应合格；保护装置整定值符合规定；操作及联动试验正确。

冲击合闸试验的具体要求如下：

（1）额定电压下对变压器进行冲击合闸试验，应进行5次，第一次受电后持续时间不应少于10 min，以后每次间隔5 min，励磁涌流不应引起保护装置的误动，无异常现象。冲击合闸试验宜在变压器高压侧进行。对发电机变压器组结线的变压器，当发电机与变压器间无操作断开点时，可不作全电压冲击合闸；

（2）对中性点接地的电力系统，冲击试验时变压器的中性点必须接地；

（3）发电机变压器组中间连接无操作断开点的变压器，可不进行冲击合闸试验；

（4）无电流差动保护的干式变压器冲击三次；

（5）检查变压器的相位必须与电网相位一致。变压器并列前，应先核对相位；

（6）带电后，检查本体及附件所有焊缝和连接面，不应有渗油现象。

第9章　变电所

变电所是连接电力系统的中间环节，用以汇集电源、升降电压和分配电力，通常由高低压配电装置、主变压器、主控制室和相应的设施以及辅助生产建筑物组成。根据其在系统中的位置、性质、作用及控制方式等可分类如下：

按作用性质划分：升压变电所、降压变电所、开关站；

按所处地位划分：枢纽变电所、地区变电所、企业(用户)变电所、终端(分支)变电所；

按控制方式划分：有人值班变电所、三遥变电所、在家值班变电所。

变压器的施工在其他章节已经讲述，本章主要讲述的内容包括基础型钢、盘柜、母线、GIS、互感器、断路器、避雷器、电容器、电抗器、消弧线圈、不间断电源、自动化系统及低压电器的施工方法和技术质量要求。

9.1　盘柜的安装

9.1.1　基础型钢的安装

9.1.1.1　常用基础型钢类型

槽钢(或角钢)——落地式盘柜基础；槽钢可立放，也可开口向下平放；设计有防静电地板的房间设备基础为支架式。

C型钢——落地式盘柜基础，国内工程不多见，国外装置多有设计。

钢板——多用在变压器、电抗器等自带型钢基础的设备。一般由结构(土建)专业施工，在结构专业施工超差的情况下(专业规范质量要求不同)，电气专业增补适当厚度的钢板找平。

9.1.1.2　施工准备

(1) 材料准备(到货验收，需防腐的委托防腐)

根据设计图纸落实安装材料，核对规格、型号及数量是否满足设备要求；并对到货材料质量予以确认；有防腐要求的型钢材料即时按防腐标准委托油漆专业进行防腐处理。

(2) 工序交接

1) 设备基础预埋件交接。电气专业与结构(土建)专业一起参加，按照电气专业施工图纸要求和结构专业施工图纸设计内容以及其施工验收规范，对电气预埋件进行交接验收。交接内容包括：预埋件的数量、坐标、直线和标高的偏差等。应特别注意：结构专业为电气专业提供的设备基础预埋件应为负偏差，后期施工中可通过调整垫铁予以修正；

2) 预留孔洞位置的核实。在设备基础施工前有必要对结构专业为电气设备预留的孔洞予以确认，发现偏移或遗漏，应在设备基础施工前修改完。

(3) 垫铁准备

根据对结构专业预埋件的验收情况，准备厚薄不等的垫铁，垫铁可以在施工现场边角余料中收集，如果数量较大、较厚，也可以材料加工，应准备少量斜垫铁，在调整型钢基础位置时方便操作。

9.1.1.3 施工方法

电气设备基础的质量要求在施工规范中有明确的标准，如表 9-1。

表 9-1 基础型钢安装允许偏差

项　　目	允许偏差	
	mm/m	mm/全长
直线度	1	5
水平度	1	5
平行度	—	5

为满足规范所要求的质量标准，应在施工的各个环节采取必要的保证措施。

（1）材料校正

为提高型钢基础的整体质量，所使用的型钢材料在预制前进行必要的调直。调直方法包括锤击、液压校正等。

（2）基础定位

电气设备基础位置的确定可使用施工现场的相对坐标：

1）借助结构（土建）专业给出的坐标和标高确定。

水平位置参照临近墙中心线、柱中心线测量。标高的确认要十分重视，必须参照已经交接的预埋件实测标高和结构专业最终地坪施工标高进行定位。要保证电气设备基础施工后与最终地坪的标高差满足电气设备的操作要求。如中高压开关柜一般要求基础表面高出地坪 10~20mm，若高出太多，断路器小车高度不够，影响断路器正常操作；若基础与地坪持平，甚至偏低，运行期间铺设的绝缘胶垫会阻碍设备底部 PT 等部件的操作。

2）严格控制电气设备之间的相对位置，保证后期母线等联络部件的安装。

进出线柜与变压器、母线过桥连接柜等硬连接的设备中间的相对位置都需要反复确认。若设备间连接形式为设计定货，必须保证设备间三维相对坐标准确；若为后期现场测量定制，部分数据可有少许偏差。

（3）型钢预制

大多设备基础的尺寸和样式施工图纸中都已给定，在和设备随机资料核实后按照设计尺寸预制；部分设备基础设计不能给定，需要现场根据结构的形式和设备底座确定尺寸和样式，应在设计书面确认后实施。如，变电站户外设施的基础，变压器、电抗器等现场找平的钢板等都是类似情况。

电气设备基础下料尺寸应精准，宜采用无齿锯切割，防止在组对、焊接时出现应力变形。如盘柜基础的横撑，无论预制时安装还是外框就位后补加，若拼接缝隙不均匀，在施焊后由于热应力的作用，已校正的通长型钢就会多处走位，严重影响外观质量。这样的施工要求才能满足设备基础直线度的要求。

在组对成型的过程中，要保证基础的平行度。一方面反复随机测量外框型钢的外沿尺寸是否相等；另一方面反复测量基础对角线的尺寸是否相等，切实保证成型后的基础为严格的矩形。

（4）安装就位

设备基础的安装就位是基础型钢施工的关键工序，设备基础水平度的高低对后工序盘柜的安装有很大的影响，不但影响盘柜就位过程中的工作效率，甚至设备的正常组装，也会影响到盘柜就位后的质量水平。

电气设备基础通常采用电气焊的形式固定在预埋件上，也有部分采用地脚螺栓或膨胀螺栓固定，这部分基础一般是没有结构(土建)预埋件的位置所采用的施工方法。

设备基础找平的方法也有多种，最常用的有水平仪、U 型管法两种。

1）水平仪法比较简单、快捷。注意的方面有：一是水平仪固定必须稳妥，支架水平度和垂直度符合使用要求，每次换位时必须按步骤确认镜头水平度。新式激光水平仪采用自平结构，且不需要人在仪器侧观察，使用起来更加快捷。二是标杆选择毫米级刻度的板尺，每点测量时标杆必须垂直，否则直接影响测量精度。

2）U 型管法原理简单，当设备基础横撑较少或户外设备位置分散、数量较少时使用最方便。采用 U 型管法过程中注意管路的清洁，尤其不得有油污，保证液面清晰便于观察，必要时可使用墨水提色；注意管路不弯折堵水；当采用水做介质时，观察凹液面的底部。

无论采用哪种测量方式，每个基础型钢的四角必测，其他测量点相隔不得超过 1m。

基础型钢固定前，通过对每个预埋件或初始水平度的全面测量，找出实测标高的最高点(不是误差最大点)，首先固定。以此点标高为基准测量、调整、固定每一个预埋件或支撑点；固定过程中也须不断确认基础型钢的直线度、平行度未偏离设计、规范要求。

找平时，垫铁间距一般不超过 1m，超重设备应再加密。每处垫铁最多不宜超过三片。在同一房间的设备基础，无论分为多少组，也须使用同一标高基准点。

（5）施工完善

在基础型钢就位、找平后，应将所有垫铁焊接牢固，检查型钢每处焊口是否饱满，基础型钢上表面焊口打磨平整；委托防腐专业进行全面补漆。

（6）基础型钢质量复测及报检

按施工验收规范中表中的要求进行质量复测，复测内容包括水平度、直线度、不平行度，至少每米测量一点，测量结果标注在示意图上作为工序报检资料。

9.1.1.4 施工注意事项

使用水平仪、标尺、水平尺、卷尺等测量工具必须经过质量鉴定合格。

设备基础对后续安装质量有决定性影响，虽质检部门控制级别不高，作为施工单位却应高度重视。

9.1.2 盘柜的安装

（1）技术准备

在变电所结构施工期间就应进行技术协调，了解盘柜外形尺寸，甚至出厂包装方式，落实建筑物的设备安装通道是否通畅。不但要计算门口尺寸是否满足设备吊装条件，还要了建筑物周围的设施有无吊装场地，必要时应预留变电所外墙作为施工通道。

（2）施工准备

变电所盘柜安装是电气专业施工项目中设备安装最大的工作，体积大、质量大、数量多、成品保护等质量要求高，因此能否安全、优质、快速地将盘柜吊装到位，施工准备至关重要。

吊装盘柜前，须根据室内环境及布局编排好就位的顺序，决定哪块盘先进、哪块盘后进，列出详单。遵守的原则就是：设备进出路线通畅，落座基础安全，尽可能减少二次吊装就位工作量。

根据现场环境和盘柜本体状况，选择合适的吊装方法及工具，滚杠、地牛、门型吊装设备（自主设计、制作）等既可单独使用，也可组合使用。几种方式的优缺点如下：

1）全部使用滚杠搬运设备，适合超大体积、超重设备，安全系数较高；缺点是速度慢，不利对地坪的保护，设备落基础较困难，有"掉炕"的危险；设备很难一步到位，二次吊装工作量大。对门口无特殊要求；

2）全部使用液压小车搬运设备速度快，操控方便；缺点是不能运输体积太大的设备，且易倾倒。设备落基础需要滚杠配合，也有"掉炕"的危险；设备也很难一步到位，二次吊装工作量较大。对门口高度有要求；

3）门型吊装工具为现场制作的实用性工具（如图 9-1）。其搬运速度快，适合各种体积、

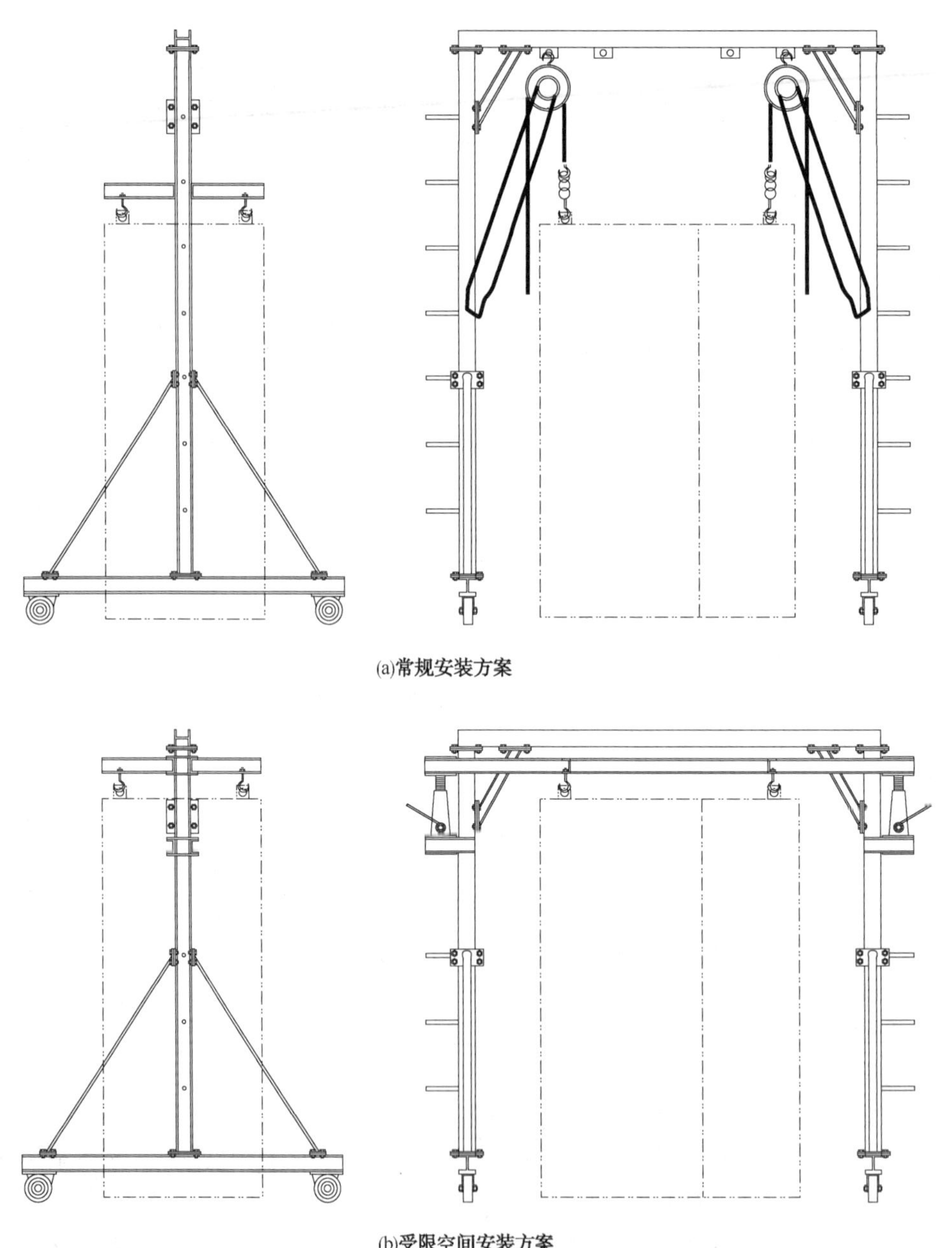

(a)常规安装方案

(b)受限空间安装方案

图 9-1　门型吊装工具示意图

质量的盘柜。设备落基础能够一步到位，没有二次吊装工作量，整体安装效率大幅提升。在搬运过程中安全平稳，不但避免了倾倒、“掉炕”的危险，而且不需撬棍等其他工具，对产品油漆划伤、变形等成品保护问题均可避免。本办法建议在施工中推广使用。缺点是活动范围仅限于室内，门口尺寸无法满足使用条件，户外需要滚杠或地牛配合施工。要求室内空间高度至少高出盘柜400mm，且无灯具、风道等障碍物。

部分盘柜底部未设计承重框，只有底部四角或上部吊耳可以受力，这样的盘柜使用地牛或滚杠均会造成设备主体变形，要求必须使用门型吊装工具或类似工具。

盘柜吊装前，变电所门口应搭设一个前出的平台，长宽尺寸满足设备拖运和施工人员的操作，周围围好护栏，保证施工人员安全。平台高度与室内地面要平齐，上表面铺设钢板或木跳板，并且自室外向室内有少许坡度，以利于盘柜搬运。该平台可使用枕木或架设管搭设，无论选择什么材料，都必须保证平台能够承载盘柜和所有施工人员的质量，并应有充足的安全系数。

变电所室内地坪如需细致保护，如瓷砖、静电地板等，应选择木板或铁板满铺吊装路线，盘柜搬移过程中避免损坏地坪。在静电地板上还要考虑保护措施能起到提高地面强度的作用，防止地板局部受力太大而坍塌。

准备盘柜找正用的垫铁，选用0.5~1mm厚的白铁皮、不锈钢皮或铜皮，裁剪成和基础型钢合适的宽度，长度一般为100mm。

准备盘柜安装所需的一系列工具、设备，除了上述吊装工具，安装类工具还有磁力线坠、钢板尺、水平尺、塞尺、千斤顶、力矩扳手等等，调试类设备还有开关特性测试仪及耐压设备等等。要确认计量工具、设备具有合格计量证书。

(3) 盘柜吊装

盘柜吊装前组织开箱检验工作，一般在现场进行。联合业主、监理、承包商的采供管理人员，甚至包括生产厂商代表，依据到货清单逐一清点确认。检查过程留下文字资料，必要的时候还应有图像资料。

盘柜吊装所选用的吊车由专业起重工选择和指挥。盘柜吊装时，起吊绳必须置于专用吊耳上，且必须对称挂钩，保证盘柜受力对称，垂直起吊不变形。

盘柜搬运时须有足够数量的人员，并有专人指挥。如使用滚杠，滚杠置入时，手脚远离滚杠，以防碰伤手脚及损坏设备。滚杠轻拿轻放，以免损坏地面。如使用地牛拖运，必须注意盘柜底座承重框受力，避免单边受力倾倒。如使用门型吊装工具，盘柜不要起吊太高，盘柜离开地面高出基础型钢即可，减少对盘柜的振动和坠落危险。

搬运过程中走稳、扶牢，注意脚下的孔洞。配电柜落到基础上时周边受力均匀，防止倾倒。使用门型吊装工具时，事先在基础上标定安装位置，可以满足盘柜一次到位(若盘内母线安装要求逐台拼装盘，需保留适当的间距)。

(4) 盘柜就位找正

盘柜根据施工图纸平面布置进行安装。首先要定位和外部有硬性连接的盘柜，如使用母线通道的进线柜、分段母线连接柜等。单排无外部硬连接柜的情况下，就可以从一端或中间某一台盘柜开始定位。定位前还应考虑同一室内不同列盘柜的位置关系，即定位要选择统一参考点。

盘柜在基础上需要的移动范围小，可以选择门型吊装工具，安全可靠。如果距离较近，也可以使用千斤顶推移，着力点必须选择在盘柜的承重框上，且须用木方或柔软物垫上，防止挤压变形。不赞成撬棍搬移方式，易造成盘柜底边变形或油漆受损。

盘柜就位前认真阅读安装说明书，并落实盘柜附件如内置母线的安装方式。若母线、套管等可以在盘柜成排后装入，应首先进行成列盘柜的安装，再组织集中安装母线，可以大幅提高施工效率。若配套的母线如管型母线，在盘柜拼装后无法插入，就需要采用逐台盘柜就位、逐台完善附件的方法组织施工。

盘柜找正的质量直接反应变电所的外观形象，一直受到各级施工管理单位的关注，且施工验收规范中，对盘柜找正的技术质量要求很具体，如表 9-2。

表 9-2　盘柜安装满足下表要求

项　　目		允许偏差/mm
垂直度(每米)		<1.5
水平偏差	相邻盘顶部	<2
	成列盘顶部	<5
盘面偏差	相邻两盘	<1
	成列盘面	<5
盘间接缝		<2

盘柜找正最主要的是垂直度的控制，通过盘间螺栓和外形校正保证盘间接缝的质量，其水平偏差和盘面偏差在基础型钢合格的前提下较易得到实现。通常选用磁力线坠对盘柜进行垂直度检查。

使用磁力线坠进行垂直度检查时，注意测量盘柜的主体框架，不能测量门面板、侧面板等附属结构。

盘柜的盘间接缝不能简单使用螺栓拉紧，当并盘期间发现盘柜主体框有变形或内侧板有突出物相抵时，应先采用拉拽、顶压等方式矫形，对内侧面相抵的位置采用适当的削平处理，禁止硬性挤靠，避免影响手车、断路器的顺畅操作。

盘柜找正时，宜少垫垫铁，最多不超过三块，尽可能垫后部。

盘柜的固定有点焊和螺栓两种。点焊较为普遍，可在盘柜过程中根据找正需要随机电气焊固定，全部定位找正后进行全面补焊，通常每台盘柜四角固定即可。采用螺栓固定分两种情况：

1）基础型钢选用槽钢或角钢材料时，通常使用镀锌单头螺栓。多用在设备基础为支架形式的基础上，如果用在预埋式型钢基础上，要求型钢必须立放，即型钢开口朝向侧面，否则无法连接螺栓。这种情况下，基础型钢上的螺栓孔需要在盘柜确定位置后、落座前施工。为防止盘柜螺栓孔错位，可施工成椭圆长孔。

2）基础型钢选用 C 型钢材材料时，由于 C 型钢本身比较单薄，一般不高出水泥地坪，依托地面支撑盘柜，型钢主要起到定位和固定作用。C 型钢开口向上，可在 C 型钢内腔根据盘柜确定的位置安放弹簧螺帽，单头螺杆在盘柜找正后由盘内向外拧紧。

盘柜器件安装根据图纸对号入座，抽屉、小车推入根据使用说明书操作方式进行，不得强行置入。

（5）高、低压盘柜中的母带和母线通道根据厂家技术资料现场组装。

成品母线的组装必须遵守母线施工的规范要求，这里只说明成品母线或成套密封母线的施工要求，现场预制、安装型母线的施工将在第二节讲述。成品母线施工有两点必须注意：

1）母线的搭接面通常已经经过厂家的抛光或镀银处理，不需要或者不能再涂抹电力复合酯。组装母线前须与生产商技术代表进行落实；

2）母线连接螺栓的扭力矩通常不按国标施工验收规范执行，各厂商有自己单独的技术标准，如ABB公司中低压柜一般比国标的力矩要求大一倍。也须要组装母线前与生产商技术代表进行落实。

成品母线的连接螺栓既有两条的固定结构也有四条的连接方式。因多半是与盘柜内装固定搭接面连接，因此两个搭接面的平行度需加以重视，必要时调整盘内母线，保证搭接面接触完整，各条螺栓受力均匀，同时满足不使电器的接线端子受到额外应力的技术要求。

母线连接位置是电气专业易发生事故且事故后果比较严重的位置，要求连接螺栓必须采用经计量鉴定的力矩扳手紧固，且在封闭母线室前由不少于两人单独确认，确认过程逐一标记。即一人逐条螺栓紧固时，同步在螺帽和被紧固件上画标记线；另一人再被要求逐条螺栓进行紧固，同步在螺帽和被紧固件上画不同颜色的标记线。目的是母线螺栓不漏紧，力矩均匀。螺栓的紧固过程和工艺设备螺栓的紧固顺序要求一样，需要对角操作。

（6）成套供应的封闭母线、插接式母线槽的各段应标志清晰，产品附件齐全，外壳无变形，内部无损伤。

① 封闭母线的安装要求

1）支座必须安装牢固，母线应按分段图、相序、编号、方向和标志正确放置，每相外壳的纵向间隙应分配均匀；

2）母线与外壳间应同心，其误差不得超过5mm，段与段连接时，两相邻段母线及外壳应对准，连接后不应使母线及外壳受到机械应力；

3）外壳的相间短路板应位置正确，连接良好，相间支撑板应安装牢固，分段绝缘的外壳应作好绝缘措施。

② 插接母线槽的安装要求

1）悬挂式母线槽的吊钩应有调整螺栓，固定点间距离不得大于3m；

2）母线槽的端头应装封闭罩，引出线孔的盖子应完整；

3）各段母线槽的外壳的连接应是可拆的，外壳之间应有跨结线，并应接地可靠。

盘柜安装完毕，需要对各部器件功能正确件确认，确认过程有书面记录。这项工作存在很大的认识误区，大部分施工单位通常按厂商出厂负责的原则处理，检查过程被忽略。类似电气试验一样，出厂设备不排除厂商的质保责任，即使具有全面的出厂证明文件和调试资料，施工单位也应全面对设备进行检查。检查内容除电气试验外，还包括内部母线及配线的螺栓紧固情况，操动机构的动作、执行情况，元器件与设计的符合情况等等。检查过程记录齐全，负责人签字确认。发现问题及时处理，需生产厂家处理的应书面提出，处理结果文字记录齐全。

9.2 母线安装

成品母线的安装主要选择在变电所盘柜内部或母线通道里，已经在第二节中讲述，本节根据石化行业工厂供电的特点，主要讲述硬母线现场预制、安装的施工方法和技术要求。在工程项目中最常见的硬母线为矩形母线，也有的地方选用管型母线。管型母线一般是工厂化预制，全线包括现场接头位置采用外绝缘防护措施，母线外观类似管型电缆，接头制作工序和电缆中间接头也基本相同，本节就不再详述。

9.2.1 施工准备

9.2.1.1 材料准备

母线表面应光洁平整，不应有裂纹、折皱、夹杂物及变形和扭曲现象，使用前进行矫正平直。支持金具满足设计要求，特别关注支撑强度和电磁应力符合母线大负荷、长周期安全运行要求。

9.2.1.2 施工机具准备

母线加工应尽可能选择如切断机、弯排机、打孔机等成套专用机具。如使用一般切割、钻孔等机具施工，需要准备锉刀及刮刀等断面和孔边处理工具，保证连接面的技术要求。

9.2.1.3 技术准备

根据设计图纸和现场尺寸排算材料，排算的内容很具体：每根料用在什么位置，余量有多大，包括哪几个位置共用一根材料，每个支撑件的位置、形式、加固方式等等都须详细排算。必要时组织班组讨论，列出最终计划表并要求按照计划严格执行。

母线安装开工的前提是母线所连接的设备已经就位、找正，首先是穿墙套管的安装(如果有)，再进行母线支撑及绝缘子的施工，第三道工序才是母线的下料、连接、固定，末工序是对母线的测试、加固、涂刷相色等完善工作。

9.2.2 母线配套器具安装

穿墙套管和绝缘子安装前应进行外观检查和相应电压等级的耐压试验。

9.2.2.1 穿墙套管的安装要求

(1) 安装穿墙套管的孔径应比嵌入部分大 5mm 以上，混凝土安装板的最大厚度不得超过 50mm；

(2) 额定电流在 1500A 及以上的穿墙套管直接固定在钢板上时，套管周围不应构成闭合磁路；

(3) 穿墙套管垂直安装时，法兰应向上，水平安装时，法兰应在外；

(4) 600A 及以上母线穿墙套管端部的金属夹板应采用非磁性材料，金属夹板厚度不应小于 3mm，当母线为两片及以上时，母线本身之间应予固定；

(5) 套管接地端子及不用的电压抽取端子应可靠接地。

9.2.2.2 绝缘子的安装要求

(1) 安装在同一平面或垂直面上的支柱绝缘子的顶面应位于同一平面上，母线直线段的支柱绝缘子的安装中心线应在同一直线上；

(2) 支柱绝缘子安装时，其底座不得埋入混凝土或抹灰层内，支柱绝缘子叠装时，中心线应一致，固定应牢固，紧固件应齐全；

(3) 除设计原因外，悬式绝缘子串应与地面垂直，当受条件限制不能满足要求时，可有不超过 5°的倾斜角；

(4) 多串悬式绝缘子并联时，每串所受的张力应均匀；

(5) 悬式绝缘子串组合时，联结金具的螺栓、销钉及锁紧销等必须符合现行国家标准，其穿向应一致，耐张绝缘子串的碗口应向上，绝缘子串的球头挂环、碗头挂板及锁紧销等应互相匹配；

（6）悬式绝缘子的弹簧销应有足够弹性，闭口销必须分开，并不得有折断或裂纹。均压环、屏蔽环等保护金具应安装牢固，位置应正确。

根据已制定的排料计划、施工规范要求确定母线支撑的位置，结合环境特点须增补支架加固的位置一定要加固，墙壁上固定支撑尽量使用穿墙螺栓固定，且加大背板面积和厚度防止拉脱；

单相或两相母线不可穿过闭合磁路构架，在建筑结构造成无可避免情况下，在构架的合适位置换用非金属连接材料，切断电磁通路；

绝缘子的底座、保护网(罩)及母线支架等可接近裸露导体的部位须可靠接地(PE)。

9.2.3　母线预制、安装

9.2.3.1　矩形母线的预制

矩形母线的预制重点工作是连接位置的加工，母线的连接质量直接决定了母线是否能长周期安全运行。母线弯曲的处理则是整体技能加工水平的体现。因此，在硬母线预制过程中应做好以下几方面：

（1）切断面应平整。使用切断机作业形成的翘边要延平；如使用其他切断锯产生的毛刺必须清理干净；

（2）母线的接触面加工必须平整、无氧化膜时，母线接触面不得用砂纸打磨，经加工后其截面减少值：铜母线不应超过原截面的3%；

（3）母线接头螺孔的直径宜大于螺栓直径1mm；钻孔应垂直，不歪斜，螺孔间中心距离的误差应为±0.5mm。螺栓孔周围处理平整、光滑；搭接面积符合规范要求；

（4）硬母线的连接有焊接、贯穿螺栓连接或夹板及夹持螺栓搭接几种形式，管形母线应用专用线夹连接，不得用内螺纹管接头或锡焊连接；

（5）母线与母线或母线与电器接线端子的螺栓搭接面的安装，应符合下列要求：

① 母线接触面加工后必须保持清洁，并涂以电力复合脂；

② 母线平置时，贯穿螺栓应由下往上穿，其余情况下，螺母应置于维护侧，螺栓长度宜露出螺母2~3扣；

③ 贯穿螺栓连接的母线两外侧均应有平垫圈，相邻螺栓垫圈间应有3mm以上的净距，螺母侧应装有弹簧垫圈或锁紧螺母；

④ 螺栓受力应均匀，不应使电器的接线端子受到额外应力；

⑤ 母线的接触面应连接紧密，连接螺栓应用力矩扳手紧固，其紧固力矩值当设计无特殊要求时应符合表9-3规定；

表9-3　不同螺栓紧固力矩值

螺栓规格/mm	力矩值/(N·m)	螺栓规格/mm	力矩值/(N·m)
M8	8.8~10.8	M16	78.5~98.1
M10	17.7~22.6	M18	98.0~127.4
M12	31.4~39.2	M20	156.9~196.2
M14	51.0~60.8	M24	274.6~343.2

⑥ 母线与螺杆形接线端子连接时，母线的孔径不应大于螺杆形接线端子直径1mm。丝扣的氧化膜必须刷净，螺母接触面必须平整，螺母与母线间应加铜质搪锡平垫圈，并应有锁紧螺母，但不得加弹簧垫片；

⑦ 连接螺栓的规格、材质符合规范要求（如其额定电流为1500A及以上时，应采用非磁性金属材料制成的螺栓（GBJ 147—2010）；

⑧ 连接螺栓必须采用经计量鉴定的力矩扳手紧固，且由不少于两人单独确认，确认过程逐一标记；

（6）相同布置的主母线、分支母线、引下线及设备连结线应对称一致，横平竖直；

（7）母线弯制时，开始弯曲处距最近绝缘子的母线支持夹板边缘不应大于母线两支持点间的距离的0.25倍，但不得小于50mm；距母线连接位置不应小于50mm；矩形母线应减少直角弯曲，弯曲处不得有裂纹及显著的折皱；多片母线的弯曲度应一致。母线扭转90°时，其扭转部分的长度应为母线宽度的2.5~5倍；

（8）母线的固定重点考虑其运行期间的应力自消除和抗震强度。母线所受的应力包括支撑绝缘子和搭接设备形成的应力，也包括温度变化以及冲击电流形成的电磁力。诸多因素应在施工过程中逐一消除或预防；

（9）母线安装时，室内、室外配电装置安全净距应符合国家现行技术标准规定。

9.2.3.2 母线的相序排列

母线的相序排列，当设计无规定或设备连接无影响时应符合下列规定：

（1）上下布置的交流母线，由上到下排列为L1、L2、L3相；直流母线正极在上，负极在下；

（2）水平布置的交流母线，由盘后向盘面排列为L1、L2、L3相；直流母线正极在后，负极在前；

（3）引下线的交流母线，面对盘面的正面由左至右排列为L1、L2、L3相；直流母线正极在左，负极在右。

9.2.3.3 母线在绝缘子上固定时的要求

（1）母线固定金具与支柱绝缘子间的固定应平整牢固，不应使其所支持的母线受到外应力；

（2）交流母线的固定金具或其他支持金具不应构成闭合磁路；

（3）除固定点外，当母线平置时，母线支持夹板的上部压板应与母线保持1.0~1.5mm的间隙；当母线立置时，上部压板应与母线保持1.5~2.0mm的间隙；

（4）母线在固定绝缘子上的固定死点，每一段应设置一个，并应位于全长或两母线伸缩节中点；

（5）母线固定装置应无棱角及毛刺。矩形母线采用螺栓固定搭接时，连接处距支柱绝缘子的支持夹板边缘不应小于50mm；上片母线端头与下片母线平弯开始处的距离不应小于50mm；

（6）多片矩形母线间隙应不小于母线厚度，相邻的间隔垫边缘间距离应大于5mm。

9.2.3.4 当母线采用焊接形式连接时的注意事项

（1）母线焊接前应将母线坡口两侧表面各50mm范围内清刷干净，不得有氧化膜、水分和油污；坡口加工面应无毛刺和飞边；

（2）铝及铝合金的管形母线、槽形母线、封闭母线应采用氩弧焊；

（3）母线焊接前对口应平直，其弯折偏移不应大于0.2%，中心偏移不应大于0.5mm；

（4）母线宜减少对接焊缝；如需采用对接焊缝，离支持绝缘子母线夹板边缘不应小于50mm；同相母线不同片上的对接焊缝，其错开位置不应小于50mm；母线对接焊缝的上部应有 2~4mm 的加强高度；

（5）引下线母线采用搭接焊时，焊缝的长度不应小于母线宽度的两倍；角焊缝的加强高度应为 4mm；

（6）母线焊接后焊接接头表面应无裂纹、凹陷、缺肉、气孔、夹渣等缺陷，咬边深度不得超过母线厚度的 10%，且其总长度不得超过焊缝总长度的 20%；

（7）母线伸缩节不得有裂纹、断股、折皱现象，其总截面不应小于母线截面的 1.2 倍。

9.2.4 母线防护及标识

金属构件及母线的防腐处理和标示应符合下列要求：

（1）金属构件除锈应彻底，防腐应均匀，不得有起皮、皱皮等缺陷；

（2）母线涂漆应均匀，无起层、皱皮等缺陷；在有盐雾及含有腐蚀性气体的场所，母线应涂防腐涂料；

（3）母线涂漆的颜色应符合下列规定：

1）三相交流母线：L1 相为黄色，L2 相为绿色，L3 相为红色，单相交流母线与引出相的颜色相同；

2）直流母线：正极为赭色，负极为蓝色；

3）直流均衡汇流母线及交流中性汇流母线：不接地者为紫色，接地者为紫色带黑色条纹；

（4）母线刷相色漆应符合下列规定：

1）室外软母线、封闭母线应在两端和中间适当部位涂相色漆；

2）单片母线的所有面及多片、槽形、管形母线的所有可见面均应涂相色漆；

3）钢母线的所有表面应涂防腐相色漆；

4）刷漆应均匀，无起层、皱皮等缺陷，并应整齐一致；

（5）母线在螺栓连接及支持连接处、母线与电器的连接处及距所有连接处 10mm 以内的地方不应刷相色漆；供携带式接地线连接用的接触面上，不刷漆部分的长度应为母线的宽度或直径，且不应小于 50mm，并在其两侧涂以宽度为 10mm 的黑色标志带。

9.2.5 母线系统试验和检查验收

母线安装工作结束后，须对母线系统进行耐压和直阻试验。

在对母线安装工作报验前，须进行全面细致的检查，检查的主要内容包括：螺栓力矩、金具齐全、支撑强度、应力消除、保护接地、防腐及标示等项目。

9.3 GIS 组合电器

9.3.1 GIS 组合电器的共同特点

SF6 封闭式组合电器，国际上称为“气体绝缘变电站”（Gas Insulated Switchgear），简称 GIS。它将一座变电站中除变压器以外的一次设备，包括断路器、隔离开关、接地开关、电压互感器、电流互感器、避雷器、母线、电缆终端、进出线套管等，经优化设计有机地结合成一个整体。

GIS 的共同特点：

（1）小型化　因采用绝缘性能卓越的气体做绝缘和灭弧介质，所以能够大幅度缩小变电站的容积，实现小型化。

（2）可靠性高　由于带电部分全部封闭于惰性 SF6 气体中，完全隔离盐雾、积尘、积雪等外部影响，大大提高了可靠性。此外，具有优良的抗地震性能。

（3）安全性好　带电部分密封于接地的金属壳体内，因而没有触电的危险；SF6 气体为不燃性气体，所以无火灾危险。

（4）杜绝对外部的不利影响　因带电部分以金属壳体封闭，对电磁和静电实现屏蔽，不会发生噪音和无线电干扰等问题。

（5）安装周期短　由于实现小型化，可在工厂内进行整机装配和试验合格后，以单元或整个间隔运达现场，因此即可以缩短现场安装工期，又提高可靠性。

（6）维护方便，检修周期长　因结构布置合理，灭弧系统先进，大大提高产品的使用寿命，因此检修周期长，维修工作量小，而且由于小型化，离地面低，因此维护方便。

9.3.2　GIS 现场安装

按照 GIS 结构和安装顺序，其现场安装内容包括：

（1）GIS 本体装配(包括断路器、隔离开关、快速隔离开关、接地开关、快速接地开关、电压互感器、电流互感器、套管、避雷器、母线等)；

（2）GIS 的各支架、底座、操作平台安装；

（3）GIS 外部(接地线、六氟化硫管路、电缆支架等)装配；

（4）二次配线(从各元件配至汇控柜)；

（5）空气压缩机系统(空压机、贮气罐、控制柜及空气管路等)装配；

（6）产品调试。

安装前应做如下的准备工作：

（1）设备运输、存放、开箱检查：

GIS 无论从体积和质量讲，在电气专业都属于大型设备，吊装作业应委托专业起重工程师制定吊装方案，并由专业起重工负责实施，电气专业配合施工。如使用检修天车吊装，必须首先确认天车载荷是否能够满足组装单件的质量。吊装时注意起吊的位置，选择合适的吊装带。在向安装现场运输和装卸过程中，防止剧烈振动，以防内部部件损坏。

设备应存放在能防雨、水的棚库内，通风良好。并将设备平整垫起以防止直接接触地面。装有附件的包装箱放在室内干燥处或临时建筑内。开箱检查工作应用户、施工单位、厂家代表共同参加，按照装箱清单全面验收。

（2）对建筑物进行验收：

主要是检查基础预埋件的位置、接地线的位置、电缆桥架(沟)的走向、进线和出线窗口的设置和大小、吊车的吨位及吊高、装卸平台的载质量及水、电、照明、通风装置等是否齐备。内部装修应全部完工。同时要检查安装场地以外的道路是否畅通平坦及受载情况。

（3）GIS 安装辅机必须配套：

GIS 的安装辅助设备包括六氟化硫气体检漏仪、微量水份测定仪、六氟化硫气体回收装置、麦式真空计等，应逐一确认每台设备的完好性。

（4）按照施工方案和厂家安装手册要求，主意确认消耗辅助材料、安装工具、必备设备及备品备件齐备。

（5）在满足厂家安装手册的基础上，由电气工程师制订 GIS 安装作业计划和安装程序，并获得审批。

（6）按照已获批的施工方案和厂家安装手册对安装人员进行培训。

（7）建立施工组织机构，统一指挥和协调，专人负责控制施工程序和安全、质量。

GIS 系高、大、精、尖设备，现场安装是一项非常重要的工作，安装人员应认真学习安装技术措施、随机技术资料、安全防护措施等。

GIS 安装的要领如下：

（1）标定间隔位置及基础：

彻底清理施工现场，务必将地坪或地沟清理干净。按 GIS 设备的基础图和总体布置图要求，在地坪上画出各间隔的间距、相距和主母线之间的中心线，供 GIS 设备安装就位用。沿各中心线按间隔用经纬仪分别测出各预埋槽钢点的标高，并应作好记录，作为 GIS 设备就位的依据并以最高点作为安装高程基准(设备的各底座均应就位在同一水平面上，如果基础低了，则应增加垫片)。GIS 就位，应按照安装计划、程序进行，一天能装多少则拆除多少包装盖板，不得堆积，而且必须将设备外表擦净后方准就位。

（2）主母线安装：

以中间间隔的主母线为基准，该主母线就位时还应略微垫高，其垫高高度应保证该母线底座的下部基准，高出 GIS 地坪所测诸标高点的最高点 2～5mm。以基准主母线为中心，分别在其两端依次连接其他间隔的主母线直至安装完成。用经纬仪测量全部主母线标高，以检查主母线安装质量。要求各主母线的上接口法兰均应保持在同一水平上，否则，用垫片进行调整。主母线调整好后，按 GIS 总体布置图要求，以主母线为基础。分别安装进、出线间隔，母联(或桥)间隔和保护间隔。其顺序应为：先里后外，即靠近厂房大门侧的间隔最后安装。

如果 GIS 是以整体间隔运到厂房内，则应以中间间隔主母线为基准，调整好此间隔主母线高度，并略高于其他间隔，中间间隔定好位置、标高后，由此向两侧安装。各间隔 GIS 就位连接完毕后，将每个间隔的底座与基础型钢固定牢固(一般为焊接)。

（3）各密封面对接：

绝缘件严禁用手直接接触，必须配戴洁净的白尼龙手套。绝缘件及罐内部清洁用无毛纸沾无水酒精擦洗，并用吸尘器清理。检查密封面应无划伤痕迹。安装密封圈时不应涂抹过多的油脂类物体。触头对接时应薄抹一层真空硅脂。紧固绝缘件上的螺栓应采用力矩扳手。

（4）为了合理安排作业，缩短工期，各元件的组装、安装操作平台、六氟化硫配管、抽真空、充气等作业应交叉进行。充气时应在组装好两个以上气室时才准许为第一气室充气。

（5）全部组装和充好六氟化硫气体后方可进行现场试验(开关的操作试验可交叉进行)。GIS 真空状态时不得测量主回路电阻。

（6）应将各气隔六氟化硫压力充至额定表压，还应将各个密度继电器、压力开关、安全阀等整定至额定位置。

（7）最终检查提出交接报告。

9.3.3 分支母线、高压电缆出线套管等附件安装

查对各段分相母线安装序号，依号就位，控制高程和中心误差。

电缆头的安装主要由电缆头制造厂负责指导或负责安装，由于要动 GIS 部件，如法兰、密封件、吸附剂的装入、连接出头等，也需要设备厂家派人指导。电缆做耐压试验时，应注意采取隔离、绝缘措施。

在组装上述设备的同时，随时安装跨法兰导电接地板、各气室隔间连接管、阀门、密度继电器、压力表等附件。

9.3.4 充装六氟化硫气体

更换吸附剂时，速度要快，防止吸收水分。对气隔抽真空至 40Pa 以下，持续 30min 后停泵，保持 3h，若真空度不变，则密封合格。否则，找出渗漏处，加以处理，直至合格。六氟化硫气瓶中六氟化硫含水量小于 8×10^{-6}(质量分数)，相当于 65×10^{-6}(质量分数)。GIS 冲六氟化硫气体前，必须首先用六氟化硫气体对充气管路进行冲洗，然后再经减压阀往气隔充气至额定压力，24h 后，对各密封处和焊缝进行检漏，测气隔内六氟化硫中含水量。

9.4 高压电气设备

9.4.1 电流互感器

9.4.1.1 电流互感器安装

户内小型电流互感器安装简单，本节主要讲述 110kV 及以下户外式电流互感器的施工，以油浸式为例。

(1) 箱验收

① 查电流互感器的铭牌、型号、变比、准确级次等技术参数，是否与设计施工安装图纸相符。

② 装使用说明书、出厂合格证、出厂试验报告及备品配件、专用工具等是否齐全。

③ 流互感器外观检查：

1)各部位连接螺丝应固定牢固，无松动迹象。

2) 检查油漆完整无锈蚀，无脱焊现象。

3) 油标、放油阀完好。无破损和渗漏油现象，油位指示正确。如果在油标上看不到油面时，则应拆下储油柜盖进行检查，若发现油面低于储油柜以下，则用从储油柜底部之小孔伸入磁裙内进行检查，如果有油，油面距储油柜顶部边缘 300mm 以内，应立即加注符合规定的变压器油至标志线，如果低于 300mm 则证明油面太低，不能使用或须经厂方联系将电流互感器进行真空干燥及真空注油，并经试验合格后方可进行安装。

在加注变压器油之前，必须将电流互感器储油柜内剩余的油及凝聚在储油柜内底部的水分，由储油柜底部的放水塞放出。注油时，应在晴天进行，防止水分、灰尘及其他污物进入电流互感器内。

加注的变压器油必须是纯干燥合格的新油，加注油后应立即放上密封垫圈及储油柜盖，并将螺栓旋紧。

4) 检查磁裙与底座间；磁裙与储油柜间；储油柜与油表间及放水塞、放油塞等处是否有漏油、渗油现象。如果发现有漏油、渗油现象时，应将漏油或渗油部分的螺栓旋紧少许，但旋紧螺栓必须依次缓缓旋紧，旋紧量不能太大，每次每个螺栓旋紧量不得大于 1/96 转。

螺栓旋紧不均匀，会使磁裙或瓷套管破裂。

5）检查瓷套管、一二次接线柱小瓷套管是否有损伤、裂纹。

6）检查膨胀器应无变形、脱焊和损伤现象。

7）检查安全气道帽是否旋紧。如装有防潮呼吸器的电流互感器，应检查防潮吸附剂是否受潮，玻璃有无破裂，并取下气道盛油杯密封垫，油杯注入变压器油，用油封堵空气道，防止电流互感器受潮。

8）检查一次出头导杆的螺纹及表面质量，螺母应能在导杆的全长上自由旋转。

（2）安装前的准备工作

① 根据施工安装图纸的要求，对安装固定互感器的基架基础找平，并根据中心距离，按互感器地脚螺栓孔的距离，在基架上打孔或焊接固定连接螺栓，螺栓的大小应与互感器地脚螺栓孔相配套。

② 检查起吊绳索及用具，应符合互感器质量的起吊要求。

③ 准备好必要的工具，接线端子(设备线夹)，接线端子的连接孔应与互感器接线桩柱相配套，严禁使用桩柱小而孔大的接线端子。

（3）安装措施

① 吊起互感器时，应将绳索或钢丝绳套挂在互感器底座上的吊环或吊钩上，决不允许利用瓷套或储油柜来吊起互感器。起吊时必须注意，不得使用金属件与磁裙相碰。

② 互感器必须安装在坚固的水平基座或钢架上，在基座或钢架上必须有适当位置以备穿过电缆，为防止互感器在短路电动力及风力的作用下移位，必须用螺栓紧固在基座或钢架上。并列安装的应排列整齐，同一组互感器的极性方向应一致。

③ 零序电流互感器的安装，不应使构架或其他导磁体与互感器铁芯直接接触，或与其构成分磁回路。

④ 互感器一次接头不能承受从母线或线路上传来超过 100kg 的机械压力。在接线前，应除净接触面上的脏物及氧化层，并按外形尺寸图装上出线管。

⑤ 连接二次线时，将电缆固定后再进行接线。

⑥ 互感器的底座、金属基座或钢架应通过接地螺栓可靠接地，接地线不应过细。电容型电流互感器，其一次绕组末屏的引出端子、铁芯引出接地端子可靠接地，备用的电流互感器的二次绕组端子应短接后接地。

⑦ 按照调试规程，对互感器进行电气试验和绝缘油检验，试验结果必须符合标准要求。

⑧ 根据保护定值要求，需要更换电流时，应参照互感器铭牌连接更换，更换的连接片一定要接触良好，螺栓紧固可靠。

⑨ 不使用的电流互感器二次侧绕组应短接对地。

（4）收尾工作

① 涂刷油漆及相序漆。

② 清理施工现场，封堵电缆管口。

③ 电气试验人员在核查或进行电流比试验的同时，需要确认电流变，要求安装人员配合试验人员进行电流变的更改工作。

9.4.1.2 使用注意事项

使用电流互感器时，除一次电流和额定电压需要满足要求外，为了安全和准确测量的目的，必须注意以下事项：

（1）运行中的电流互感器任何时候其二次侧不准开路。因为二次侧开路时，由于二次电流去磁作用消失，一次电流将全部用来励磁，铁芯磁密急剧增加，结果使铁芯过热烧坏互感器；另外，由于铁芯饱和，在电流互感器的二次侧产生高电压，危机人身和设备安全。

（2）为防止互感器一、二次侧绕组击穿时危及人身和设备安全，互感器二次侧应该有一点可靠接地。

（3）接线时注意极性的正确性。

（4）电流互感器的等级至少比仪表高一个等级。对于测量电能用电流互感器一般选用0.5级；对测量精度要求较高的发电机、主变压器和特大工业用户，电能测量用的电力互感器应选用0.2级。

（5）电流互感器的额定容量要选择适当；二次回路实际负荷应在互感器额定负荷及下限负荷范围内，测量才能满足一定的准确级次。

（6）为了确保安全，各种测量仪表不要与继电器共用同一个二次绕组。

（7）保护用电流互感器必须有足够大的10%倍数(当一次电流为几倍一次额定电流时，电流误差达到-10%，$n = I_1/I_{1n}$ 称为10%倍数)。

（8）电流互感器尚需满足短路动、热稳定性的要求。

9.4.2 电压互感器

9.4.2.1 电压互感器安装

电压互感器的安装程序和技术要求，可参考电流互感器安装方法和电压互感器安装使用说明书进行，在此不再详述。

9.4.2.2 使用注意事项

（1）电压互感器的额定电压、电压比、容量、准确度等要选择适当，为了安全和准确测量，必须注意以下事项：

（2）运行中的电压互感器在任何情况下都不准短路，否则会危及系统和设备的安全运行。

（3）电压互感器的二次侧有一端必须接地，这是为了防止其一、二次间绝缘击穿时，一次侧的高压窜入二次侧，危及人身和设备安全。

（4）电压互感器在连接时，要注意一、二次绕组接线端子上的极性。

（5）电压互感器的一、二次侧一般都应装设熔断器作为短路保护，同时其一次侧应装设隔离开关作为安全检修用(110kV及以上电压等级除外)。

（6）装设在发电机、主变压器、出线回路中计量用的电压互感器，以及所有计算电费电度表所用的电压互感器，其准确级次应为0.5级。对10万kW以上发电机，月用电量100万kW·h以上计费电度表，其互感器的准确级次应为0.2级。

（7）保护用的电压互感器，当需要检查或监视一次回路单相接地时，应选用三绕组的三相(五柱)或单相三绕组电压互感器。单相三绕组互感器必须由三台互感器组成三相电压互感器，接成YN，yn0(Y0/Y0-12)，零序电压绕组接成开口三角。电压互感器额定电压组合和连接组标号见表9-4：

表 9-4　电压互感器额定电压组合和连接组标号

电压互感器	额定电压组合			连接组标号
	额定一次电压/V	额定二次电压/V	零序电压绕组额定电压/V	
单相双绕组	380，3000，6000，10000，15000，(20000)，35000	100	—	1/1-12
单相三绕组	$3000/\sqrt{3}$，$6000/\sqrt{3}$，$10000/\sqrt{3}$，$15000/\sqrt{3}$，($20000/\sqrt{3}$)，$35000/\sqrt{3}$，$60000/\sqrt{3}$	$100/\sqrt{3}$	100/3	1/1/1-12-12
	$110000/\sqrt{3}$，$220000/\sqrt{3}$	$100/\sqrt{3}$	100	
三相双绕组	3000，6000，10000，15000，(20000)	100	—	Y，yn0
三相三绕组	3000，6000，10000，15000，(20000)	100	100/3（相电压）	YN，yn0（零序电压绕组接成开口三角形）

供中性点直接接地系统用的电压互感器，其零序电压绕组额定电压为100V；供中性点不直接接地系统用的电压互感器，其零序电压绕组额定电压为100/3V。

9.4.3　高压断路器

9.4.3.1　高压断路器用途及类型

高压断路器要在正常工作时接通和切断负荷电流，短路时切断短路电流，具体来说，它有以下两个方面的作用：

(1) 控制作用。根据电力系统的运行要求，用高压断路器把一部分电力设备或线路投入或退出运行。

(2) 保护作用。在电力设备或线路发生故障时，将故障部分从电力系统中快速切除，保证系统无故障部分继续运行。

按照安装地点的不同，高压断路器可分为户内和户外两种型式。

按照断路器的灭弧原理划分有：油断路器[多油断路器、少油断路器(基本淘汰)]、气吹断路器(空气断路器、六氟化硫断路器)、真空断路器和磁吹断路器等。

9.4.3.2　对高压断路器的基本要求

(1) 工作可靠。应按给定的技术指标长期可靠地运行。

(2) 应具有足够的断路能力。应能可靠地切断短路电流，并保证有足够的热稳定度和电动稳定度。

(3) 具有尽可能短的切断时间。当电网发生短路时，快速切除故障可减轻短路电流对设备的损害，还可以提高电力系统的稳定性。

(4) 实现自动重合闸。装设自动重合闸的断路器，在很短的时间内，应能可靠地按规定完成其重合闸次数。

9.4.3.3　真空断路器

真空断路器是以真空作为灭弧介质和绝缘介质的。由于这种断路器在灭弧过程中没有气体的冲击，故在关合或断开时，对断路器的杆件的振动较小，可频繁操作。真空断路器还具有灭弧速度快、触头不易氧化、体积小、寿命长等特点。我国已生产 10kV、35 kV 电压级真空断路器。

9.4.3.4 六氟化硫断路器

六氟化硫断路器是以六氟化硫(SF_6)作为断路器绝缘介质的。我国目前 220 kV 的 SF_6 断路器已投入运行。

9.4.3.5 隔离开关

隔离开关主要配合高压断路器的操作，在其前后各装一组以形成明显断点，另外，也在切换母线及切离微小充电流时使用。

三相联动的隔离开关、触头接触时，不同期值应符合产品的技术规定。当无规定时，应符合表 9-5 的规定。

表 9-5 三相联动的不同期值

电压/kV	相差值/mm	电压/kV	相差值/mm
10～35	5	220	20
63～110	10		

隔离开关的导电部分，应符合下列规定：

(1) 以 0.05mm×10mm 的塞尺检查，对于线接触应塞不进去；对于面接触，其塞入深度：在接触表面宽度为 50mm 及以下时，不应超过 4mm；在接触表面宽度为 60mm 及以上时，不应超过 6mm；

(2) 触头间应接触紧密，两侧的接触压力应均匀，且符合产品的技术规定；

(3) 触头表面应平整、清洁，并应涂以薄层电力复合脂；载流部分的可挠连接不得有折损；连接应牢固，接触应良好；载流部分表面应无严重的凹陷及锈蚀；

(4) 设备接线端子应涂以薄层电力复合脂。

9.4.4 避雷器

避雷器是电力系统过电压保护设备之一，包括普阀型、磁吹型及氧化锌型等。

9.4.4.1 阀型避雷器

发电厂、变电所内通常大量采用阀型避雷器，其最基本的元件是火花间隙(简称间隙)和非线性工作电阻片(简称阀片)，两者串联后叠装在密封的瓷套内。电站型阀型避雷器还装有与火花间隙相并联的非线性电阻，其目的是使工频电压沿间隙分布均匀。阀型避雷器依据结构的不同，分为普阀型避雷器(FZ)及磁吹避雷器(FCZ)两类。

阀型避雷器的基本电气性能如下：

(1) 保护性能——保护设备绝缘不受损坏的限制过电压能力。

(2) 灭弧性能——避雷器动作泄荷后能迅速灭弧，使自身不受损坏。

(3) 通流能力——避雷器耐受通过它的各种电流而不发热损坏的能力。

表征这些性能的主要电气参数为：灭弧电压、冲击放电电压、冲击电流残压、工频放电电压级通流容量。

9.4.4.2 金属氧化物避雷器

金属氧化物避雷器又称氧化锌避雷器，是一种与传统避雷器概念完全不同的新型避雷器。传统的避雷器都是采用碳化硅(又称金刚砂)阀片，正常运行时靠间隙将其同电源隔开，出现过电压时间隙被击穿，阀片放电泄流。氧化锌避雷器不带间隙，从而解决了由于间隙放电时限及放电稳定性所引起的各种问题。

金属氧化物构成的电阻片主要成分就是氧化锌。由于这种电阻片具有良好的非线性伏安特性，比传统避雷器有更好的保护性能。具体来说氧化锌避雷器有以下优点：

（1）由于不用火花间隙，所以结构简单、体积缩小，而且完全避免了由于瓷套外污秽，使串联火花间隙放电电压不稳定的缺点，即抗污能力强。

（2）串联火花间隙放电需要一定的延时，由于氧化锌避雷器没有串联火花间隙，就大大改善了避雷器的陡波响应特性，提高了对设备保护的可靠性。

（3）氧化锌避雷器在大气过电压下动作后，实际上没有工频续流通过，所以通过避雷器的能量大为减少，从而可以承受重雷冲击，并延长了工作寿命。

（4）由于氧化锌阀片的通流能力很大(必要时可以采用两柱或三柱阀片并联)，提高了避雷器的动作负载能力。

（5）电气设备所受的过电压可以降低。虽然氧化锌避雷器与阀型避雷器在10kA雷电流下的残压值相同，但由于后者只在火花间隙放电后才有电流流过，而前者在整个过电压过程中都有电流流过，因此降低了作用在变电站电气设备上的大气过电压幅值。

（6）可以对大容量电容器组进行保护。装在大容量电容器组附近的避雷器，当火花间隙放电时，相当于一个内阻为零的电源对避雷器放电，起始电流很大，阀型避雷器难以胜任。氧化锌避雷器则不同，它在接近保护水平时就开始导通，即导通时间拉长，所以通过避雷器的电流和能量都比较小。

（7）由于氧化锌避雷器结构简单、尺寸小，避雷器还可以作为其他电器(如隔离开关)的支柱，并易于做成同时限制相间过电压的形式，所以可以使变电站的占地面积减少。

（8）当装入SF_6组合电器时，不存在因SF_6气压变化引起放电电压的变动和间隙中电弧引起的SF_6分解的问题。

（9）易于制成直流避雷器。

（10）可做成复合绝缘外套氧化锌避雷器。

氧化锌避雷器电阻本身的老化是一个重要问题，所以运行中需定期检测其泄露电流等参数以保证安全。

9.4.4.3 各型避雷器的应用范围

各型避雷器的应用范围见表9-6。

表9-6 各型避雷器的应用范围

型号	型式	应 用 范 围
FS	配电用 普通阀型	10kV及以下的配电系统、电缆终端盒
FZ	电站用 普通阀型	3~220kV及发电厂、变电站的配电装置
FCZ	电站用 磁吹阀型	（1）330kV及以上配电装置 （2）220kV及以下需要限制操作过电压的配电装置 （3）降低绝缘的配电装置 （4）布置场所特别狭窄或高烈度地震区 （5）某些变电站的中性点

续表

型号	型式	应　用　范　围
FCX	线路型 磁吹阀型	330kV 及以上配电装置的出线上
FCD	旋转电机用磁吹阀型	发电机、调相机等、户内安装
Y 系列	金属氧化物(氧化锌)阀型	(1) 同 FCZ、FCX 与 FCD 型磁吹阀型避雷器的应用范围 (2) 并联电容器组、串联电容器组 (3) 高压电缆 (4) 变压器和电抗器的中性点 (5) 全封闭组合电器 (6) 频繁切合的电动机

对直接接地系统，多在特殊情况下(如弱绝缘、频繁动作或需要释放较大容量)使用金属氧化物避雷器。

9.4.4.4 避雷器的安装要求

(1) 避雷器安装前，应进行下列检查：

① 瓷件应无裂纹、破损，瓷套与铁法兰间的粘合应牢固，法兰泄水孔应通畅；

② 底座和拉紧绝缘子绝缘应良好；

③ 运输时用以保护金属氧化物避雷器防爆片的上下盖子应取下，防爆片应完整无损；

④ 金属氧化物避雷器的安全装置应完整无损。

(2) 避雷器不得任意拆开、破坏密封和损坏元件。运输存放过程中应立放，不得倒置和碰撞。

(3) 避雷器各连接处的金属接触表面，应除去氧化膜及油漆，并涂一层电力复合脂。

(4) 并列安装的避雷器三相中心应在同一直线上，铭牌应位于易于观察的同一侧。避雷器应安装垂直，其垂直度应符合制造厂的规定，如有歪斜，可在法兰间加金属片校正，但应保证其导电良好，并将其缝隙用腻子抹平后涂以油漆。

(5) 拉紧绝缘子串必须紧固，弹簧应能伸缩自如，同相各拉紧绝缘子串的拉力应均匀。

(6) 放电记数器应密封良好、动作可靠，并应按产品的技术规定连接，安装位置应一致，且便于观察。接地应可靠，放电记数宜恢复至零位。

(7) 金属氧化物避雷器的排气通道应通畅，排出的气体不致引起相间或对地闪络，并不得喷及其他电气设备。

(8) 避雷器引线的连接不应使端子受到超过允许的外加应力。

9.4.5 电抗器

电抗器，顾名思义就是电感，在交流电路中起感抗的作用。由于不同情况下起的作用不同，按其用途分有并联电抗器、限流电抗器、饱和电抗器、消弧线圈、阻尼电抗器、调谐电抗器、滤波电抗器等等。下面仅对其中几种电抗器做一些介绍。

9.4.5.1 限流电抗器

限流电抗器主要用于限制交流电力系统中的短路电流，一般串接在电力线路中。35kV 以下的系统通常做成干式，35kV 以上的系统做成油浸式(减小体积)。

限流电抗器串接在电路中，很明显电抗器的压降不宜太大，由于电感值较小，故一般做成空心电抗器。空心电抗器串联在电力线路中，必须能通过线路的长期额定电流，另外电感值也有一定的限度，其限度以限流电抗器的电抗百分比值来确定。电抗百分比值是电抗器在额定电流下绕组两端的电压降与每相电压比值的百分数。

干式电抗器一般用水泥浇注结构，或称水泥电抗器。浇注的目的是防止短路电流的电动力作用，具体排列如图 9-2 所示。

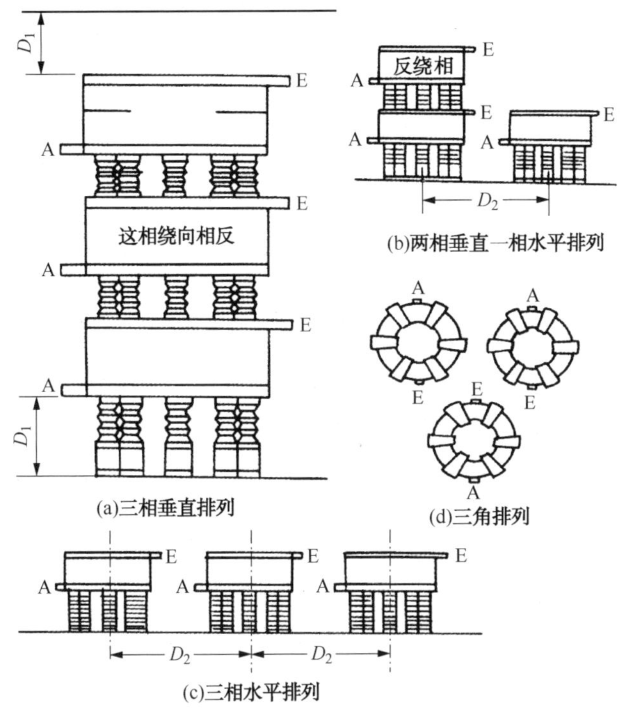

图 9-2　电抗器安装排列图

D_1——水泥电抗器对屋面和地面要求保持的距离；D_2——水泥电抗器对相间要求保持的水平距离；A、E——接线端子

由于限流电抗器是空心的，其间无铁磁物质，所以在安装时应避免与金属钢筋等建筑物靠近，否则电抗器的电感量会受到影响。空心电抗器安装时还须紧固，尤其当有短路电流作用以后，更应检查限流电抗器的情况，如螺栓有无松动、绕组是否变形、绝缘有没有破坏、以及支持瓷件有无破裂等等。

（1）混凝土电抗器(干式电抗器)的安装要求：

① 设备运到现场后，应进行下列外观检查：支柱及线圈绝缘等应无严重损伤和裂纹；线圈应无变形；支柱绝缘子及其附件应齐全。

② 设备运到现场后，应按其用途放在室内或室外平整、无积水的场地保管；混凝土电抗器保管时应有防雨措施。运输或吊装过程中，支柱或线圈不应遭受损伤和变形。

（2）电抗器有下列情况时可进行修补：

① 混凝土支柱的表面裂纹长度不超过柱子径向尺寸的 1/3，且其宽度不超过 0.5mm 时，可予填补，填补后应在表面涂以防潮绝缘漆；

② 混凝土支柱表面漆层损坏处应补涂防潮绝缘漆；

③ 混凝土电抗器线圈绝缘有损伤时，应予包扎；

④ 干式电抗器线圈绝缘损伤及导体裸露时，应按产品质量证明技术文件的规定进行处理。

(3) 电抗器应按其编号进行安装，并应符合下列要求：

① 三相垂直排列时，中间一相线圈的绕向应与上、下两相相反；

② 两相重叠一相并列时，重叠的两相绕向应相反，另一相与上面的一相绕向相同；

③ 三相水平排列时，三相绕向应相同。

(4) 电抗器垂直安装时，各相中心线应一致。

(5) 电抗器主线圈，其质量应均匀地分配于所有支柱绝缘子上。找平时，允许在支柱绝缘子底座下放置钢垫片，但应固定牢靠。

(6) 电抗器上、下重叠安装时，应在其绝缘子顶帽上，放置与顶帽同样大小且厚度不超过 4mm 的绝缘纸板垫片或橡胶垫片；在户外安装时，应用橡胶垫片。

(7) 接线端子与母线的连接，应符合现行国家标准 GB 50149《电气装置安装工程　母线装置施工及验收规范》的有关规定。当其额定电流为 1500A 及以上时，应采用非磁性金属材料制成的螺栓。

(8) 电抗器间隔内，所有磁性材料的部件，应可靠固定。

(9) 电抗器支柱绝缘子的接地，应符合下列要求：

① 上、下重叠安装时，底层的所有支柱绝缘子均应接地，其余的支柱绝缘子不接地；

② 每相单独安装时，每相支柱绝缘子均应接地；

③ 支柱绝缘子的接地线不应成闭合环路。

9.4.5.2　并联电抗器

并联电抗器是并联连接在系统上的电抗器，主要用以补偿电容电流。应用此种电抗器可避免超高压网络中较大的电容电流所造成的工频电压的升高，另外对线路合闸和甩负荷时的过电压有抑制作用。并联电抗器用作补偿电容性无功的作用，所以电感量比较大。

9.4.5.3　消弧线圈

在三相中性点绝缘的系统中，当有一相发生相对地短路故障时，健全相将通过对地电容在故障点产生电弧式强烈的电磁振荡。为减小电容电流，在对地绝缘的中性点与地之间接一电感(即消弧线圈)，这样故障点的电流将减小，以致使电弧很快熄灭。消弧线圈为带有气隙磁路的铁芯线圈，它的电感可做成分级可变的，也可做成连续可变的，在规定的范围内可与网络的电容相协调。

9.4.5.4　饱和电抗器

饱和电抗器是利用铁磁材料的饱和特性，以较小的直流功率来控制较大的交流负载的一种电器。饱和电抗器的原理就是利用磁性材料的交流磁导率随直流控制电流的磁化作用而变化的原理，来改变交流有效电抗值，从而改变交流回路中的电流和负载中的功率。饱和电抗器种类很多，有串联型、并联型和自饱和电抗器等。

9.5　低压电器

9.5.1　低压电器的简介

低压电器一般指用于交、直流电压为 1200V 及以下的电路内，起通断、控制、保护与调节作用的电器。

根据电器在电路中所处的地位和作用，低压电器可分为两类：一类为配电电器，主要用于配电电路，对电路及设备进行保护以及通断、转换电源或负荷，如开关设备、熔断器等；另一类为控制电器，主要用于控制受电设备，使其达到预期要求的工作状态，如继电器、主令电器等。详见表 9–7。

表 9–7　低压电器产品型号类组表

代号	名称	A	B	C	D	G	H	J	K	L	M	P	Q	R	S	T	U	W	X	Y	Z
H	刀开关和转换开关				刀开关		封闭式负载开关		开启式负载开关					熔断器式刀开关	刀型转换开关					其他	组合开关
R	熔断器			插入式			汇流排式			螺旋式	封闭管式				快速	有填料管式			限流	其他	
D	自动开关									照明	灭磁				快速			万能式	限流	其他	装置式
K	控制器					鼓形						平面				凸轮				其他	
C	接触器					高压		交流				中频			时间					其他	直流
Q	启动器	按钮式		磁力式				减压							手动		油浸		星三角	其他	综合
J	控制继电器									电流				热	时间	通用		温度		其他	中间
L	主令电器	按钮							主令控制器						主令开关	足踏开关	旋钮	万能转换开关	行程开关	其他	
Z	电阻器	板形元件	冲片元件		管形元件										烧结元件	铸铁元件			电阻器	其他	
B	变阻器		旋臂式							励磁		频敏	启动		石墨	启动调速	油浸启动	液体启动	滑线式	其他	
T	调整器			电压																	
M	电磁铁												牵引					起重			制动
A	其他		保护器	插销	灯		接线盒			铃											

9.5.1.1　刀开关

刀开关主要用于隔离电源，或不频繁地切断和接通容量不大的电路或转换电路。它主要包括普通开启式开关、胶盖开关、铁壳开关、熔断式刀开关、组合开关等五类。

对于低压刀开关，可以根据负荷的额定电流来选择，在选用时必须注意：

(1) 刀开关的额定电压和额定电流必须符合电路的要求。

(2) 按刀开关的用途选择合适的操作方式，中央手柄式刀开关不能切断负荷电流，其他型式的刀开关可切断一定的负荷电流，但必须选择带灭弧室的刀开关。

（3）刀开关控制电动机时，由于电动机的启动电流大，选择刀开关的额定电流要比电动机的额定电流大一些。

（4）组合开关应配有满足正常工作和保护需要的熔断器。

9.5.1.2　低压熔断器

低压熔断器是在低压电路中用来保护电气设备和配电线路免受短路电流和过载电流损害的一种保护电器。常用的低压熔断器有插入式、螺旋式、管式等。

熔断器的选择主要是指熔体额定电流的选择，即根据熔体额定电流选择熔断器的电流，再根据使用条件和特点决定熔断器的种类和系列。

电路中上级熔断器的熔断时间通常为下级熔断器的 3 倍，若上下级熔断器为同一型号时，其额定电流以相差 2 倍为宜。

熔断器的分断能力应大于电路中可能出现的短路电流。

在配电系统中，各级熔断器应互相配合，以实现保护的选择性。

9.5.1.3　低压断路器

低压断路器也称为自动空气开关，可用来接通和分断负载电路，也可用来控制不频繁启动的电动机。它功能相当于闸刀开关、过电流继电器、失压继电器、热继电器及漏电保护器等电器部分或全部的功能总和，是低压配电网中一种重要的保护电器。

低压断路器具有多种保护功能(过载、短路、欠电压保护等)、动作值可调、分断能力高、操作方便、安全等优点，所以目前被广泛应用。

低压断路器结构和工作原理：

低压断路器由操作机构、触点、保护装置(各种脱扣器)、灭弧系统等组成。

低压断路器的主触点是靠手动操作或电启动闸的。主触点闭合后，自由脱扣机构将主触点锁在合闸位置上。过电流脱扣器的线圈和热脱扣器的热元件与主电路串联，欠电压脱扣器的线圈和电源并联。当电路发生短路或严重过载时，过电流脱扣器的衔铁吸合，使自由脱扣机构动作，主触点断开主电路。当电路过载时，热脱扣器的热元件发热使双金属片上弯曲，推动自由脱扣机构动作。当电路欠电压时，欠电压脱扣器的衔铁释放。也使自由脱扣机构动作。分励脱扣器则作为远距离控制用，在正常工作时，其线圈是断电的，在需要远距离控制时，按下控制按钮，使线圈通电，衔铁带动自由脱扣机构动作，使主触点断开。

9.5.1.4　低压接触器

接触器是在正常工作条件下用作频繁接通或分断交直流电路，并可实现远距离控制的电器。它是电力拖动和自动控制系统中应用最普通的一种电器。接触器按其控制电流的种类，可分为交流和直流两种。

接触器的选择要点如下：

（1）额定电压的选择：接触器的额定电压应大于或等于负载的额定电压。

（2）额定电流的选择：接触器的额定电流应大于或等于负载(或电动机)的额定电流。

（3）线圈额定电压的选择：线圈额定电压应与所控制电路的额定电压一致，通常采用 380V 或 220V。

9.5.1.5　继电器

继电器是用来接通或分断交、直流小容量控制电路的电器，也可用作传递信号的中间元件。它的种类较多，应用比较广泛的有热继电器、时间继电器、过电流继电器等。

9.5.1.6 漏电保护器

漏电保护器作为一种安全技术低压电器，将在电气安全技术一章中详细介绍。

9.5.2 低压电器的安装要求

9.5.2.1 一般规定

（1）低压电器安装前的检查应符合下列规定：

① 设备铭牌、型号、规格应与被控制线路或设计相符；

② 外壳、漆层、手柄应无损伤或变形；

③ 内部仪表及配件应无裂纹或损伤，螺丝应拧紧；

④ 具有主触头的低压电器，触头的接触应紧密，接触两侧的压力应均匀。

（2）低压电器的安装高度应符合设计规定；设计无规定时，落地安装的低压电器，其底部宜高出地面 50~100mm；操作手柄转轴中心与地面的距离，宜为 1200~1500mm；侧面操作的手柄与建筑物或设备的距离，不宜小于 200mm。

（3）低压电器的紧固件应采用镀锌制品，螺栓规格应选配适当，电器的固定应牢固、平稳。

（4）电器的外部结线，应符合下列要求：

① 结线应按设备端头标志进行；

② 结线应排列整齐、清晰、美观，导线绝缘应良好无损伤；

③ 电源侧进线应接在进线端，即固定触头结线端；负荷侧出线应接在出线端；

④ 电器的结线应采用铜质或有电镀金属防锈层的螺栓和螺钉，连接时应拧紧，且应有防松装置。

（5）成排或集中安装的低压电器应排列整齐；器件间的距离应符合设计要求并便于维修。

（6）低压电器绝缘电阻的测量应在下列部位进行：

① 主触头在断开位置时，同极的进线端及出线端之间；

② 主触头在闭合位置时，不同极的带电部件之间，触头与线圈之间以及主电路与同它不直接连接的控制和辅助电路(包括线圈)之间；

③ 主电路、控制电路、辅助电路等带电部件与金属支架之间。

9.5.2.2 低压断路器安装

（1）低压断路器安装前的检查，应符合下列规定：

① 触头闭合、断开过程中，可动部分与灭弧室的零件不应有卡阻现象；

② 各触头的接触面应平整；开合顺序、动静触头分闸距离等应符合相关技术要求；

③ 受潮的灭弧室，安装前应烘干。

（2）低压断路器的安装，应符合下列规定：

① 低压断路器安装时倾斜度不应大于 5°；

② 低压断路器与熔断器配合使用时，熔断器应安装在电源侧；

③ 低压断路器操作机构的安装，应符合下列要求：

1）操作手柄或传动杠杆的开、合位置应正确；

2）电动操作机构应正确；在合闸过程中，开关不应跳跃；开关合闸后，限制电动机或电磁铁通电时间的连锁装置应及时动作；

3）开关辅助接点动作正确可靠，接触良好；

4）抽屉式断路器的工作、试验、隔离三个位置的定位应明显可靠，空载时进行抽、拉数次应无卡阻，机械连锁应可靠。

（3）低压断路器的结线应符合下列规定：

① 裸露在箱体外部且易触及的导线端子，应加绝缘保护；

② 有电子脱扣装置的低压电器，其结线应符合相序要求，脱扣装置的动作应可靠。

9.5.2.3 低压隔离开关及熔断器安装

隔离开关与刀开关的安装应符合下列规定：

（1）开关应垂直安装，可动触头与固定触头的接触应良好；大电流的触头或刀片应涂电力复合脂；

（2）安装杠杆操作机构时，应调节杠杆长度，使操作到位且灵活；开关辅助接点指示应正确；

（3）开关的动触头与两侧压板距离应调整均匀，合闸后接触面应压紧，刀片与静触头中心线应在同一平面，且刀片不应摆动。

（4）带熔断器或灭弧装置的负荷开关接线完毕后，检查熔断器应无损伤，灭弧栅应完好，且固定可靠；电弧通道应畅通，灭弧触头各相分闸应一致。

9.5.2.4 低压接触器及启动器安装

（1）低压接触器及启动器安装前的检查应符合下列要求：

① 衔铁表面及接触面应清洁、平整。可动部分应灵活无卡阻；灭弧罩之间应有间隙；灭弧线圈绕向应正确；

② 触头的接触应紧密，固定主触头的触头杆应固定可靠；

③ 电磁启动器热元件的规格应与电动机的保护特性相匹配；热继电器的电流调节指示位置应调整在电动机的额定电流值上，并应按设计要求进行定值校验；

④ 当带有常闭触头的接触器与磁力启动器闭合时，应先断开常闭触头，后接通主触头；当断开时应先断开主触头，后接通常闭触头；且三相主触头的动作应一致，其动作误差应符合产品质量技术文件的要求。

（2）低压接触器及启动器安装完毕后应进行下列检查：

① 结线应正确；

② 在主触头不带电的情况下，启动线圈间断通电，主触头动作正常，衔铁吸合后应无异常响声。

（3）可逆启动器或接触器，电气联锁装置和机械联锁装置的动作均应正确、可靠。

（4）Y-△启动器的结线应正确；自动转换的启动器应按电动机负荷要求正确调节延时装置。

（5）自耦降压启动器应垂直安装，降压抽头在65%～80%额定电压下，应按负荷要求进行调整；启动时间不得超过自耦减压启动器允许的启动时间。

（6）接触器或启动器均应进行通断检查，并检查其启动值是否符合要求。

9.5.2.5 电气软启动器设备安装

（1）安装前检查项目：

① 检查电动机软启动器在运输过程中是否造成损坏；

② 检查电动机软启动器的铭牌，以确定电气设备产品符合设计要求；

③ 包装箱内的电动机软启动器及相关质量证明技术文件是否齐全。

（2）软启动器设备安装要求：

① 电动机软启动器安装和结线应遵循相应的安装标准和安全规程；

② 严禁电动机软启动器通电时接线；

③ 严禁用兆欧表测量绝缘电阻；

④ 软启动器正常工作时自动输出旁路；

⑤ 软启动器调试时必须接负载(可以小于实际负载)；

⑥ 远程端子禁止有源输入；

⑦ 接线时，三相输入电源必须按规定相序接线；

⑧ 启动次数：建议每小时不超过 20 次；

⑨ 电动机软启动器应采用垂直安装方式，不得倒装、斜装或水平安装，安装的底座基础应牢固和平整；

⑩ 主电路端子结线及要求：

1）三相输入电源通过断路器后连接至电机软启动器 R、S、T 输入端子，三相电源无相序要求；

2）应使用操作面板上的运行和停止键或外接控制回路；控制电机软启动器的运行和停止；

3）电动机软启动器连接旁路电磁接触器，旁路连接相序一致相对应；

4）输出端子与电动机之间，不得安装电容器、浪涌吸收器。

5）电动机软启动器的接地端必须良好接地。

（3）电气软启动器参数设定及试运行调试：

① 确认使用环境和输入电源符合产品技术性能及设计的要求；

② 确认结线正确，特别是电源端输入；

③ 确认端子间和各带电部位都没有短路或对地短路情况，各端子、接插件、连接螺栓均紧固没有松动现象；

④ 试运行检查确认后，根据电气软启动器性能及电气设备的工艺要求，按产品用户使用手册进行功能操作参数和故障保护参数的设定调试。一般电动机先空载试运行，若一切正常后，再带负载运行，可按以下步骤运行，见表 9-8。

表 9-8　运行操作功能描述

序号	操　作	功能描述
1	上电	开机进入准备状态
2	按运行键	电机软启动器开始工作，电动机启动
3	检查电机旋转方向电机启动力矩启动是否平稳	如发现异常情况，应立即停止试运行，并切断电源，查找故障原因，在排除故障后，在进行试运行。 如发现电动机运转方向与工艺要求不符时，改变输出端子 U. V. W 上任何两相即可。 如电动机启动力矩不够，应加大其始电压值。 如发现电动机加速不平稳，电流有突变现象，应重新调整电机软启动器参数，使电动机启动达到最佳状态
4	按停止键	电动机转速渐降为零

9.5.2.6 变频器设备安装

（1）变频器安装一般要求：

① 环境温度：一般适用于-10～40℃、海拔高度低于1000m、相对湿度不低于90%的环境工作中。环境温度若高于40℃时，每升高1℃，变频器应降额5%使用。

② 安装现场要求：

1）无腐蚀、无易燃易爆气体、液体；

2）无灰尘、漂浮性的纤维及金属颗粒；

3）所安装场所的基础、墙壁应坚固无损伤、无震动；

4）位置应避免阳光直射；

5）无电磁干扰；

6）驱动防爆电动机时，若变频器无防爆构造，应将变频器设置在危险场所之外。

③ 变频器必须垂直安装，若多台变频器安装在同一装置或控制箱里时，宜横向并列安装。

④ 安装方式：

1）墙挂式安装变频器与周围物体之间的距离应满足下列条件：两侧间≥100mm，上下间≥150mm；

2）柜式安装。

⑤ 单台变频器安装宜采用柜外冷却方式(环境比较洁净，尘埃少时)；单台变频器采用柜内冷却方式时，应在柜顶安装抽风式冷却风扇，宜安装在变频器柜柜顶；

⑥ 多台变频器安装应并列安装；若采取纵向方式安装，变频器间应加装隔热板。

（2）变频器盖板的拆卸：对变频器进行测试、检查、接线等作业时，对其盖板进行拆卸，应视变频器不同结构特点进行。

（3）变频器主回路结线应符合下列要求：

① 电缆线屑、金属屑、短断头及其螺杆、螺母等不得遗落在变频器内部；

② 变频器输入(R、S、T)、输出(U、V、W)端结线无误，电缆芯线连接无松动；

③ 端子结线裸露部分与其他端子带电部分间应绝缘；

④ 变频器输出端子排上的“N”端子不得接至输入电源中性线端子上。

（4）控制回路结线应符合要求：

① 控制回路与主回路的配线、模拟信号回路与反馈信号回路的配线应分开，且保持一定的间距；

② 变频器控制回路中的继电器触点端子引线，与其他控制回路端子的连线应按区域配线；

③ 控制回路配线应采用屏蔽线或电缆；

④ 模拟量控制线应采用屏蔽线或电缆，屏蔽一端应接至变频器控制电路的公共(COM)侧，不得接至变频器地端(E)或大地，另一端可悬空；

⑤ 开关量控制线未采用屏蔽线，同一信号两根线应绞结后分别连接。

（5）变频器的接地和防雷结线应符合要求：

① 变频器的接地导线截面应不小于$2mm^2$，长度宜控制在20m内；

② 雷电活跃地区，电源进线侧，应装设变频器专用避雷器，或按规范在变频器安装20m的距离以外预埋钢管保护接地装置；

③ 多台变频器接地时，变频器应分别与大地相连，不得一台变频器的接地端与另一台变频器的接地端连接后再接地；

④ 变频器的接地端子(PE)可与电机电缆的接地线连接。

(6) 试运行：

① 空载试运行：

将电机所带的负载脱离或减轻后，应作以下空载运行检查：

1) 电动机旋转方向；

2) 运转至各频率点电动机不得有异常振动、共振、振动噪声；

3) 参数设定程序重新检查确认参数设定值且无误；

4) 输出电压和电流值应符合产品质量技术文件要求，三相平衡值不得大于10%。

② 负载试运行：

1) 按正常负荷量运行，三相输出电流值应符合预定值；

2) 闭环控制系统的转速反馈变化值应符合产品质量技术文件要求；

3) 电动机运行的平稳性、电动机和变频器运行温度变化应保持稳定；

4) 各类保护性参数值具备有效性；

5) 按工艺要求试运行；随时监控，并做好记录。

9.5.2.7 控制器安装

(1) 控制器的安装应符合下列要求：

① 控制器，应安装在便于观察和操作的位置上；操作手柄或手轮的安装高度，宜为800~1200mm；

② 控制器操作应灵活；挡位应明显准确；操作手柄或手轮的动作方向，应与机械装置的动作方向一致；操作手柄或手轮在各个不同位置时，其触头的分合顺序均应符合控制器的开合图表的要求，通电后应按相应的凸轮控制器件的位置检查电动机，并应运行正常；

③ 控制器触头压力应均匀；触头超行程不应小于产品技术文件的规定。

(2) 按钮的安装应符合下列要求：

① 按钮之间的距离宜为50~80mm，按钮箱之间的距离宜为50~100mm；当倾斜安装时，其与水平的倾角不宜小于30°；

② 按钮操作应灵活、可靠、无卡阻；

③ 集中在一起安装的按钮应有编号或不同的识别标志，“紧急”按钮应有明显标志，并设保护罩。

9.5.2.8 熔断器安装

(1) 熔断器及熔体的容量，应符合设计要求，并核对所保护电气设备的容量应与熔体容量相匹配。

(2) 熔断器安装位置及相互间距离，应便于更换熔体。

(3) 有熔断指示器的熔断器，其指示器应装在便于观察的一侧。

(4) 瓷质熔断器在金属底版上安装时，其底座应垫软绝缘衬垫。

(5) 安装具有几种规格的熔断器，应在底座旁标明规格。

(6) 有触及带电部分危险的熔断器，电源线应按标志进行接线。

(7) 带有结线标志的熔断器，电源线应按标志进行接线。

(8) 螺旋式熔断器的安装，其底座严禁松动，电源应接在熔芯引出的端子上。

9.5.3　不间断电源(UPS/EPS)

9.5.3.1　UPS简介

所谓不断电电源系统(UPS)，就是当停电时能够接替市电持续供应电力的设备，它的动力来自电池组，由于电子元器件反应速度快，停电的瞬间在4~8ms内或无中断时间下继续供应电力。

现在全世界各国的大众供应系统都是交流电源，一个理想的交流电源，应该满足以下几个条件：

(1) 频率稳定；

(2) 电压稳定(±5%)；

(3) 不含谐波失真(<5%)；

(4) 没有噪声干扰(符合IEEE 587，FCC，CE等标准规定)；

(5) 低输出阻抗。

UPS已从上世纪的旋转发电机发展至今天的具有智能化程度的静止式全电子化电路，并且还在继续发展。目前，UPS一般均指静止式UPS，按其工作方式分类可分为后备式、在线互动式及在线式三大类。

后备式UPS在市电正常时直接由市电向负载供电，当市电超出其工作范围或停电时通过转换开关转为电池逆变供电。其特点是：结构简单，体积小，成本低，但输入电压范围窄，输出电压稳定精度差，有切换时间，且输出波形一般为方波。

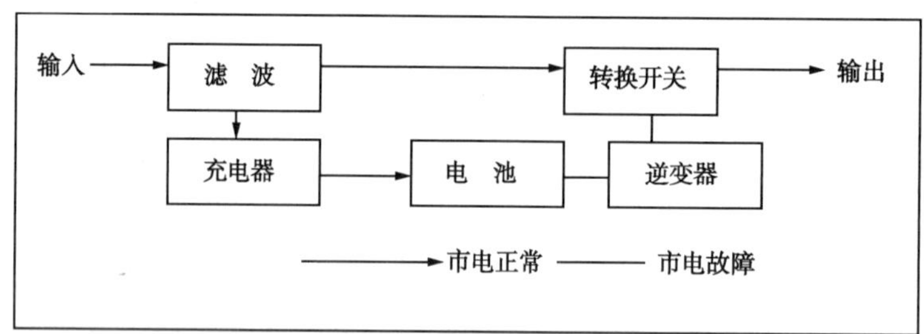

在线式UPS在市电正常时，由市电进行整流提供直流电压给逆变器工作，由逆变器向负载提供交流电，在市电异常时，逆变器由电池提供能量，逆变器始终处于工作状态，保证无间断输出。其特点是，有极宽的输入电压范围，无切换时间且输出电压稳定精度高，特别适合对电源要求较高的场合，但是成本较高。目前，功率大于3kVA的UPS几乎都是在线式UPS。

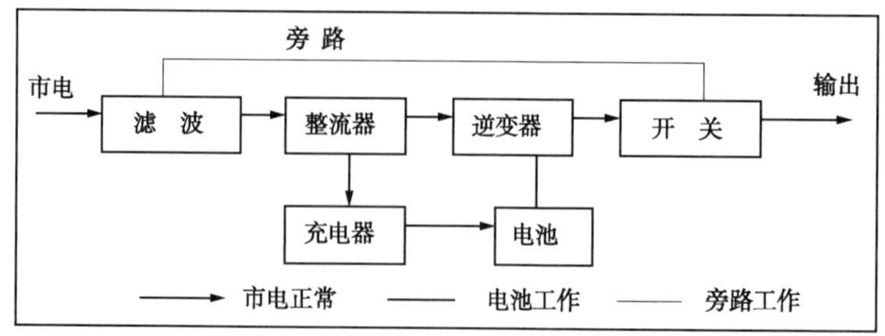

在线互动式UPS在市电正常时直接由市电向负载供电，当市电偏低或偏高时，通过

UPS 内部稳压线路稳压后输出，当市电异常或停电时，通过转换开关转为电池逆变供电。其特点是：有较宽的输入电压范围，噪音低，体积小等特点，但同样存在切换时间。

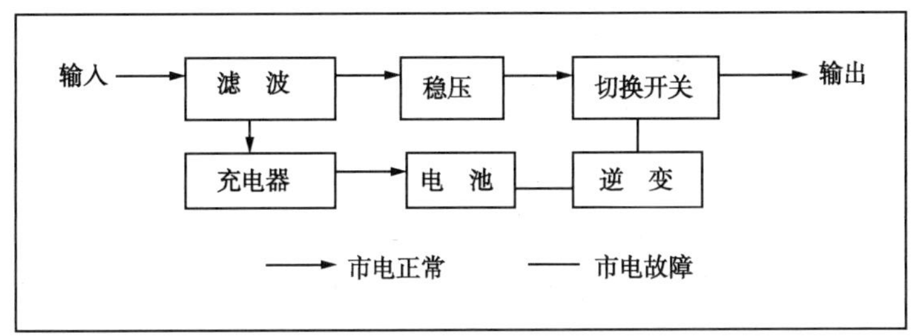

UPS 按照输出容量大小划分为小容量 3kVA 以下，中小容量 3～10kVA，中大容量 10kVA 以上。UPS 按输入/输出方式可分为三类：单相输入/单相输出、三相输入/单相输出、三相输入/三相输出。单相电是指由一根火线、一根零线和一根地线组成的供电系统；三相电是由三根火线、一根零线和一根地线组成的供电系统，其中两根火线之间的电压(即线电压)为 380V，而火线与零线之间的电压(即相电压)为 220V。对于用户来说，三相供电其市电配电和负载配电容易，每一相都承当一部分负载电流，因而中、大功率 UPS 多采用三相输入/单相输出或三相输入/三相输出的供电方式。

智能型 UPS 是当今 UPS 的一大发展趋势，随着 UPS 在网络系统上应用，网络管理者强调整个网络系统为保护对象，希望整个网络系统在供电系统出现故障时，仍然可以继续工作而不中断。因此 UPS 内部配置微处理器使之智能化是 UPS 的新趋势，UPS 内部硬件与软件的结合，大幅度提高了 UPS 的功能，可以监控 UPS 的运行工作状态，如：UPS 输出电压频率，电网电压频率、电池状态以及故障记录等。还可以通过软件对电池进行检测、自动放电充电，以及遥控开关机等。网络管理者就可以根据信息资料分析供电质量，依据实际情况采取相应的措施。当 UPS 检测出供电电网中断时，UPS 自动切换到电池供电，在电池供电能力不足时立即通知服务器做关机的准备工作并在电池耗尽前自行关机。智能型 UPS 通过接口与计算机进行通讯，从而使网络管理员能够监控 UPS，因此其管理软件的功能就显得极其重要。

9.5.3.2 UPS 的工作方式

(1) 正常运行方式

不断电系统的供电原理是当市电正常时，机器会将市电的交流电转换为直流电，而后对电池充电，以备电力中断时使用；这里需要强调的是不断电系统并不仅在停电时会动作，而且遇到电压过低或过高、瞬间突波等，足以影响设备正常运转的电力品质时，不断电系统也会动作，提供设备稳定且干净的电力。

当市电正常供电时，市电经滤波回路后，分为两个回路同时动作，一个是经由充电回路对电池组充电，另一个则是经整流回路，作为逆变器的输入，再经过逆变器的转换提供电力给负载使用。由此可知，在线式不断电系统的输出完全由逆变器来供应，因此不论市电电力品质如何，其输出均是稳定而不受任何影响。

(2) 电池工作方式

一旦市电发生异常时，将储存于电池中的直流电转换为交流电，此时逆变器的输入改由电池组来供应，逆变器持续提供电力，供给负载继续使用，达到不断电的功能。不断电系统的电力来源是电池，而电池的容量是有限的，因此不断电系统不会像市电一般无限制的供应，所以不论多大容量的不断电系统，在其满载的的状态下，其所供电的时间必定有限，若要延长放电时间，须购买长时间型不断电系统。

(3) 旁路运行方式

当在线式UPS超载、旁路命令(手动或自动)、逆变器过热或机器故障时，UPS一般将逆变输出转为旁路输出，即由市电直接供电。由于旁路时，UPS输出频率相位需与市电频率相位相同，因而采用锁相同步技术确保UPS输出与市电同步。旁路开关的双向可控硅并联工作方式，解决了旁路切换时间问题，真正做到了不间断切换，控制电路复杂，一般应用在中大功率UPS上。如果在过载时，必须人为减少负载，否则旁路短路器会自动切断输出。

(4) 旁路维护方式

当UPS进行检修时，通过手动旁路保证负载设备的正常供电，当维修操作完成后，重新启动UPS，UPS转为正常运行。极低的维护率，MTTR为15min，极大地提高UPS可用性。

(5) UPS使用注意事项

① UPS的使用环境应注意通风良好，利于散热，并保持环境的清洁；

② UPS输出插座应明确标识，勿加入无关负载或短路；

③ 切勿带感性负载，如点钞机；

④ 若用户在市电停电期间使用发电机供电，应保证发电机功率大于两倍UPS额定功率。必须在发电机启动稳定后才能接入UPS；

⑤ 开启UPS负载时，一般遵循先大后小的原则；

⑥ UPS输出负载控制在60%左右为最佳，可靠性最好。

9.5.3.3 EPS与UPS的差别

EPS是UPS的应用发展。在欧美先进国家，由于并网供电，电力充足，同时供电质量良好，加上用电设备规范，不会在电网上造成电网污染，互相干扰。因此，许多场合并不建议使用双逆变在线式UPS，而是推荐使用节能ECO(ECONOMY CONTROL OPERATION)工作状态下的UPS，即平常由市电供应负载，在市电不正常时，再由蓄电池经逆变器逆变输出供电。在欧洲，此类具有节能工作状态的UPS称作CPS(Center Power Supply)，广泛采用的原因是：双逆变工作方式的在线UPS，在市电正常时，其AC→DC→AC的能量转换效率约为90%，而节能工作状态下的UPS(CPS，EPS)在市电正常时，其能量转换效率高达99%，而且并网市电的可用率可达99.99%以上，即只有0.01%的停电几率，因此使用CPS(EPS)供电，其节能效果是非常显著的。同时，EPS的逆变器是处于启动状态，但不输出功率，类似休眠状态，所以大大延长了寿命。其实，EPS的高端产品就是休眠状态下的UPS。在市电正常时，EPS除了输电质量不及UPS外，但在市电并网的今天，能满足大部分用电设备的要求。因此，人们关心节电这个永恒的主题以及高可靠性两大因素，大多数情况下EPS是优于UPS的。如果电网质量良好，供电可靠，用电设备规范，在我国许多场合下有可能用EPS取代双逆变在线式UPS，而不是用UPS代替EPS。当然，在某些非常关键的设备，仍需用双逆变在线式UPS。

EPS与UPS的主要差别：

(1) 我国EPS的发展是起源于电网突发故障时，为确保电力保障和消防联动的需要，它能即时提供逃生照明和消防应急，保护用户生命或身体免受伤害，其产品技术要求受公安部消防认证监督，并接受安装现场消防验收。而UPS只是用来保护用户设备或业务免受经济损失，其产品技术要求受信息产业部认证。两者适用的安全规范明显不同，因而具有不同的价值观。

(2) EPS 和 UPS 均能提供两路选择输出供电，UPS 为保证供电优质，是选择逆变优先；而 EPS 是为保证节能，是选择市电优先。当然两者在整流/充电器和逆变器的设计指标上是有差异的。

(3) UPS 由于是在线式使用，出现故障可以及时报警，并有市电作后备保障，使用者能及时掌握故障并排除故障，不会对事故造成更大的损失。而 EPS 是离线式使用，是最后一道供电保障，因而其可靠性设计要求更高，不能简单理解为后备式 UPS，否则就把 EPS 的重要性一笔勾销了。如果 EPS 在市电故障时，不能通过蓄电池应急供电，则 EPS 形同虚设，造成的后果将不堪设想。

(4) UPS 供电对象是计算机及网络设备，负载性质(输入功率因数)差别不大，所以国标规定 UPS 输出功因为 0.8。而 EPS 供电对象则是电力保障及消防安全，负载性质为感性、容性及整流式非线性负载兼而有之，其输出功率因数就不能设定为 0.8(EPS 国标将规定其数值)，而且有些负载是停市电后才投入工作的，因而要求 EPS 能提供很大的冲击电流，EPS 的输出动态特性要好，抗过载能力更强。因此 EPS 与 UPS 各组成部分的技术设计指标分配是不同的。

9.5.3.4 蓄电池

蓄电池是 UPS(EPS)的重要组成部分。蓄电池能把电能转化为化学能储存起来(充电过程)，使用时再把化学能转变为电能(放电过程)，而且变换的过程是可逆的。蓄电池的充电和放电过程可以重复循环多次，所以蓄电池又称为“二次电池”。

电池的安时数——代表电池容量的大小。电池的额定容量指 25℃，以恒定电流放电 20h 至终止电压(1.75V/单格)，该电流的 20 倍即为电池的容量。一般用 Ah 数代表电池的额定容量，用 C_n 表示。n 指几小时放电率，这里为 20。有些电池是以 10h 放电率计算的，用 C_{10} 表示。例：100Ah/12V 的电池指该电池以 5A(0.05C)的电流恒定放电直至终止电压 10.5V，可连续放电 20h。电池放电时间与放电电流不是线性关系，如 100Ah 电池以 100A 的电流放电，则支持不了 1h，只有数十分钟。如以 1A 的电流放电，则会超出 100h(不推荐如此方式放电)。

在 UPS(EPS)应用中的蓄电池共有三种：包括开放型液体铅酸电池，免维护电池，镍铬电池。现厂家所配的电池一般为免维护电池，下面以免维护电池为主介绍电池的特点：

(1) 开放型液体铅酸电池：此类电池按结构可分为 8~10 年、15~20 年寿命两种。由于硫酸电解会产生腐蚀性气体，此类电池必须安装在通风并远离精密电子设备的房间，且电池房应铺设防腐蚀瓷砖。由于蒸发的原因，开放电池需定期测量比重，加酸加水。此电池可忍受高温高压和深放电。电池房应禁烟并用开放型电池架。此电池充电后不能运输，因而必须在现场安装后充电，初充电一般需 55~90h。正常每节电压为 2V，初充电电压为 2.6~2.7V。

优点：投资较少，寿命较免维护电池长，对温度要求较低。

缺点：维护较复杂，需专门的电池间，有腐蚀性气体排出，必须现场初充电 50~90h，需专人维护。

(2) 免维护电池：又名阀控式密封铅酸蓄电池，在使用和维护中需遵循下列原则：

1) 密封电池可允许的运行范围为 15~50℃，但 5~35℃之内使用可延长电池寿命。

在零下 15℃以下电池化学成分将发生变化而不能充电。在 20~25℃范围内使用将获得最高寿命。电池在低温运行将获得长寿命但容量较低，在高温运行将获得较高容量但寿命短。

2）电池寿命和温度的关系可参考如下规则，温度超过摄氏 25℃后，每高 8.3℃电池寿命将减一半。

3）免维护电池的设计浮充电压为 2.3V /节。12V 的电池为 13.8V。

4）放电结束后电池若在 72h 内没有再次充电。硫酸盐将附着在极板上绝缘充电，而损坏电池。

5）电池在浮充或均充时，电池内部产生的气体在负极板电解成水，从而保持电池的容量且不必外加水。电池极板的腐蚀将减低电池容量。

6）电池隔板寿命在环境温度为 30~40℃时仅为 5~6 个月。长时间存放的电池每 6 个月必须充电一次。电池必须存放在干燥凉爽的环境。

7）免维护电池都配有安全阀，当电池内部气压升高到一定程度时安全阀可自动排除过剩气体，在内部气压恢复时安全阀会自动恢复。

8）电池的周期寿命(充放电次数寿命)取决于放电率，放电深度，和恢复性充电的方式，其中最重要的因素是放电深度。在放电率和时间一定时，放电深度越浅，电池周期寿命越长。免维护电池在 25℃100%深放电情况下周期寿命约为 200 次。

9）电池在到达寿命时表现为容量衰减、内部短路、外壳变形、极板腐蚀、开路电压降低。

10）绝对禁止不同容量和不同厂家的电池混用，否则会降低电池寿命。

11）若两组电池并联使用，应保证电池连线，汇流排阻抗相同。

12）免维护电池意味着可以不用加液，但定期检查外壳有无裂缝，电解液有无渗漏等仍为必要的。

优点：不需加液等维护，可在满充状态下运输，不需专人维护。

缺点：不及时恢复性充电会损害电池，对温度较敏感，寿命较短，比铅酸电池贵。

（3）镍铬电池：此类电池不同于铅酸电池，电解时产生氢和氧而不产生腐蚀性气体，因而可安装在电子设备的旁边。且水的消耗很少，一般不需维护。正常寿命为 20~25 年。远比前面提到的电池昂贵。初始安装的费用约为铅酸电池的三倍。并不会因环境温度高而影响电池寿命，也不会因环境温度低而影响电池容量。

优点：维护要求较低，寿命较长，对温度不敏感，无有害气体排放。

缺点：三种电池中最贵。

9.6 变电所受送电

变电所的安装调试工作是电气安装调试工作中的重要部分，而变电所的受送电又是变电所施工中的重要环节，也是电气安装工程中的标志性里程碑，十分重要。变电所受送电之前应准好各项准备工作，建立受送电组织机构，编制受送电技术方案。

9.6.1 变电所受送电主要施工工序

变电所受送电主要施工工序如下：

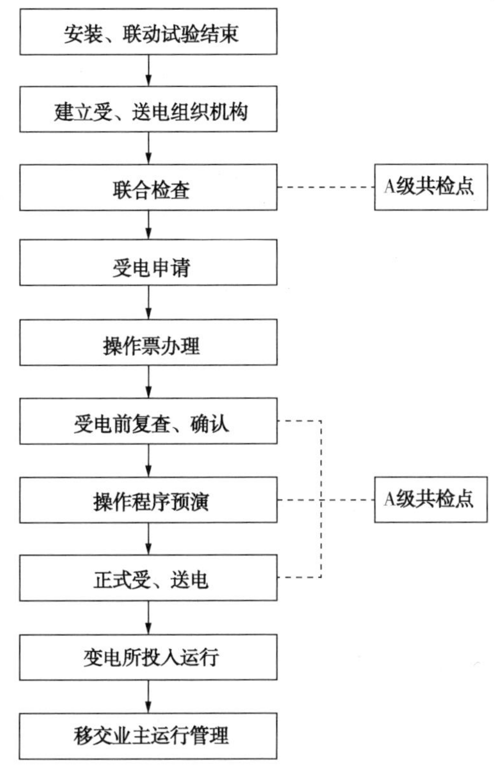

9.6.2 受电前变电所应具备的条件

(1) 变电所内部土建施工(含内装修)结束，门、窗完好，预留孔、洞封闭；暖通、消防、土建等其他专业所有工作结束，且验收合格；变电站内照明施工必须完毕并进行临时电照明。

(2) 从上级配电站的两路进线及控制部分电缆应敷设到位，绝缘检查合格、终端头制作及耐压试验合格，接线相序正确。

(3) 受、送电相关的安装、试验工作结束，相应的记录齐全，保护动作的模拟传动正确无误，并经项目组、监理、业主确认。

(4) 变电所直流电源安装、试验结束，达到投入使用条件，能够提供控制及操作电源。

(5) 变电所受送电前，消防、通讯设施完好、验收合格并达到正常使用条件；绝缘地面处理完毕。

(6) 受、送电前自检自查完毕，三查四定工作结束。

(7) 受、送电的有关设备名称、编号、相序、相色已标示正确，辅助安全用具准备齐全、并在适当位置放置消防器材。

(8) 检查所有的开关柜内无杂物。接地刀在合闸位置，断路器小车在试验位置，控制合闸电源开关在分断位置，并锁紧柜门，所有设备处于冷备用状态。

(9) 除受电组织机构人员，厂家调试人员及车间运行人员外其余人员必须撤离受电区域。

(10) 受电区域必须悬挂警戒线。受电过程中，操作人员只能听从受电指挥一人的指令。

9.6.3 受电前的重点检查事项

(1) 6kV 母线的检查

① 母线清洁无杂物。

② 各绝缘子、瓷瓶清洁光滑，无松动，无裂痕。

③ 各相绝缘套管完整正确；相序正确。

④ 用高压摇表进行绝缘检查，作好记录。

(2) 6kV 断路器的检查

① 6kV 断路器真空管无破损现象断路器室无杂物。

② 合、分闸指示器应指示正确，现场合分闸应可靠。

③ 用高压摇表测断路器相间、单相对地绝缘合格，作好记录

④ 断路器在不带电情况下分合 1 次，动作正常。

⑤ 检查断路器的控制电源开关完好无损。

(3) 电压互感器、避雷器的检查

① 柜内清洁无杂物。

② 二次保险完好。

③ 电压互感器外壳接地良好。

④ 避雷器安装牢固，符合要求。

(4) 6kV 变压器的检查

① 本体、冷却装置及所有附件无缺损，且不渗油；轮子的制动装置牢靠，变压器顶盖上无遗留杂物。

② 变压器的全部电气试验合格；保护装置整定值符合规定；操作及联动试验正确。

③ 用高、低压摇表进行绝缘检查，作好记录。

④ 对变压器密集母线桥进行检查。

⑤ 对变压器进线电缆进行检查。

(5) 低压柜 A 段、B 段母线的检查

① 母线清洁无杂物。

② 母线相序正确。

③ 用低压摇表进行绝缘检查，作好记录。

(6) 低压进线和母联柜的检查

① 对断路器室内检查，应无杂物。

② 对断路器的分、合闸检查。

③ 对断路器控制回路的检查

(7) 低压柜的检查

① 对低压柜每一个二次回路的检查，动作正确。

② 对低压柜一次、二次回路绝缘检查，无短路。

③ 送电前，每一个回路抽屉在试验位置。

第 10 章　电气设备试验的基本方法

该章共分 6 节，分别是绝缘电阻与吸收比的测量、直流电阻的测量、直流耐压试验、工频交流耐压试验、介质损耗角正切值试验以及微机保护装置试验。编制该篇章的基本出发点是力求让非专业电气试验人员达到了解、掌握和灵活应用这些在施工现场中常用的、基本的、应知应会的电气设备试验技术的基本原理和基本方法。而并非是要安装电工掌握各种具体的电气设备的试验项目及标准。如若详细了解和学习相关电气设备的试验项目和试验标准，可参看 GB 50150《电气装置安装工程电气设备交接试验标准》以及 DL/T 596《电力设备预防性试验规程》等标准。

本章节重点从通用的、共性的、基本的试验方法写起，其中每一节的内容基本上是围绕试验的目的和意义、试验基本原理、基本试验方法、影响试验的因素以及试验结果的分析和判断等内容进行编写。

10.1　绝缘电阻与吸收比的测量

10.1.1　试验目的

测量电气设备的绝缘电阻与吸收比是一项检查电气设备绝缘状态最简便、最基本、最常用的试验项目，在施工现场通常用兆欧表(或称绝缘电阻测试仪)进行测量。测量电气设备的绝缘电阻有助于发现电气设备中影响绝缘的异物、受潮和脏污、绝缘油严重老化、绝缘介质击穿和严重热老化等缺陷，以便试验人员初步了解电气设备的绝缘状况。因此，测量电气设备的绝缘电阻与吸收比属于电气检修、运行、安装和试验人员应该掌握的基本试验之一。

众所周知，电气设备之所以能够安全运行，最根本的原因是其绝缘体没有遭受破坏。如果电气设备受到高压、高温、化学、机械振动以及其他因素的影响，绝缘体的绝缘性能将会出现劣化，甚至会失去绝缘性能，造成事故。因此，测试电气设备的绝缘电阻其实质是检查其绝缘体的状况。在正常情况下，电气设备的绝缘电阻是很高的。因此，对任一电气设备来说，只有保证它的相间和对地具有足够高的绝缘电阻，才可能保证电气设备安全运行。因而，在电气设备的绝缘试验中，测量绝缘电阻是做试验前、送电前都不可缺少的试验项目。

值得注意的是，只有当绝缘介质的绝缘缺陷贯通于两极之间时，测量其绝缘电阻时才会有明显变化，即通过测量能够灵敏的检测出缺陷。如果绝缘只有局部缺陷，而两极间仍保持有部分良好绝缘时，测得绝缘电阻降低很少，甚至不发生变化时，测量绝缘电阻不能发现和判断这种类型的缺陷，因而需要其他试验项目来检测。

10.1.2　试验原理

电气设备的绝缘体(也称为电介质)并非是完全不导电的，在一定的直流电压作用下，绝缘体中总会有微弱的电流通过，根据电介质材料的性质和构成等不同，该电流可视为由三部分电流构成，即电导电流(又称为泄漏电流)、电容电流和吸收电流。如图 10-1 所示。

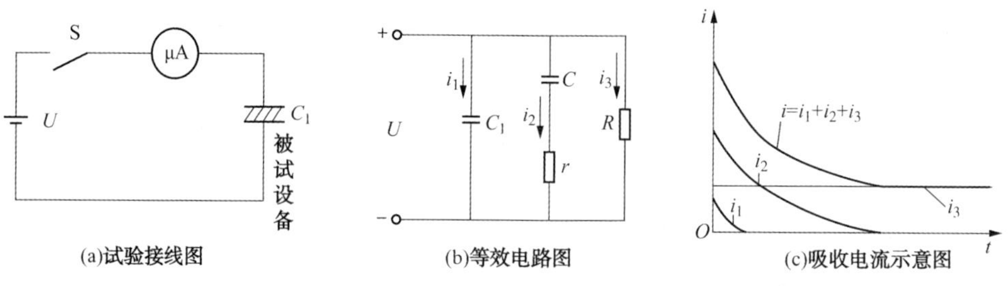

图 10-1 直流电压下电介质中电流构成示意图

图 10-1(a)所示为电气设备绝缘介质在直流电压作用下的电路图。当闭合开关 S 时，记录微安表(μA)在不同时刻的读数，据此绘成的曲线如图 10-1(c)i 曲线所示。等效电路中，C_1 支路中的电流代表电容电流 i_1，r、C 支路中的电流代表吸收电流 i_2，R 支路中的电流代表电导电流 i_3。三个电流加起来 $i=i_1+i_2+i_3$，可得到在直流电压作用下通过被试品的总电流 i 随时间变化的曲线，通常称为吸收曲线，如图 10-1(c)i 曲线所示。

从该曲线中可以看出，随着加压时间的增大，这三种电流的总和下降，电容电流 i_1 和吸收电流 i_2 经过一段时间后趋近于零，最终 i 趋近于 i_3。而绝缘电阻值则由原来的极小值随着测试时间的增加而相应地增大，对于大容量电气设备，这种吸收现象更加明显。因为总电流随时间衰减，经过一段时间后，才趋近于电导电流的数值，所以通常电气设备试验规程要求在加压 1min(或 10min)后，读取兆欧表的测量值，才能代表比较真实的绝缘电阻。

绝缘电阻就是加在绝缘体上的直流电压 U_-，与泄漏电流 i_3 之比，即

$$R_i=\frac{U_-}{i_3}$$

式中 R_i——绝缘电阻，Ω；

U_-——直流电压，V；

i_3——电导电流，A。

正常情况下该电导电流 i_3 是不随时间变化的稳定电流，一般该电流很小。当试验电压 U_-一定时，泄漏电流 i_3 越小，R_i 越大。反之，绝缘体绝缘受潮、脏污或存在其他缺陷时，在直流电压的作用下，泄漏电流会急剧增加，绝缘电阻相应地减小。因此，通过绝缘电阻的大小可以初步判断电气设备的绝缘状况。

如果施加的直流电压过高，在过电压的作用下绝缘体就会遭到破坏，甚至可能会发生击穿现象，使绝缘电阻急剧下降。所以，在使用兆欧表时，一定要根据用电设备的电压等级选择兆欧表不同的试验电压[详见 10. 1. 3. 2(1)]。

当绝缘受潮或有缺陷时，电流的吸收现象不明显，总电流随时间下降较缓慢。因此，对于同一电气设备，可根据 i_{15s}/i_{60s} 的变化初步判断设备绝缘的状况。通常，在电气设备的绝缘试验中，取加压后 15s 的绝缘电阻为 R_{15s}，取加压后 60s 的绝缘电阻为 R_{60s}，其比值 R_{60s}/R_{15s} 称为吸收比。

其表达式为：

$$K_1=R_{60s}/R_{15s}=(U/i_{60s})/(U/i_{15s})=i_{15s}/i_{60s}$$

式中 i_{15s}、R_{15s}——加压 15s 时的电流和相应的绝缘电阻值；

i_{60s}、R_{60s}——加压 60s 时的电流和相应的绝缘电阻值；

K_1——吸收比。

测量 K_1 值的试验叫做吸收比试验，K_1 的最小值为 1。K_1 值越大，电气设备的绝缘的耐电性越好；K_1 值越小表明设备的绝缘可能受潮，或者存在裂纹等缺陷；受潮严重时，吸收比 K_1 可能接近于 1。吸收比试验与温度及湿度有关，有的参考书上给出一些设备的温度换算系数或公式，但由于所使用的测量设备、工作环境和所使用的测温方法等因素的影响，很难给出一个准确的换算系数和公式。以油浸式变压器绕组的绝缘电阻为例，当实测温度为 20℃ 以上时，可按下式进行温度换算。

$$R_2 = R_1 \times 1.5^{(t_1-t_2)/10}$$

式中　R_1、R_2——温度为 t_1、t_2 时的绝缘电阻值。

而对于大容量的变压器、发电机、电缆等电气设备，其吸收电流衰减得很慢，在 1min 时测量到的绝缘电阻仍会受吸收电流的影响，R_{60s}/R_{15s} 吸收比值已不足以反映绝缘介质的电流吸收全过程。为了便于更好地判断绝缘体是否受潮，可采用较长时间绝缘电阻比值进行衡量，即 10min(R_{10min}) 和 1min(R_{1min}) 时的绝缘电阻的比值 K_2，称为绝缘的极化指数，表示为

$$K_2 = R_{10min}/R_{1min}$$

式中　K_2——极化指数；

R_{10min}——加压 10min 时测得的绝缘电阻；

R_{1min}——加压 1min 时测得的绝缘电阻。

极化指数测量加压时间较长，测定的吸收比率与温度无关。当被试品的绝缘处于受潮或污染状态时，不随时间变化的泄漏电流所占比例较大，所以 K_2 接近于 1；当绝缘处于干燥状态时，K_2 较大。变压器极化指数一般应大于 1.5，绝缘较好时可达到 3~4。

10.1.3　兆欧表的接线应用及操作步骤

10.1.3.1　兆欧表的基本原理

常用的兆欧表有手摇式和数字式两种。常见的兆欧表的电压等级有 250V、500V、1000V、2500V、5000V 等几种。手摇式兆欧表的原理结线如图 10-2 所示。数字式兆欧表的原理图如图 10-3 所示。

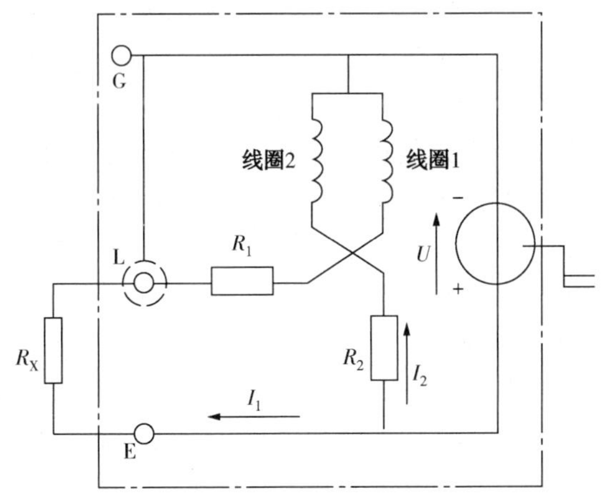

图 10-2　手摇式兆欧表原理图

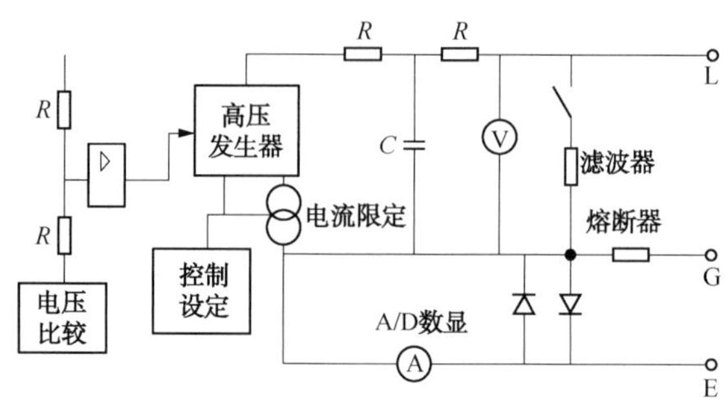

图 10-3　数字式兆欧表原理图

手摇式兆欧表的基本原理：被测电阻 R_X 接于兆欧表测量端子“线端”L 与“地端”E 之间。摇动手柄，直流发电机输出直流电流。线圈 1、电阻 R_1 和被测电阻 R_X 串联，线圈 2 和电阻 R_2 串联，然后两条电路并联后接于发电机输出端(电压 U 上)上。设线圈 1 电阻 r_1，线圈 2 电阻为 r_2，则两个线圈上电流分别是：

$$I_1=\frac{U}{r_1+R_1+R_X}$$

$$I_2=\frac{U}{r_2+R_2}$$

两式相除得：

$$\frac{I_1}{I_2}=\frac{r_2+R_2}{r_1+R_1+R_X}$$

式中 r_1、r_2、R_1 和 R_2 为定值；R_X 为变量，所以改变 R_X 会引起比值 I_1/I_2 的变化。

由于线圈 1 与线圈 2 绕向相反，流入电流 I_1 和 I_2 后在永久磁场作用下，在两个线圈上分别产生两个方向相反的转距 T_1 和 T_2，由于气隙磁场不均匀，因此 T_1 和 T_2 既与对应的电流成正比又与其线圈所处的角度有关。当 $T_1 \neq T_2$ 时指针发生偏转，直到 $T_1=T_2$ 时，指针停止。指针偏转的角度只决定于 I_1 和 I_2 的比值，此时指针所指的是刻度盘上显示的被测设备的绝缘电阻值。

当 E 端与 L 端短接时，I_1 为最大，指针顺时针方向偏转到最大位置，即“0”位置；当 E、L 端未接被测电阻时，R_X 趋于无限大、$I_1=0$，指针逆时针方向转到“∞”的位置。该仪表结构中没有产生反作用力距的游丝，在使用之前，指针可以停留在刻度盘的任意位置。

无论是手摇式兆欧表还是数字式兆欧表从外观看都有三个接线端子，它们是：

“L”端子——线路端子，输出负极性直流高压，测量时接于被试品的高压导体上。

“E”端子——接地端子，输出正极性直流高压，测量时一般接于被试品外壳或地上。

“G”端子——屏蔽端子，输出负极性直流高压，测量时接于被试品的屏蔽环上，以消除表面或其他不需要测量的部分泄漏电流的影响。

数字式兆欧表工作原理：数字式兆欧表一般由直流电压变换器将电池电压转换为直流高压电作为测试电压，这个测试电压施加于被测物上产生的电流经电流电压转换器转换为相应的电压值，然后送入模数转换器变为数字编码经微处理器计算处理，由显示器显示出相应的电阻值。

目前流行的数字式兆欧表测试电流大，对于大电容负荷可加快测试速度，大大减缩测试时间。大屏幕模拟/数字液晶显示测试电阻值可达到 5 TΩ，并显示有计时器时间及其他参数。输出测试电压为 5mA 。操作灵活 250~5000V 和测试时间可任意选择且可设置步长以达到自动安全操作。其独有的安全保护特征测试导线锁定、自动放电电路及显示高电压警告，可显示出安全的极大优越。对于大容量的变压器、电动机等设备需作极化指数试验，用手摇式兆欧表测量就比较困难，因此，数字式兆欧表正在逐步取代手摇式兆欧表。

10.1.3.2 兆欧表的接线应用及操作步骤

（1）正确选用兆欧表

兆欧表的额定电压应根据被测电气设备的额定电压来选择：

100V 以下的电气设备或回路，采用 250V 50MΩ 及以上兆欧表；

500V 以下至 100V 的电气设备或回路，采用 500V 100MΩ 及以上兆欧表；

3000V 以下至 500V 的电气设备或回路，采用 1000V 2000MΩ 及以上兆欧表；

10000V 以下至 3000V 的电气设备或回路，采用 2500V 10000MΩ 及以上兆欧表；

10000V 及以上的电气设备或回路，采用 2500V 或 5000V 10000MΩ 及以上兆欧表；

用于极化指数测量时，兆欧表短路电流不应低于 2mA。

（2）使用前检查兆欧表是否完好

将兆欧表水平且平稳放置，检查指针偏转情况：

① 对于手摇式兆欧表，将 E、L 两端开路，以约 120r/min 的转速摇动手柄，观测指针是否指到“∞”处；然后将 E、L 两端短接，缓慢摇动手柄，观测指针是否指到“0”处，经检查完好才能使用。

② 对于数字式兆欧表，首先选择需要输出的电压，然后将 E、L 两端开路，点击面板启动按钮，观测指针是否指到“∞”处；然后将 E、L 两端短接，点击面板启动按钮，观测指针是否指到“0”处，经检查完好才能使用。

（3）兆欧表的接线

① 兆欧表放置平稳牢固，被测物表面擦干净，以保证测量准确。

② 正确接线。兆欧表有三个接线柱：线路（L）、接地（E）、屏蔽（G）。跟据不同测量对象，作相应接线。

1）测量线路对地绝缘电阻时，E 端接地，L 端接于被测线路上，如图 10-4 所示。

2）测量电机或设备绝缘电阻时，E 端接电机或设备外壳，L 端接被测绕组的一端；测量电机或变压器绕组间绝缘电阻时先拆除绕组间的连结线，将 E、L 端分别接于被测的两相绕组上，如图 10-5 所示。

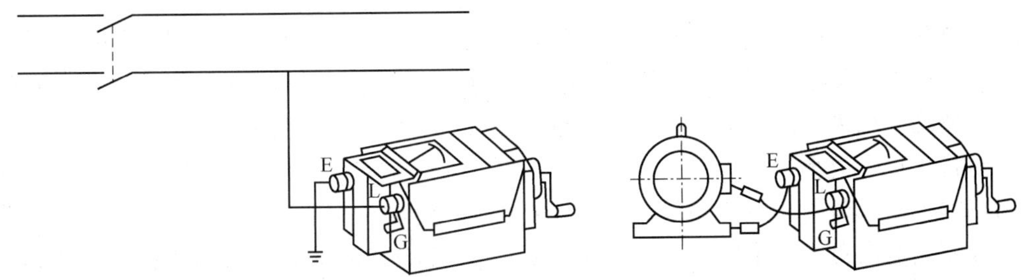

图 10-4　兆欧表测量线路的接线示意图　　图 10-5　兆欧表测量电机或设备的接线示意图

3）测量电缆绝缘电阻时 E 端接电缆外表皮（铅套）上，L 端接线芯，G 端接芯线最外层绝缘层上，如图 10-6 所示。

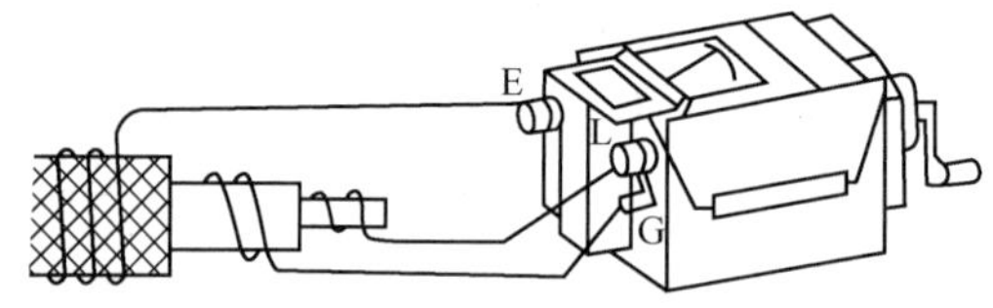

图 10-6　兆欧表测量电缆的结线示意图

③ 试验测试。对于手摇式兆欧表由慢到快摇动手柄，直到转速达 120r/min 左右，保持手柄的转速均匀、稳定，一般转动 1 min，待指针稳定后读数。对于数字式兆欧表只需按下启动按钮便可自动升压。

④ 测量完毕后，应首先将 L 线与被测物分离，然后再让兆欧表停止电压输出，避免被被测物的反电动势作用损坏兆欧表，最后对被测物接地进行充分放电。

10.1.4　影响试验结果的因素

（1）温度的影响

电气设备的绝缘电阻是随温度的变化而变化的。一般情况下，绝缘电阻随温度的升高而减小。因为温度升高时，绝缘介质极化加剧，绝缘介质内部的水分及其含有的杂质也呈扩散趋势，使电导增加，绝缘电阻变小。

由于温度对绝缘电阻值有很大的影响，而每次测量又不可能在完全相同的温度下进行。因此实际测量绝缘电阻时，必须记录试验温度（环境温度及设备本体温度），而且尽可能的在相近温度下进行测量，以避免温度换算引起误差（很难有一个准确的换算系数）。

（2）湿度的影响

随着电气设备周围湿度的变化，电气设备绝缘的吸湿程度也随之变化。当空气相对湿度增大时，绝缘材料由于毛细管作用，将吸收更多的水分，使电导率增加，进而降低了绝缘电阻值，尤其对表面泄漏电流的影响更大。实践证明，雾雨天气比晴朗天气测出的绝缘电阻值明显偏低。

（3）表面脏污的影响

被试设备的表面脏污会使其表面电阻率大大降低，同时脏污部分的吸潮能力更显著，致使绝缘电阻将显著下降。因此，在做绝缘电阻测试前，试验人员一定要先将被试设备的表面擦拭干净，以便得到相对比较准确的数值。

（4）剩余电荷的影响

测量有剩余电荷的电气设备的绝缘电阻时，由于剩余电荷的存在，会造成测量的绝缘电阻比实际值偏大或偏小，引起测量的绝缘电阻不真实。当剩余电荷的极性和兆欧表的极性相同时，会使测量结果虚假的增大。相反，当剩余电荷的极性与兆欧表的极性相反时，测得的绝缘电阻将比真实值小。

为消除剩余电荷的影响，测量绝缘电阻前必须充分接地放电，重复测量中也应充分放电。一般剩余电荷对绝缘电阻测量的影响和被试设备的容量有关。如果被试设备的容量较小，那么剩余电荷对绝缘电阻测量值的影响就小多了。

（5）感应电压的影响

当在带电环境中测量停电设备的绝缘电阻时，由于带电设备与停电设备之间的电容耦合，使得停电设备带有一定电压等级的感应电压。感应电压对绝缘电阻测量有很明显的影响。感应电压强烈时，可能会造成兆欧表的损坏，甚至危及人身安全。采取电场屏蔽等措施可以有效的克服感应电压的影响。

（6）试验设备容量的影响

对同一被试设备，兆欧表容量大的测量结果较相近，而容量小的结果偏差较大。现场试验中，尽量使用最大输出电流 1mA 及以上的兆欧表，这里的最大输出电流不是指短路电流，而是兆欧表在额定输出电压下的最大输出电流，这样可以得到相对比较准确的测量结果。

10.1.5 测试绝缘电阻的一般注意事项

（1）不能在被试设备带电的情况下测量其绝缘电阻。测量前被测设备必须切断电源和负载，并进行充分放电；已用兆欧表测量过的设备如要再次测量，也必须先接地放电。

（2）使用兆欧表测量绝缘电阻时要远离大电流导体和外磁场。

（3）与被测设备的连接导线应用兆欧表专用测量线或选用绝缘强度高的两根单芯多股软线，两根测量导线切忌绞在一起，以免影响测量准确度。

（4）测量过程中，如果指针指向"0"位，表示被测设备短路，应立即停止工作。

（5）被测设备中如有半导体器件，应先将其插件板拆下。

（6）测量过程中不得触及设备的测量部分，以防触电。

（7）测量电容性设备的绝缘电阻时，在测量完毕后，应对该设备进行充分放电（一般放电时间在 5min 以上）。

（8）将所测的绝缘电阻，换算至同一温度，并与出厂、交接、历年、大修前后和耐压前后的数值进行比较，同型设备间相互比较、同一设备相间比较，应无明显偏差。

（9）注意感应电压的影响。同杆双回架空线或双母线，当一路带电时，不得测量另一回路的绝缘电阻以防感应高压损坏试验设备和危及人身安全。对于平行线路也应注意其感应电压，一般不应测其绝缘电阻。

10.2 直流电阻的测量

10.2.1 试验目的

电阻是基本的电气参数之一，在试验过程中，经常需要测量直流电阻，如断路器导电回路的直流电阻、母线连接处的直流电阻、感性负载绕组的直流电阻等。直流电阻测量是电气设备安装、大修和预防性试验中不可缺少的测试项目之一。

电气设备在制造、运输、安装或运行中发生振动和受到机械应力，可能造成导线断裂、接头开焊、接触不良、匝间短路等缺陷。测量直流电阻的目的，就是鉴定设备导线连接的质量，以便及时发现和消除隐患，保证电气设备安全可靠的运行。

10.2.2 测试方法及实际应用

10.2.2.1 电阻表法

应用电阻表（包括万用表的欧姆档）测量直流电阻最为方便，可以直接从电阻表指针的位置读取被测电阻的数值。但是，这种测量方法受电阻表精确度以及量程的影响，只能测出一个大概的电阻数值。

10.2.2.2 电压降法

电压降法是指在被测电阻上通以直流电流，测量其两端的电压和通过的电流，然后利用欧姆定律计算被测的直流电阻值。其测试方法有两种，如图 10-7 所示。

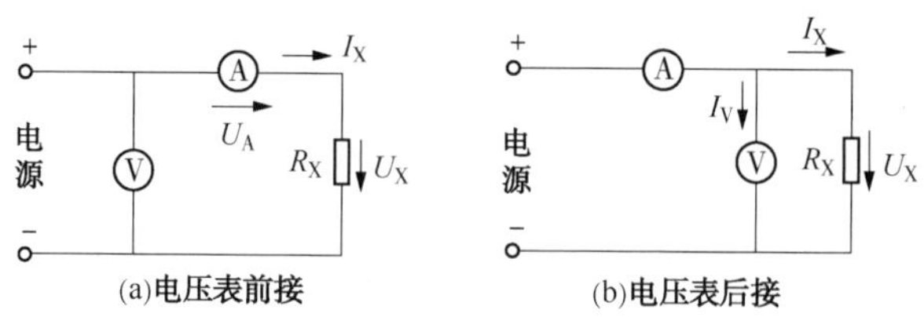

图 10-7　直流压降法测量直流电阻

两种不同接线方式使用方式不同，图 10-7(a)的测量接线适合于测量电阻值较大的电阻。图 10-7(b)的测量接线适合于测量电阻值较小的电阻。实际测量中，无论采用哪种测量接线，由于仪表本身总是具有一定的内阻，测得的电压 U 和电流 I 经过欧姆定律计算后的直流电阻 R 值，并不是真实的被测电阻 R_X 值。

现场实际使用的智能型回路电阻测试仪，可以理解为图 10-7(b)所示的接法。接线时，要求电流测试线(粗线)接外侧，电压测试线(细线)接内侧。图 10-8 为断路器导电回路电阻测量图。智能型回路电阻测试仪可直接显示并能打印测试数值，操作简单，测试快捷，是作为测试回路电阻的首选仪器。

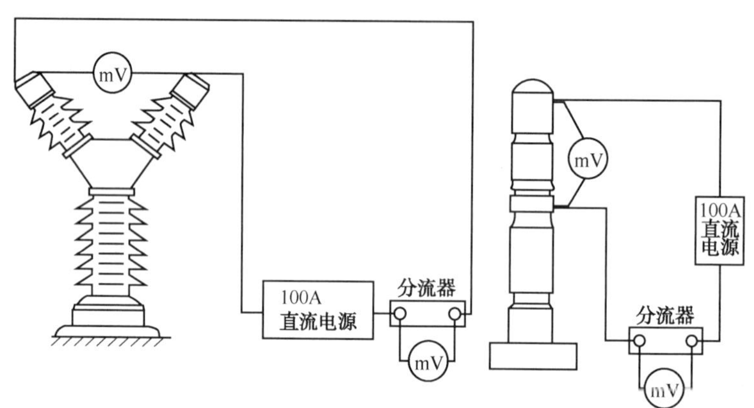

图 10-8　断路器导电回路电阻的测量

10.2.2.3 电桥法

应用电桥平衡的原理进行测量直流电阻的方法称为电桥法。测量直流电阻常见的仪器有单臂电桥和双臂电桥。

(1) 单臂电桥

单臂电桥测量原理结线如图 10-9 所示。

当 R_1 上的电压降等于 R_3 上的电压降时，则 A、B 两点间没有电位差，I_1 流经 R_1 和 R_2，I_2 流经 R_3 和 R_4，此时检流计中没有电流，电桥处于平衡状态。

电桥平时

$$U_{CA}=U_{CB} \qquad U_{CA}=\frac{R_1U_{CD}}{R_1+R_2} \qquad U_{CB}=\frac{R_3U_{CD}}{R_3+R_4}$$

$$\frac{R_1}{R_1+R_2}=\frac{R_3}{R_3+R_4} \qquad R_1R_4=R_3R_2$$

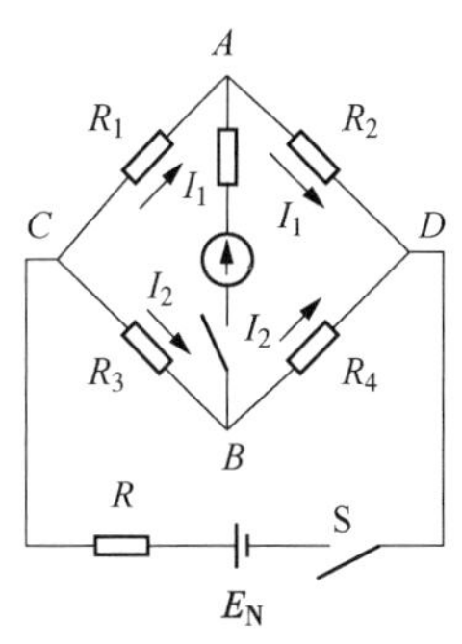

图 10-9　单臂电桥原理接线图

若将 R_1 换成被测绕组电阻 R_X，并将 R_2 和 R_4 做成一定比例的可调电阻，R_3 为平滑的可调电阻，调节 R_3 可使电桥达到平衡，则 $R_X=R_2R_3/R_4$。由图 10-9 可知，测试出的 R_X，包含了连接引线上的电阻，因此实际电阻等于 R_X 减去引线电阻。当被测电阻越小，引线电阻造成的测量误差越大。所以为了增加测量的精确度，减小引线电阻的影响，单臂电桥常用于测量 1Ω 以上的电阻。

（2）双臂电桥

双臂电桥测量原理结线如图 10-10 所示。

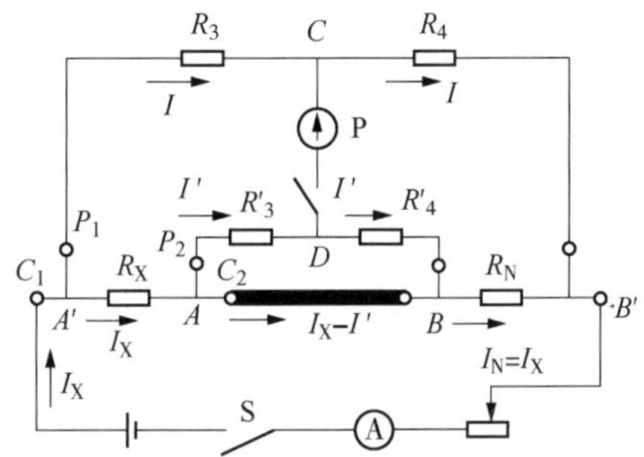

图 10-10　双臂电桥测量接线原理图

当检流计中没有电流通过时，C、D 两点的电位相等。即

$$R_XI_X+R'_3I'=R_3I$$

$$R'_4I'+R_NI_N=IR_4$$

因为 $R_{AB}(I_X-I')=(R'_3+R'_4)I'$

所以 $R_{AB}I_X=(R'_3+R'_4+R_{AB})I'$

以上各式整理后得到 $R_X=\dfrac{R_{AB}(R'_4R_3-R'_3R_4)}{R_4(R_{AB}+R'_3+R'_4)}+\dfrac{R_NR_3}{R_4}$

由于双臂电桥能满足 $R'_3\approx R_3$，$R'_4\approx R_4$，因此上式可化为 $R_X=R_N\dfrac{R_3}{R_4}$。

从式中可看出，R_3 及 R'_3 包含了被测电阻的电压引线电阻，R_4 及 R'_4 包含了标准电阻的电压引线电阻。要满足 $R'_3R_4\approx R'_4R_3$，必须使被测电阻的引线和标准电阻引线的电阻相等（即采用四根截面相同、长度相等的相同导线），否则，会引起一定的测量误差。由于双臂电桥能够消除引线和接触电阻带来的测量误差，适宜测量准确度要求较高的小电阻。

双臂电桥测量直流电阻的步骤：

① 测量前，首先调节电桥检流计机械零位旋钮，使检流计指针处于零位。接通测量仪器电源，具有放大器的检流计应操作调节电桥电气零位旋钮，置检流计指针于零位。

② 接入被测电阻时，双臂电桥电压端子 P_1、P_2 引出线的结线应比由电流端子 C_1、C_2

引出线更靠近被测电阻的两端。

③ 测量前首先估计被测电阻的数值，并按估计的电阻值选择电桥的标准电阻 R_N 和适当的倍率进行测量，充分利用"比较臂"可调电阻各档位，以提高读数的精度。测量时，先接通电流回路，待电流达到稳定值时，接通检流计。调节读数臂阻使检流计处于零位，被测电阻为：

$$被测电阻=倍率\times读数臂指示$$

④ 测量结束时，应先断开检流计按钮，再断开电源，以免在测量具有电感的直流电阻时产生的自感电动势损坏检流计。

10.2.3 测试结果的温度换算

由于直流电阻的测试值受温度影响较明显，在进行各测试电阻值比较时，应准确测量被试直流电阻的温度，并将不同温度下测量的直流电阻值换算到同一温度下。

换算公式为：

$$R_X=R_a\frac{T+t_X}{T+t_a}$$

式中 R_X——换算至温度为 t_X 时的电阻，Ω；

R_a——温度为 t_a 时所测得的电阻，Ω；

T——温度换算系数，铜线为 235，铝线为 225；

t_X——需换算 R_X 的温度；

t_a——测量 R_a 时的温度。

10.3 直流耐压试验

10.3.1 试验目的

对被试设备施加一定的直流电压，在该试验电压下，测量绝缘对地及相间的泄漏电流，以判断设备绝缘状况的方法，称为泄漏电流试验。由于在进行泄漏电流试验时，所施加的直流试验电压较高，不仅可以测量泄漏电流，还对电气设备进行了耐压考验，因此，也称为直流耐压试验。

直流耐压试验通常结合直流耐压下的泄漏电流来考察被试设备绝缘介质的介电强度。由于直流耐压及泄漏试验的试验电压一般比兆欧表电压高，并能够任意调节，所以它能更有效、更灵敏的反映电气设备受潮、绝缘劣化以及绝缘局部缺陷等方面的状况。

对于电气设备的绝缘，如果施加直流电压，它的绝缘电阻值将会随所加电压的升高而下降，如果绝缘存在缺陷而劣化，则绝缘电阻会随电压的升高而下降的特别快。因而，用比测绝缘电阻时所加直流电压要高很多的电压对绝缘进行泄漏电流试验来判断绝缘状况，将比用兆欧表测绝缘电阻更为灵敏和有效，并且还可以结合直流耐压试验进行测量。

10.3.2 试验原理

测量电气设备绝缘介质的直流耐压及泄漏电流与测量其绝缘电阻的基本原理相同。但是直流耐压试验对被试设备施加的直流电压远大于被试设备额定电压，并且保持一定的时间，观察被试设备的绝缘体是否发生击穿和异常。试验所采用的直流电压为单极性持续电压，试验时要求使用负极性直流电压，具有充足的电源容量，且脉动系数 S 小于 2%。

其中脉动系数公式为：

$$U_d = \frac{U_{max}+U_{min}}{2} \qquad S = \frac{U_{max}-U_{min}}{2U_d} \times 100\%$$

式中 U_{max}——直流电压的最大值；

U_{min}——直流电压的最小值；

U_d——直流电压的平均值。

10.3.2.1 半波整流试验电路

半波整流试验电路结线如图 10-11 所示。

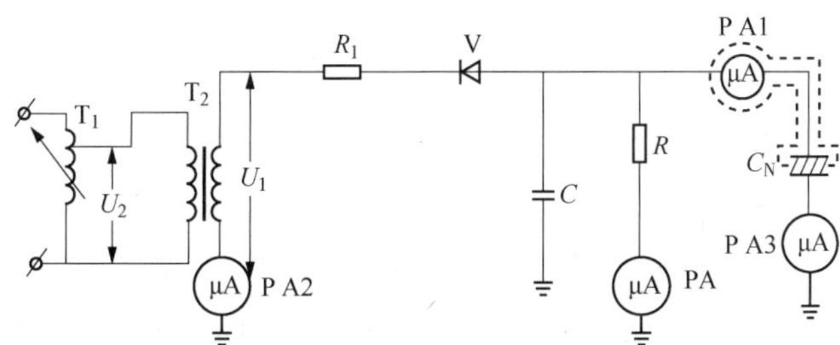

图 10-11 半波整流试验电路图

半波整流电路分以下几部分：

（1）交流高压电源

这部分包括升压变压器 T_2、自耦变压器 T_1 和控制保护装置等。理想情况下，输出的直流高压 $U=\sqrt{2}U_1=\sqrt{2}KU_2$，式中 K 为升压变压器 T_2 的变比。

（2）整流部分

这部分包括高压硅堆和稳压电容器(滤波电容器)，作用是整流滤波，获得较理想的直流波形。当多只硅堆串联时，为了使每只硅堆电压分配均匀，需要并联均压电阻 R，其数值一般为硅堆反向电阻的 1/4～1/3 倍。稳压电容器电容值 C 的选择：当试验电压为 3～10kV 时，C>0.06μF；15～20kV 时，C>0.015μF；30kV 时，C>0.01μF。

（3）保护电阻

电阻 R_1 的作用是限制被试设备绝缘介质击穿时的短路电流，保护变压器、硅堆及微安表。一般采用水电阻作保护电阻。当被试品绝缘击穿时，既能将短路电流限制在硅堆的最大允许电流之内，又能使控制保护装置的过流保护可靠动作。正常工作时的水电阻上的压降不宜过大，一般按 10Ω/V 取值。

10.3.2.2 倍压整流电路及多级串接整流电路

当需要较高的直流电压时，如对 35kV 电缆进行直流耐压试验，可采用倍压整流或多级串接整流可得到较高的直流电压。

倍压整流见图 10-12 所示，该方法可以输出对地为 $2U_{max}$ 的直流高压。其原理为：当电源电压为负半波时，变压器经硅堆 V_1 导通，对 C_1 充电；到正半波时，变压器与电容 C_1 的电压叠加，经硅堆 V_2 对电容 C_2 充电，如果 $C_1 \gg C_2$，则 C_2 经过一个周波电压达到 $2U_{max}$；一般 $C_1=C_2$，所以 C_2 经过若干周波后电压达到 $2U_{max}$，即为变压器输出电压峰值的 2 倍。串接式整流装置也是根据以上原理制成的，其接线如图 10-13 所示。理想情况下，图中 1、2、3 点的对地电压值可分别达到 $2U_{max}$、$4U_{max}$、$8U_{max}$。

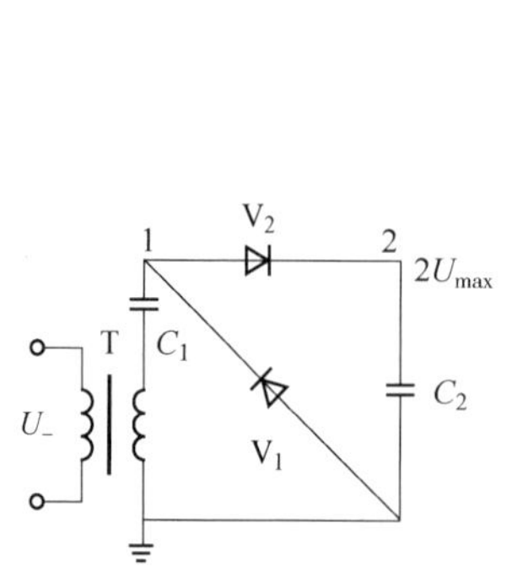

图 10-12　倍压结线

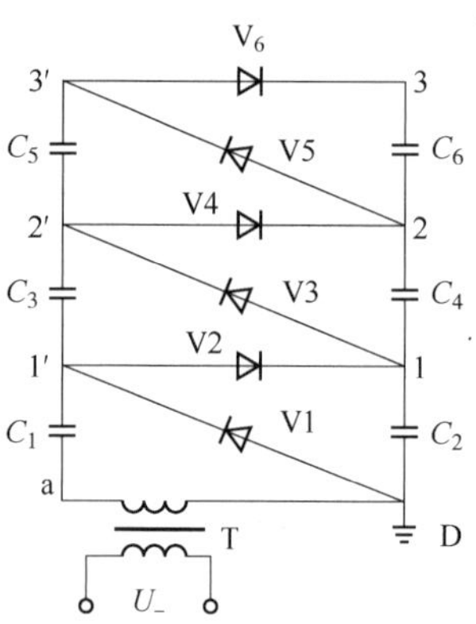

图 10-13　三级串接整流结线

多级串接整流电路明显的缺点就是接线太多，所以现场一般采用成套的中频直流发生器。这种直流发生器采用脉冲宽度调制的方式调节直流高压。这种直流高压发生器能直接显示直流高压的电压值及泄漏电流值，可由多节串联构成 60～600kV 等不同的电压等级，适用于现场进行各种高压电气设备的直流试验。其使用与操作可参照试验仪器说明书进行。

10.3.3　试验接线

10.3.3.1　微安表的接线方式

根据测量泄漏电流的微安表所接的位置不同，试验接线可有三种方式：

（1）微安表接在被试设备高压侧的位置。

如图 10-11 中 PA1 的位置。这种接线方式的优点是接线简单，不受高压对地杂散电容的影响，测量结果准确。缺点是微安表和高压引线处于高电位，必须有良好绝缘屏蔽；微安表距离试验人员较远，读数不方便。

（2）微安表接在被试设备低压侧的位置。

如图 10-11 中 PA3 位置。当被试品的接地端能与地断开并有绝缘时可采用这种接线方式。由于微安表接在低压侧处于低电位，读数较为方便，屏蔽容易。

（3）微安表接在试验变压器 T_2　次侧绕组尾部。

如图 10-11 中 PA2 的位置。这种接线方式的微安表处于低电位，具有读数安全方便，但是高压引线等部分的杂散电流经过微安表从而使测量结果偏大。

10.3.3.2　直流高压的测量

测量要求：直流电压平均值的测量误差应不大于 3%。测量表计的准确度应不低于 1.5 级，分压器的准确度不应低于 2.5 级。

（1）用高阻串联微安表测量

用高值电阻串联微安表测量直流高压的方法应用比较广泛，能够在高压侧直接测量数千伏至数万伏的电压。如图 10-14 所示，图中被测直流电压加在高值电阻 R 上，则 R 上便有电流产生，与 R 串联的微安表的指示即为在该电压下流过 R 的平均电流，应用串联电路的欧姆定律，根据微安表指示的电流值来表示被测直流电压的数值。高值电阻经过严格校定后，其测量精度也可以保证。

（2）在试验变压器低压侧测量

在半波整流电路中，通过试验变压器的变比及测量电压器低压侧电压，可近似换算出直流高电压值，即

$$U_{DC}=\sqrt{2}KU_2$$

式中　U_{DC}——被试设备上施加的直流电压；

K——变压器变比；

U_2——变压器低压侧电压的有效值。

这种测量方法忽略了被试品的泄漏电流及保护电阻的压降等因素，其测量精度不高。

（3）高压静电电压表测量

对不同范围的直流高压选用相对应量程的高压静电电压表，可以直接测量输出电压。虽然这种方法测量精度高，但是在现场使用不便，受环境因素影响大，一般在室内试验时采用。

（4）用电阻分压器与低压电压表测量

图 10-15 是电阻分压器与低压电压表组成的测量系统的原理接线图。图上的电压表可以是低压静电电压表，也可以是数字式电压表。

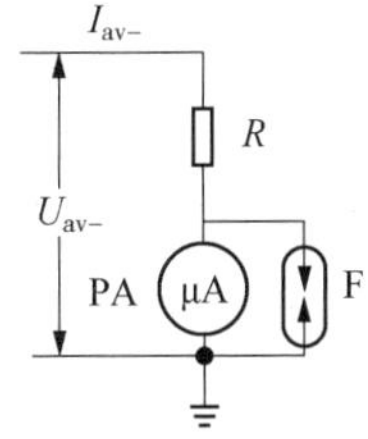

图 10-14　微安表串联高值电阻测量直流高压的示意图

F—保护微安表的放电管；R—高值电阻

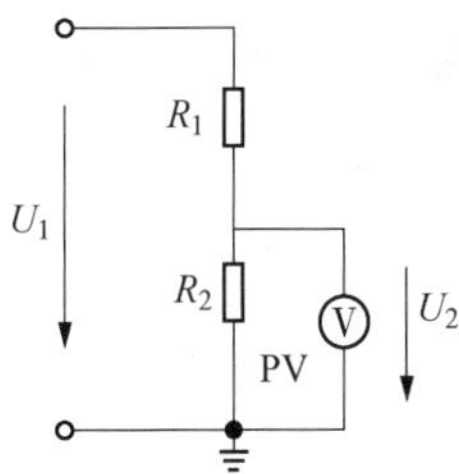

图 10-15　电阻分压器与低压电压表测量系统的原理接线图

图 10-15 中，R_1 和 R_2 分别为电阻分压器的高压臂电阻和低压臂电阻，且 R_2 包含低压电压表的内阻。由低压电压表 PV 的指示值 U_2 得到被测电压

$$U_1=\frac{R_1+R_2}{R_2}U_2$$

10.3.4　测试方法及实际应用

10.3.4.1　测试方法

试验前试验人员应了解被试设备的非破坏性试验项目是否合格，若有缺陷或异常，应在排除缺陷或异常后在进行此项试验。

试验现场应围好遮拦，挂好标志牌，并派专人监视。

试验前将被试设备充分放电并把被试设备的绝缘表面擦拭干净。对充油设备应按相关规定静置一定时间后再进行耐压试验。

试验接线接好后，应由专人检查，确认无误后首先进行空载状态下读取试验设备本身的空载电压值及泄漏电流值。测量空载电流时，应按试验要求进行分段加压，读取各段空载泄漏电流值。

测量空载电流时，应按试验要求进行分段加压，读取各段空载泄漏电流值。

分相或分支进行试验时，非被试相应可靠接地。每相试验后应充分放电。

试验后测量被试设备的绝缘电阻及吸收比，与试验前的测量结果比较应无明显差别。

10.3.4.2 异常情况的分析

（1）微安表反映出来的现象

指针来回摆动：可能有交流分量通过微安表，若不影响读数，宜读取平均值。若影响读数，可加大滤波电容。

指针周期性的摆动：可能是被试品绝缘不良，从而产生周期性放电。这时应查明情况。

指针突然摆动：如向减小方向摆动，可能是电源回路电压突然下降引起，如向增大方向摆动，可能是试验回路或者被试品出现闪络，或内部断续性放电引起的。

指针所指数值随时间变化：若逐渐下降，可能是充电电流减小或被试品表面绝缘电阻上升，若逐渐上升，可能是被试品绝缘老化。

（2）泄漏电流数值反映出来的情况

泄漏电流过大。在仔细检查试验回路及各试验设备的状况和屏蔽情况是否良好之后，才能对被试品作出正确的试验结论。泄漏电流过小。应检查接线是否正确，微安表保护部分有无分流或断线。

10.3.5 影响试验结果的因素

（1）高压连接导线对地泄漏电流的影响

由于与被试品连接的导线通常暴露在空气中，被试品的高压端也暴露在空气中，所以导线周围的空气有可能发生游离，产生对地的泄漏电流。这种泄漏电流能够影响测量的准确度。

（2）空气湿度对表面泄漏电流的影响

当空气湿度大时，表面泄漏电流很大，尤其被试品表面脏污更易吸潮，导致泄漏电流增加。

（3）温度的影响

温度对高压直流试验结果的影响很大，测量的电流应换算到相同温度进行比较。最好温度在30~80℃时试验，在此温度范围内泄漏电流变化较明显。

（4）残余电荷的影响

试验前，被试品绝缘中的残余电荷是否放尽，直接影响泄漏电流的数值，试前应对试品充分放电。

10.3.6 试验结果的分析和判断

将试验电压保持规定时间后，试品无破坏性放电，微安表没有向增大方向突然摆动，则认为直流耐压试验通过。

由于温度对泄漏电流影响较大，应将测量结果换算到同一温度下与历次试验比较，以及同一设备相间比较，同类设备互相比较。必要时可作出电流随时间变化的关系曲线 $I=f(t)$ 以及电流随电压变化的关系曲线 $I=f(u)$ 按规程要求进行分析。

现行“标准”中对泄漏电流有规定的设备，应按照“标准”中的具体要求来判断。“标准”中无明确规定的设备可以同一设备相间比较，同一设备历年试验结果比较，同类设备互相比较进行分析判断。

10.4 工频交流耐压试验

10.4.1 试验目的

工频交流耐压试验就是用超过被试品额定电压一定倍数的交流高电压来代替大气过电压和内部过电压，按规定对被试设备的绝缘体作用一定的时间。该试验是考验被试设备的绝缘是否能承受各种过电压能力的有效方法，可以充分反映电气设备在交流电压下运行时的实际情况，故能真实有效地发现被试设备的绝缘缺陷。

交流耐压试验对于固定有机绝缘来说属于破坏性试验。它会使原来存在的绝缘弱点进一步发展(但又未达到耐压时击穿的程度)，使绝缘强度逐渐降低，形成绝缘内部劣化的累积效应。因此，进行交流耐压试验前，必须对被试品先进行绝缘电阻、吸收比、泄漏电流、介质损失角等项目的试验，若试验结果正常方能进行交流耐压试验，若发现设备绝缘情况不良，通常应先进行处理后再做耐压试验，避免造成不应有的绝缘击穿。同时，必须正确地选择试验电压的标准和耐压时间。

10.4.2 试验原理

10.4.2.1 试验变压器耐压的原理

采用试验变压器对被试品进行工频耐压试验，通常试验时采用成套试验设备(包括控制箱和试验变压器)，现以某成套耐压试验设备为例介绍一般工作原理，如图 10-16 所示。

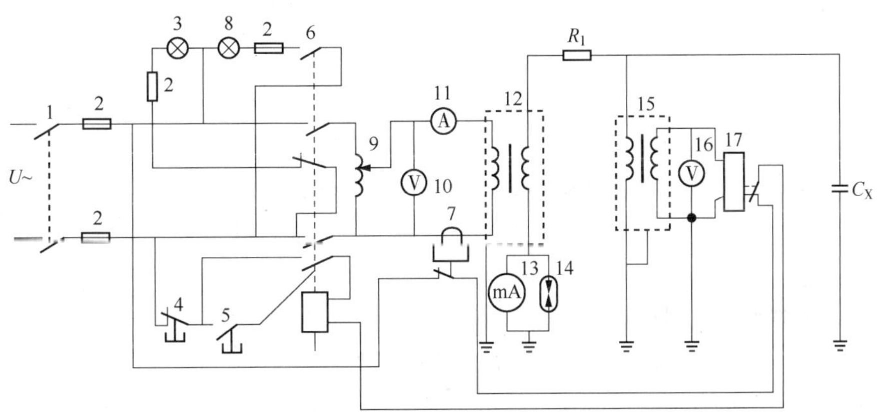

图 10-16　交流耐压试验原理图

1—双极开关；2—熔断器；3—绿色指示灯；4—常闭分闸按钮；5—常开合闸按钮；6—电磁开关；7—过流继电器；8—红色指示灯；9—调压器；10—低压侧电压表；11—电流表；12—高压试验变压器；13—毫安表；14—放电管；15—测量用电压互感器；16—电压表；17—过压继电器；R_1—保护电阻；C_X—被试品

试验回路中的熔断器、电磁开关和过流继电器，都是为保证在试验回路发生短路和被试设备击穿时，能迅速可靠地切断试验电源；电压互感器是用来测量被试设备上面的电压；毫安表和电压表用以测量及监视试验过程中的电流和电压。

进行交流耐压的被试设备，一般为容性负荷，当被试设备的电容量较大时，电容电流在试验变压器的漏抗上就会产生较大的压降。由于被试设备上的电压与试验变压器漏抗上的电压相位相反，有可能因电容电压升高而使被试设备上的电压比试验变压器的输出电压还高，因此，在试验过程中，一定要在被试设备上直接测量电压。目前，存在数字式交直流分压仪器，操作方便，测量结果准确。

10.4.2.2 串联谐振耐压试验原理

对于发电机、变压器、SF_6 组合电器(GIS)和交联电缆等电容量较大的被试品进行交流耐压试验，需要大容量的试验设备，这时可以采用串联谐振试验装置，它能以较小的电源容量试验较大电容和较高试验电压的设备，整个试验回路由被试设备负载电容和与之串联的电抗器和电源组成，如图 10-17 所示。

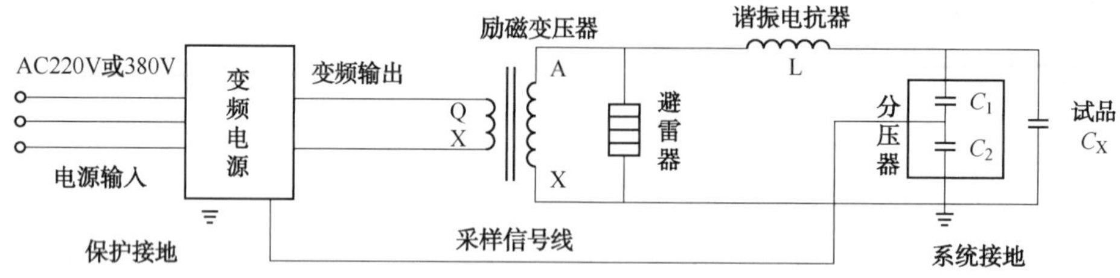

图 10-17　串联谐振耐压试验原理图(串联补偿式结线)

当试验变压器的额定电压小于所需试验电压，但电流额定量能满足试品试验电流的情况下，可采用图 10-17 串联补偿式结线，其等效电路及向量图如图 10-18 所示。

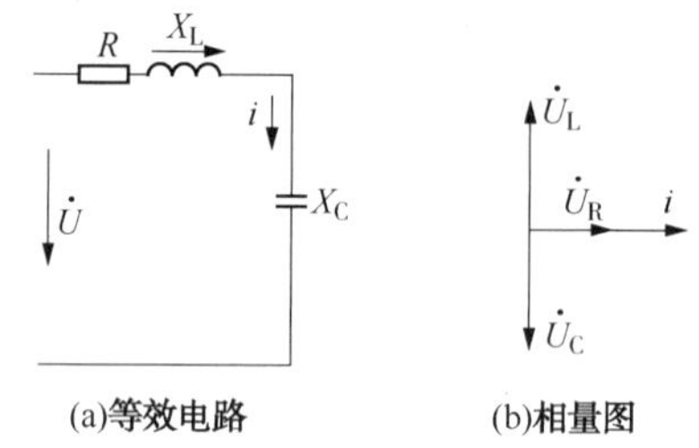

图 10-18　串联补偿的等效电路及相量图

该等效回路的等效复阻抗：

$$Z=R+j\omega L+1/j\omega C$$

其中 $\omega L=X_L$；$1/\omega C=X_C$

所以 $Z=R+jX_L-jX_C$

此时，该等效回路电流与电压的关系为：

$$I=\frac{U}{\sqrt{R^2+(X_L-X_C)^2}}$$

为使该电流值达到最大，可调节 X_L，让其值与 X_C 值相等，此时回路发生串联谐振，电路中的电流

$$I=\frac{U}{\sqrt{R^2+(X_L-X_C)^2}}=\frac{U}{R}$$

其中 $\omega L=X_L$；$1/\omega C=X_C$；$\omega=2\pi f$。当 $X_L=X_C$，该点的谐振频率 f 即为

$$f=\frac{1}{2\pi\sqrt{LC}}$$

加在被试品上的电压为

$$U_C=U_L=IX_L=\frac{U}{R}\cdot X_L=\frac{X_L}{R}\cdot U$$

输出电压与输入电压之比称为试验回路的品质因数 Q。

$$Q=\frac{U_C}{U}=\frac{U_L}{U}=\frac{X_L}{R}$$

由于试验回路中的 R 很小，故试验回路的品质因数很大，因此用这种方法能用电压较低的试验变压器得到较高的试验电压。而且当被试设备的绝缘击穿时，电路失去谐振条件（不再满足 $X_L=X_C$），电源输出电流自动减小，被试设备两端的电压骤然下降，从而限制了对被试设备的损坏程度。

目前根据调节方式的不同，串联谐振装置分为工频串联谐振装置和变频串联谐振装置两大类。前一种工频串联谐振装置工作频率为 50Hz，带可调电抗器。该电抗器的电感量能连续可调，当试验电压较高时，可以作成几个电抗器串联使用。后一种变频串联谐振装置带固定电抗器，工作频率一般为 30～300Hz。该装置依靠大功率的变频电源，使回路达到谐振，所用电抗器的电感量是不可调的，而试验频率随被试品的电容量不同而改变。由于变频串联谐振装置的试验频率随不同电容量的被试品而变化，所以其使用范围受到了一定的限制。

10.4.3 测试方法及步骤

10.4.3.1 一般方法

有绕组的被试设备（如变压器）进行耐压试验时，应将被试设备试验侧绕组自身的两端短接，非被试品绕组亦应短接并与外壳连接后接地。

交流耐压试验时加至试验电压后的持续时间，如无特殊说明则均为 1min。升压必须从零开始，切不可冲击合闸。升压速度在 75%试验电压以前，可以是任意的，自 75%电压开始应均匀升压，约为每秒 2%试验电压的速率升压。耐压试验后，迅速均匀降压到零，然后切断电源。

10.4.3.2 试验参数的选择

选择何种试验设备，是选择单体试验变压器，还是采用串联谐振，是试验人员首先必须确认的。如何进行选择试验仪器，以及确定试验设备的容量，应从以下几个方面进行确定：

（1）试验电压

应根据被试品的额定电压或系统电压，然后查询相关的技术标准，如华北电力集团公司《电力设备交接和预防性试验规程》、GB 50150《电气装置安装工程电气设备交接试验标准》、DL/T 596《电力设备预防性试验规程》等来确定试验电压，根据该试验电压再来选用具有合适试验电压的试验变压器，使试验变压器的高压侧额定电压 U_e 大于被试品的试验电压 U_s，即 $U_e>U_s$；其次应检查试验变压器所需的低压侧电压，是否能和现场的电源电压、调相器相匹配。

（2）试验电流

试验变压器的额定输出电流 I_e 应大于被试品的电流 I_s，即 $I_e>I_s$，被试设备所需的电流

I_s，可按其电容估算：

$$I_s = \omega C_X U_s$$

式中 I_s——试验变压器高压侧输出电流，mA；

ω——角频率，$\omega = 2\pi f$；

C_X——被试品电容量，μF；

U_s——试验电压，kV。

C_X 包括被试品电容和附加电容，附加电容约为 100~1000pF。被试品电容 C_X 可用西林电桥或其他电容测试仪进行测量。

(3) 试验仪器容量

根据试验变压器的试验电压和电流，就可以确定出试验变压器的容量 S_e，即

$$S_e \geqslant U_s I_s = \omega C_X U_s^2$$

因此根据上述公式就可以确定是采用试验变压器还是采用串联谐振设备进行试验。当采用串联谐振设备时，还需要根据说明书确定是串联接法还是并列接法，必须严格按照试验设备说明书的要求进行选择。试验过程中，试验变压器所通过的电流不得超过其额定电流值。在特殊情况下，可适当短时过负荷。

10.4.3.3 试验步骤

任何被试设备在进行交流耐压试验前，应先进行其绝缘电阻试验，合格后再进行交流耐压试验。通常在交流耐压试验前后均应测量绝缘电阻。测量值应无明显差别。另外，充油设备若经滤油或运输，耐压试验前还应将试品静置一段时间，以排除内部可能残存的空气。

连接被试设备，接通电源，开始升压进行试验。升压过程中应密切监视高压回路，监听被试品有何异常的响声。升至试验电压，开始计时。时间到后，先降压然后切断电源。试验中如无贯穿性放电发生，则认为通过耐压试验通过。

在升压和耐压过程中，如发现电流表指示急剧增加，调压器往上升方向调节，出现电流上升、电压基本不变甚至有下降的趋势，被试品冒烟、焦臭、闪弧、燃烧或发出击穿响声，应立即停止升压，降压停电后检查原因。这些现象如查明是绝缘部分出现的，则认为被试设备交流耐压试验不合格。如确定被试品的表面闪弧是由于空气湿度或表面脏污等所致，应将被试品清洁干燥处理后，再进行试验。

对 35kV 穿墙套管及母线支持绝缘子进行交流耐压试验时，有时在瓷套表面发生较强烈的局部放电现象，只要不发生线端对地的闪络或击穿，可认为耐压合格。

有时耐压试验进行了数十秒钟，中途因故失去电源，使试验中断，在查明原因，恢复电压后，应重新进行全时间的持续耐压试验，不可仅进行“补足时间”的试验。

10.4.4 试验结果的分析和判断

交流耐压试验中，一般认为经受住耐压试验的被试设备应该算是合格的，没有经受住耐压试验的被试设备为不合格，被试设备是否击穿，可从以下方面加以分析和判断。

(1) 根据试验回路测量表计的指示判断。

一般情况下，电流表突然上升，接在高压端测量被试设备上的电压表明显下降，说明被试设备击穿。

(2) 通过控制回路的状况进行分析。

过电流继电器的动作值应整定为试验变压器额定电流的 1.3~1.5 倍。若整定适当，当

被试设备击穿时，过电流继电器动作，并使自动控制开关跳闸。

（3）通过被试设备的状况进行判断。

被试设备发生击穿响声或断续放电声、冒烟、出气、焦臭、闪弧等，都是不容许的，应立即停止加压，缓慢降压并放电后，查明原因。引起上述原因是多方面的，比如被试设备的表面潮湿、污垢也会引起放电，造成被试设备被击穿的“假象”。如果确定为发生在绝缘部分，则认为是被试设备存在缺陷或击穿。

10.5 介质损失角正切值试验

10.5.1 试验目的

电介质也称为绝缘介质，也就是绝缘材料。世界上没有绝对不导电的材料，任何绝缘材料在电场作用下，总会流过一定的电流，所以都有能量损耗。这部分能量损耗将以热能形式损耗。把在电压作用下电介质中产生的一切损耗称为介质损耗。如果电介质损耗很多，会使电介质温度升高，促使绝缘材料老化，如果介质温度不断上升，将会把电介质熔化、烧焦，使其丧失绝缘能力，最终被击穿，因此电介质损耗是反应绝缘介质电性能优质程度的一项重要指标。

在交流电压下，介质损耗以介质损耗角正切值 tanδ 来表示。图 10-19 为在交流电压作用下介质的等值电路和向量图。

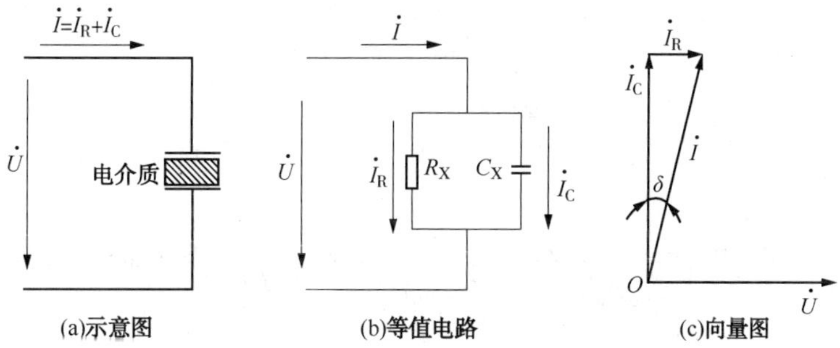

图 10-19 介质在交流电压下的等值电路和向量图

由上图可知，流过电介质的电流有两部分构成，即通过电阻的有功电流分量 I_R 和流过等值电容 C_X 的电容电流分量 I_C。由图 10-19(c)可知：

$$I_R = U/R_X I_C = U\times\omega C_X$$

$$\tan\delta = I_R/I_C = 1/\omega\times R_X C_X \quad (10-1)$$

$$P = UI_R = U\times I_C\tan\delta = U^2\omega C_X\tan\delta$$

由此可见，P 与 tanδ 成正比关系，当外施交流电压及频率一定时，可以用 tanδ 表示介质损耗的大小。

由于介质损耗角正切值测量具有较高的灵敏度，所以测量此值可以很容易发现小体积电气设备上绝缘受潮、油污、劣化变质等缺陷。而对于大体积设备而言，tanδ 有时反应就不灵敏。因为缺陷的损耗占整个被试品的损耗太小了。因此，tanδ 测量的灵敏度高是对绝缘整体劣化而言的。

10.5.2 试验原理

10.5.2.1 西林电桥测量 tanδ 值的原理

试验的基本原理是应用西林电桥测量 tanδ 值，其原理结线图如图 10-20 所示。

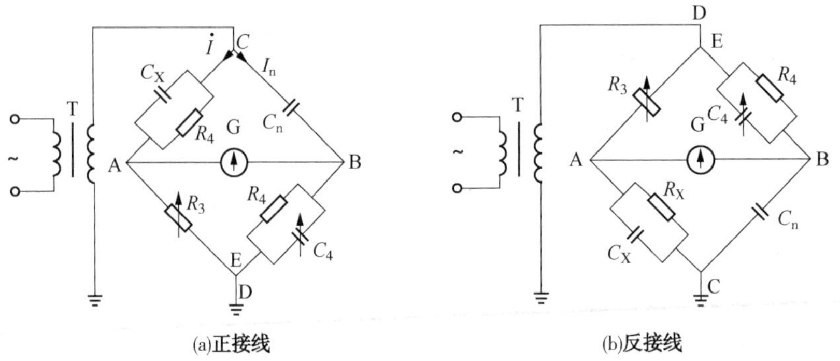

(a)正接线　　(b)反接线

图 10-20　西林电桥结线原理图

R_X—被试品等效电阻；C_X—被试品等效电容；C_n—标准电容器；

R_3—可调无感电阻；R_4—固定无感电阻；C_4—可变电容；G—检流计

当电桥不平衡时，检流计 G 中存在不平衡电流。通过调节无感电阻 R_3 和可变电容 C_4，使检流计中无电流，电桥达到平衡，因此四个桥臂的复阻抗值满足：

$$\frac{Z_{CA}}{Z_{AD}}=\frac{Z_{CB}}{Z_{BD}}$$

即

$$Z_{CA}Z_{BD}=Z_{CB}Z_{AD} \tag{10-2}$$

由图可知：

$$Z_{CA}=\frac{1}{\frac{1}{R_X}+j\omega C_X};\quad Z_{BD}=\frac{1}{\frac{1}{R_4}+j\omega C_4};\quad Z_{CB}=\frac{1}{j\omega C_n};\quad Z_{AD}=R_3$$

将上述式子代入公式(10-2)，整理变换后可得：

$$\omega^2R_3R_4R_XC_4C_X+j\omega R_4R_XC_n=R_3+j\omega R_3(R_4C_4+R_XC_X)$$

由等式两边的实部和虚部分别想的可知：

$$\omega^2R_4R_XC_4C_X=1 \tag{10-3}$$

$$R_4R_XC_n=R_3(R_4C_4+R_XC_X) \tag{10-4}$$

由式(10-1)和式(10-3)可知：

$$\tan\delta=\frac{1}{\omega R_XC_X}=\omega R_4C_4 \tag{10-5}$$

由式(10-5)可得

$$R_X=\frac{1}{\omega\tan\delta C_X};\quad R_4C_4=\frac{\tan\delta}{\omega}$$

将上式代入式(10-4)中，可得

$$C_X=\frac{R_4C_n}{R_3}\times\frac{1}{1+\tan^2\delta}\approx\frac{R_4}{R_3}C_n(\text{当 }\tan\delta\leqslant 1) \tag{10-6}$$

式中标准电容 C_n、固定电阻 R_4、试验电压的角频率 $\omega=2\pi f$ 都是已知数，只要将调整后的 R_3 和 C_4 值代入公式(10-5)和(10-6)，即可求出 $\tan\delta$ 和 C_X。

根据被试品的特点，西林电桥的结线有正结线、反结线和对角结线三种。

正结线适合于两级对地绝缘的被试品。因为桥体处于低压侧，操作安全方便，又因不受被试品对地寄生电容的影响，所以测量结果准确。由于现场设备外壳几乎都是固定接地的，故正结线的采用受到一定限制。

反结线适合于被试品一极接地的情况，故在现场应用较广。因电桥体内各桥臂及部件处于高电位，所以面板上的各种操作都是通过绝缘柱传动的。

对角结线适合于被试品一极接地而电桥又没有足够绝缘强度进行反结线测量的情况，该方法只有在被试品电容远大于寄生电容时才宜采用。

10.5.2.2 智能型抗干扰介损测试仪测量 tanδ 值的原理

与传统的西林电容电桥相比，现在的智能型抗干扰介损测试仪具有操作简单、自动测量、读数直观、无需换算、精度高、抗干扰能力强等特点且仪器内附标准电容器和升电压装置，在“内接”方式下使用，无需其他外接设备，便于携带，其原理框图如图 10-21 所示。

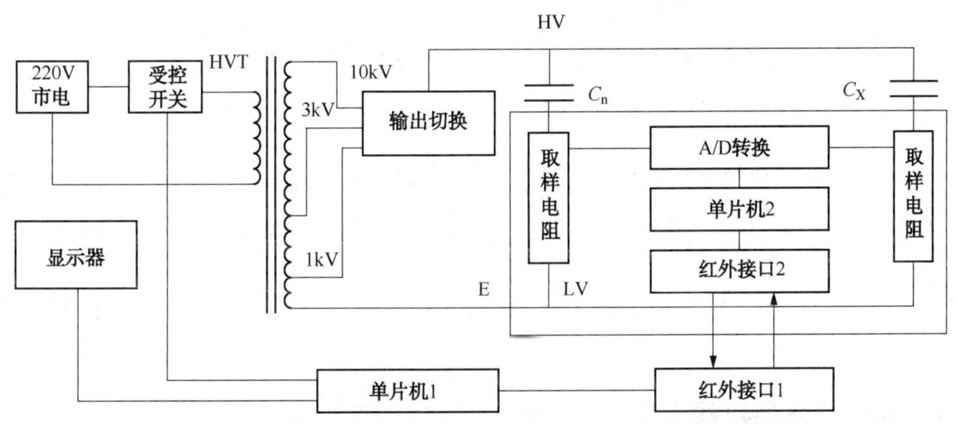

图 10-21 智能型抗干扰介质损耗测试仪工作原理框图

注：① 图中除试品 C_X 外，其余为自动介质损耗测试仪。

② 细线表示仪器的内屏蔽 E，与测量电缆的内屏蔽层相连；不是大地，与仪器外壳也不连通。

③ C_n 为仪器内附标准电容器，名义值为 50pF，$\tan\delta<0.00005$。

④ HVT 为仪器内附升压变压器，额定输出功率 10kW。

如图 10-21 所示，仪器测量线路包括一路标准回路和一路被试回路。标准回路由内置高稳定度标准电容量与采样电路组成，被试回路由被试品和采样电路组成。由 8031 单片机运用计算机数字化实时采集方法，对数以万计的采样数据处理后进行矢量运算，分别测得标准回路电流与被试回路电流幅值及其相位关系，并由之算出试品的电容值(C_X)和介质损耗角正切($\tan\delta$)，测量结果可靠。现场有干扰时，先利用移相、倒相法减小干扰的影响，再将被试回路测得的电流 I'_X 与单独测得的干扰电流 I_d 矢量相加，得到真正的测量电流 I_X，进而得出正确的测量结果。由图 10-22 到图 10-34 可见，可根据不同的测量对象和测量需要，灵活地采用多种接线方式。如测量非接地试品(正接法)时，“LV”(E)点接地；而测量接地试品(反接法)时，则“HV”点接地。

10.5.3 试验接线

试验前根据现场的实际情况，合理摆放试验设备，并设置隔离区，防止试验时有人误入试验区发生危险。试验前掌握试验仪器的操作步骤，根据被试品和仪器的说明选择正确的接线方式。接线方式一般分为正结线和反结线。

(1) 正结线方式(被试品的低压侧端或二次端对地绝缘)，如图 10-22 所示。

① 专用高压电缆从仪器后侧的 HV 端上引出接被试设备高压端；

② 专用低压电缆从仪器的 C_X 端引出接被试设备低压端；C_X 的屏蔽层必须通过面板上的接地插孔接地，C_X 的芯线与屏蔽层严禁短接，否则无取样，无法测量。

(2)反接方式(被试设备低压端或二次端对地无法绝缘)，如图 10-23 所示。

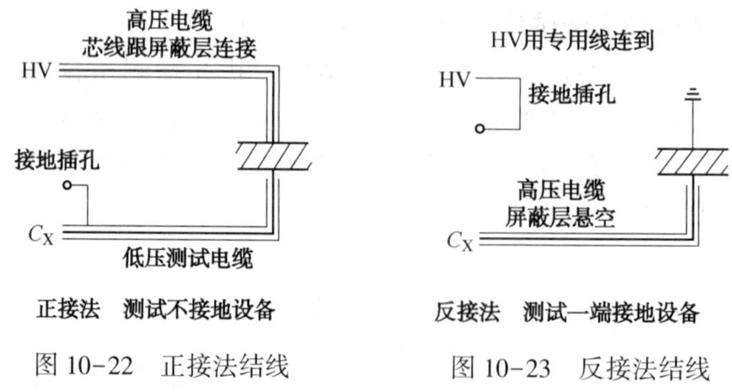

图 10-22　正接法结线　　图 10-23　反接法结线

① 专用高压电缆从仪器后侧的 C_X 端上引出接被试设备高压端；注意 C_X 的芯线与屏蔽层严禁短接，否则无取样，无法测量。屏蔽层应接被试品的屏蔽极，如被试品没有屏蔽极则屏蔽层悬空；

② HV 用专用线连接到面板的接地插孔(HV 的芯线及屏蔽层接地)；设备低压端已经接地；

10.5.4 部分设备的接线方法

(1) 电压互感器

① 一次侧对二次侧

正接法：其设备结线见图 10-24，HV 用高压电缆，仪器 C_X 屏蔽层接面板地，电压 2kV。

② 一次侧对二次侧及地

反接法：设备结线见图 10-25，HV 用专用线连到面板地，仪器 C_X 用高压电缆，屏蔽层悬空，电压 2kV。

③ 末端屏蔽法

设备结线见图 10-26，二次端每组只许连一端，HV 用高压电缆连到设备高压端，仪器 C_X 屏蔽层接面板地，电压 10kV。

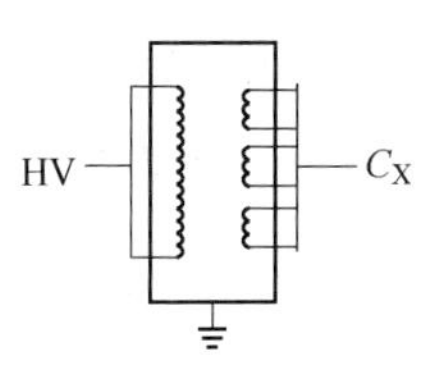

图 10-24　PT 正接法

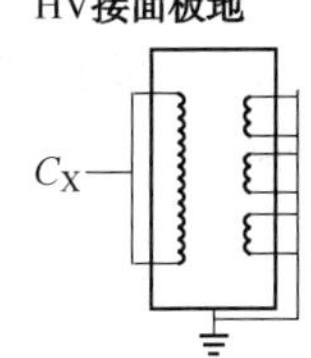

图 10-25　PT 反接法

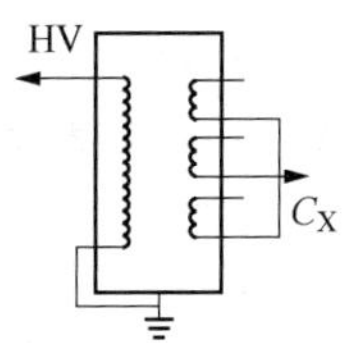

图 10-26　PT 末屏法

（2）电流互感器

① 一次侧对二次侧

正接法：设备结线见图 10-27，HV 用高压电缆，仪器 C_X 屏蔽层接面板地，电压 10kV。

② ·次侧对末屏(常用)

正接法：设备结线见图 10-28，HV 用高压电缆，仪器 C_X 屏蔽层接面板地，电压 10kV 。

（3）高压穿墙套管

芯棒对末屏(常用)

正接法：设备结线见图 10-29，HV 用高压电缆，仪器 C_X 屏蔽层接面板地，电压 10kV。

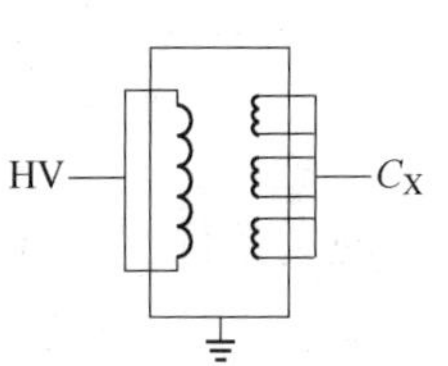

图 10-27　CT 一次侧对二次侧正接法

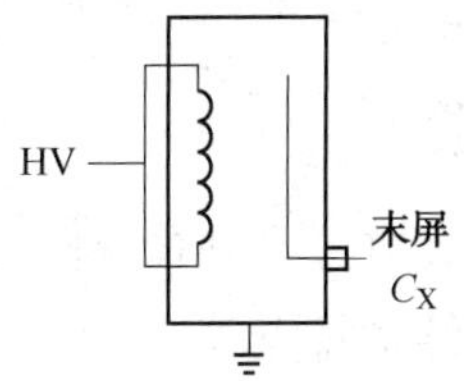

图 10-28　CT 一次侧对末屏正接法

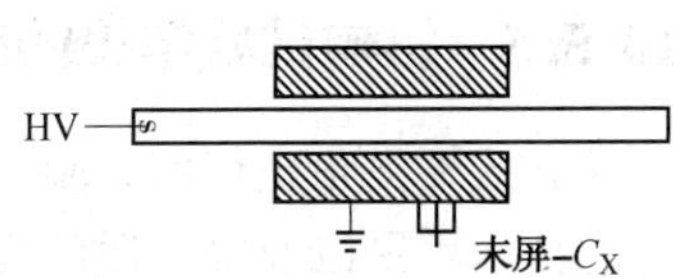

图 10-29　套管接法

（4）电力变压器

① 一次绕组对二次绕组

正接法：设备结线见图 10-30，HV 用高压电缆，仪器 C_X 屏蔽层接面板地 ，电压 10kV。

② 一次绕组对二次绕组及地

反接法：设备结线见图 10-31，HV 用专用线连到面板地，仪器 C_X 用高压电缆，屏蔽层悬空，电压 10kV。

③ 二次绕组对一次绕组及地

反接法：设备结线见图 10-32，HV 用专用线连到面板地，仪器 C_X 用高压电缆，屏蔽层悬空，电压 10kV 。

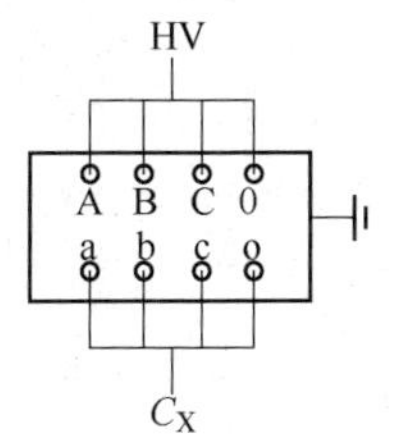

图 10-30　变压器一次绕组对二次绕组正接法

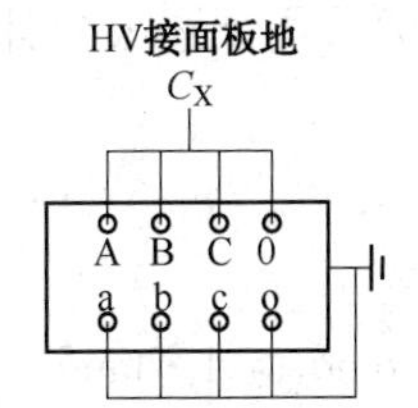

图 10-31　变压器一次绕组对二次绕组及地反接法

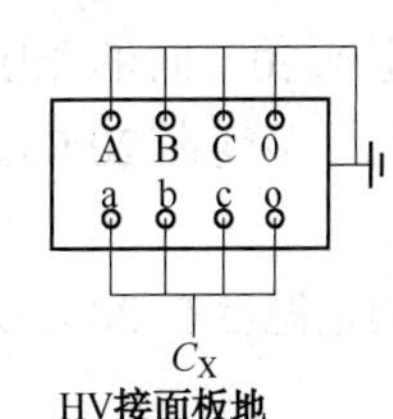

图 10-32　变压器二次绕组对一次绕组及地反接法

（5）绝缘油介损

正接法：设备示意见图 10-33，HV 用高压电缆，仪器 C_X 屏蔽层接面板地，电压 2kV，（C 高压）接 HV，（A 测试）接 C_X，（B 屏蔽）接地。此时杯体为高压，注意安全。

（6）标准电容器，标准介损器，如图 10-34。

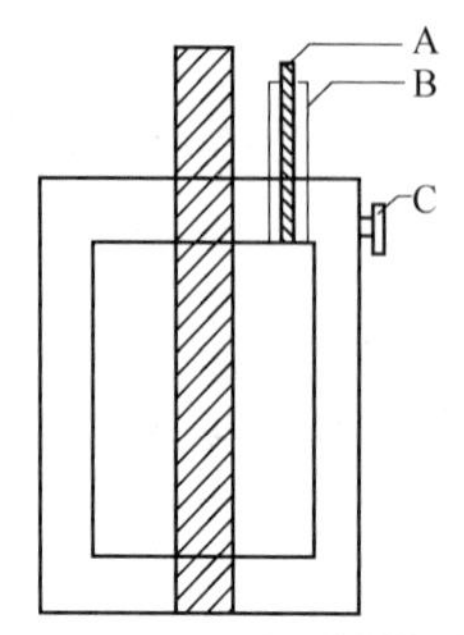

图 10-33 介损油杯接法

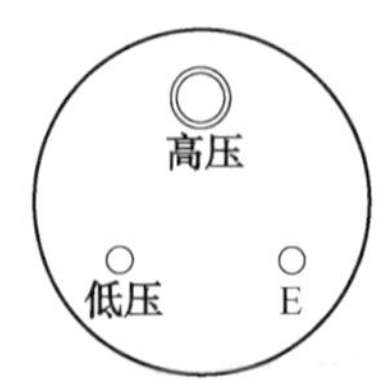

图 10-34 标准电容接法

正接法：设备高压接仪器 HV，HV 用高压电缆，设备低压接仪器 C_X，E 接地。

反接法：设备高压接地，设备低压用高压电缆接仪器 C_X，设备 E 接 C_X 屏蔽层，仪器 HV 用专用线连到面板地，桶体已为高压，注意绝缘。

10.5.5 影响试验结果的因素

介质损失角正切值试验的结果可以受到很多因素的影响。如施工现场条件、试验人员自身的技术水平以及电介质的自身结构特点等。

10.5.5.1 温度的影响

温度对 $\tan\delta$ 产生重要的影响。当温度升高时，在交流电压作用下，设备的漏电电流增加，$\tan\delta$ 也将相应增大。因此，标准中规定当测量时的温度与产品出厂试验温度不符合时，可按表 10-1 换算到同一温度时的数值进行比较。

表 10-1 介质损耗角正切值 $\tan\delta$（%）温度换算系数

温度差 K	5	10	15	20	25	30	35	40	45	50
换算系数 A	1.15	1.3	1.5	1.7	1.9	2.2	2.5	2.9	3.3	3.7

注：① 表中 K 为实测温度减去 20℃的绝对值；
② 测量温度以上层油温为准。

当测量时的温度差不是表中所列数值时，其换算系数 A 可用线性插入法确定，也可按下述公式计算：

$$A=1.3^{K/10} \tag{10-7}$$

校正到 20℃时的介质损耗角正切值可用下述公式计算：

当测量温度在 20℃以上时，

$$\tan\delta_{20}=\tan\delta_t/A \tag{10-8}$$

当测量温度在 20℃以下时：

$$\tan\delta_{20}=A\cdot\tan\delta_t \tag{10-9}$$

式中 $\tan\delta_{20}$——校正到 20℃时的介质损耗角正切值；
$\tan\delta_t$——在测量温度下的介质损耗角正切值。

10.5.5.2 外部干扰的影响

外部干扰有两种，一种是电场干扰，另一种是磁场干扰。尽管现在的智能介损测试仪都具有一定的抗干扰能力，但是对于试验人员来说，也应该尽量离开干扰源，以其得到准确的试验数据。

电场干扰是最主要的干扰，为避免干扰，最根本的办法就是离开干扰源，或者加电场屏蔽。因此，施工过程中，测试仪的电源最好是隔离的独立电源，避免测试仪工作时，该回路上启动电焊机、砂轮机或大功率电气设备，造成该回路上电压波形的变动。同时，也应该避免试验场区有大电场的存在。比如，检修期间，相邻的两台主变一台带电运行，一台退出检修，当对检修的变压器进行介损测试时，由于受另一台运行变压器的影响，在其周围将会产生很大的磁场，对测试结果会有一定的影响。因此遇到这种情况，就需要根据现场的实际情况加电场屏蔽措施，避免干扰。

磁场干扰一般较小，加之测试仪器本体都有磁屏蔽，磁场干扰较弱时一般不会引起较大的干扰电源。

10.5.6 测量结果的分析判断

对于试验结果的判断，不少试验人员给出的答案就是，只要测试数据符合规程或标准的数据要求就是对的。其实，这种判断试验结果是不全面的，因为 $\tan\delta$ 值只是判断设备绝缘状态的重要参数之一，对于测试结果必须进行综合判断。

（1）测试值与标准或规程的规定值比较。

（2）$\tan\delta$ 的测试值与往年试验数值、出厂试验值、同类型设备测试值以及同一设备相间测试值进行比较，不应有明显的变化。$\tan\delta$ 的测试值并非越小越好，例如某变电所一台120000/220 型自偶变压器，在安装过程中发现进水受潮，但测得的 $\tan\delta$ 值较出厂试验值在下降，测试数据见表 10-2。

表 10-2 某自耦变压器 $\tan\delta$ 值的测试结果

试验位置	出厂试验（$t=35$℃）		交接试验（$t=36$℃）		进水受潮后（$t=36$℃）	
	C_X/pF	$\tan\delta_X$/%	C_X/pF	$\tan\delta_X$/%	C_X/pF	$\tan\delta_X$/%
高、中—低及地	13100	0.4	13100	0.4	13390	0.2
低—高、中及地	14300	0.3	14340	0.4	14640	0.1
高、中、低—地	13600	0.4	13640	0.4	14010	0.2

由表 10-2 可知，尽管变压器在安装过程中进水受潮，但是试验人员测得的 $\tan\delta$ 值，依然符合规程和标准的要求。然而该测试值与出厂值有明显变化，应该引起试验人员的注意，仅从 $\tan\delta$ 已不足以判断设备绝缘的损耗程度。

另外，若绝缘中存在的局部放电缺陷发展到在试验电压下完全击穿并形成低阻抗短路时，也会使得 $\tan\delta$ 值下降。因此，现场用 $\tan\delta$ 值进行电气设备绝缘分析时，要求 $\tan\delta$ 值不应有明显的增加和降低。

（3）电容量的变化也是判断绝缘是否受损的参数之一。这一点很容易被试验人员所忽视，因为规程和标准中都是对 $\tan\delta$ 的值有要求，对被试品的电容量没有规定。根据现场测试经验，虽然 $\tan\delta$ 的值没有超过规程和标准的要求，但是从电容量的变化进行分析、判断，也能查出绝缘缺陷。例如，某厂 110kV 主变的 $\tan\delta$ 没有超过产品出厂试验值的 130%，然而 C_X 的值却下降了 47.04%，如表 10-3 所示。

表 10-3　某变压器 tanδ 值的测试结果

项　　目	tanδ/%	C_X/pF
试验值	0.51	12.980
测试值	0.52	6.874
变化率	+1.96	-47.04

分析其原因是由于介电常数较大的油被介电常数小的空气取代的结果。经检查，该变压器套管的油没有充满。

10.6　微机保护装置试验

自20世纪70年代以来，计算机技术、网络技术和通讯技术出现了重大突破，各国开始了微机保护的研究热潮。从此，微机保护也由研究开发慢慢进入了实际应用。目前，微机保护装置已被广泛应用于高低压系统控制回路中。

微机保护是在继承和借鉴了传统模式保护成熟经验的基础上发展起来的，它利用微处理器来实现传统继电器保护设备通过硬件连接完成的复杂逻辑判断和计算等功能，保护功能由保护软件算法通过软件程序实现，各项保护功能按程序规定的顺序依次执行。随着保护软件算法等新理论的出现，它可实现各种保护，比如距离保护、变压器差动保护、母差保护、光纤差动保护、过载保护、过压保护、欠压保护等各种保护类型。同时，它也有最初的单纯的继电保护功能，发展到集保护、控制、测量仪表、通讯等功能于一体的综合设备。其维护调试方便、可靠性高、动作速度快、灵活性大、保护性能提高的特点远远超越传统保护。微机保护装置逐渐取代传统的电磁继电器保护，已成大势所趋。

目前，在石化厂的变电站设计中，一般的，将微机保护装置和变电站监控系统设计成一个网络，这样就使得保护装置可以通过微机监控系统的通信网络，将电气设备的运行状态、电量、动作情况、信号等信息传递给控制室和调度室，值班人员可以很方便的实时监控设备状态，同时值班人员也可以在控制室完成对电气设备的遥控操作过程，从而对变电站实现“遥控、遥测、遥信、遥调”的目的。

微机保护装置在保护、监控电力系统中被称为“静静的哨兵”。如果在装置安装完毕后不进行试验或试验方法不正确，无疑会给线路的运行带来重大的安全隐患。因此，安装电工人员必须掌握微机保护装置试验的基本方法，确保投运的微机保护工作正常、可靠，进而实现线路的安全运行。

10.6.1　微机保护的基本结构

微机保护装置包括硬件系统和软件系统。不同的微机保护装置厂家软件系统的设计也不同，国内的微机保护一般属于固化逻辑程序，客户只能更改整定值而对逻辑关系不能进行修改，如若修改逻辑只能客户提出具体要求后由厂家更换微机保护里面相应的电路板。而国外的微机保护大多可以在厂家授权的情况下，客户可以用手提电脑自行修改逻辑关系。一般情况下，修改逻辑工作都属于微机保护现场服务人员完成，因此不属于施工行业试验人员掌握的重点，在此不再赘述。

微机保护装置的硬件系统一般包括以下五部分：

（1）数据采集单元。即模拟量输入系统，包括电压、电流形成和模数转换模块，完成将模拟输入量准确地变换为数字量的功能。

（2）数据处理单元。即微机主系统，包括微处理器、只读存储器、随机存取存储器、定时器以及并行口等。微处理器执行存放在程序存储器中的各种保护程序，对由数据采集系统输入至随机存取存储器中的数据进行分析处理，以完成各种继电器保护的功能。

（3）数字量输入/输出接口。即开关量输入/输出系统，由若干并行接口、光电耦合器及中间继电器等组成，以完成各种保护的出口跳闸、信号报警、外部接点输入及人机对话等功能。

（4）通信接口。包括通信接口电路及接口以实现多机通信或联网。

（5）电源。供给微机保护装置以供其正常工作所需的电源。

微机保护硬件系统结构框图如图 10-35 所示。

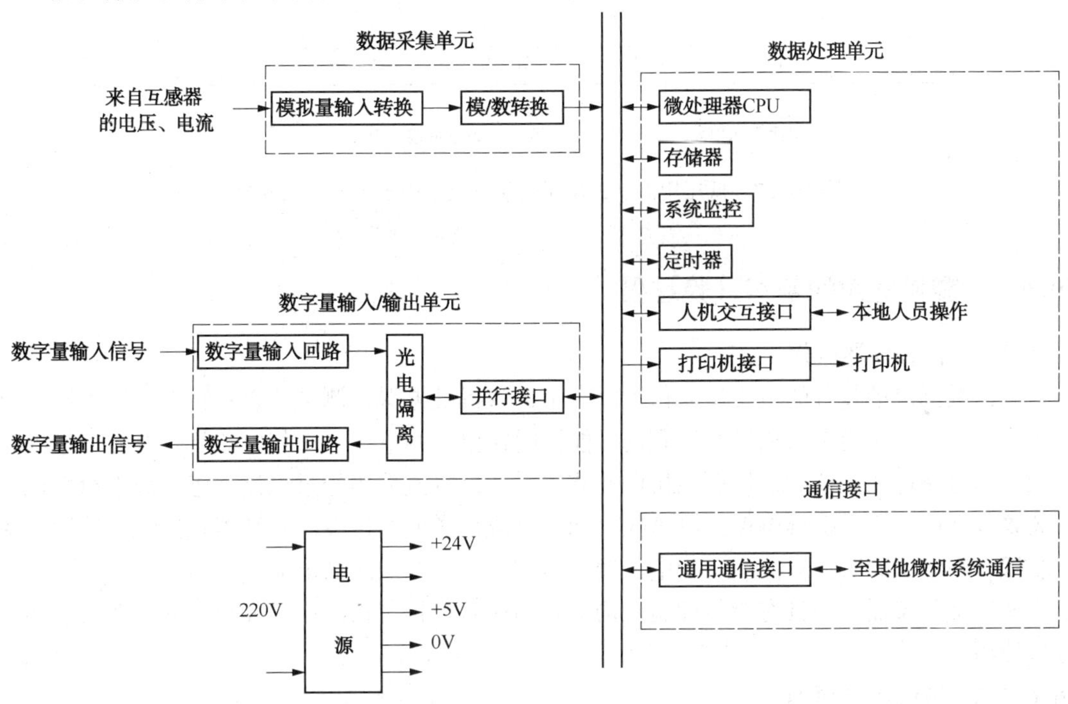

图 10-35　微机保护硬件系统结构框图

微机保护硬件系统框图在实际微机保护中的应用如图 10-36 和图 10-37 所示。

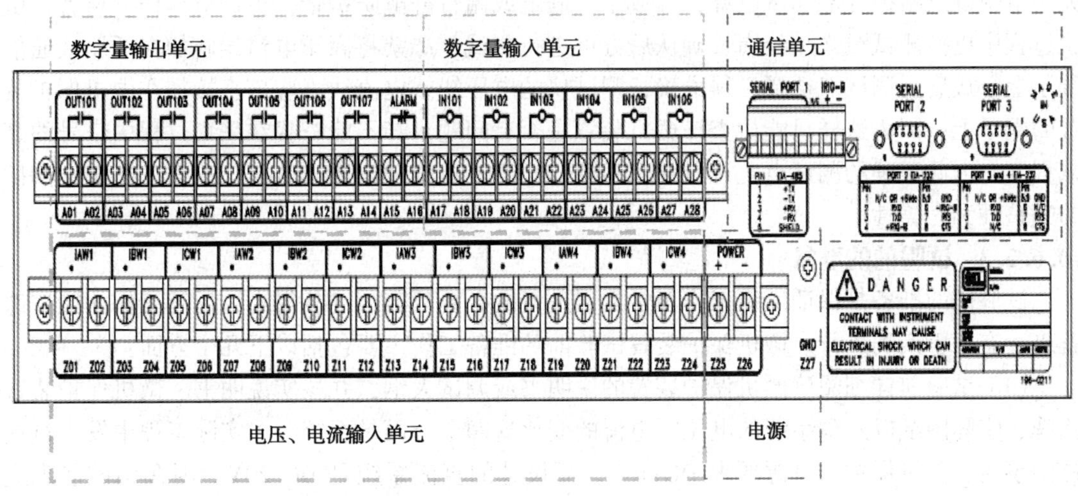

图 10-36　高压用 SEL 微机保护接线端子图的单元划分

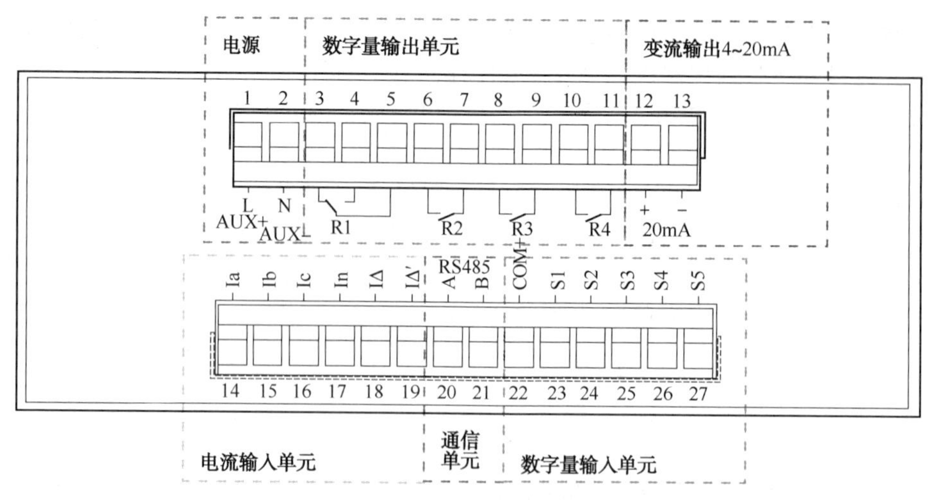

图 10-37　低压用 LM-310⁺微机保护接线端子图的单元划分

10.6.2　微机保护的基本试验过程

10.6.2.1　试验仪器选择

测试微机保护装置的主要试验仪器有三个，微机继电保护测试仪、三相电流发生器以及万用表。测试高压用微机保护装置宜选用能同时输出三相电压、三相电流且具有开入量计时的微机继电保护测试仪。低压用微机保护装置，如果电流采用经过电流互感器输出给微机保护装置，则可选用微机继电保护测试仪，如果电流采样值经过专用互感器直接输出给微机保护装置，则做试验时，只能用三相电流发生器在一次侧施加测试电流。

所有试验仪器必须具有专门检验机构出具的检验报告，精度满足要求，并且在有效期内方可使用。

10.6.2.2　试验注意事项

首先，测试仪器与盘柜可靠接地，保证微机保护装置和测试仪器共地。其次，在微机保护装置上电或试验的过程中，严禁插拔装置插件，严禁触摸插件电路。确需插拔时，必须先关闭电源以及断掉外部测试电源，释放手上静电或佩带静电防护带，再进行操作。再者，试验过程中更换测试线必须经岗长确认后方可进行测试，严禁将高压电错误施加在低压或通信端子上。最后，测试点选择必须准确，测试仪的电压线或电流线不应该直接加在微机保护装置的端子上，因为这样只能检查该微机装置是否有问题，却不能查找在采集过程中信号的衰减程度，因此正确的测试点应该是在互感器的根部进行施加电流或电压，这样才能保证测试的完整性和完美性。

10.6.2.3　试验前的准备

试验前的准备是保证后续工作正常无误进行的必要环节。准备得当，后续工作才能按部就班、有条不紊的进行。微机保护装置试验前的准备工作主要包括以下几个方面：

（1）试验前详细阅读微机保护装置的说明书或调试大纲，并核实说明书、微机保护装置铭牌、实际图纸以及本系统的电压、电流的变比这四个方面是否统一。实际工程中发生过这样的事情，微机保护的电源要求 DC110V，而设计的直流系统是 DC220V，因在调试前未进行核实，上电后微机保护装置被损坏。还有就是设计和实际电流互感器的变比为 300/5，而微机保护装置由 1A 和 5A 两种接线方式可选，厂家在配线时选择了 1A，由于试验人员未进行详细核实，该问题在送电前由业主检查时发现。由此可见，发生参数不符的现象在施工过程中时有发生，因此就要求试验人员在调试前必须进行参数核实，这也是试验人员的责任和义务。

（2）详细阅读微机保护测试仪的说明书，尽管微机保护测试仪属于施工单位自己的设备，但是由于工程流动性大，这就造成部分试验人员由于经常不操作该设备以至于忘记操作过程。因此，试验前一定要熟练操作后，再进行实际操作，避免错误的操作给微机保护装置施加难以承受的电压或电流，造成设备损坏。

（3）紧固微机保护装置的螺丝或快速插件，确保牢固连接。屏柜及装置在运输和安装的过程中，难免遇到碰撞、颠簸，会造成连结线的松动。因此，在试验前，必须逐个螺栓或逐个插件进行检查。

（4）进入保护菜单，进行保护定值的设定。在施工过程中发现，现在给施工单位下达的定值单，有很多没有固定的格式，有的定值单也没有按微机保护内的定值模式来做。比如有一定值单，过流保护，整定电流值为 30A，动作时间为 0.2s，而这个定值如果需要输入到 RCS-9622CN 中，就需要试验人员自己进行一些处理，因为该微机保护装置中有过流Ⅰ段、过流Ⅱ段、过流Ⅲ段，只有将该定值输入到其中之一，然后投入该段的整定控制字，并且其他不用的过流段退出，这样输入的定值才能有效。因此要求试验人员在输入定值时，一定要读懂定值单的内涵，同时，需要将定值单进行整理重新作好标记，以便复查定值时用。

10.6.2.4　交流回路校验

对照设计图纸或厂家图纸，在盘柜电流互感器的二次侧施加测试电流，在拆卸螺栓时，注意作好标识以便试验结束后正确恢复接线。同时，保管好螺栓，避免丢失。对于本盘柜进行定值试验时，电压量、模拟量的测试点可以在端子排上进行，但应保证电压不能传到小母线上为原则。测试仪上应能改变电压和电流的幅值和相位，施加测试值后，记录微机保护装置液晶显示屏上显示的采样值和测试仪的实际值，改变幅值和相位，两个数值误差均应小于±5%。试验记录点可按三点位置时记录，试验过程中应上行（0%、50%、100%）和下行（100%、50%、0%）各一次，两次显示值应无明显变化，试验表格可按表 10-4 所示。

表 10-4　电压回路采样试验

序号	试验项目	输入值			装置显示值					误差
		相序	幅值	相位	A-B	B-C	C-A	相位 A-B	相位 A-C	
1	电压试验（0%）	A								
		B								
		C								
2	电压试验（50%）	A								
		B								
		C								
3	电压试验（100%）	A								
		B								
		C								
4	零序电压	U_0	10V	—						
			50V							
			100V							

测试应该在保护用电流互感器和测量用电流互感器上分别进行。如果现场校验发现微机保护装置的误差大，应及时与厂家联系，如若确实需要现场进行调校精度，应拆除装置上所有有关结线，以防外界干扰影响采样输入精度。

10.6.2.5 开入量检查

本项检查为了保证试验的完整性宜与功能试验一同进行，之所以这样说，是因为微机保护装置的开入量包括两个部分，一部分属于硬接点输入，属于广义上的开入量检查，即外部的一个开关接点直接接入到微机保护装置上，外部接点闭合后，液晶显示上就会给出定义开关量的显示。另一部分属于软接点接入，属于狭义上的开关量检查，即微机保护内部的一个逻辑关系的反应，比如当过流故障出现时，内部逻辑启动一个跳闸信号输出给跳闸回路，启动另一个信号给面板显示，使得面板上呈现一个“过流跳闸”信号。

开入量的检查要安装图纸逐一进行检查，应按实际情况分合相应的电气设备，使得状态接点发生变换，在液晶显示屏上或盘柜指示灯显示的开关量状态应有相应改变，为保证开关量接点动作可靠，每个开关量的检查应不少于3次。这样的检查才能真实有效，之所以必须以设计图纸为基础，是因为有时一个开关量出现状态的变换，不仅反映在微机保护系统上，同时也反映在盘柜面板的指示灯上。为避免检查开入量出现遗忘现象，测试完一项后可以在图纸上用荧光笔做好标记。

同时，严禁在微机保护装置的背板端子分别进行各接点的模拟导通，因为开关量检查的最终目的不仅检查本身微机保护装置是否正常，更重要是检查整个回路系统是否正确。只有当实际电气设备的状态在微机保护系统上没有或者有错误的信息反应时才能在微机保护装置的背板端子上模拟导通开关量，以便判断问题是出现在微机保护本身，还是线路上，或是电气设备本身。

10.6.2.6 开出接点检查

开出接点检查宜与保护功能试验同时进行。开出接点也分为硬开出接点和软开出接点，硬开出接点状态变化可以用万用表检测到，软开出接点状态变化只能根据逻辑关系进行判断。比如，微机保护装置的显示面板上有个报警灯定义为过流保护，当给出一个过流电流时，断路器跳闸，但是报警灯没有变化，就应该能判断是软接点的定义出现问题，应让微机保护厂家查找逻辑关系。

（1）报警、信号接点检查

报警信号接点的检查，应根据逻辑关系模拟相应的故障，如果故障出现但没有相应的报警指示或指示不正确则判为错误。比如，模拟一个PT断线故障后，则微机保护装置应点亮“报警”灯，并启动“信号继电器”，同时液晶显示器上应给出“PT断线报警”的报文。报警信号接点均为瞬动接点。

（2）跳闸信号接点检查

跳闸信号接点属于微机保护装置中的软接点，所有动作于跳闸的保护动作后，中央处理器根据逻辑关系点亮内部“跳闸”灯，并启动相应的跳闸信号继电器，然后在液晶显示器上出现“XX保护跳闸”的报文。“跳闸”灯、中央信号接点为保持接点。

（3）跳闸出口接点检查

跳闸出口接点属于微机保护装置中的硬接点，该接点状态变化可以用万用表检测到。所有动作于跳闸的保护动作后，中央处理器根据逻辑关系点亮内部“跳闸”灯，并启动相应的跳闸输出继电器，跳闸输出端的接点闭合，同时在液晶显示器上出现“XX保护跳闸”的报文。跳闸出口接点为保持接点。

10.6.2.7 保护功能试验

保护功能试验是微机保护装置试验中的核心内容，重点是检验输入的定值是否正确，保护动作时间及出口是否达到要求等。做该项试验要求试验人员必须读懂微机保护装置的操作说明、必须掌握继电器的基本工作原理且能读懂一些反时限曲线的意义。

对于定时限保护试验的测试方法有两种：

（1）定值逼近试验法

关闭其他保护项，防止引起误动。将该定时限保护的时间设定为零，用测试仪以 0.1 的变化步长逐步逼近设定的定值(亦称整定动作值)，直至微机保护装置发出跳闸命令，记录测试仪测试的数值，该数值被称为实际动作值，该数值与定值的误差范围应在±5%以内。然后，将整定时间调至定值单要求的数值，用测试仪直接施加上述测试到的实际动作值，此时用测试仪测试到的跳闸时间即为实际跳闸时间，该数值与整定时间的误差范围应在±5%以内。由于第一步测试到的实际动作值为微机保护装置的一个临近值，有时造成微机保护拒动，故此时可以将施加的数值增大为实际动作值的 1.05 倍。该方法能准确逼近到设定的整定值。

（2）定值固定式试验法

用此项方法试验时，仍然需要关闭其他保护项。整定值不需要进行任何修改，用测试仪分别施加 0.95 倍、1.05 倍、1.2 倍的整定动作值，达到 0.95 倍保护可靠不动作，1.05 倍保护可靠动作，1.2 倍测试保护动作时间，且该数值与整定时间的误差范围应在±5%以内。符合上述条件判为保护动作正常。该方法只需固定临边定值，过程操作简单，无需更换定值。

对于反时限保护的试验方法，关闭其他保护项，用测试仪施加反时限公式中某一点对应的“定值”，测试微机保护动作时间，将此测试值与反时限公式中计算的理论时间去比较，误差应在±5%以内。此项试验的选取点宜选择 5 点。

为更好的掌握继电器的调试方法，现列举部分工程中常遇见的保护类型。

（1）定时限过电流保护

所谓定时限过电流保护是指电流继电器本身的时间是固定的，与通入超过启动继电器的电流大小无关。一般在工程中给出的定值单如表 10-5 所示。

表 10-5　定值单

序号	保护类型	整定电流	整定时间	备注
1	过流保护	$3I_n$	5s	I_n为二次额定电流

对该项保护做时间测定时，就可以按照定值逼近试验法进行。在输入定值时，将整定时间栏输入 0s。测试仪首先施加一个 3×5×0.8A 的电流，调节可变步长为 0.1A，缓慢逼近定值 15A，知道微机保护过流动作，此时数值为 14.9A。然后将时间设定为 5s，施加 15A 的电流值，此时测定的时间为 5.027s。这两个定值都在额定值的±5%以内，说明该微机保护的过流保护动作是可靠的。试验记录可按表 10-6 所示。

表 10-6　过流保护试验记录

序号	试验项目		整定值	动作值	结论
1	过流保护	电流值	15A	14.9A	合格
		时间	5s	5.027s	合格

(2) 反时限过电流保护

反时限就是保护装置的动作时间与通过继电器的电流大小成反比关系。由于各微机保护装置采用的反时限标准不同，且反时限的类型不同，要求试验人员能读懂定值单的内容，会根据说明书查找对应的公式及反时限曲线。例如 SEL 微机保护装置中反时限定值单如表 10-7 所示。

表 10-7　定值单

序号	保护类型	反时限类型(TD)	时间常数 t_p	备注
1	反时限保护	C3	0.2	

根据说明书可知，该微机保护装置的反时限保护可选择 US 标准中的 U1～U5 以及 IEC 标准中的 C1～C5 共 10 条曲线，此时选用的是 IEC 标准反时限特性方程中的极端反时限特征方程 C3：

$$t=\frac{80}{\left(\frac{I}{I_P}\right)^2-1}t_P \tag{10-10}$$

该式中 I 为运行电流值，I_P 为电流基准值，t_P 为时间常数。该特征方程对于的曲线为下图 10-38 所示：

进行该项试验时，可按照公式(10-10)分别计算出 2 倍、3 倍、4 倍、5 倍、6 倍时对应的理论时间值，填写到表 10-8 反时限过电流保护记录中。为了进一步验证理论值的正确，可对照图 10-38 所示的曲线，不难发现，对应的时间是完全一致的。因此只需要安装施加的倍数测试对应的动作时间即可，然后将该值与计算的理论值对比，只要误差在±5%范围内，认为该微机保护的反时限过流保护的动作是可靠的。

表 10-8　反时限过流保护试验记录

序号	试验项目		数据表					结论
1	反时限过流保护	倍数	2 倍	3 倍	4 倍	5 倍	6 倍	合格
		电流值	10A	15A	20A	25A	30A	
		理论时间	5.333	2.000	1.067	0.667	0.457	
		测试时间						

(3) 通信检查

通信线连接完毕后，试验人员应与微机保护现场服务人员一起做好后台监控的调试工作。所有微机保护装置单体试验完成后，应开始测试后台监控系统。测试时调度室、控制室、变电间都应该有专人负责，通信保持畅通，以便于试验人员的沟通。所有的遥测、遥信、遥控、遥调都必须进行测试，需要做保护试验的，必须施加动作值，三地间的液晶显示信息必须一致。整组试验结束后，对于微机保护装置的测试才算是真正意义的结束。

10.6.3　试验完毕后的复查

整组试验完毕后，还应逐一检查每一个微机保护装置。工程实践经验告诉我们这项复查工作是必须要做的。由于不恢复移除的芯线、不复核定值、不紧固接线端子等造成的质量安全事故比比皆是，因此应该加大对试验人员的质量意识教育，完善质量检查制度，把好施工

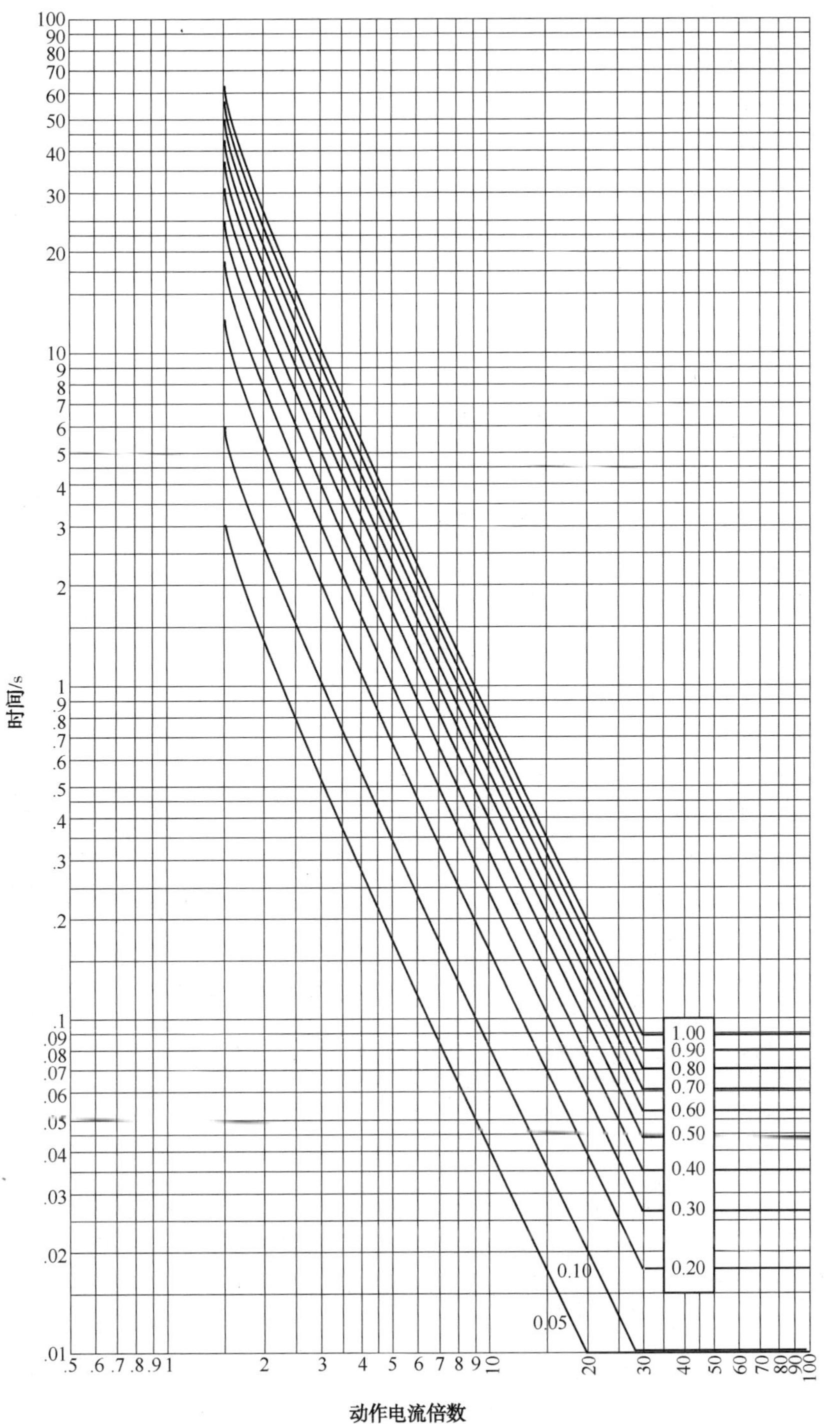

图 10-38 IEC 极端反时限曲线 C3

过程中的每一道关。关于试验完毕后的复查可以从以下方面进行检查：

（1）核实定值单。由于试验中经常关闭开启保护，造成“混乱”，整组试验结束后，应有两个人一起进行定值复核。

（2）恢复拆除线。试验中拆除的电流线、电压线以及接电线，必须按照图纸或标记逐一进行恢复，且确保恢复正确。在恢复电流线时很容易将互感器的极性接错，将保护用电流线接至测量用位置，因此，最好由拆除线的试验人员进行恢复，保证结线的统一。

（3）电流端子排连接片的检查。在与后台监控系统做联调试验时，试验人员为省事，在端子排上打开连接片施加动作电流，由于疏忽忘记恢复，因此在检查的过程中，该位置一定要派专人进行检查，即使连接在一起也必须用螺丝刀进行紧固，防止出现虚接现象。

（4）紧固所有芯线的端子。为防止在试验过程中松动端子，在试验完毕后，必须对所有芯线端子进行紧固操作，避免出现芯线压接不实。

第 11 章　电气防火与防爆

11.1　电气防火防爆常识

11.1.1　爆炸性危险场所的定义

危险场所：任何具有潜在爆炸危险的场所，在石油、化工、煤炭等生产领域将不可避免地形成爆炸性危险环境，在化学工业中，约有 80%以上的生产车间属于爆炸性危险场所。

(1) 产生爆炸的基本原理(爆炸三角形原理)：

爆炸性物质；空气(氧气)；点火源(电火花、炽热表面)。

(2) 防止爆炸发生的基本方法：

避免形成爆炸性环境——理想的方法(很难实现)；

排除、消除可能的点火源——实际的方法；

限制其中一个或几个要素，都可以达到防爆要求。如制造正压、爆炸气体浓度监控、限制点燃源(主要手段)。

11.1.2　危险区域的划分

(1) 根据爆炸性气体混合物出现的频繁程度和持续时间，将此类危险环境分为 0 区、1 区和 2 区。危险区域的大小受通风条件、释放源特征和危险物产品性能参数的影响。区域划分见表 11-1。

表 11-1　气体、蒸气爆炸危险环境的划分

区　域	说　　明
0 区	在正常情况下，爆炸性气体(含蒸气和薄雾)混合物连续短时频繁出现或长时间存在的坏境
1 区	在正常情况下，爆炸性气体(含蒸气和薄雾)混合物有可能出现的环境
2 区	在正常情况下，爆炸性气体(含蒸气和薄雾)混合物不能出现，仅在不正常情况下，偶尔短时出现的环境
正常情况指设备的正常启动、停止、正常运行和维护；密闭容器盖的正常开闭；易燃物质产品的装卸；安全阀、排气阀以及所有工厂设备都在设计参数范围内工作的状态	

(2) 根据爆炸性粉尘混合物出现的频繁程度和持续时间分为 10 区和 11 区，见表 11-2。

表 11-2　粉尘、纤维爆炸危险环境的划分

区域	说　　明
10 区	指正常运行时连续或长时间或短时频繁出现爆炸性粉尘、纤维的区域
11 区	指正常运行时不出现、仅在不正常运行时短时间偶尔出现爆炸性粉尘、纤维的区域

(3) 火灾危险环境分为 21 区、22 区、23 区。火灾危险环境的划分见表 11-3。

表 11-3　火灾危险环境的划分

区域	说　　明
21 区	具有闪点高于场所环境温度的可燃液体，在数量和配置上能引起火灾危险的区域
22 区	具有悬浮状、堆积状的爆炸性或者可燃性粉尘，虽不可能形成爆炸性混合物，但在数量和配置上能引起火灾危险的区域
23 区	具有固体状可燃物质，在数量和配置上能引起火灾危险的区域

(4) 符合下列条件之一时，可划为非爆炸危险区域。

① 没有释放源，并不可能有易燃物质侵入的区域。

② 易燃物质可能出现的最高浓度不超过爆炸下限值的 10%。

③ 在生产过程中使用明火的设备附近，或使用表面温度超过区域内易燃物质引燃温度的炽热部件的设备附近。

④ 在生产装置区外，露天或开敞设置的输送易燃物质的架空管道地带，但其阀门处按具体情况定。

11.1.3　造成电气火灾的主要原因

所谓电气火灾和爆炸，就是因为电气故障原因引燃或引爆所发生的事故。发生电气火灾和爆炸要具备两个条件：首先是可燃物和环境；其次是要有引燃条件。

11.1.3.1　易燃易爆环境

在石油、化工企业的生产中，广泛存在着易燃易爆物质，一些生产场所有可燃气体、粉尘或纤维一类物质，接触火源即着火燃烧，并在生产、储存、运输和使用过程中容易与空气混合，形成爆炸性混合物，能够形成爆炸的物质有数百种。形成火灾的物质种类更为繁多，一旦管理、使用不善，在电气故障时将发生电气火灾。

11.1.3.2　电气设备产生高温的原因

电气设备产生火花和高温容易引起火灾，电气设备产生高温的原因如下：

(1) 有些电气设备在正常工作时，就能产生火花、电弧和高温，如开关电器的拉合操作、电炉、白炽灯、电焊机等工作温度都很高，并产生电弧。

(2) 线路、电气设备发生短路，产生高温和电弧。

(3) 电气线路过负荷能引起火灾。电气回路过负荷，如熔丝、断路器的保护选择过大不动作，因长时间过热而使绝缘破坏，燃烧而造成火灾。

(4) 电气设备接点及电气线路接头因氧化腐蚀、连接长度短、电气设备质量等原因造成接点压力过小，导致接触不良，运行中产生火花、电弧和危险高温而引起火灾。

(5) 电气设备运行中发生故障而造成火灾，如变压器、电动机、线圈等设备匝间短路、层间短路、相间短路等故障产生危险高温烧毁绝缘而引起火灾。

(6) 静电放电火花也会造成火灾。

11.1.3.3　电气设备发生爆炸的原因

(1) 变压器、油断路器、电容器、电缆等充油设备由于缺油、受潮、断路器分断容量小及灭弧室年久失修，在发生短路时，释放很大的能量，在封闭的变压器、断路器、电容器、电缆等内部产生很大的压力，造成电气设备爆炸。

(2) 瓷绝缘由于破损、裂纹及表面严重污秽，使瓷绝缘的表面电阻大幅度下降，运行中由于大气变化的影响，在过电压情况下产生电晕、闪络放电、击穿，造成电气设备瓷绝缘爆裂。

(3) 有些单相环氧树脂的互感器因质量不过关，遇有过电压的情况下发生爆炸。

(4) 电缆终端头由于施工质量不良或材质不过关，出现龟裂或缺少绝缘膏、受潮、进水等，使运行中发生爆炸。电缆中间接头由于产品质量差和施工工艺不符合技术要求，施工质量不良，过热，造成运行中发生中间电缆接头爆炸。

11.1.4 电气防火和防爆措施

11.1.4.1 排除可燃易爆物质

(1) 保持良好的通风条件，如加速空气流通和交换，减少现场蒸气、粉尘、纤维及可燃、易爆气体，将其浓度降低到不致引起火灾和爆炸的限度之内。

(2) 可燃、易爆物质的生产设备、储存容器、管道接头、阀门等应严密封闭，经常检查巡视，防止易燃物跑、冒、滴、漏。

11.1.4.2 排除电气火源

(1) 正常运行中能够产生火花、电弧或高温的电气设备，不应安装在容易发生火灾危险的场所内，在易燃易爆场所内，不用或少用携带式电气设备。

(2) 在有爆炸和火灾危险的场所的电气设备，应选用适用于此环境使用的合适型号。

(3) 在有爆炸和火灾危险的场所的电力线路导线绝缘、电缆绝缘和额定电压不得低于电网的额定电压，采用铜芯电线，电压等级不低于500V，导线的连接良好可靠。

(4) 在有爆炸和火灾危险的场所内，工作零线的绝缘强度与相线的绝缘强度相同，并应在同一管内敷设，导线应敷设在钢管内，严禁明敷设。

(5) 在有火灾危险的场所内，应采用无延燃性护套电缆和无延燃性护套绝缘导线，用钢管或硬塑料管敷设。

(6) 因突然停电而易引起火灾的场所，应有两路以上电源，电源之间应能自动切换。

(7) 在有爆炸和火灾危险的场所内电气设备的金属外壳应可靠接地(或接零)，以便发生短路故障时可迅速切断电源，防止短路电流长期通过设备而产生高温造成事故。

(8) 正确选择保护、信号装置，合理整定，保证电气设备或线路在严重过负荷或发生故障时，能准确、及时、可靠地切除故障，并发出警报信号，以便迅速处理。

11.2 爆炸和火灾危险环境的电气设备

防爆电器是高、低压电气设备中的特种电器，广泛使用于煤矿、石油、化工及国防等工业部门的爆性危险场所。为保证安全生产，需要采用适用于生产环境的防爆电器，防爆电器可制成不同防爆型式以保证其在各种不同状况的爆炸性危险环境中安全运行。

11.2.1 爆炸危险环境电气设备的分类

11.2.1.1 防爆电器的分类

防爆电器根据其使用环境分成矿用防爆电器、厂用防爆电器及粉尘防爆电器三大类。

防爆电器按其结构类型一般有隔爆型、本质安全型(安全火花型)、增安型、正压型、充油充砂型、无火花型等。

上述类型统称防爆型，其中以隔爆型在矿用中使用最多。

11.2.1.2 各类防爆电器的特性

防爆电器类型和特性见表 11-4。

表 11-4 防爆电器类型和特性

类型	标志		特　征
	煤矿用	工厂用	
隔爆型	d(KB)	d(B)	能承受内部的爆炸性混合物爆炸而不致受到损坏，且内部爆炸不致通过外表上任何结合面或结构孔洞引起外部混合物爆炸
增安型	e(KA)	e(A)	在正常时不产生火花、电弧或高温的电气设备上采取措施，提高安全程度
本质安全型	ia、ib(KH)	ia、ib(H)	正常状态下和故障状态下产生的火花或热效应均不能点燃爆炸性混合物
正压型	p(KF)	p(F)	向外壳内充入带正压的清洁空气、惰性气体或连续通入清洁空气，以阻止爆炸性混合物进入外壳内
充油型	O(KC)	O(C)	将可能产生电火花、电弧或危险温度的带电零部件浸在绝缘油里，使之不能点燃油面上方爆炸性混合物
充砂型	q	q	将细粒状物充入设备外壳内，令壳内出现的电弧、火焰传播、壳壁温度或粒料表面温度不能点燃壳外爆炸性混合物
无火花型	n	n	在防止危险温度、外壳防护、防冲击、防机械火花、防电缆事故等方面采取措施，以提高其安全程度
特殊型	S(KT)	S(T)	是上述各种类型以外的或由上述两种以上型式组合而成

11.2.1.3 防爆电器结构选型

爆炸性危险场所防爆电器所选的型号应满足使用环境的要求，如防腐、防潮、防日晒、防雨淋、防风沙，以保障在运行中不会降低其防爆性能。

爆炸性危险场所防爆电器的选型见表 11-5～表 11-10。

表 11-5 爆炸性危险场所电气设备防爆类型选型

爆炸危险区域	适用的防护型式	
	电气设备类型	符号
0 区	1. 木质安全型(ia 级) 2. 其他为 0 区设计的电气设备(特殊型)	Ia s
1 区	1. 适用于 0 区的防护类型 2. 隔爆型 3. 增安型 4. 本质安全型(ib 级) 5. 充油型 6. 正压型 7. 充砂型 8. 其他为 12 区设计的电气设备(特殊型)	a e ib O p q S
2 区	1. 适用于 0 区或 1 区的防护类型 2. 无火花型	s

续表

爆炸危险区域	适用的防护型式	
	电气设备类型	符号
10 区	1. 适用于 2 区的各种防护类型 2. 尘密型	n
11 区	1. 适用于 10 区的各种防护类型 2. IP65(电器、仪表)	

表 11-6　电气设备防护结构的选型

电气设备 \ 火灾危险区域与防护结构		21 区	22 区	23 区
电动机	固定安装	IP44[①]	IP54	1P21[②]
	移动式或携带式	IP54		1P54
电器和仪表	固定安装	充油 IP56 IP65 IP44[③]	IP65	1P22
	移动式或携带式	IP56 IP65		1P44
照明灯具	固定安装	保护	防尘	开启
	移动式或携带式[④]	防尘		保护
配电装置		防尘		保护
结线盒				

①在 21 区内固定安装的 IP44 型电动机正常运行时有火花的部分(如滑环)，就装在全封闭的罩子内。

②在 23 区内固定安装的正常运行时有火花(如滑环电机)，不应采用 IP21 型，而应采用 IP44 型。

③在 21 区内固定安装的电器和仪表，在正常运行时不宜采用 IP44 型。

④移动式和携带式照明灯具的玻璃罩，应有金属网保护。

表 11-7　低压变压器类防爆结构的选型

电气设备 \ 爆炸危险区域与防暴结构	1 区			2 区		
	隔爆	正压	增安	隔爆	正压	增安
干式变压器(包括启动用)	△	△	×	○	○	○
干式电抗线圈(包括启动用)	△	△	×	○	○	○
仪表用互感器	△		×	○		○

注：○—适用；△—尽量避免；×—不适用；无符号—一般不用。

以下各表符号同此。

表 11-8　低压开关和控制器类防爆结构的选型

电气设备 \ 爆炸危险区域与防暴结构	0 区	1 区					2 区				
	本质安全	本质安全	隔爆	正压	充油	增安	本质安全	隔爆	正压	充油	增安
刀开关、断路器	—	—	○		—	—	—	○		—	—
熔断器	—	—	△		—	—	—	○		—	—
控制开关及按钮	○	○	○		○	—	○	○		○	—
二次启动用空气控制器	—	—	△		—	—	—	○		—	—
电抗启动器、启动补偿器	—	—	△		—	×	○				○
启动用金属电阻器	—	—	△	△	—	×	—	○	○	—	○
电磁阀用电磁铁	—	—	○	—	—	×	—	○	—	—	○
电磁摩擦制动器	—	—	△		—		—	○		—	△

续表

爆炸危险区域与防暴结构 / 电气设备	0 区	1 区					2 区				
	本质安全	本质安全	隔爆	正压	充油	增安	本质安全	隔爆	正压	充油	增安
操作箱、柱	—	—	○	○	—	—	—	○	○	—	—
控制盘	—	—	△	△	—	—	—	○	○	—	—
配电盘	—	—	△		—	—	—	○		—	—

注：①控制开关是指按钮开关、操作开关等。此外，与控制用小型开关类似的压力开关、浮动开关也同样适用。

②电抗启动器、启动补偿器在 2 区适用。增安型是指将隔爆结构的启动运转开关操作部件和增安型防爆结构的电抗线圈或单绕组变压器组成一体的结构。

③控制开关及按钮仅允许用 ia 型。

④电磁摩擦制动器在 1 区使用时是指将制动片、滚筒等机械部分也装入隔爆壳体内。

⑤控制开关及按钮在 2 区使用时是指除隔爆型外，主要开关部件有火花部分为隔爆型，其他部分为增安型的混合结构。

表 11-9　照明灯具类防爆结构的选型

爆炸危险区域与防爆结构 / 照明灯具	1 区		2 区	
	隔爆	增安	隔爆	增安
固定式白炽灯	○	×	○	○
移动式白炽灯	△	—	○	—
固定式荧光灯	○	×	○	○
固定式高压水银灯	○	×	○	○
携带式电池灯	○	—	○	—
指示灯类	○	×	○	○

表 11-10　信号、报警装置类防爆结构的选型

爆炸危险区域与防暴结构 / 电气设备	0 区	1 区				2 区			
	本质安全	本质安全	隔爆	正压	增安	本质安全	隔爆	正压	增安
信号、报警装置	○	○	○	○	×	○	○	○	○
插接装置			○				○		
结线箱(盒)			○		△		○		○
电气测量计(表)			○	○	×		○	○	○

11.2.2　爆炸危险场所电气设备的安装

11.2.2.1　一般规定

石油化工装置中不可避免的存在爆炸危险场所，防爆电器的安装也在所难免，防爆电器的安装质量直接关系到设备的安全运行和操作人员的人身安全，所以我们必须重视防爆电器的安装。对于防爆电器的安装有以下一般规定：

（1）防爆电气设备的类型、级别、组别、环境条件以及特殊标志等，应符合设计的规定。

（2）防爆电气设备应有"EX"标志和标明防爆电气设备的类型、级别、组别的标志的铭牌，并在铭牌上标明国家指定的检验单位发给的防爆合格证号。

（3）防爆电气设备宜安装在金属制作的支架上，支架应牢固，有振动的电气设备的固定螺栓应有防松装置。

（4）防爆电气设备接线盒内部结线紧固后，裸露带电部分之间及与金属外壳之间的电气间隙和爬电距离，不应小于表 11-11、表 11-12 的规定。

表 11-11　增安型、无火花型电气设备不同电位的导电部件之间的最小电气间隙和爬电距离表

额定压/V	最小电气间隙/mm	最小爬电距离/mm		
		Ⅰ	Ⅱ	Ⅲ
12	2	2	2	2
24	3	3	3	3
36	4	4	4	4
60	6	6	6	6
127	6	6	7	8
220	6	6	8	10
380	8	8	10	12
660	10	12	16	20
1140	18	24	28	35
3000	36	45	60	75
6000	60	85	110	135
10000	100	125	150	180

注：① 设备的额定电压．可高于表列数值的 10%。

② 装人灯座中的额定电压，不大于 250V 的螺旋灯座灯泡。对于 a 级绝缘材料最小爬电距离可为 3mm。

③ 表中的Ⅰ、Ⅱ、Ⅲ为绝缘材料相比漏电起痕指数分级，应符合现行国家标准《爆炸性环境用防爆电气设备通用要求》的有关规定。Ⅰ级为上釉的陶瓷、云母、玻璃；Ⅱ级三聚氰胺石棉耐弧塑料、硅有机石棉耐弧塑料；Ⅲ级为聚四氟乙烯塑料、三聚氰胺玻璃纤维塑料、表面用耐弧漆处理的环氧玻璃布板。

表 11-12　本质安全电路与非本质安全电路裸露导体之间的电气间隙和爬电距离

额定电压峰值/V	电气间隙/mm	胶封中的间距/mm	爬电距离/mm	绝缘涂层下的爬电距离/mm
60	3	1	3	1
90	4	1. 3	4	1. 3
190	6	2	8	2. 6
375	6	2	10	3. 3
550	6	2	15	5
750	8	2. 6	18	6
1000	10	3. 3	25	8. 3
1300	14	4. 6	36	12
1550	16	5. 3	40	13. 3

（5）防爆电气设备的进线口与电缆、导线应能可靠地结线和密封，多余的进线口，其弹性密封垫和金属垫片应齐全。并应将压紧螺母拧紧使进线口密封。金属垫片的厚度不得小于 2mm。

（6）防爆电气设备外壳表面的最高温度（增安型和无火花型包括设备内部），不应超过表 11-13 的规定。

表 11-13　防爆电气设备外壳表面的最高温度表

温度组别	T_1	T_2	T_3	T_4	T_5	T_6
最高温度/℃	450	300	200	135	100	85

注：表中 T_1 ~ T_6 的温度组别应符合现行国家标准《爆炸性环境用防爆电气设备通用要求》的有关规定，该标准是将爆炸性气体混合物按引燃温度分为六组，电气设备的温度组别与气体的分组是相适应的。

（7）塑料制成的透明件或其他部件，不得采用溶剂擦洗，可采用家用洗涤剂擦洗。

（8）事故排风机的按钮，应单独安装在便于操作的位置，且应有特殊标志。

（9）灯具的安装，应符合下列要求：

① 灯具的种类、型号和功率，应符合设计和产品技术条件的要求，不得随意变更。

② 螺旋式灯泡应旋紧，接触良好，不得松动。

③ 灯具外罩应齐全，螺栓应紧固。

11.2.2.2　隔爆型防爆电气设备

（1）防爆原理

该类设备的防爆原理就是将点燃源与爆炸性气体隔离开。即将正常工作时或发生故障时能产生火花、电弧或高温的电气设备，用一个有足够强度的外壳将其与外界环境隔离，在外壳内部即使产生点燃爆炸，也不会引起壳外环境气体爆炸。使用这种原理的电气设备称为隔爆型。

此类设备是将电气设备置于一种特制的外壳中，外壳内部即使电气设备产生火花、电弧点燃可燃气体，亦不会引燃外壳周围的可燃气体。为此，对该特制的外壳需要从结构上、制造上有特别的要求。由于工作需要，外壳不可能是全封闭的，例如电机有转轴、控制开关有按钮轴、电源有电缆引入和引出、为了检修需要有可打开的盖门等，因此，外壳上有缝隙是必然的。能否使有缝隙的外壳具有隔爆性能，是研究隔爆外壳的主要内容。通过大量的爆炸试验证明，当外壳上的间隙较窄且较长时，壳内爆炸火焰及灼热能量不能通过窄缝引燃壳外爆炸性混合物。这是由于当火焰通过既长又窄的间隙时受到了阻力，并将热量散发，传出的热量已不足以点燃爆炸性混合物，这就是所谓间隙隔爆原理。

（2）安装注意事项

① 隔爆型电气设备在安装前，应进行下列检查：

1）设备的型号、规格应符合设计要求；铭牌及防爆标志应正确、清晰。

2）设备的外壳应无裂纹、损伤。

3）隔爆结构及间隙应符合要求。

4）接合面的紧固螺栓应齐全，弹簧垫圈等防松设施应齐全完好，弹簧垫圈应压平。

5）密封衬垫应齐全完好，无老化变形，并符合产品的技术要求。

6）透明件应光洁无损伤。

7）运动部件应无碰撞和摩擦。

8）接线板及绝缘件应无碎裂，接线盒盖应紧固，电气间隙及爬电距离应符合要求。

9）接地标志及接地螺钉应完好。

② 隔爆型电气设备不宜拆装，需要拆装时，应符合下列要求：

1）应妥善保护隔爆面，不得损伤。

2）隔爆面上不应有砂眼、机械伤痕。

3）无电镀或磷化层的隔爆面，经清洗后应涂磷化膏、电力复合脂或 204 号防锈油，严禁刷漆。

4）组装时隔爆面上不得有锈蚀层。

5）隔爆接合面的紧固螺栓不得任意更换，弹簧垫圈应齐全。

6）螺纹隔爆结构，其螺纹的最少啮合扣数和最小啮合深度，不得小于表 11-14 的规定。

表 11-14 螺纹隔爆结构螺纹的最少啮合扣数和最小啮合深度

外壳净容积 V/cm³	螺纹最小啮合深度/mm	螺纹最少啮合扣数	
		ⅡA、ⅡB	ⅡC
$V \leqslant 100$	5.0	6	试验安全扣数的 2 倍但至少为 6 扣
$100 < V \leqslant 2000$	9.0		
$V > 2000$	12.5		

注：表中ⅡA、ⅡB、ⅡC 的分级应符合现行国家标准《爆炸性环境用防爆电气设备通用要求》的有关规定，将爆炸性气体混合物按其最大试验安全间隙或最小点燃电流比将Ⅱ类(工厂用电设备)为分 A、B、C 三级。

③ 隔爆型电机的轴与轴孔、风扇与端罩之间在正常工作状态下，不应产生碰擦。

④ 正常运行时产生火花或电弧的隔爆型电气设备，其电气联锁装置必须可靠；当电源接通时壳盖不应打开，而壳盖打开后电源不应接通。用螺栓紧固的外壳应检查“断电后开盖”警告牌，并应完好。

11.2.2.3 隔爆型插销的检查和安装的要求

插头插入时，接地或接零触头应先接通；插头拔出时，主触头应先分断。

开关应在插头插入后才能闭合，开关在分断位置时，插头应插入或拔脱。

防止骤然拔脱的徐动装置，应完好可靠不得松脱。

11.2.2.4 本质安全型防爆电器

（1）防爆原理

本质安全型防爆电器是指在正常工作或规定的故障状态下产生的电火花或热效应均不能引起可燃性混合物燃烧或爆炸的电气设备。这种设备的防爆原理不是如隔爆型那样把电气设备装入特制的隔爆外壳中，也不是采用如充油型或充砂型采用隔离火源的方法来防爆，而是将电路参数设计成本安电路，使电路所产生的火花或热效应在正常工作或规定的故障状态均不能点燃可燃性混合物。

（2）本质安全电路等级

本安型电气设备及其关联设备按本安电路使用场所和安全程度分为 ia 和 ib 两个等级。

① ia 等级　在正常工作时，一个故障和两个故障时均不能点燃爆炸性混合物的电气设备。

② ib 等级　在正常工作和一个故障时不能点燃爆炸性混合物的电气设备。

（3）安装注意事项

① 本质安全型电气设备在安装前，应进行下列检查：

1）设备的型号、规格应符合设计要求；铭牌及防爆标志应正确、清晰。

2）外壳应无裂纹、损伤。

3）本质安全型电气设备、关联电气设备产品铭牌的内容应有防爆标志、防爆合格证号及有关电气参数。本质安全型电气设备与关联电气设备的组合，应符合现行国家标准《爆炸性环境用防爆电器设备(本质安全型)》的有关规定。

4）电气设备所有零件、元器件及线路，应连接可靠，性能良好。

② 与本质安全型电气设备配套的关联电气设备的型号，必须与本质安全型电气设备铭牌中的关联电气设备的型号相同。

③ 关联电气设备中的电源变压器，应符合下列要求：

1）变压器的铁芯和绕组间的屏蔽，必须有一点可靠接地。

2）直接与外部供电系统连接的电源变压器其熔断器的额定电流，不应大于变压器的额定电流。

④ 独立供电的本质安全型电气设备的电池型号、规格，应符合其电气设备铭牌中的规定，严禁任意改用其他型号、规格的电池。

⑤ 防爆安全栅应可靠接地，其接地电阻应符合设计和设备技术条件的要求。

⑥ 本质安全型电气设备与关联电气设备之间的连接导线或电缆的型号、规格和长度，应符合设计规定。

11.2.2.5 增安型防爆电气器

(1) 防爆原理

在正常运行条件下不会产生电弧、火花或可能点燃爆炸性混合物的电气设备，或者采取措施，避免在正常运行及认可的故障条件下出现电弧、火花或危险高温的电气设备，称之为增安型防爆电器。它的防爆原理是使其本身不能成为引燃源。其主要增强措施是严格规定接线端子和导线连接的要求，以防止因松脱、损伤、腐蚀等而形成火花；限制启动电流和温升；规定足够的电气间隙和爬电距离，以防短路；采用高一级的绝缘材料；严格控制设备温升不超过规定的极限值，必要时设置可靠的温度监测或温度保护装置；规定严格的工艺要求，如浸漆工艺要求。绝缘带电部件外壳防护等级为 IP44，裸露带电部件外壳防护等级为 IP54。

设备外壳有一定的防护性能，保护壳内带电部件免受外界灰尘、水等的侵入。对于绝缘带电体要求有 IP44 等级的防护外壳，对于裸导体要求有 IP54 的防护外壳。

外壳防护等级的标志由字母“IP”及两个数字组成，第一个数字表示第一种防护型式的等级，第二个数字表示第二种防护型式的等级。如只需单独标志一种防护型式的等级，则被略去数字的位置，以“X”补充，例如 IPX3 或 IPX5。

防护等级的标志方法如下。

IP：表示防水等级(见表 11-15)。

A：表示防固体颗粒进入及人体触及等级(见表 11-16)。

B：外壳防护标志字母。

表 11-15 防止水进入内部的防护等级

第二位特征数字	简要说明	防护等级含义
0	无防护	没有专门防护
1	防滴	滴水(垂直滴水)无有害影响

第二位特征数字	简要说明	防护等级含义
2	15°防滴	当外壳从正常位置倾斜15°以内，垂直滴水无有害影响
3	防淋水	与垂直成60°范围内的淋水无有害影响
4	防溅水	任何方向溅水无有害影响
5	防喷水	任何方向喷水无有害影响
6	防猛烈海浪	猛烈海浪或强喷水时，进入外壳水量不致达到有害程度
7	防浸水影响	浸入规定压力水中，经规定时间后进人外壳水量不致达到有害程度
8	防潜水影响	能按制造厂规定的条件长期潜水

①表中第二栏“简要说明”不应用来规定防护型式，只作为概要说明。

②表中第二位特征数字8，通常指水密型，但对某些类型设备也可以允许水进入，但不应达到有害程度。

表11-16　防止固体进入内部的防护等级

第一位特征数字	简要说明	防护等级含义
0	无防护	没有专门防护
1	防止大于50mm的固体异物	能防止直径大于50mm固体异物进入壳内，能防止人体，如手偶然触及壳内带电部分或运动部件
2	防止大于12mm的固体异物	能防止直径大于12mm、长度不大于80mm固体异物进入壳内，能防止手指触及壳内带电部分或运动部件
3	防止大于2.5mm的固体异物	能防止直径大于2.5mm的固体异物进入壳内，能防止厚度大于2.5mm的工具、金属线触及壳内带电部分或运动部件
4	防止大于1mm的固体异物	能防止直径大于1mm的固体异物进入壳内，能防止厚度大于1mm的工具、金属线触及壳内带电部分或运动部件
5	防尘	不能完全防止尘埃进入，但进入量不能达到妨碍设备正常运转的程度
6	尘密	无尘埃进入

①表中第二栏“简要说明”不应用来规定防护型式，只作为概要说明。

②第一位特征数字为1~4的设备，应能防止三个互相垂直的尺寸都超过第三栏相应数字的形状规则或不规则的固体异物进入外壳。

③对具有泄水孔或通风孔的设备，第一位特征数字为3~4时，其具体要求由有关专业的相应标准规定。

④对具有泄水孔的设备，第一位特征数字为5时，其具体要求由有关专业的相应标准规定。

（2）安装注意事项

① 增安型和无火花型电气设备在安装前，应进行下列检查：

1）设备的型号、规格应符合设计要求；铭牌及防爆标志应正确、清晰。

2）设备的外壳和透光部分，应无裂纹、损伤。

3）设备的紧固螺栓应有防松措施，无松动和锈蚀，接线盒盖应紧固。

4）保护装置及附件应齐全、完好。

② 滑动轴承的增安型电动机和无火花型电动机应测量其定子与转子间的单边气隙，其气隙值不得小于表11-17中规定值的1.5倍；设有测隙孔的滚动轴承增安型电动机应测量其定子与转子间的单边气隙，其气隙值不得小于表11-17中的规定。

表 11-17　滚动轴承的增安型和无火花型电动机与转子间的最小单边气隙值 δ(mm)

极数	$D\leqslant75$	$75<D\leqslant750$	$D>750$
2	0.25	0.25+（D-75）/300	2.7
4	0.2	0.2+（D-75）/500	1.7
6 及以上	0.2	0.2+（D-75）/800	1.2

注：① D 为转子直径。

② 变极电动机单边气隙按最少极数计算。

③ 若铁芯长度 L 超过直径 D 的 1.75 倍。其气隙值按上表计算值乘以 $L/1.75D$；

④ 径向气隙值需在电动机静止状态下测量。

11.2.2.6　充油型防爆电器

（1）防爆原理

将电气设备及零部件封入油中，使其不能点燃油面上空或外壳外部的爆炸性气体。正常运行时，所有产生火花或电弧的零部件埋入油中的深度可根据试验确定，但不得小于25mm。油的表面温度或与爆炸性气体接触的电气设备表面温度，都不得超过相应温度分级的界限值。油位指示要明显、正确、易于观察。

（2）安装注意事项

① 充油型电气设备在安装前，应进行下列检查：

1）设备的型号、规格应符合设计要求；铭牌及防爆标志应正确、清晰；

2）电气设备的外壳，应无裂纹、损伤；

3）电气设备的油箱、油标不得有裂纹及渗油、漏油缺陷。油面应在油标线范围内；

4）排油孔、排气孔应通畅，不得有杂物。

② 充油型电气设备的安装，应垂直，其倾斜度不应大于 5°。

③ 充油型电气设备的油面最高温升，不应超过表 11-18 的规定。

表 11-18　充油型电气设备油面最离温升

温度组别	T_1、T_2、T_3、T_4、T_5	T_6
油面最高温升/℃	60	40

11.2.2.7　其他类型防爆电器

（1）正压型防爆电器

这是一种在电气设备外壳内部充以超过外部大气压力的保护气体，以阻止周围环境中的爆炸性气体侵入电气设备内部的防爆电器。正压气体可以流动，也可以是不流动的。如果是流动的，通常保护性气体采用空气；如果是不流动的，通常保护性气体可以是惰性气体。正常运行时，出风口的气压或充气气压大于大气压，压力或流量检测装置应自动发出报警或切断电源。设备内部的火花、电弧或炽热的微粒不应从缝隙或出风口处吹出，从出风口出来的气体温度不得超过允许的最高表面温度。对于爆炸区内的正压式防爆电器吸入的空气应从非危险区域内引入。在爆炸性区域内电气设备较集中的地方，比如海上石油钻井平台的钻台马达控制中心（MCC），集中多台控制电器，可以采用将这些非防爆型的控制电器集中装在 MCC 中，该 MCC 用具有一定强度且密封的耐火建筑材料制成控制室，控制室做成正压型，配有压力或流量监测和报警功能，这样整个 MCC 可以看作是正压型防爆电器。

（2）充砂型防爆电器

用细小的颗粒状填料充填到电气设备外壳内，在规定的使用条件下，使外壳内部产生的电弧不会直接点燃周围环境的爆炸性气体，也不会因电弧引起外壳表面温度过高而点燃周围的爆炸性气体。

用于粉尘爆炸危险场所的充砂型设备，为防止爆炸性粉尘进入设备内部，外壳的接合面应加密封垫圈，紧固严密，转动轴与轴孔之间要防尘密封。为防止大量粉尘沉积而使设备增温引燃，外壳表面应光滑，无裂缝、凹坑或沟槽。

（3）浇封型防爆电器

浇封型防爆电器是指将电气设备中能产生引起爆炸性气体爆炸的火花、电弧和危险温度的部分电气器件浇封在浇封剂中，使它不能引起周围爆炸性气体爆炸的一种电气设备。

（4）气密型防爆电器

是指电气设备外壳漏气率为零的一种电气设备，环境中的爆炸性气体不能进入这种电气设备外壳内部，以此防爆。气密外壳一般用焊接结构，这种外壳多半是不可拆卸的，以保证永久性气密。

（5）爆炸性粉尘环境用防爆电器

① 粉尘种类

在爆炸性粉尘环境中，粉尘应分为下列四种。

1）爆炸性粉尘　这种粉尘即使在空气中氧气很少的环境中也能着火，呈悬浮状态时能产生剧烈的爆炸，如镁、铝、铝青铜等粉尘。

2）可燃性导电粉尘　与空气中的氧气起发热反应而燃烧的导电粉尘，如石墨、炭黑、焦炭、煤、铁、锌、钛等粉尘。

3）可燃性非导电粉尘　与空气中的氧气起发热反应而燃烧的非导电粉尘，如聚乙烯、苯酚树脂、小麦、玉米、砂糖、染料、可可、木质、米糠、硫磺等粉尘。

4）可燃纤维　与空气中的氧起发热反应而燃烧的纤维，如棉花纤维、麻纤维、丝纤维、毛纤维、木质纤维、人造纤维等。

② 防爆原理

在爆炸性粉尘环境中产生爆炸必须同时存在下列条件：存在爆炸性粉尘混合物，其浓度在爆炸极限内及足以点燃爆炸性粉尘混合物的火花、电弧或高温。防止爆炸的基本措施是使产生爆炸的条件同时出现的可能性减小到最小程度，因此，在工程设计中采取消除或减少爆炸性粉尘混合物产生和积聚的措施，更主要的是选用粉尘防爆电器。粉尘防爆电器采用了引燃源与粉尘隔离原理。使用一个有一定防护能力的外壳将带电部件包住，使粉尘不能进入到外壳中，防止爆炸的产生。

③ 粉尘防爆电器的分类

粉尘防爆电器的外壳接合面配合紧密，必要时增加可靠的密封圈，外壳的防尘能力达到 IP5X 以上，并且限制设备的发热温度在允许值以下。按其粉尘进入设备的能力分为两类。

1）尘密外壳　外壳防护等级为 IP6X，标志为 DT。

2）防尘外壳　外壳防护等级为 IP5X，标志为 DP。

④ 粉尘防爆电器允许的最高表面温度

粉尘防爆电器的最高表面温度应符合表 11-19 的规定。

表 11-19　粉尘防爆电器的最高表面温度

温度组别	点燃温度 T/℃	无过负载/℃	有认可的过负载/℃
T11	T>270	215	190
T12	270≥T>200	160	145
T13	200≥T>150	120	110

表 11-19 中无过负载数值时取粉尘点燃温度的 80%；有认可的过负载数值时取无过负载的 90%。这样使粉尘防爆电器温度控制方面采取了更保险的措施，以达到更可靠的安全性。

11.2.3　防爆标识、防爆合格证编号

11.2.3.1　防爆标志的构成

每台防爆设备在其外壳的明显处须有代表"防爆"的永久标识"Ex"；每台防爆设备在其明显处应有铭牌，铭牌上除应有"Ex"字样的标识外，还应带有表明产品防爆形式的符号如"o"、"p"等，适用于危险场所的防爆类别如Ⅰ或Ⅱ、ⅡA 等、级别及温度组别如 T1 或 350℃等的完整的防爆标识；还应有制造厂名、制造厂所规定的产品名称及型号、产品编号、检验单位标志等。举例如下：

例 1　Exd Ⅱ BT4

Ex——表示"防爆"；

d——表示"隔爆"型，即产品的防爆类型，它与前面介绍的标准名称后面的代号一致；

Ⅱ——表示适用于"Ⅱ"类危险场所，即适用于工厂环境(含石油化工)；

B——表示"B"级隔爆；

T4——表示温度"组"别为 H。

具有这样标识的防爆设备可以用在与该标识相符的危险场所一Ⅱ类、B 级、T4 组，或者低于它的危险场所，如ⅡAT3 等。

例 2　Exd Ⅰ

Ⅰ类隔爆型，Ⅰ代表适用于"Ⅰ"类危险场所，即适用于煤矿的环境中。因煤矿仅含甲烷、沼气，均为 T1 组，故组别可不在标识上体现。

例 3　Exe Ⅱ T3

Ⅱ类增安型，e 代表"增安"型；T3 代表"组"别为 T3。因增安型防爆电机不分级别，故标识中不含级别。

例 4　ExDIPDTT12

DIP——表示"粉尘"防爆；

DT——表示"尘密"型外壳

T12——表示温度"组"别。

例 5　Exia Ⅱ A T5

ⅡA 本质安全型 ia 等级 T5 组。

例 6　Exep Ⅱ T4

Ⅱ类主体增安型并具有正压型部件 T4 组。

例 7　Exd Ⅱ(NH_3)或 Exd Ⅱ氨

Ⅱ类用于氨气环境的隔爆型。

例 8　Exd Ⅱ T4；Exd Ⅱ(125℃)或 ExdⅡ125℃（T4）

最高表面温度为 125℃的工厂用增安型

11.2.3.2　防爆合格证编号

正确识别防爆合格证编号有助于辨认防爆电机的真伪。防爆合格证编号方法如下：

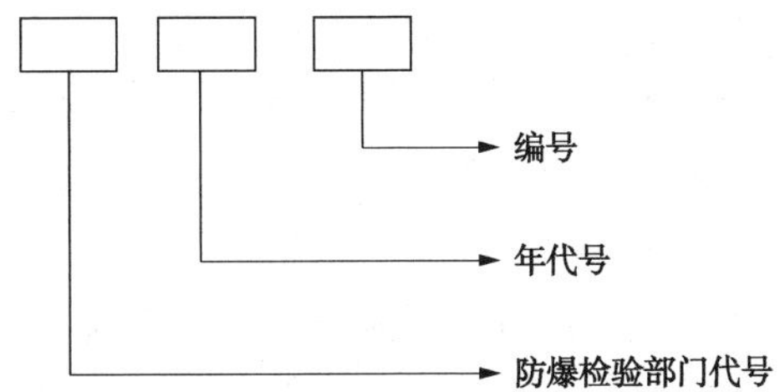

防爆合格证编号由 6~7 位数字组成，如 4922152，左数第一个数字，代表检验单位："1"代表煤炭部抚顺检验单位；"2"代表煤炭部上海检验单位；"3"代表原煤炭部重庆检验单位；"4"代表原机械工业部佳木斯检验单位；"5"代表原机械工业部南阳检验单位。左数第 2、第 3 个数字表示发证年份。左数第 4 个数字表示产品的防爆类型："1"为隔爆型；"2"为增安型；"4"代表正压型；"6"代表充砂型。最后的 2~3 个数字则代表检验单位发证的顺序号。本例 4922152 表示该增安型防爆设备是佳木斯检验单位 1992 年发的防爆合格证，发证的顺序号是 152。

11.2.4　火灾危险环境电气设备的安装

火灾危险环境的电气设备的安装须符合下列规定：

(1) 火灾危险环境所采用的电气设备类型，应符合设计的要求。

(2) 装有电气设备的箱、盒等，应采用金属制品；电气开关和正常运行产生火花或外壳表面温度较高的电气设备，应远离可燃物质的存放地点，其最小距离不应小于 3m。

(3) 在火灾危险环境内，不宜使用电热器。当生产要求必须使用电热器时，应将其安装在非燃材料的底板上，并应装设防护罩。

(4) 移动式和携带式照明灯具的玻璃罩，应采用金属网保护。

(5) 露天安装的变压器或配电装置的外廓距火灾危险环境建筑物的外墙，不宜小于 10m。当小于 10m 时，火灾危险环境建筑物靠变压器或配电装置一侧的墙，应为非燃烧体；在高出变压器或配电装置高度 3m 的水平线以上或距变压器或配电装置外廓 3m 以外的墙壁上，可安装非燃烧的镶有铁丝玻璃的固定窗。

11.3　爆炸和火灾危险环境的电气线路

11.3.1　电缆的防火防爆安全措施

电气线路往往因短路、过载和接触电阻过大等原因产生电火花、电弧，或因电线、电缆达到危险高温而发生火灾，其主要原因有如下几点：

(1) 电气线路短路起火。电气线路由于意外故障造成两相相碰而短路，一般有相间短路和对地短路两种。短路时电流会突然增大，称之为短路电流。按欧姆定律，短路时电阻突然减少，电流突然增大，而发热量是与电流平方成正比，所以短路瞬间放电发热相当大，其热量不仅能将绝缘烧损，使金属导线熔化，也能将附近易燃易爆混合物引燃引爆。

（2）电气线路过负荷。电气线路允许连续通过而不致使电线过热的电流称之为额定电流，如果超过额定电流，此时的电流就称为过载电流。过载电流通过导线时，温度相应增高。导线温度就会超过允许温度，会加快导线绝缘老化，甚至损坏，从而引起短路产生电火花、电弧。

（3）导线接头处不紧密、不牢固，接触不良，造成导线连接处接触电阻过大，产生过热现象。时间越长发热量越多，甚至导致导线接头处熔化，引起导线绝缘材料中可燃物质的燃烧，同时也引起周围可燃物的燃烧。

电缆的敷设可以直接埋在地下，也可以用隧道、电缆沟或电缆桥架敷设。用电缆桥架敷设时宜采用阻燃电缆，埋设敷设时应设置标志，穿过道路或铁路时应有保护套管。户内敷设时，与热力管道的净距不应小于 1m，否则需加隔热措施。电缆与非热力管道的净距不应小于 0.5m。

电气线路应根据需要设置相应的保护装置，以便在发生过载、短路、漏电、接地、断线等情况下能自动报警或切断电源。

11.3.2 爆炸危险环境电气线路的一般规定

（1）电气线路应敷设在爆炸危险性较小、通风条件好或距离释放源较远的位置。应避开易受机械损伤、震动、腐蚀、粉尘积聚以及可能受热的地方；若不能避开时，应采取预防措施。

（2）爆炸危险环境内采用的低压电缆和绝缘导线，其额定电压必须高于线路的工作电压，且不得低于 500V。绝缘导线必须敷设于钢管内。电气工作中性线绝缘层的额定电压，应与相线电压相同，并应在同一护套或钢管内敷设。

（3）导线或电缆的连接，应采用有防松措施的螺栓固定，或压接、钎焊、熔焊，但不得绕接。铝芯与电气设备的连接，应有可靠的铜-铝过渡接头等措施。

（4）爆炸危险环境除本质安全电路外，采用的电缆或绝缘导线，其铜、铝线芯最小截面应符合表 11-20 的规定。

表 11-20　爆炸危险环境电缆和绝缘导线线芯最小截面

爆炸危险环境	芯线最小截面面积/mm^2					
	铜			铝		
	电力	控制	照明	电力	控制	照明
1 区	2.5	2.5	2.5	×	×	×
2 区	1.5	1.5	1.5	4	×	2.5
10 区	2.5	2.5	2.5	×	×	×
11 区	1.5	1.5	1.5	2.5	2.5	2.5

注：表中符号“×”表示不适用。

（5）爆炸危险场所电气线路的连接应符合下列要求：电气线路中一般不应有中间接头。在特殊情况下，必须在相应的防爆接线盒内连接或分路；电气线路中使用的连接件，如接线盒、隔离密封盒等，应按类按级选配；多股导线连接的接头宜采用压接方法，接线端子宜采用铜铝过渡接头。

(6) 电缆线路穿过不同危险区域或界壁时，必须采取下列隔离密封措施：在两级区域交界处的电缆沟内，应采取充砂、填阻火堵料或加设防火隔墙；电缆通过与相邻区域共用的隔墙、楼板、地面及易受机械损伤处，均应加以保护；留下的孔洞，应堵塞严密；保护管两端的管口处，应将电缆周围用非燃性纤维堵塞严密，再填塞密封胶泥，密封胶泥填塞深度不得小于管子内径，且不得小于 40mm。

(7) 防爆电气设备、接线盒的进线口，引入电缆后的密封应符合下列要求：

① 当电缆外护套必须穿过弹性密封圈或密封填料时，必须被弹性密封圈挤紧或被密封填料封固。

② 外径等于或大于 20mm 的电缆，在隔离密封处组装防止电缆拔脱的组件时，应在电缆被拧紧或封固后，再拧紧固定电缆的螺栓。

③ 电缆引入装置或设备进线口的密封，应符合下列要求：装置内的弹性密封圈的一个孔，应密封一根电缆；被密封的电缆断面，应近似圆形；弹性密封圈及金属垫，应与电缆的外径匹配其密封圈内径与电缆外径允许差值为±1mm；弹性密封圈压紧后，应能将电缆沿圆周均匀地被挤紧。

④ 有电缆头腔或密封盒的电气设备进线口，电缆引入后应浇灌固化的密封填料，填塞深度不应小于引入口径的 1.5 倍，且不得小于 40mm。

⑤ 电缆与电气设备连接时，应选用与电缆外径相适应的引入装置，当选用的电气设备的引入装置与电缆的外径不相适应时，应采用过渡接线方式，电缆与过渡线必须在相应的防爆接线盒内连接。

(8) 电缆配线引入防爆电动机需挠性连接时，可采用挠性连接管，其与防爆电动机接线盒之间，应按防爆要求加以配合，不同的使用环境条件应采用不同材质的挠性连接管。

(9) 电缆采用金属密封环式引入时，贯通引入装置的电缆表面，应清洁干燥；对涂有防腐层，应清除干净后再敷设。

(10) 在室外和易进水的地方，与设备引入装置相连接的电缆保护管的管口，应严密封堵。

11.3.3 火灾危险环境电气线路的一般规定

(1) 在火灾危险环境内的电力、照明线路的绝缘导线和电缆的额定电压，不应低于线路的额定电压，且不得低于 500V。

(2) 1kV 及以下的电气线路，可采用非铠装电缆或钢管配线；在火灾危险环境 21 区或 23 区内，可采用硬塑料管配线；在火灾危险环境 23 区内，远离可燃物质时，可采用绝缘导线在针式或鼓型瓷绝缘子上敷设。但在沿未抹灰的本质吊顶和木质墙壁等处及木质闷顶内的电气线路，应穿钢管明敷，不得采用瓷夹、瓷瓶配线。

(3) 在火灾危险环境内，当采用铝芯绝缘导线和电缆时，应有可靠的连接和封端。

(4) 在火灾危险环境 21 区或 22 区内，电动起重机不应采用滑触线供电；在火灾危险环境 23 区内，电动起重机可采用滑触线供电，但在滑触线下方，不应堆置可燃物质。

(5) 移动式和携带式电气设备的线路，应采用移动电缆或橡套软线。

(6) 在火灾危险环境内安装裸铜、裸铝母线，应符合下列要求：不需拆卸检修的母线连接宜采用熔焊。螺栓连接应可靠，并应有防松装置。在火灾危险环境 21 区和 23 区内的母线宜装设金属网保护罩，其网孔直径不应大于 12mm。在火灾危险环境 22 区内的母线应有 IP5X 型结构的外罩，并应符合现行国家标准《外壳防护等级的分类》中的有关规定。

(7) 电缆引入电气设备或接线盒内，其进线口处应密封。

(8) 钢管与电气设备或接线盒的连接，应符合下列要求：螺纹连接的进线口，应啮合紧密；非螺纹连接的进线口，钢管引入后应装设锁紧螺母；与电动机及有振动的电气设备连接时，应装设金属挠性连接管。

(9) 10kV 及以下架空线路，严禁跨越火灾危险环境；架空线路与火灾危险环境的水平距离，不应小于杆塔高度的 1.5 倍。

11.3.4 电缆桥架和电缆沟的防火防爆安全措施

电缆桥架处在防火防爆的区域里，可在托盘、梯架添加具有耐火或难燃性的板—网材料构成封闭式结构，并在桥架表面涂刷防火层。其整体耐火性还应符合国家有关规范的要求。另外，桥架还应有良好的接地措施(镀锌桥架除外)。

电缆沟与变配电所的连通处，应采取严密封闭措施，如填砂等，以防止可燃气体通过电缆沟窜入变、配电所，引起火灾爆炸事故。电缆沟中敷设的电缆可采用阻燃电缆或涂刷防火涂料。

11.3.5 爆炸危险场所的钢管配线

钢管配线是按一定要求完成管路与电气设备连接的一种配线方式。这种配线方式只要按要求进行连接，可以作为隔爆型钢管配线，与隔爆型电气设备外壳形成一个整体，此时若钢管内部爆炸时不会引起外部爆炸。要求钢管有一定的强度，同时连接处必须紧密，并能起到隔爆作用。

对于增安型电气设备的钢管配线，钢管只起保护作用，其保护等级应达到 IP54。对钢管强度要求不如隔爆型严格，但也必须按专门要求施工。我国对钢管配线一般不分隔爆型与增安型，通常按统一标准要求，两者没有严格区别。

钢管与电气设备的连接目前有两种方式：一种是直接与隔爆外壳或增安型外壳连接，使管路与外壳构成直接相通的空间(引入时钢管不通过外壳处专门设计的导线或电缆引入装置)，称之为钢管直接引入方式；另一种是钢管通过电气设备外壳上专门设计的导线或电缆的密封引入装置与外壳相连，称之为钢管的间接引入方式。

我国制造的防爆电器带有橡胶密封圈的引入装置，因此钢管均为间接引入方式。国外有些国家制造的防爆电器不带引入装置，只留有与钢管直接连接的螺孔，这样的电气设备为钢管直接引入方式。对于钢管直接引入方式，在管路上需采用密封措施，钢管可以直接连接两个具有隔爆型外壳或两个增安型外壳的电气设备，使其成为一个连通的空腔，但钢管长度不能大于 150mm，否则需加隔离密封件。密封件采用密封剂填塞、密封。密封剂凝固后，不透水，不收缩，不受危险场所中化学物质的影响。钢管与隔爆型外壳或增安型外壳直接连接后，应在钢管长不大于 450mm 处安装一个隔爆密封件。增安型外壳与隔爆外壳不能直接通过钢管连接，中间需加密封圈。

密封件和密封剂是用来限制压力重叠的影响，阻止气体进入含有点燃源的外壳钢管系统，以及阻止危险气体进到非危险场所。在钢管中可采用无护套的绝缘单芯或多芯导线，但电线的面积(包括绝缘层)应不超过钢管的 40%。

爆炸危险环境内的钢管配线应符合下列规定：

（1）配线钢管，应采用低压流体输送用镀锌焊接钢管。

（2）钢管与钢管、钢管与电气设备、钢管与钢管附件之间的连接，应采用螺纹连接。不得采用套管焊接。螺纹加工应光滑、完整，无锈蚀，在螺纹上应涂以电力复合脂或导电性防锈脂。不得在螺纹上缠麻或绝缘胶带及涂其他油漆。在爆炸性气体环境 1 区和 2 区时，螺纹有效啮合扣数，管径为 25mm 及以下的钢管不应少于 5 扣；管径为 32mm 及以上的钢管不应少于 6 扣。在爆炸性气体环境 1 区或 2 区与隔爆型设备连接时，螺纹连接处应有锁紧螺母。在爆炸性粉尘环境 10 区和 11 区时，螺纹有效啮合扣数不应少于 5 扣。外露丝扣不应过长。除设计有特殊规定外，连接处可不焊接金属跨结线。

（3）电气管路之间不得采用倒扣连接；当连接有困难时，应采用防爆活接头，其接合面应密贴。

（4）在爆炸性气体环境 1 区、2 区和爆炸性粉尘环境 10 区的钢管配线，在下列各处应装设不同型式的隔离密封件：电气设备无密封装置的进线口；管路通过与其他任何场所相邻的隔墙时，应在隔墙的任一侧装设横向式隔离密封件；管路通过楼板或地面引入其他场所时，均应在楼板或地面的上方装设纵向式密封件；管径为 50 mm 及以上的管路在距引入的接线箱 450 mm 以内及每距 15m 处，应装设一隔离密封件。易积结冷凝水的管路，应在其垂直段的下方装设排水式隔离密封件，排水口应置于下方。

（5）隔离密封的制作，应符合下列要求：隔离密封件的内壁，应无锈蚀、灰尘、油渍；导线在密封件内不得有接头，且导线之间及与密封件壁之间的距离应均匀；管路通过墙、楼板或地面时，密封件与墙面、楼板或地面的距离不应超过 300 mm，且此段管路中不得有接头，并应将孔洞堵塞严密；密封件内必须填充水凝性粉剂密封填料；粉剂密封填料的包装必须密封。密封填料的配制应符合产品的技术规定，浇灌时间严禁超过其初凝时间，并应一次灌足。凝固后其表面应无龟裂。排水式隔离密封件填充后的表面应光滑，并可自行排水。

（6）钢管配线应在下列各处装设防爆挠性连接管：电机的进线口；钢管与电气设备直接连接有困难处；管路通过建筑物的伸缩缝、沉降缝处。

（7）防爆挠性连接管应无裂纹、孔洞、机械损伤、变形等缺陷；其安装时应符合下列要求：在不同的使用环境条件下，应采用相应材质的挠性连接管；弯曲半径不应小于管外径的 5 倍。

（8）电气设备、接线盒和端子箱上多余的孔，应采用丝堵堵塞严密。当孔内垫有弹性密封圈时，则弹性密封圈的外侧应设钢质堵板，其厚度不应小于 2mm，钢质堵板应经压盘或螺母压紧。

第 12 章　施工临时用电

随着石油化工的发展，在施工中以电为能源的各种施工机械设备在施工现场普遍使用，不仅提高了工作效率，同时也加快了施工进度。石油化工装置施工工地环境复杂，用电机具和设备多样化，用电负荷变化较大，施工设备在工地使用时流动性大，很容易使用电设备及临时性线路的绝缘体损坏，存在用电安全事故隐患。因此，施工现场临时用电具有其自身的特点和严格的规章制度。

编制施工临时用电组织设计，建立临时用电安全管理组织机构，才能有效地对施工临时用电进行安全管理。

施工临时用电方案的编制，应符合国家现行有关强制性标准的规定。

施工临时用电三项原则：

（1）采用三级配电系统；

（2）采用 TN-S 保护接零系统；

（3）采用二级漏电保护系统。

12.1　施工临时用电配电方式

施工临时用电低压、变配电系统中，常用 TN-S 系统(见图 12-1)。

（1）TN-S 配电方式

为提高供电可靠性和保护可靠性，应采取 TN-S 系统，使保护零线和工作零线分设，如图 12-1 所示。保护零线和工作零线分别单独敷设。与电气设备相连接的保护零线(PE)应采用截面不少于 $2.5mm^2$ 的绝缘黄绿双色组成多股铜线导线进行敷设。保护零线所用材质与相线、工作零线相同时，其最小截面应符合下述规定：

1）相线芯线截面 $S \leqslant 16mm^2$ 时，PE 线最小截面与相线芯线截面 S 相同；

2）相线芯线截面 $16mm^2 < S \leqslant 35mm^2$ 时，PE 线最小截面为 $16mm^2$；

3）相线芯线截面 $S > 16mm^2$ 时，PE 线最小截面为相线芯线截面 $S/2$。

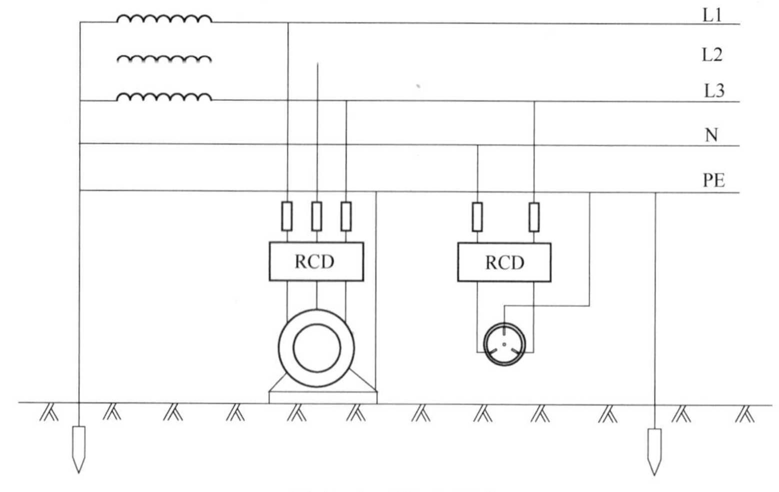

图 12-1　TN-S 系统

中性点接地系统接地和接零不得混用。如接地和接零保护混用，当采用保护接地，设备发生碰壳事故时，此时全部接零保护的设备外壳将会带电，易造成触电事故，所以采用混接是危险的。

同一用电系统中的电器设备绝对不允许部分保护接地，部分保护接零。否则当设备发生漏电时，会使中性点接地线电位升高，造成所有采用保护接零的设备外壳带电。

目前施工现场基本上都采用了 TN—S 系统，与各级漏电保护相配合，起到了保障施工用电安全的作用。当 N 线断开，如三相负荷不平衡，中性点电位升高，但外壳无电位，PE 线也无电位。

保护零线不得断开，否则，失去保护作用。TN—S 系统 PE 线至少在首、末端做重复接地，如线路较长，应在首、中间、末端进行重复接地，防止因 PE 线断线所造成的危险。

(2) 重复接地

将零线的一处或多处通过接地装置与大地再次连接称重复接地。它是保护接零系统中不可缺少的技术措施，其安全作用是：降低漏电设备对地电压：当接零保护设备发生碰壳时，保护开关要经 0.3~3s 动作时间，在此期间内，人仍有触电的危险性。减轻了零干线断线的危险：如果接零保护设备主干零线断了，此时又发生碰壳事故，则由于人身电阻比接地阻抗大很多，则相电压几乎全部加在人身体上，非常危险。若接了重复接地，人身电阻与 R_C(漏电设备对地电阻)并联，且人身体电阻$\gg R_C$，则设备相电压被 R_C 和工作接地阻抗共同分担。此时，人碰到设备外壳上，人体电压就小多了。

当架空线终端、总配电箱、区域配电箱与变压器的距离超过 50m 时，其保护零线(PE 线)应作重复接地，接地阻抗不大于 10Ω。

12.2 施工临时用电计算

临时施工用电设备在 3 台及以上或设备总容量在 50kW 及以上者，应编制临时施工用电施工组织设计，施工现场用电设备在 5 台及以上或设备总容量在 50kW 及以下者，应制定安全用电和电气防火措施。

编制临时施工用电组织设计前，应对施工现场进行勘探，制定合理的方案后，再进行临时施工用电组织设计的编制。施工临时用电组织设计的主要内容包括：设计依据、工程概况、负荷计算、绘制电气平面图和接线系统图、电气设备及其他选择等。

施工临时用电的负荷计算方法有“需要系数法”、“二项式法”和“利用系数法”。“需要系数法”简捷方便，适合施工现场临时用电负荷计算。

用电负荷分长期工作制用电设备和反复短时工作制设备。

用于现场施工主要设备有：

(1) 电焊机；

(2) 便携式电动工具；

(3) 起重专业设备(如卷扬机、塔吊等)；

(4) 土建专业设备(如搅拌机、振捣器、排水泵等)。

12.2.1 计算公式

$$P_C = K_X P_S$$

式中　P_C——计算负荷，kW；

K_X——需要系数；

P_S——设备功率，kW。

12.2.2 用电负荷设备功率或设备容量的确定

一般长期或短时工作的用电设备（如电动机、灯具），按其铭牌上标明的额定功率 P_n（kW），对于反复短时工作的用电设备，设备功率是在某一暂载率下的铭牌功率。暂载率：

$$\varepsilon=\frac{t}{T}$$

式中 ε——设备暂载率；

t——工作时间；

T——工作时间与停歇时间之和。

（1）电焊机负荷：

将电焊机负荷换算到 $\varepsilon_{100}=100\%$的功率，则电焊机的设备功率 P_S（kW）

$$P_S=\sqrt{\frac{\varepsilon_n}{\varepsilon_{100}}}S_n\cos\varphi_n=\sqrt{\varepsilon_n}S_n\cos\varphi_n$$

式中 ε_n——与 S_n 相对应的暂载率（计算中用小数）；

S_n——电焊机额定容量；

ε_{100}——其值为100%的暂载率（计算值为1）；

$\cos\varphi_n$——电焊机满载（容量为 S_n 时）的功率因数。

（2）起重用电动机：

起重用电动机的设备功率 P_S（kW）换算到 $\varepsilon_{25}=25\%$时功率，即：

$$P_S=\sqrt{\frac{\varepsilon_n}{\varepsilon_{25}}}P_n=\sqrt{\frac{\varepsilon_n}{0.25}}P_n=2\sqrt{\varepsilon_n}P_n$$

式中 P_S——起重机的设备功率，kW；

ε_n——起重电动机的暂载率（计算中用小数）；

P_n——起重电动机额定功率（铭牌容量），kW；

ε_{25}——其值为25%的暂载率（计算中用小数）。

（3）整流器的设备功率为额定的直流功率。

（4）白炽灯的设备功率为灯泡上标出的功率，对于荧光灯设备功率为灯管功率再加上灯管功率的20%，对于高压汞灯设备功率为灯管功率再加上8%的灯管功率。

（5）当单相负荷与三相负荷同时存在时，应先将单相负荷换算为等效三相负荷后，再与三相负荷相加进行负荷计算。

12.2.3 设备负荷计算

12.2.3.1 单台设备负荷计算

（1）一般电动机 $P_C=P_S$，$Q_C=P_S\text{tg}\delta$，则 I_C 为：

$$I_C=\frac{P_S}{\sqrt{3}U_n\eta\cos\varphi}=\frac{P_C}{\sqrt{3}U_n\eta\cos\varphi}$$

（2）电焊机 $P_C=P_S$，$Q_C=P_S\text{tg}\delta$，则 I_C 为：

$$I_C=\frac{P_S}{U_n\cos\varphi}=\frac{\sqrt{\varepsilon_n}S_n\cos\varphi}{U_n\cos\varphi}=\frac{\sqrt{\varepsilon_n}S_n}{U_n}$$

（3）卷扬机，$P_S=2\sqrt{\varepsilon_n}P_n$，$P_C=P_S$，$Q_C=P_S\cdot\text{tg}\varphi$

$$I_C=\frac{P_S}{\sqrt{3}U_n\eta\cos\varphi}=\frac{2\sqrt{\varepsilon_n}P_n}{\sqrt{3}U_n\cos\varphi}$$

式中：P_S——用电设备的设备功率，kW；

S_n——用电设备的额定容量，kVA；

U_n——用电设备的额定电压，V；

$\cos\varphi$——设备的功率因数；

$\text{tg}\varphi$——相应的设备的功率因数的正切值；

ε_n——用电设备的额定暂载率；

η——电动机效率。

12.2.3.2 施工用电设备组的负荷计算

（1）有功功率计算负荷 P_C(kW)为：

$$P_C=K_X\sum P_{SI}$$

（2）无功功率计算负荷 Q_C(kvar)为：

$$Q_C=P_C\text{tg}\varphi$$

（3）视在功率计算负荷 S_C(kVA)为：

$$S_C=\sqrt{P_C^2+Q_C^2}$$

（4）计算负荷电流 I_C(A)为：

$$I_C=\frac{S_C}{\sqrt{3}U_n}$$

式中　K_X——设备用电组需要系数；

$\sum P_{SI}$——用电设备组的各设备的设备有功功率之和，kW；

$\text{tg}\phi$——用电设备组的平均功率因数角的正切值，有了 $\cos\phi$，可查出 $\text{tg}\phi$。

12.2.3.3 用电设备需要系数的选取

用电设备需要系数的选取见表 12-1。

表 12-1　用电设备需要系数与功率因数 cosϕ

设备组名称	用电设备台数	需要系数 K_X	功率因数 $\cos\phi$	功率因数正切值 $\tan\phi$
混凝土搅拌机 砂浆搅拌机	10 台以下	0.7	0.7	1.021
	10~30 台	0.6	0.65	1.169
	30 台以上	0.5	0.6	1.334
水泵、筛洗石机 泥浆机、空压机 输送机、破碎机	10 台以下	0.75	0.75	0.882
	10~30 台	0.7	0.7	1.021
	50 台以上	0.65	0.65	1.169
提升机、塔吊、电梯		0.7	0.6~0.75	1.334~0.882
起重机及电动葫芦(ε=25%)		0.14~0.2	0.5	1.732

续表

设备组名称	用电设备台数	需要系数 K_X	功率因数 $\cos\phi$	功率因数正切值 $\tan\phi$
电焊机(ε=60%)	2 台	0.65	0.6	1.334
	3 台及以上	0.35	0.5	1.732
加工动力设备		0.5	0.6	1.334
移动式电动工具		0.2	0.5	1.73
加热干燥箱		0.8	0.95~1	0~0.33
消防泵		0.75~0.85	0.7	1.021
空调、风机		0.7~0.8	0.8	0.75
照明灯具		0.8	1.0	0

当设备数量较少时，K_X 值可取大点，当只有一、二台设备时，K_X 可取 1。通常 K_X 用实测和统计法确定。

12.2.3.4 多个用电设备组的负荷计算

将现场各电设备组的计算负荷算出之后，利用下式计算支干线和总干线上的计算负荷：

（1）有功功率
$$P_{ZC}=K_{\Sigma}\sum_{1}^{i}P_{ci}$$

（2）无功功率
$$Q_{ZC}=K_{\Sigma}\sum_{1}^{i}Q_{ci}$$

（3）视在功率
$$S_{ZC}=\sqrt{P_{ZC}^2+Q_{ZC}^2}$$

（4）功率因数
$$\cos\varphi=\frac{P_{ZC}}{S_{ZC}}$$

（5）计算电流
$$I_{ZC}=\frac{P_{ZC}}{\sqrt{3}U_n\cos\varphi}$$

式中 K_{Σ} ——同时系数，对于支干线取 0.9~1，对于总干线取 0.8~0.9。

12.2.3.5 计算顺序

总箱以下各支线的各设备组的计算负荷分别相加，再乘以同时系数，得到各支干线上的计算负荷。

将各支干线负荷用上述公式进行计算，求出低压总干线上的计算负荷，列表表示出来，见表 12-2。

表 12-2 用电负荷计算用表

负荷名称	设备容量/kW	设备工作台数	计算系数	计算负荷				备注
				有功功率/kW	无功功率/kvar	功率因数 $\cos\phi$	视在功率/kVA	
…								
小计								
…								
小计								
总计								

12.2.4 电压损失计算

（1）施工现场电气设备允许电压降见表 12-3。

表 12-3 电气设备允许电压降参考值

设备种类	起重机	电动机	荧光灯	高压水银灯	电焊机
允许电压降/%	15	5	2.5	2.5	10
短时电压波动/%	—	20~30	10	5	—

（2）线路长度不大于 30m 时，可不考虑电压损失。

（3）支干线和总干线上的电压损失计算公式为：

$$\Delta U\% = M \cdot U_0\%$$

$$M = LI_C$$

式中 $\Delta U\%$——线路正常运行时的电压损失值；

M——正常工作电流负荷电流矩，A·km；

L——线路长度，km；

I_C——线路上计算负荷电流，A；

$U_0\%$——每 1A·km 的电压损失值。

（4）用于三相 380V 聚氯乙烯电缆电压损失见表 12-4：

表 12-4 1kV 聚氯乙烯电缆电压损失 %/A·km

截面/mm²		2.5	4	6	10	16	25	35	50	70	95	120	150	185	240
铝芯	$\cos\varphi=0.5$	3.32	2.09	1.4	0.85	0.55	0.36	0.26	0.19	0.14	0.11	0.1	0.08	0.07	0.06
	$\cos\varphi=0.6$	3.97	2.49	1.64	1.01	0.62	0.42	0.31	0.22	0.17	0.13	0.11	0.09	0.08	0.07
	$\cos\varphi=0.7$	4.47	2.8	1.88	1.13	0.72	0.47	0.34	0.27	0.18	0.14	0.11	0.09	0.09	0.07
	$\cos\varphi=0.8$	5.1	3.18	2.13	1.29	0.81	0.53	0.38	0.31	0.20	0.15	0.12	0.10	0.09	0.07
	$\cos\varphi=0.9$	5.92	3.71	2.48	1.48	0.93	0.61	0.44	0.31	0.23	0.17	0.14	0.11	0.09	0.08
	$\cos\varphi=1$	6.56	4.1	2.73	1.64	1.03	0.66	0.47	0.33	0.26	0.14	0.13	0.11	0.09	0.07
铜芯	$\cos\varphi=0.5$	1.99	1.26	0.85	0.52	0.34	0.2	0.17	0.13	0.1	0.08	0.07	0.06	0.05	0.04
	$\cos\varphi=0.6$	2.37	1.49	1.01	0.62	0.4	0.26	0.19	0.14	0.11	0.09	0.07	0.06	0.05	0.04
	$\cos\varphi=0.7$	2.76	1.73	1.17	0.71	0.45	0.3	0.22	0.14	0.12	0.09	0.08	0.07	0.06	0.05
	$\cos\varphi=0.8$	3.14	1.97	1.3	0.8	0.49	0.31	0.22	0.16	0.11	0.10	0.08	0.07	0.06	0.05
	$\cos\varphi=0.9$	3.52	2.21	1.48	0.9	0.55	0.35	0.25	0.18	0.13	0.11	0.09	0.07	0.06	0.05
	$\cos\varphi=1$	3.89	2.43	1.62	0.97	0.61	0.39	0.28	0.2	0.14	0.10	0.08	0.07	0.05	0.04

注：导体工作温度：50℃。

12.2.5 临时用电计算的现场经验公式

对石化安装工程中，一些安装单位用电量不大，用电设备类型比较少，也有用经验公式进行临时施工用电负荷计算。

这是在施工单位中使用比较普遍一种经公式，实际上是从需用系数法简化而来的一种方法，但计算结果比需用系数法的计算值偏大。计算方法如下：

$$P_{总}=(1.05\sim1.1)(K_1\sum P_1/\cos\varphi+K_2\sum P_2+K_3\sum P_3+K_4\sum P_4)$$

式中 $P_{总}$——供电设备总需要容量，kW；

P_1——电动机容量，kW；

P_2——电焊机容量，kW；

P_3——热处理设备，kW；

P_4——照明总容量，kW；

$\cos\varphi$——用电设备的平均功率因数取 0.7；

K_1、K_2、K_3、K_4——同时用电系数，K_1取 0.6，K_2取 0.35，K_3取 0.3，K_4取 0.8。

另外还有一个经验系数法，计算公式如下：

$$S_{总}=K\sum P_Z$$

式中 K——计算系数，0.4~0.6；

P_Z——临时用电设备的有功功率。

K 取值范围一般在 0.4~0.6 之间。安装工程量较大，施工临时用电设备较多时，可取经验系数下限，对施工规模相对较小，有同等规模工程施工经验，施工临时用电设备不是太多时，可取经验系数上限。如果合理取得系数，其计算结果与需用系数法所取得的计算值相近。

12.3 变压器及配电箱选择

12.3.1 变压器选择

12.3.1.1 电源电压等级

根据施工现场情况确定，当施工现场无 380/220V 低压电源时，现场应安装变压器。一般电力变压器一次侧电压为 6(10)kV，二次侧电压为 380/220V。

12.3.1.2 变压器容量确定

根据负荷计算结果得出的 S_Z，选择变压器容量，应使：

$$S_T\geqslant S_Z$$

式中 S_T——变压器额定容量，kVA；

S_Z——现场计算总用电量视在功率，kVA。

变压器容量不宜选得过大，过大不能充分发挥设备能力，变压器损耗相对增加，功率因数低，造成浪费。

12.3.1.3 变压器安装方式

变压器容量在 400kVA 以下可采用杆上安装，电杆埋地深度不小于 2m，杆上变压器的底部距离地面的高度不应小于 2.5m。

变压器容量在 400kVA 以上应采用地面安装，变压器平台高出地面应不小于 0.5m。四周装设高度不低于 1.7m 的固定围栏。围栏与变压器的距离应大于 1m，并悬挂警告牌。

变压器短路保护用熔断器安装高度大于 4.5m，低压熔断器安装高度大于 3.5m。熔断器水平间距：高压侧大于 0.5m，低压侧大于 0.3m。

变压器的引线与电缆连接时，电缆及其终端头，均不应与变压器外壳直接接触。

采用箱式变电站供电时，其外壳应有可靠的保护接地。接地系统应符合产品技术要求；装有仪表和继电器的箱门，必须与壳体可靠连接。

变压器投入运行前应按国家标准进行试验，合格后方可投入运行。

箱式变电站投入运行前应对其内部的设备进行检查和电气性能试验，合格后方可投入运行。

12. 3. 2 配电箱及开关箱选择

施工临时用电系统应实施三级控制、二级保护，即：总配电箱以下设分配电箱；分配电箱以下设开关箱。

接成 TN-S 配电方式供电变压器系统中，在正常情况下不带电的电气设备金属外壳必须与保护零线连接。保护零线由工作接地线、总开关箱电源侧(总漏电保护器电源侧)零线引出，如图 12-2 所示。

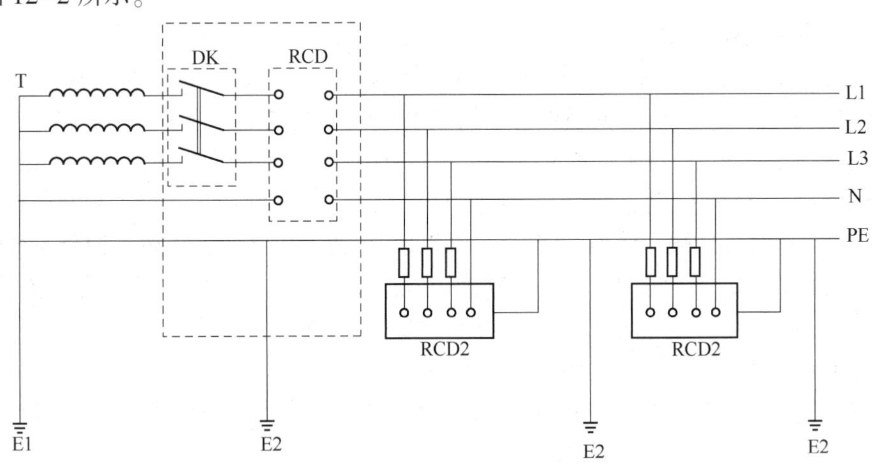

图 12-2　TN-S 配电系统

T—变压器；DK—隔离开关；RCD—带短路、过流、漏电保护自动开关；RCD2—带短路、漏电保护分配电箱；E1—工作接地；E2—重复接地；L1～L3—电源相线；N—工作零线；PE—保护零线

12. 3. 2. 1 三级控制与二级保护

(1) 三级控制

一级控制：总配电箱；

二级控制：分配电箱；

三级控制：开关箱。

用电设备实行一机、一闸、一保制度。

(2) 二级保护

保护采用漏电保护器。当发生触电事故时，漏电保护器作用于跳闸，切断电源。

第一级：系统干线与分支线。

作用：提供间接接触保护，防止漏电事故。

漏电动作电流：200～300mA，动作时间：>0. 1s，动作特性参数：30mAs 以内。

第二级：线路末端。

作用：提供直接触电保护。

漏电动作电流：30mA，动作特性参数：30mAs 以内(高灵敏度、快速型)。

(3) 当采用三级保护时，漏电保护器的参数如下：

第一级：全网总保护，漏电动作电流：300~500mA，动作时间：$t=0.2\sim0.5$s。

第二级：支线保护，漏电动作电流：100~200mA，动作时间：$t=0.1$s。

第三级：末级保护，漏电动作电流：15~30mA，动作时间：$t=0.1$s。

12.3.2.2 配电箱现场安装要求

(1) 总配电箱应设在靠近电源的区域，分配电箱应设在用电设备或负荷相对集中的区域，二级分配电箱与三级开关箱的距离不得超过 30m，三级开关箱与其控制的固定式用电设备的水平距离不宜超过 3m。

(2) 配电箱、开关箱应装设端正、牢固。固定式配电箱、开关箱的中心点与地面的垂直距离应为 1.4~1.6m。移动式配电箱、开关箱应装设在坚固、稳定的支架上。其中心点与地面的垂直距离宜为 0.8~1.6m。

12.3.2.3 配电箱内电器安装

(1) 配电箱的电器安装板上必须分设 N 线端子板和 PE 线端子板。N 线端子板必须与金属电器安装板绝缘；PE 线端子板必须与金属电器安装板做电气连接。

(2) 进出线中的 N 线必须通过 N 线端子板连接；PE 线必须通过 PE 线端子板连接。

(3) 配电箱、开关箱的进、出线口应配置固定线卡，进出线应加绝缘护套并成束卡固在箱体上，不得与箱体直接接触。移动式配电箱、开关箱的进、出线应采用橡皮护套绝缘电缆。

(4) 当总路设置总漏电保护器时，还应装设总隔离开关、分路隔离开关以及总断路器、分路断路器或总熔断器、分路熔断器。当所设总漏电保护器是同时具备短路、过载、漏电保护功能的漏电断路器时，可不设总断路器或总熔断器。

(5) 隔离开关应设置于电源进线端，应采用分断时具有可见分断点，并能同时断开电源所有极的隔离电器。如采用分断时具有可见分断点的断路器，可不另设隔离开关。

(6) 熔断器应选用具有可靠灭弧分断功能的产品。

① 电动机熔断器电流计算：

1) 单台电动机：

$$I_{er} \geq \frac{I_{st}}{K}$$

2) 多台电动机：

$$I_{er} = \frac{I_{stmax} + \sum_{1}^{n-1} I_{em}}{K}$$

式中 I_{er}——熔断器熔体电流，A；

I_{st}——电动机启动电流，A；

K——计算系数，轻载启动 $K=2.5$，重载启动 $K=2.0$；

I_{stmax}——回路中容量最大一台电动机的启动电流，A；

$\sum_{n}^{n-1} I_{em}$——回路中减去容量最大一台电动机额定电流，其余电动机额定电流之和。

② 电焊机熔断器熔体电流：

$$I_{er} = K\sqrt{\varepsilon}\, I_{ew}$$

式中　I_{er}——熔断器熔体电流，A；

I_{ew}——电焊机一次侧额定电流，A；

K——计算系数，交流弧焊机、弧焊整流器取1.2~1.25，电阻焊机取1；

ε——暂载率。

(7) 干线开关电器的额定值、动作整定值应与分路开关电器的额定值、动作整定值相适应。线路自动开关的整定电流：

① 长延时过流脱扣器的整定电流：

$$I_{set1} \geqslant KI_c$$

式中　I_{set1}——自动开关长延时脱扣电流，A；

K——自动开关长延时过流脱扣可靠系数，取1.1；

I_c——线路计算电流，A。

② 瞬时过流脱扣器的整定电流：

$$I_{set} \geqslant K_z(I'_{st}+I_{c(n-1)})$$

式中　I_{set}——自动开关瞬时脱扣电流，A；

K_z——自动开关瞬时过流脱扣可靠系数，取1.2；

I'_{st}——线路中启动电流最大的一台电动机全启动电流(A)，为单台电动机启动电流的1.7倍(包括启动时的非周期分量)；

$I_{c(n-1)}$——除启动电流最大的一台电动机以外的线路计算电流。

(8) 电焊机保护开关的选择：

① 自动开关长延时过流脱扣(热脱扣器)整定电流：

$$I_{setl} \geqslant KI_e\sqrt{\varepsilon_e}$$

式中　I_{setl}——热脱扣器整定电流，A；

K——计算系数，交流弧焊机、弧焊整流器取1.3，电阻焊机取1.1；

I_e——电焊机一次额定电流，A；

ε_e——电动机额定暂载率。

② 自动开关瞬时电流脱扣器整定电流：

$$I_{sets} \geqslant KI_e$$

式中　K——计算系数，对于时间小于等到于0.02s的DZ型自动开关、交流弧焊机、动圈式整流弧焊机取3.7，闪光对焊机取4.4，电阻焊机取2.2；

I_e——电焊机一次额定电流，A；

I_{sets}——自动开关瞬时电流脱扣整定电流，A。

(9) 总配电箱应装设电压表、总电流表、电度表及其他需要的仪表。专用电能计量仪表的装设应符合当地供用电管理部门的要求。

(10) 装设电流互感器时，其二次回路必须与保护零线有一个连接点，且严禁断开电路。

12.3.2.4　现场维护

(1) 配电箱、开关箱箱门应配锁，并应由专人负责。

(2) 漏电保护器每天使用前应启动漏电试验按钮试跳一次，试跳不正常的漏电保护器应及时更换，严禁继续使用。

(3) 配电箱、开关箱的进线和出线严禁承受外力，严禁与金属尖锐断口、强腐蚀介质和易燃易爆物接触。

12.4 配电线路

12.4.1 架空线路

在施工现场，人员活动频繁，大型机具集中，易产生触电事故。为确保人身和设备的安全，在施工作业区内架空线必须采用绝缘导线。

架空线导线截面的选择应符合下列要求：

（1）计算负荷电流不大于导线长期连续负荷允许载流量。

（2）线路末端电压偏移不大于其额定电压的5%。

（3）三相四线制线路的N线和PE线截面不小于相线截面的50%。

（4）按机械强度要求，绝缘铜线截面不小于10mm^2，绝缘铝线截面不小于16mm^2。

（5）在跨越铁路、公路、河流、电力线路档距内，绝缘铜线截面不小于16mm^2，绝缘铝线截面不小于25mm^2。

（6）架空线在一个档距内，每层导线的接头数不得超过该层导线条数的50%，且一条导线应只有一个接头，在跨越铁路、公路、河流、电力线路档距内，架空线不得有接头。

（7）导线相序排列是：面向负荷从左侧起依次为L1、N、L2、L3、PE。

（8）架空线路的线间距不得小于0.3m，靠近电杆的两导线的间距不得小于0.5m。

（9）架空线路横担间的最小垂直距离不得小于表12-5中所列数值；横担宜采用角钢，低压铁横担角钢应按表12-6选用；

表12-5 横担间的最小垂直距离 m

排列方式	直 线 杆	分支或转角杆
高压与低压	1.2	1.0
低压与低压	0.6	0.3

表12-6 低压铁横担角钢选用

导线截面/mm^2	直 线 杆	分支或转角杆	
		二线及三线	四线及以上
16 25 35 50	∠5×5	2×∠50×5	2×∠63×5
70 95 120	∠63×5	2×∠63×5	2×∠70×6

（10）横担长度应按表12-7选用：

表12-7 横担长度选用

横担长度/m		
二线	三线、四线	五线
0.7	1.5	1.8

（11）钢筋混凝土杆不得有露筋、宽度大于 0.4mm 的裂纹和扭曲。

（12）架空线路与邻近线路或固定物应符合表 12-8 中规定的距离。

表 12-8　架空线路与邻近线路或固定物的距离

<table>
<tr><td>项　目</td><td colspan="8">距　离　类　别</td></tr>
<tr><td rowspan="2">最小净空距离/m</td><td colspan="2">架空线路的过引线、接下线与邻线</td><td colspan="3">架空线与架空线电杆外缘</td><td colspan="3">架空线与摆动最大时树梢</td></tr>
<tr><td colspan="2">0.13</td><td colspan="3">0.05</td><td colspan="3">0.50</td></tr>
<tr><td rowspan="3">最小垂直距离/m</td><td rowspan="2">架空线同杆架设下方的通信、广播线路</td><td colspan="4">架空线最大弧垂与地面</td><td rowspan="2">架空线最大弧垂与暂设工程顶端</td><td colspan="2">架空线与邻近电力线路交叉</td></tr>
<tr><td colspan="2">施工现场</td><td>机动车道</td><td>铁路轨道</td><td>1kV 以下</td><td>1~10kV</td></tr>
<tr><td>1.0</td><td colspan="2">4.0</td><td>6.0</td><td>7.5</td><td>2.5</td><td>1.2</td><td>2.5</td></tr>
<tr><td rowspan="2">最小水平距离/m</td><td colspan="2">架空线电杆与路基边缘</td><td colspan="3">架空线电杆与铁路轨道边缘</td><td colspan="3">架空线边线与建筑物凸出部分</td></tr>
<tr><td colspan="2">1.0</td><td colspan="3">杆高/m+3.0m</td><td colspan="3">1.0</td></tr>
</table>

（13）电杆埋设深度宜为杆长的 1/10 加 0.6m，回填土应分层夯实。在松软土质处宜加大埋入深度或采用卡盘等加固。

（14）架空线路绝缘子应按下列原则选择：直线杆采用针式绝缘子；耐张杆采用蝶式绝缘子。

（15）电杆的拉线宜采用不少于 3 根 *D*4.0mm 的镀锌钢丝。拉线与电杆的夹角应在 30°~45°之间。拉线埋设深度不得小于 1m。电杆拉线如从导线之间穿过，应在高于地面 2.5m 处装设拉线绝缘子。

（16）因受地形环境限制不能装设拉线时，可采用撑杆代替拉线，撑杆埋设深度不得小于 0.8m，其底部应垫底盘或石块。撑杆与电杆的夹角宜为 30°。

（17）接户线在档距内不得有接头，进线处离地高度不得小于 2.5m。接户线最小截面应符合表 12-9 中规定。接户线线间及与邻近线路间的距离应符合表 12-10 的要求。

表 12-9　接户线的最小截面

接户线架设方式	接户线长度/m	接户线截面/mm²	
		铜　线	铝　线
架空或沿墙敷设	10~25	6.0	10.0
	≤10	4.0	6.0

表 12-10　接户线线间及与邻近线路间的距离

接户线架设方式	接户线档距/m	接户线线间距离/m
架空敷设	≤25	150
	>25	200
沿墙敷设	≤6	100
	>6	150
架空接户线与广播电话线交叉时的距离/m		接户线在上部，600 接户线在下部，300
架空或沿墙敷设的接户线零线和相线交叉时的距离/mm		100

（18）架空线路必须有短路保护。

采用熔断器做短路保护时，其熔体额定电流不应大于明敷绝缘导线长期连续负荷允许载流量的1.5倍。

采用断路器做短路保护时，其瞬动过流脱扣器脱扣电流整定值应小于线路末端单相短路电流。

（19）架空线路必须有过载保护。

采用熔断器或断路器做过载保护时，绝缘导线长期连续负荷允许载流量不应小于熔断器熔体额定电流或断路器长延时过流脱扣器脱扣电流整定值的1.25倍。

12.4.2　电力电缆

12.4.2.1　电力电缆的选择

（1）一般选择电力电缆导体截面积 S 有以下选择方式：

① 按长时允许工作电流（安全截流量）选择；

② 按允许电压降选择；

③ 按满足短路时热稳定性选择；

④ 按经济电流密度选择；

⑤ 按机械强度选择。

（2）电力电缆可选用铜芯电缆，也可选用铝芯电缆。考虑到施工临时用电电缆使用周期比较短，为了降低成本，大多施工单位的临时用电选用交联绝缘铝芯电缆。但选用铝芯电缆时，应注意以下二个问题：

① 载流量：相同条件下，铝芯电缆的安全载流量是铜芯的75%左右；

② 与铜芯电缆相比，铝芯电缆热稳定性比较差。

（3）五芯电缆相色为：L1黄色，L2绿色，L3红色，N淡蓝，PE绿/黄相间颜色绝缘芯线。淡蓝色芯线必须用作N线；绿/黄相间芯线必须用作PE线，严禁混用。

（4）在TN系统中，严禁单独敷设零线，并再做重复接地。

12.4.2.2　电缆敷设

（1）施工临时用电电缆敷设方式有直埋、电缆沟、架空等。选择那种敷设方式，应根据施工现场实际情况决定。

（2）电缆线路应采用埋地或架空敷设，严禁沿地面明设，并应避免机械损伤和介质腐蚀。埋地电缆路径应设方位标志。

（3）电缆类型应根据敷设方式、环境条件选择。埋地敷设宜选用铠装电缆；当选用无铠装电缆时，应能防水、防腐。

（4）当选择直埋敷设方式时，应选择带铠保护的电力电缆，并应当避开装置基础、车辆通道、锚坑等。

（5）高压电缆及受机械损伤和人员车辆经常通行地方的低压电缆，应埋在0.7m以下，并应在电缆紧邻上、下、左、右侧均匀敷设不小于50mm厚的细砂，然后覆盖砖或混凝土板等硬质保护层。一般情况下埋在0.2m以下即可。

（6）施工现场的场地经常开挖和回填，为防止电缆挖断或碰伤，电缆宜沿路边、建筑物边缘埋设，为便于查找、维修和保护，应沿线路走向设电缆走向标志。

（7）埋地电缆在穿越建筑物、构筑物、道路、易受机械损伤、介质腐蚀场所及引出地面从 2. 0m 高到地下 0. 2m 处，必须加设防护套管，防护套管内径不应小于电缆外径的 1. 5 倍。

(8) 埋地电缆与其附近外电电缆和管沟的平行间距不得小于 2m，交叉间距不得小于 1m。

(9) 埋地电缆的接头应设在地面上的接线盒内，接线盒应能防水、防尘、防机械损伤，并应远离易燃、易爆、易腐蚀场所。

(10) 架空电缆应沿电杆、支架或墙壁敷设，并采用绝缘子固定，绑扎线必须采用绝缘线，固定点间距应保证电缆能承受自重所带来的荷载，敷设高度应符合有关规范中关于架空线路敷设高度的要求，但沿墙壁敷设时最大弧垂距地不得小于 2. 0m。电缆的架设高度，不妨碍施工作业的正常进行和人员行走。

(11) 架空敷设低压电缆，应沿建筑物、构筑物架设，其架设高度不应低于 2m；接头处应绝缘良好，并应采取防水措施。

(12) 架空电缆严禁沿脚手架、树木或其他设施敷设。

(13) 架空敷设电缆各支撑点的距离：

① 全塑型电缆水平敷设支撑点距离：400mm，垂直敷设支撑点距离：1000mm；

② 除全塑型外的中低压电缆敷设支撑点距离：800mm，垂直敷设支撑点距离：1500mm。

12. 5 临时照明

现场照明应采用高光效、长寿命的照明光源。对需大面积照明的场所，应采用高压汞灯、高压钠灯或混光用的卤钨灯等。

照明器具的选择依照如下原则：

(1) 正常湿度一般场所，选用开启式照明器；

(2) 潮湿或特别潮湿场所，选用密闭型防水照明器或配有防水灯头的开启式照明器；

(3) 含有大量尘埃但无爆炸和火灾危险的场所，选用防尘型照明器；

(4) 有爆炸和火灾危险的场所，按危险场所等级选用防爆型照明器；

(5) 存在较强振动的场所，选用防振型照明器；

(6) 有酸碱等强腐蚀介质场所，选用耐酸碱型照明器；

(7) 一般场所宜选用额定电压为 220V 的照明器。

对于特殊场所的照明器具应注意以下几点：

(1) 隧道、人防工程、高温、有导电灰尘、比较潮湿或灯具离地面高度低于 2. 5m 等场所的照明，电源电压不应大于 36V；

(2) 潮湿和易触及带电体场所的照明，电源电压不得大于 24V；

(3) 特别潮湿场所、导电良好的地面、锅炉或金属容器内的照明，电源电压不得大于 12V。

(4) 工作零线截面选择：

① 单相二线及二相二线线路中，零线截面与相线截面相同；

② 三相四线制线路中，当照明器具为白炽灯时，零线截面不小于相线截面的 50%；当照明器具为气体放电灯时，零线截面按最大负载相的电流选择；

③ 在逐相切断的三相照明电路中，零线截面与最大负载相相线截面相同。

照明灯具的安装应注意以下要求：

（1）照明灯具的金属外壳必须与PE线相连接，照明开关箱内必须装设隔离开关、短路与过载保护电器和漏电保护器；

（2）室外220V灯具距地面不得低于3m，室内220V灯具距地面不得低于2.5m；

（3）普通灯具与易燃物距离不宜小于300mm；聚光灯、碘钨灯等高热灯具与易燃物距离不宜小于500mm，且不得直接照射易燃物。达不到规定安全距离时，应采取隔热措施；

（4）碘钨灯及钠、铊、铟等金属卤化物灯具的安装高度宜在3m以上，灯线应固定在接线柱上，不得靠近灯具表面；

（5）投光灯的底座应安装牢固，应按需要的光轴方向将枢轴拧紧固定；

（6）螺口灯头及其结线应符合下列要求：

① 灯头的绝缘外壳无损伤、无漏电；

② 相线接在与中心触头相连的一端，零线接在与螺纹口相连的一端；

③ 灯具内的结线必须牢固，灯具外的结线必须做可靠的防水绝缘包扎。

12.6 安全用电及防护措施

12.6.1 安全规定

安全规定分为安全生产规定、安全技术规定和安全送电规定。

安全生产规定具体如下：

（1）在施工中严格遵守GB 50484—2008《石油化工建设工程施工安全技术规范》。进入施工现场电气施工人员应劳保着装，并严格遵守施工现场的有关规定；

（2）配电箱应按图进行编号，设置警戒标示牌，箱门锁由专人负责，并由专业电工检查、维修。检查、维修时必须按规定使用电工绝缘工具，穿、戴绝缘鞋、绝缘手套；

（3）施工现场建立施工用电检查制度，并由项目负责人定期组织由安全、施工、质量、供应、设备、维修电工等部门检查，由专职电气工程师进行日常检查，及时消除隐患；

（4）施工现场内的施工升降机、钢管脚手架、灯架等金属设施，若在相临建筑物、构筑物的防雷装置的保护范围以外且机械设备高度达到20m高度时，应按有关规定安装防雷装置。防雷装置的避雷针（接闪器）可采用Φ20钢筋，长度应为1～2m；当利用金属构架做引下线时，应保证构架之间的电气连接；防雷装置的冲击接地阻抗值不得大于30Ω。

安全技术规定如下：

（1）维修配电箱时，必须将前一级相应的电源开关分闸断电，并悬挂“禁止合闸，有人工作”停电标志牌，严禁带电作业；

（2）在同一供电系统中工作接零、保护接零方式应保持一致，不得一部分设备作保护接零，另一部分设备作保护接地。电气设备正常工作时不带电的金属外壳必须与保护零线（PE线）连接。保护零线的统一标志为黄/绿双色绝缘导线，在任何情况下不得使用黄/绿双色线做负荷线。保护零线（PE线）必须与工作零线（N线）相隔离，严禁保护零线与工作零线混接、混用。保护零线上不得装设控制开关或熔断器。与电气设备相连接的保护零线截面应采用不小于2.5mm^{2}的多股绝缘铜线；

（3）施工用电符合安全要求，作好“三级控制，两级保护”，所有用电施工机具必须可靠接地，对手提电动工具必须加装漏电保护器，并要定期检查、试验；

（4）搭接电源时必须有专人监护，并征得管理单位许可；

（5）对配电箱、开关箱进行定期维修、检查时，必须将其前一级相应的电源隔离开关分闸断电，并悬挂“禁止合闸、有人工作”停电标志牌，严禁带电作业；

（6）每台用电设备必须有专用开关箱，严禁用同一个开关箱直接控制 2 台及 2 台以上用电设备。

安全送电规定规定如下：

（1）送电前，必须对电缆及设备的接地电阻进行测试，确认是否符合送电要求；

（2）送电时，必须进行检查所有漏电保护器是否按要求开、关，并做好周围的隔离保护，满足设备的安全技术要求；

（3）送电后，带电运行的配电盘柜必须上锁并悬挂警示标志，同时加强日常管理，非专职电工禁止随意开启配电箱；

（4）维修时应挂停电标志牌，停、送电必须由专人负责，停止作业时断电并上锁。

12.6.2 防护措施

应采取的防护措施如下：

（1）采用防雨、防雪及防水的户外式电气开关箱，雨季施工时，施工用配电箱、电焊机等应加防雨罩；带电设备的开关箱上不应积水；现场用电设备必须有良好的接地。

（2）雨季敷设电缆后应及时接线，否则应将电缆两端包起来，以防雨水、潮气侵入。

（3）雨季高温炎热、潮湿，易中暑、触电、雷击，做好防触电等的应急准备工作。用电设备及用电设施必须有良好的保护接零，并安装有漏电保护器。雷雨天气作业时必须设置防雷措施，检查用电设备的接地装置，确保良好。

（4）架空敷设的电缆，保证绝缘性能良好，禁止电缆在雨水中浸泡。

（5）所有避雷及其他接地的工棚等应在雨季来临之前，进行接地电阻测定。

（6）不在雨中进行电气接线工作，如果无法避免时，要采取遮雨措施。

（7）雨天时，避免在露天进行焊接作业，如必须进行时，所用的把线、把钳等应完好无损，穿戴劳动防护用品，使用防水、绝缘的手套。同时要采取遮雨措施。

（8）在电气装置和线路周围不堆放易燃、易爆和强腐蚀介质，不使用火源。

（9）选择导线要充分考虑用电负荷、机械强度和使用环境等对线路的要求。

（10）在总配电室配置干粉灭火器材，并禁止烟火。

（11）电气线路连接接头要牢固，防止接触面松动氧化导致接触电阻过大。

（12）加强电气设备相间和相地间绝缘，防止闪烁发生。

第 13 章　可编程控制器（PLC）

可编程控制器，其英文名称为 Programmable Logic Controller，简称 PLC。〔国际电工委员会(IEC)1982 年 11 月第一稿，1985 年 1 月第二稿修订并颁布〕。

PLC 是一种以微处理器为基础的新一代通用型工业控制器。在 PLC 诞生以来的这三十多年中，PLC 的发展十分迅猛。现在 PLC 已广泛用于生产和设备的电气控制，极大地提高了劳动生产率和自动化程度。PLC 控制技术已成为当代实现工业自动控制的主要手段之一。

可编程控制器是一种数字运算操作的电子系统，专为在工业环境下应用而设计的。它采用可编程序的存储器，用来在其内部执行逻辑运算、顺序控制、定时、计数和算术运算等操作指令，并通过数字式、模拟式的输入或输出，控制各类型的机械或生产过程。

在工业生产中需要对机器或工业过程的操作进行控制和监视，传统的控制技术是利用接触器和继电器的连接来单独解决。现在已经广泛地使用可编程控制器来解决自动化任务，生产过程不再是分离的独立过程，而是一个整个生产过程中的一个集成部件。整个过程也不再是集中控制的结构，而是由分布式的和自主独立的部件组成的一种结构。

13.1　基本知识

13.1.1　可编程控制器的产生和发展

1969 年，美国数字设备公司(DEC)根据对生产过程进行控制的需要，研制出了第一台可编程控制器，并在美国通用汽车公司(GM)的汽车自动装配线上试用成功。尽管当时的可编程控制器功能有限、体积庞大，但它标志着这门新技术的产生和迅速发展的开始。

1971 年日本从美国引进这项技术研制了日本的第一台 PLC。

1972 年西欧国家研制了他们的第一台 PLC。

1973 年我国开始研制 PLC。

20 世纪 70 年代后期，随着微电子技术和计算机技术的迅猛发展，可编程序逻辑控制器更多地具有了计算机功能，它不仅用逻辑编程取代了硬结线逻辑，还增加了运算、数据传送和处理等功能，真正成了一种专门用于工业控制的计算机，而且做到了小型化和超小型化。这种采用了微型计算机技术的工业控制器，称为可编程序控制器，简称 PC。但因为 PC 容易和个人计算机混淆，故人们仍习惯地用 PLC 作为可编程序控制器的缩写。

早期的可编程控制器虽然采用了计算机技术的优点和设计思想，并注重了面向用户、用于控制和适合工业现场的特点，但限于当时的技术发展水平，其功能很有限，器件多、线路复杂且体积大，名称也不统一。

随着网络技术的发展，现代可编程控制器对网络功能的要求更强，一般都有现场总线功能、互连网接入功能等，EASY 嵌入式 PLC 采用 CAN bus 现场总线技术并支持专用的嵌入式 Web 服务器。

1985 年国际电工委员会 IEC(International Electrical Committee)颁布的 PLC 标准草案中对

PLC 做了如下定义："PLC 是一种专为在工业环境下应用而设计的数字运算操作的电子装置"。

随着 PLC 技术的发展，产品类型和应用范围不断扩大，目前工业生产中应用较典型的是德国 SIEMENS 公司的 S7 系列和日本三菱的 FX2 系列可编程控制器。

13.1.2 PLC 系统结构与功能

PLC 的硬件结构框图 13-1。

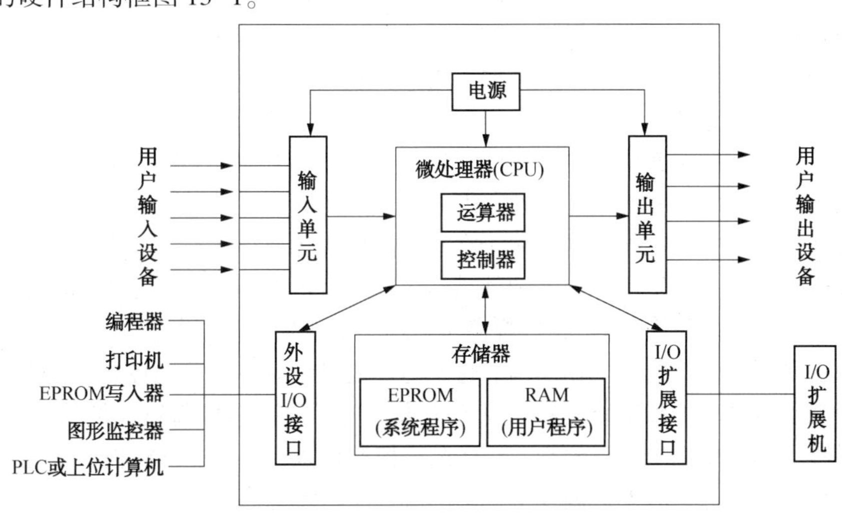

图 13-1 PLC 的硬件结构框图

从结构上分，PLC 分为固定式和组合式(模块式)两种，但二者组成的要素是相同的，主要包括了电源、CPU、I/O、内存和显示面板。固定式 PLC 中的这些元素组合成一个不可拆卸的整体，而模块式 PLC 的模块可以按照一定规则组合配置，其功能见表 13-1。

表 13-1 模块式 PLC 的模块功能

名 称	功 能
电源	用于为 PLC 和各模块提供工作电源，有些还为输入电路提供 24V 的工作电源
CPU	(1) 用扫描的方式采集来自输入单元的状态和数据信息，并存入规定的数据存储器； (2) 执行各种运算程序，进行数据处理； (3) 输出控制信号，完成用户指令规定的各种操作； (4) 执行系统监控、程序诊断功能； (5) 与外部设备或计算机通信
I/O	PLC 通过 I/O 接口与外部设备进行数据交换，PLC 的输入输出信号有模拟量、数字量等类型
存储器	(1) 存放系统程序(系统诊断、命令解释、功能子程序调用管理、逻辑运算、通信和参数设定)； (2) 存放用户程序(根据生产工艺控制编写的程序)； (3) 工作数据(PLC 在应用过程中经常变化和存取的数据，如计时器等的设定值等

PLC 把计算机技术、自动化技术和通信技术融为一体，可以实现以下功能：

(1) 逻辑控制功能：使用各种逻辑指令，如与、或、非等，实现逻辑运算，逻辑位可以无限次使用；

(2) 定时控制功能：PLC 内含有多种定时器功能包，可以多项选择和多次使用；

（3）计数控制功能：含有计数器用于控制中；

（4）步进控制功能：完成一道工序后，在转步条件控制下，自动进行下一道工序，即顺序控制；

（5）数据处理功能：实现算术运算、数据比较、PID 运算等操作；

（6）回路控制功能：利用 A/D、D/A 转换器完成数据处理和模拟量控制和调节；

（7）通信联网功能：可实现 PLC 之间、PLC 与计算机之间的通信；

（8）自诊断及监控功能：PLC 对系统的硬件状态和指令的正确性进行自诊断，异常时发出报警并显示错误类型；利用编程器或监视器可监视 PLC 的自身和程序的运行情况。

可编程控制器实际上是面向用户需要，适宜安装在工作现场的、为进行生产控制所设计的专用计算机。因而它和计算机有基本类似的结构，但按其作用它有自己的特点：

（1）编程简单，使用面向控制操作的控制逻辑语言。比如，梯形图、顺序功能流程图。生产现场的工人易于掌握和使用它，便于普及和应用。

（2）可靠性高，抗干扰能力强，适于在恶劣的生产环境下运行。它完全不需要一般计算机所要求的环境。因为它采用了很多硬件措施(屏蔽、滤波、隔离等)和软件措施(故障的检测与处理、信息的保护与恢复等)，以提高可靠性，适应生产现场的要求。

（3）系统采用了分散的模块化结构。这不但使之可针对各类不同控制需要进行组合，便于扩展；也易于检查故障和维修更换，从而大大提高了效率。目前较高档的 PLC 还配有各类智能化模板，如：模拟量 I/O 模板，PID 过程控制模板，I/O 通讯模板，视觉输入、伺服及编码等专用模板等等，大大提高了 PLC 的功能与适应性。

（4）由于 PLC 采用了大规模集成电路技术和微处理器技术，故可将其设计得紧凑、坚固、小体积，再加上它的可靠性，PLC 易于装入机械设备内部，实现机电一体化。

（5）相对于继电器逻辑控制而言，PLC 可节省大量继电器，故降低了成本且提高了可靠性，而且用程序来执行控制功能，使其灵活易于修改。这一切都大大提高了其性能价格比。

（6）目前中、高档 PLC 均具有极强的联网通讯能力。通过简单的组合可连成工业局域网，在网络间通讯。并可通过网络连接主控级的计算机，实现计算机集成制造系统对全厂的自动化生产和管理。

13.1.3 常用编程语言及软件系统

13.1.3.1 PLC 编程语言(Programming Languages)

IEC 1131-3 为 PLC 制定了 5 种标准的编程语言，总体可分为图形化编程语言和文本化编程语言。图形化编程语言包括：梯形图(LD-Ladder Diagram)、功能块图(FBD-Function Block Diagram)、顺序功能图(SFC-Sequential Function Chart)。文本化编程语言包括：指令表(IL-Instruction List)和结构化文本(ST-Strutured Text)。IEC 1131-3 的编程语言是 IEC 工作组在对世界范围内 PLC 厂家的编程语言合理地吸收、借鉴的基础上形成的一套针对工业控制系统的国际编程语言标准，它不但适用于 PLC 系统，而且还适用于更广泛的工业控制领域，为 PLC 编程语言的全球规范化做出了重要的贡献。

（1）梯形图

梯形图(LD-Ladder Diagram)语言是 PLC 首先采用的编程语言，也是 PLC 最普遍采用的编程语言。梯形图编程语言是从继电器控制系统原理图的基础上演变而来的，与继电器控制系统梯形图的基本思想是一致的，只是在使用符号和表达方式上有一定区别。PLC 的设计初衷是为工厂车间技术人员而使用的，为了符合继电器控制电路的思维习惯，作为首先在 PLC 中使用的编程语言，梯形图保留了继电器电路图的风格和习惯，成为广大技术人员最容易接受和使用的语言。梯形图程序设计语言的特点是：

① 与电气操作原理图相对应，具有直观性和对应性；

② 与原有继电器逻辑控制技术相一致，对技术人员来说，易于撑握和学习；

③ 与原有的继电器逻辑控制技术的不同点是，梯形图中的能流(Power Flow)不是实际意义的电流，内部的继电器也不是实际存在的继电器，因此，应用时，需与原有继电器逻辑控制技术的有关概念区别对待；

④ 与指令表程序设计语言有一一对应关系，便于相互的转换和程序的检查。

图 13-2 是梯形图示意图。左、右两条垂直线称为母线，接点在左、右母线之间的水平线上相串联或并联。接点在水平方向上串联相当于“与”(AND)，并联相当于“或”(OR)。图 13-2 中接点 X0、X1、X2 是“与”逻辑关系，接点 X3、X4、X5 是“或”逻辑关系。

理解梯形图的一个关键概念是“能流”，这仅是概念上的“能流”。图 13-2 把左母线设想为电源“火线”，右母线设想为“零线”。如果有“能流”自左向右流向线圈，则线圈被激励(ON)，如果没有“能流”，线圈不被激励(OFF)。与电流不同，“能流”，只能自左向右流，任何时候都不能自右向左流。图中只有 X0、X1、X2 全接通，线圈 R0 才被激励。X3、X4、X5 中任一个接通，线圈 Y0 都可以被激励。(引入“能流”概念，仅仅是用于理解梯形图各输出点的动作，实际并不存在这种“能流”。

(2) 功能块图

功能块图(FBD-Function Block Diagram)采用类似于数字逻辑门电路的图形符号，逻辑直观，使用方便，它有梯形图编程中的触点和线圈等价的指令，可以解决范围广泛的逻辑问题。如图 13-3 所示。

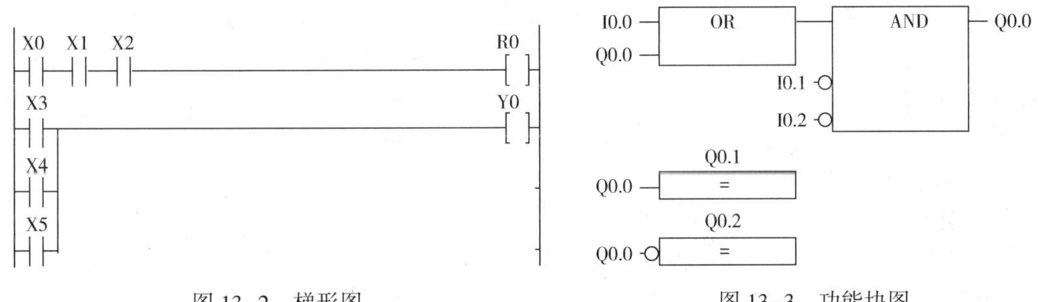

图 13-2　梯形图　　　　图 13-3　功能块图

功能块图程序设计语言有如下特点：

① 以功能模块为单位，从控制功能入手，使控制方案的分析和理解变得容易；

② 功能模块是用图形化的方法描述功能，它的直观性大大方便了设计人员的编程和组态，有较好的易操作性；

③ 对控制规模较大、控制关系较复杂的系统，由于控制功能的关系可以较清楚地表达出来，因此，编程和组态时间可以缩短，调试时间也能减少。

(3) 顺序功能图

顺序功能图(SFC-Sequential Function Chart)亦称流程图或状态转移图，是一种图形化的功能性说明语言，专用于描述工业顺序控制程序，使用它可以对具有并发、选择等复杂结构

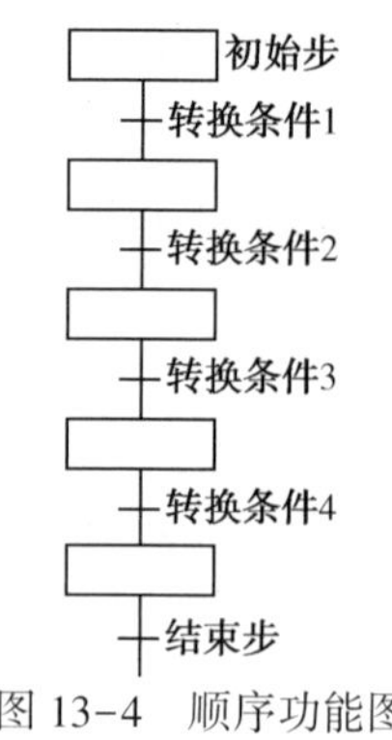

图 13-4　顺序功能图

的系统进行编程。如图 13-4 所示。

顺序功能图程序设计语言有如下特点：

① 以功能为主线，条理清晰，便于对程序操作的理解和沟通；

② 对大型的程序，可分工设计，采用较为灵活的程序结构，可节省程序设计时间和调试时间；

③ 常用于系统的规模校大，程序关系较复杂的场合；

④ 只有在活动步的命令和操作被执行，对活动步后的转换进行扫描，因此，整个程序的扫描时间较其他程序编制的程序扫描时间要大大缩短。

（4）指令表

指令表(IL-Instruction List)编程语言类似于计算机中的助记符汇编语言，它是可编程控制器最基础的编程语言，所谓指令表编程，是用一个或几个容易记忆的字符来代表可编程控制器的某种操作功能。指令表如下所示：

```
LD      I0.0
O       Q0.1
AN      I0.1
AN      I0.2
=       Q0.0
LD      Q0.0
=       Q0.1
LDN     Q0.0
=       Q0.2
```

指令表程序设计语言有如下特点：

① 采用助记符来表示操作功能，具有容易记忆，便于撑握的特点；

② 在编程器的键盘上采用助记符表示，具有便于操作的特点，可在无计算机的场合进行编程设计；

③ 与梯形图有一一对应关系，其特点与梯形图语言基本类同。

（5）结构化文本

结构化文本(ST-Strutured Text)是一种高级的文本语言，可以用来描述功能，功能块和程序的行为，还可以在顺序功能流程图中描述步、动作和转变的行为。结构化文本语言表面上与 PASCAL 语言很相似，但它是一个专门为工业控制应用开发的编程语言，具有很强的编程能力用于对变量赋值、回调功能和功能块、创建表达式、编写条件语句和迭代程序等。结构化文本语言如下所示：

```
FB(par1:=1;par2:=2):
  d:=10
  if d<e then f:=1
  else if d=e then
  f:=2
  else f:=3
  end if
  return
```

结构化文本程序设计语言有如下特点：

① 采用高级语言进行编程，可以完成较复杂的控制运算；

② 需要有一定的计算机高级程序设计语言的知识和编程技巧，对编程人员的技能要求较高，普通工作人员无法完成。

③ 直观性和易操作性等性能较差；

④ 常被用于采用功能模块等其他语言较难实现的一些控制功能的实施。

各种语言类型特点见表 13-2。

不是所有的 PLC 都支持所有的编程语言（如功能块图、顺序功能图就有很多低档 PLC 不支持），而大型的 PLC 控制系统一般都支持这 5 种标准编程语言或类似的编程语言。还有一些标准以外的编程语言，它们虽然没有被选择进标准语言中，但是它们是为了适合某些特殊场合的应用而开发的，在某些情况下，它们也许是较好的编程语言。比如 D7-SYS 的连续功能图 CFC 就是专为大型连续工艺控制而开发，只要调用程序中的 CFC 功能块就可以轻易实现像 PID 控制器、计数器、定位器、斜坡函数发生器等一系列特殊功能，而且不需要专门的编程知识，只需要懂得图形化处理和标准程序块的使用，进行简单的设置即可。

表 13-2　各种语言类型特点

语言类型	特　点
梯形图 LD(Ladder Diagram)	通过继电器与、或门来表达逻辑状态的最通用、图形化的编程语言
功能块图 (Function Block Diagram)	通过调用函数、功能块来实现程序，标准算法库由 150 种函数和功能块，这些功能块可以由任意五种编程语言完成，块与块间用线连接
语句表 IL(Instruction List)	一种汇编语言风格的程序语言
结构化文本语言 ST (Structured Text)	一种高级程序语言，类似 PASCAL 程序语言，用于编制用户自定义的函数和功能块，由其他语言如 FBD、LD、CFC 调用这些函数和功能块
顺序功能图 SFC (Sequential Function Char)	用一系列的“步”(step)、执行块(ActionBlock)和“转换”(Transition)完成复杂的运算，适合于顺序控制应用领域的设计和控制方案编程，用来实现批量控制
连续功能块图 CFC (Continue Function Chart)	对 FBD 的扩充，功能块可以依据控制方案的可阅性自由摆放，适合于大型控制方案的编程

13.1.3.2　PLC 软件系统

由系统程序和用户程序两部分组成。系统程序包括系统监控程序、编译程序、诊断程序等，主要用于管理全机、将程序语言翻译成机器语言，诊断机器故障。系统软件由 PLC 厂家提供并已固化在 EPROM 中，不能直接存取和干预。用户程序是用户根据现场控制要求，用 PLC 的程序语言编制的应用程序（也就是逻辑控制）用来实现各种控制。

13.1.4　PLC 控制系统设计的一般步骤

PLC 控制系统设计的一般步骤：

(1) 深入了解控制要求，确定控制的操作方式、应完成的动作；

(2) 确定所需的信号输入元件、输出执行元件，据此确定 PLC 的 I/O 点数，进行 I/O 点的分配；

(3) 选定 PLC 型号；

(4) 绘制 PLC 外部接线图，设计控制系统的主回路；

(5) 设计 PLC 控制程序；

(6) 模拟调试;

(7) 制作控制柜;

(8) 进行现场调试;

(9) 编制技术文件。

13.2 可编程控制器简介

13.2.1 可编程控制器的分类

13.2.1.1 按结构形式分类

根据 PLC 的结构形式，可将 PLC 分为整体式和模块式两类。

(1) 整体式 PLC：整体式 PLC 是将电源、CPU、I/O 接口等部件都集中装在一个机箱内，具有结构紧凑、体积小、价格低的特点。小型 PLC 一般采用这种整体式结构。整体式 PLC 由不同 I/O 点数的基本单元(又称主机)和扩展单元组成。基本单元内有 CPU、I/O 接口、与 I/O 扩展单元相连的扩展口，以及与编程器或 EPROM 写入器相连的接口等。扩展单元内只有 I/O 和电源等，没有 CPU。基本单元和扩展单元之间一般用扁平电缆连接。整体式 PLC 一般还可配备特殊功能单元，如模拟量单元、位置控制单元等，使其功能得以扩展。

(2) 模块式 PLC：模块式 PLC 是将 PLC 各组成部分，分别作成若干个单独的模块，如 CPU 模块、I/O 模块、电源模块(有的含在 CPU 模块中)以及各种功能模块。模块式 PLC 由框架或基板和各种模块组成。模块装在框架或基板的插座上。这种模块式 PLC 的特点是配置灵活，可根据需要选配不同规模的系统，而且装配方便，便于扩展和维修。大、中型 PLC 一般采用模块式结构。

还有一些 PLC 将整体式和模块式的特点结合起来，构成所谓叠装式 PLC。叠装式 PLC 其 CPU、电源、I/O 接口等也是各自独立的模块，但它们之间是靠电缆进行联接，并且各模块可以一层层地叠装。这样，不但系统可以灵活配置，还可做得体积小巧。

13.2.1.2 按功能分类

根据 PLC 所具有的功能不同，可将 PLC 分为低档、中档、高档三类。

(1) 低档 PLC：具有逻辑运算、定时、计数、移位以及自诊断、监控等基本功能，还可有少量模拟量输入/输出、算术运算、数据传送和比较、通信等功能。主要用于逻辑控制、顺序控制或少量模拟量控制的单机控制系统。

(2) 中档 PLC：除具有低档 PLC 的功能外，还具有较强的模拟量输入/输出、算术运算、数据传送和比较、数制转换、远程 I/O、子程序、通信联网等功能。有些还可增设中断控制、PID 控制等功能，适用于复杂控制系统。

(3) 高档 PLC：除具有中档机的功能外，还增加了带符号算术运算、矩阵运算、位逻辑运算、平方根运算及其他特殊功能函数的运算、制表及表格传送功能等。高档 PLC 机具有更强的通信联网功能，可用于大规模过程控制或构成分布式网络控制系统，实现工厂自动化。

13.2.1.3 按 I/O 点数分类

根据 PLC 的 I/O 点数的多少，可将 PLC 分为小型、中型和大型三类。

(1) 小型 PLC——I/O 点数<256 点；单 CPU、8 位或 16 位处理器、用户存储器容量 4K 字以下。

例如：GE-I 型　　美国通用电气(GE)公司
TI100　　美国德州仪器公司
F、F1、F2　　日本三菱电气公司
C20、C40　　日本立石公司(欧姆龙)
S7-200　　德国西门子公司
EX20 EX40　　日本东芝公司
SR-20/21　　中外合资无锡华光电子工业有限公司

(2) 中型 PLC—I/O 点数 256~2048 点；双 CPU，用户存储器容量 2~8K。

例如：S7-300　　德国西门子公司
SR-400　　中外合资无锡华光电子工业有限公司
SU-5、SU-6　　德国西门子公司
C-500　　日本立石公司
GE-Ⅲ　　美国 GE 公司

(3) 大型 PLC—I/O 点数>2048 点；多 CPU，16 位、32 位处理器，用户存储器容量 8~16K。

例如：S7-400　　德国西门子公司
GE-Ⅳ　　美国 GE 公司
C-2000　　日本立石公司
K3　　日本三菱电气公司

我国有不少的厂家研制和生产过 PLC，但是还没有出现有影响力和有较大市场占有率的产品，目前我国使用的 PLC 大多都是国外品牌的产品。

在全世界上百个 PLC 制造厂中，有几家举足轻重的公司，它们是德国的西门子(Siemens)公司，美国的 Rockwell 自动化公司所属的 A-B(Allen & Bradley)公司，GE-Fanuc 公司，法国的施耐德(Schneider)公司，日本的三菱公司和欧姆龙(OMRON)公司。

与个人计算机相比，PLC 在标准化方面的工作做得较差，PLC 的软、硬件体系结构是封闭的而不是开放的，绝大多数 PLC 使用专用的总线、专用通信网络及协议，各种 PLC 产品的编程语言在表示方式、寻址方式和语法结构上都不一致，使得各种 PLC 互不兼容。国际电工委员会(IEC)的 IEC61131-3(PLC 的编程软件标准)为 PLC 编程的标准化铺平了道路。

目前有的厂家已经推出了符合或基本符合 IEC61131-3 标准的编程软件，有的厂家正在开发之中。但是仍然有相当多的 PLC 产品的编程语言与 IEC61131-3 有较大的差异。尽管如此，各种 PLC 产品在软件上还是比较接近的，掌握了一种 PLC 的编程语言，其他的 PLC 编程语言就比较容易理解了。

13.2.2 SIEMENS PLC 系统

13.2.2.1 产品特点

从系统的外观看，SIMATICS 系列 PLC 家族产品都非常坚固、紧凑，而且完整的系统都是模块化、积木式构成。因此，系统的硬件配置非常灵活。

从系统提供的功能上看，SIMATICS 系列 PLC 系统可以完成下列任务：

(1) 对数字量和开关量信号进行各种逻辑运算和控制；

(2) 对模拟信号的 PID 控制和计算；

(3) S 系列内不同的系统之间，以及与其他类型的系统之间的协调与通信；

(4) 借助于可选软件包，实现各种复杂控制和先进控制；

(5) 借助于友好的人机接口(MMI)，实现操作员与过程之间的通信和过程可视化。

从系统的安全性能上看，SIMATICS 系列 PLC 系统的硬、软件安全可靠，并根据被控对象的重要性和安全性，可以组成热备冗余的容错系统，其表决方式可以按不同单元或全部采取 2 选 1(1 OUT OF 2)或者 3 选 2(2 OUT OF 3)。

从用户的使用角度上看，SIMATICS 系列 PLC 系统具有以下特点：

(1) 由于系统的硬、软件配置非常简单、灵活，所以很容易使用；

(2) 具有不同的 I/O 和存储器的模块化扩展能力，以及 I/O 模件可使用不同的电压等级，所以非常适用于不同的控制环境；

(3) 基于 Windows 的 STEP7 标准编程软件，使用户利用结构化的编程方法和标准程序段(FB 功能块)，很容易编制各种应用程序；

(4) 利用专用的智能 I/O 模件，不仅大大减轻了 CPU 的工作负担，而且简化了编程工作；

(5) 多种通信接口和总线网络使 S 系列 PLC 系统内各单元和模件之间的通信简单和快速，而且也很容易实现与其他类型的 PLC 和计算机之间的通信；

(6) 在 STEP5 和 STEP7 基本编程软件基础上，根据不同的 S 系列 PLC 系统推出了许多用户可选软件。如类似于 PASCAL 高级语言的标准控制语言软件 S7-SCL，特别适用于复杂算法的编程和数据处理；S7-HiGraph 软件以状态图方式更快、更安全地产生 PLC 的应用程序，特别适用于非顺序异步过程的图形描述；由组态工具和标准功能块软件包组成的 S7 标准控制系统软件，使用户很容易实现各类复杂控制和先进控制方案。

13.2.2.2　S5 系列 PLC 系统配置及主要技术性能指标

S5 系列 PLC 系统可分为三种档次，分别满足不同水平、不同规模的过程控制需要。

S5 系列小型的 PLC 系统包括 S5-90U、S5-95U、S5-100U 和 S5-101U，最大的数字I/O 量为 4~256，最大的模拟 I/O 量为 1~32，每 1K 二进制语句扫描时间为 2~70ms。

S5 系列中型的 PLC 系统包括 S5-115U、S5-115F 和 S5-135U，最大的数字 I/O 量为 512~4096，最大的模拟 I/O 量为 64~192，每 1K 二进制语句扫描时间为 0.9~20ms。

S5 系列大型的 PLC 系统包括 S5-155U 和 S5-155H，最大的数字 I/O 量为 4096，最大的模拟 I/O 量为 192，每 1K 二进制语句扫描时间为 1.75ms。

(1)S5-135U 系统

S5-135U 系统是由特殊用途的 CPU 模件组成的多处理器控制系统。因此，系统承担的自动控制的总任务可以分解到每一个 CPU 来完成，因而提高了整个系统的数据处理速率。

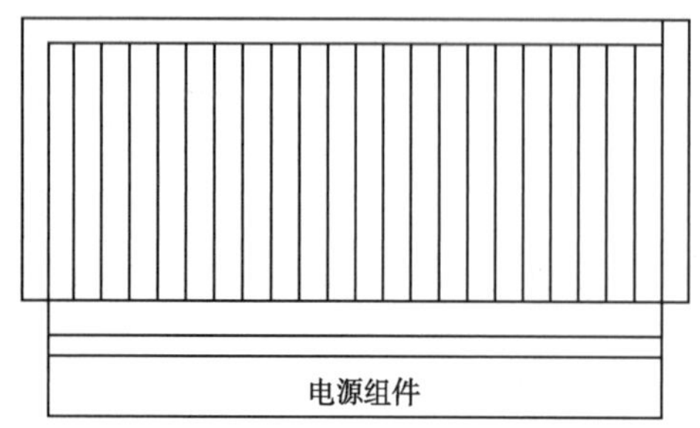

图 13-5　S5-135U 中央控制器

S5-135U 中央控制器由 21 个模件插口的框架和电源组件组成，见图 13-5。根据承担的控制任务不同，控制器里可以按下列组合安装 CPU 模件：

4 块以内的 CPU920 模件或 CPU922 模件；

1 块 CPU928 模件加上 3 块以内的 CPU920 或 CPU922 模件；

2 块 CPU928 模件加上 1 块 CPU920 或 CPU922

模件。

如果使用一个以上的 CPU 模件，那么必须加装一个协处理器模件。除上述的 CPU 模件外，可以插装接口模件、I/O 模件和智能 I/O 模件。

如果在中央控制器(CC)框架里 I/O 模件的插口数量不够，那么可以用接口模件把扩展单元(EU)与中央控制器相连，连接方式有集中式和分布式，见图 13-6。

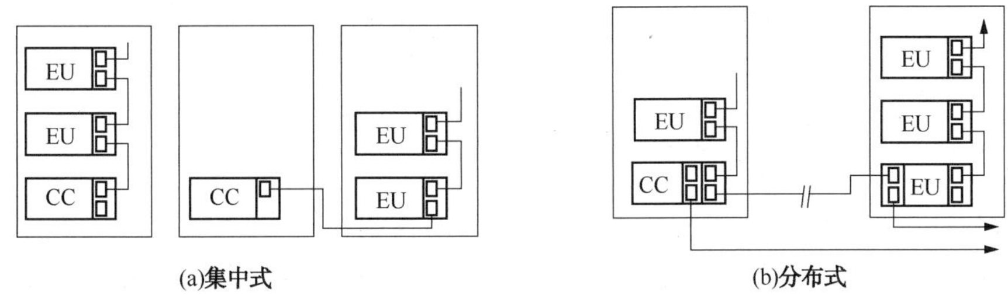

图 13-6　S5-135U 系列扩展方式示意图

S5-135U 系统的主要技术性能指标见表 13-3。

表 13-3　S5-135U 主要技术性能指标

主要指标类型	CPU922	CPU928
功能	数字量逻辑运算、定点和浮点数的四则算术运算和 PID 控制算法	
编程语言	STEP5	
每 2K 二进制语句执行时间	19ms	1.1ms
每 2K 字语句执行时间	20ms	15ms
程序/数据存储器 RAM：内部 RAM、EPROM：其他模件上 磁泡存储器 硬盘存储器	 22KB 64KB 256KB 20MB	 46KB 64KB 256KB 20MB
标志/定时器/计数器	2048/128/128	2048/256/256
数字 I/O	4096/4096	4096/4096
模拟 I/O	192/192	192/192
可否使用智能 I/O	可用	可用
SINEC 局域网	L1、L2、H1	L1、L2、H1

(2) S5-155H 系统

S5-155H 系统是由两个 S5-155U 中央控制器组成热备冗余容错系统。因此它能保证控制系统的连续运行，使过程控制不会因为控制系统的某些故障而停止。

S5-155H 系统的冗余配置有两种方式：单通道 I/O 配置，见图 13-7；双通道 I/O 配置，见图 13-8。

单通道 I/O 冗余配置方式是中央控制器(CC)冗余，EU 里的 I/O 不冗余，所以可靠性、安全性比双通道 I/O 冗余配置方式差。因此，在要求可靠、安全和连续运行的系统中，应采取双通道 I/O 冗余配置方式，这样才能保证 CPU 与 I/O 都冗余之外，还具有系统自诊断、故障定位与切除功能。在可靠性要求更高的场合，对输入回路可采取 3 选 2(2 out of 3)的表决方式。

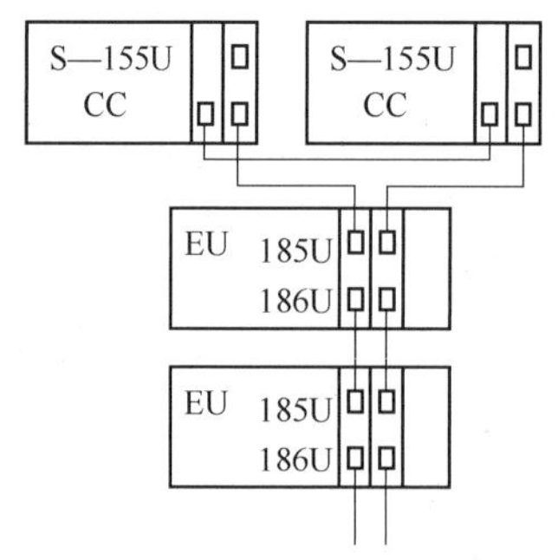

图 13-7　单通道 I/O 配置图

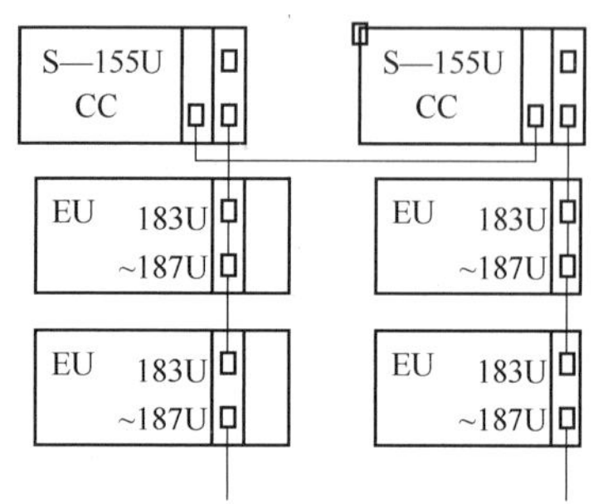

图 13-8　双通道 I/O 配置图

S5-155H 系统的 CC 构成与 S5-135U 系统的 CC 构成基本相似，即电源组件和框架结构完全相同。不同的是 CPU 模件采用 946R/947R，此外，其他模件随系统配置不同而不同。

值得一提的是 S5-155H 系统的扫描时间比 S5-155U 系统长一些，因为 S5-155H 系统需要完成多项附加功能，如自诊断、同步、故障定位等。

13.2.2.3　S7 系列 PLC 系统配置及主要技术性能指标

S7 系列 PLC 系统是 SIEMENS 公司在 S5 系列 PLC 系统之后推出的速度更快、功能更加完善、系统更加开放和人机界面更加友好的新型 PLC。

S7 系列 PLC 家族产品也是充分考虑不同的过程控制环境，继承 S5 系列 PLC 产品的分档方法，分为三个档次的 PLC 系统。

S7-200 小型 PLC 系统，虽然可处理的 I/O 点数较少，但是功能木少。它不仅能处理数字量，而且也能处理模拟量，它的通信灵活便捷，诊断系统及中断处理、高速计数等功能应齐全，所以最适合应用于小规模过程控制的环境里，其性价比极佳。

S7 系列中型和大型 PLC 系统分别为 S7-300 和 S7-400 可编程控制器。

(1) S7-300 PLC 系统

S7-300 中型 PLC 系统具有模块化、无排风扇结构、易于实现分布式系统和便于用户使用等特点，其系统结构见图 13-9。

S7-300 具有多种性能级别的 CPU 模块，有的 CPU 上集成了 I/O 点，有的则集成了 Profibus-DP 通信接口，可以按不同的过程控制规模可任意选用。

接口模块(1M)用来连接主机架(CR)和扩展机架(ER)。S7-300 通过分布式的 CR 和 3 个 ER，可以操作多达 32 个模块，扩展系统结构见图 13-10。

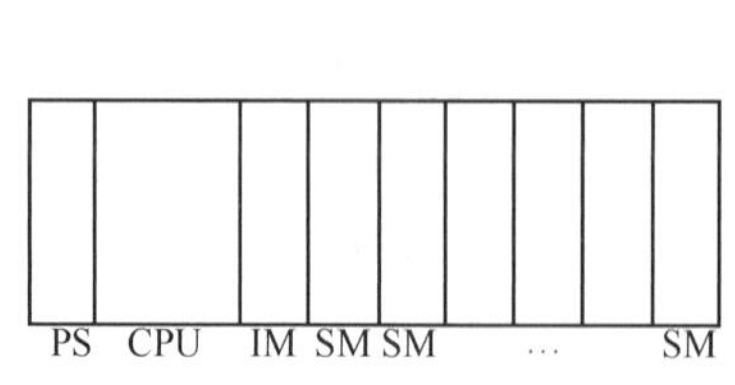

图 13-9　S7-300 PLC 系统结构

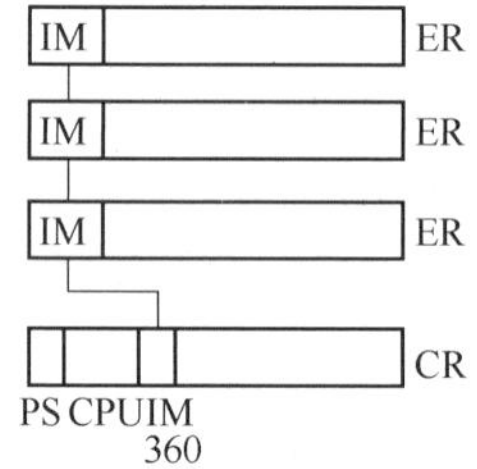

图 13-10　S7-300 扩展系统结构

信号模块(SM)用于数字量和模拟量的输入/输出，它可以不受限制地插到任何一个槽口上。

电源模块(PS)用于将 S7-300 连接到 120/230VAC 或 24/48/60/110VDC。

除此之外，S7-300 可利用通信处理器(CP)模块与网络连接，还可以用功能模块(FM)实现高速计数、定位操作和闭环控制。

S7-300 系列 PLC 除标准型外，为适应恶劣的生产环境推出了环境条件扩展型，它的使用环境温度范围为-25~60℃，而且具有更强的耐受振动和污染特性。

S7-300 中型 PLC 系统主要技术性能指标见表 13-4。

表 13-4　S7-300 系列主要技术性能指标

主要指标类型	CPU312 IFM	CPU313	CPU314 IFM	CPU315 2DP
内存程序存储量	6KB	12KB	24KB	48KB
每 1K 二进制语句的执行时间	0. 6ms	0. 6ms	0. 3ms	0. 3ms
标志/计数器/定时器	1024/32/64	2048/64/128	2048/64/128	2048/64/128
数字 I/O(最大)	144	128	512	1024
模拟 I/O(最大)	32	32	69	128
编程软件	STEP7			
通信接口	MPI	MPI	MPI	MPI/Rpofibus-DP
联网	AS-I PROFIBUS 工业以太网			

S7-300 系列 PLC 系统的通信类型有两种：一是通过 AS-I 或 Profibus 总线对 I/O 模块周期性寻址的过程通信；二是在该控制系统内的不同单元之间，或与不同的控制系统之间按一定周期进行的数据通信。

S7-300 为完成上述通信任务提供了许多通信接口，它们是 PPI、MPI、AS-I、Profibus-DP 和工业以太网接口。这些接口有的是集成在 CPU 模块上，有的是集成在 CP 模块里，详见表 13-5。

表 13-5　接口与模块集成对应

模块 \ 接口	PPI	MPI	AS-I	Prufibus-DP	工业以太网
CPU		√		√	
CP	√	√	√	√	√

注：√表示集成。

S7-300 的数据通信可通过 PPI、MPI、Profibus-DP 和工业以太网总线网络进行。图 13-11 是通过 MPI 总线进行数据通信的系统网络。

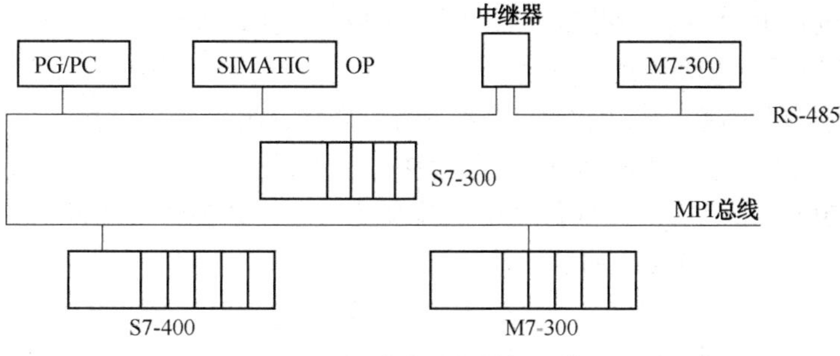

图 13-11　通过 MPI 总线进行数据通信的系统网络

如果要想连接通用 PC 机或其他厂家的 PLC、DCS 等系统，那么必须通过 Profibus 或工业以太网相连，图 13-12 所示为通过 Profibus 或工业以太网联网。

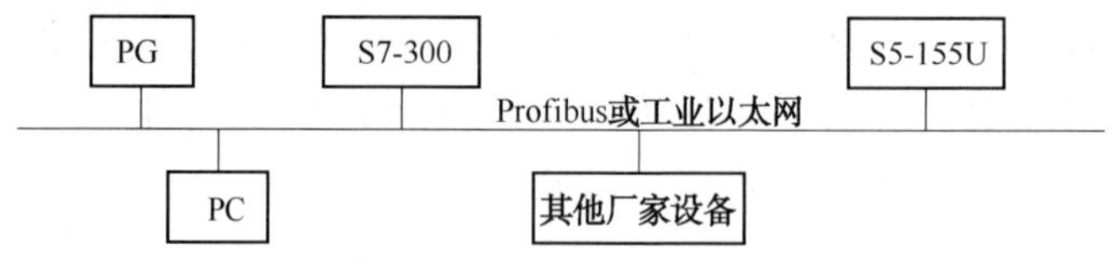

图 13-12　通过 Profibus 或工业以太网联网

（2）S7-400 PLC 系统

S7-400 大规模 PLC 系统具有模块化、无风扇设计、坚固耐用、容易扩展、广泛的通信能力、容易实施分布式结构以及良好的人机界面等特点，所以非常适用于高性能控制领域，其主要技术性能指标见表 13-6。

表 13-6　S7-400PLC 系统主要技术性能指标

主要指标类型	CPU412-1	CPU413-1/-2PD	CPU414-1/-2DP	CPU416-2DP
内置的 RAM	48KB	72KB	128KB	800KB
每 1K 二进制语句执行时间	0. 2ms	0. 2ms	0. 1ms	0. 08ms
标志/计数/定时	4096/256/256	4096/256/256	8192/256/256	16384/512/512
数字 I/O	4096	16384	65536	131072
模拟 I/O	256	1024	4096	8192
通信接口	MPI	MPI/SINEC L2-DP	MPI SINEC L2-DP	MPI SINEC L2-DP
网络	SINEC L2/H1	SINEC L2/H1	SINEC L2/H1	SINEC L2/H1
PID 回路数最多	16	16	32	256

S7-400 的组成见图 13-13。

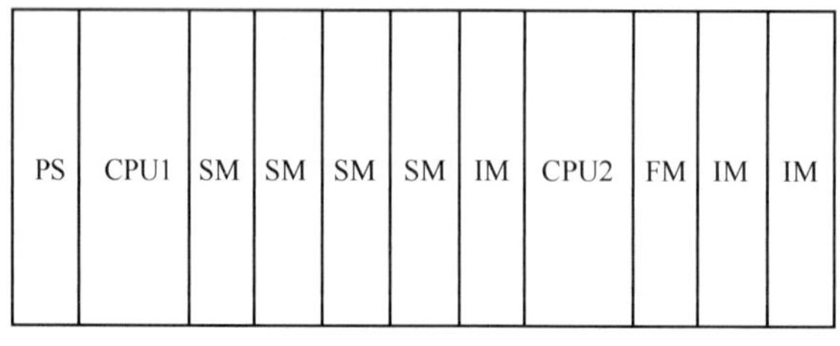

图 13-13　S7-400 的组成

电源模块(PS)可连接到 120/230V AC 或 24VDC 电源上。

中央处理单元(CPU)有多种类型，有些带 SINEC L2-DP 接口。一个中央控制器(CC)可以包含多个 CPU 以提高整个系统的性能。

信号模板(SM)提供数字量(DI/DO)和模拟量(AI/AO)输入输出功能。

通信处理器(CP)用于总线网络和点对点通信。

功能模板(FM)用来完成高速计数、定位控制及凸轮控制等特殊任务。

接口模板(1M)用来连接 CC 和扩展单元(EU)。S7-400 中央控制器(CC)可带 21 个 EU。

S7-400 系统的模板安装充分考虑了通用性和易维护性，给予用户极大的便利。所有模板都有统一的安装深度，而且只需挂在基板上旋转到位并拧紧即可。除了 PS 和 ER 的接口模板外，所有模板可插入任何槽位，而且都能带电插拔。模板前端连接器上的方向键，可防止接好线的前端连接器插入到错误的模板上。

当中央控制器不够用时，S7-400 可利用接口模板(1M)连接 CC 与 EU 来实现系统扩展功能。扩展方式有两种。

集中式扩展适应于小型配置或机器旁的电气柜内安装。每个发送 IM 可支持 4 个 EU，如需要还可同时提供 5V 电源。CC 与最后一个 EU 的最长距离为 1.5m(带 5V 电源)和 3m(不带 5V 电源)。

分布式扩展适用于几个 EU 分布在较大区域的系统中。每个发送 IM 可支持 4 个 EU，S7-400 EU 或 S5 EU 都可使用。CC 与最后一个 EU 之间的最长距离为 100m(S7 EU)和 600m(S5 EU)。

使用扩展方案时应注意以下原则：

任一中央控制器的扩展单元数量不得超过 21 个；任一中央控制器的发送 IM 不得超过 6 个，并且最多只有 2 个可以传送 5V 电源；经过 C 总线的数据交换仅限于 CC 和 6 个 EU 之间；电源模板总是装在 CC 或 EU 的最左边。

S7-400 有多种通信方式：MPI 集成在所有 CPU 中，可同时连接编程器、PC、MMI 系统、S7-300 系统、M7 系统和其他 S7-400 系统；SIMATIC L2-DP 接口集成在 CPU413-2 和 CPU414-2DP，适用于经济的 ET200 分布式 I/O 系统；SINEC CP443 通信处理器用于连接 SINEC L2 和 SINEC H1 网络系统；CP441 通信处理器用于功能强大的点对点通信。

13.2.2.4 人机界面产品

随着过程控制领域不断扩大，控制功能越来越复杂，人机界面(MMI)系统越来越显得重要。所以，SIEMENS 公司在 S 系列 PLC 系统的开发进程中，配套推出了一些人机界面产品。其中硬件产品有 SIMATIC OP 系列，如 OP25、OP27 和 OP37 等，还有 SIMATIC TP 系列，如 TP27、TP37 等。软件产品有 COROS、PROTOOL 和 WinCC 等。

WinCC 是 SIEMENS 公司在 Windows95/NT 平台上开发的视窗控制中心(Window Control Center)，可以用于所有的操作员控制和监视任务。

WinCC 具有如下系统特性：

(1) 以 PC 机为基础和标准的操作系统，可在所有奔腾处理器的标准 PC 机上运行；

(2) 可选不同容量和规模的软件版本，包括 128、256、1024 和 64000 个变量数；

(3) 具有全部 SCADA 功能，如图形系统、报警信息系统、变量存档、用户档案库、报表系统、处理功能、标准接口和编程接口(API)；

(4) 具有各种 PLC 系统的驱动软件，不仅包括 SIEMENS 公司自身的各种 PLC 产品，而且还包括其他制造商的 PLC 产品，如 AEG Modicon、Allen Bradley、GE Fanuc、Omron、Mitsubishi 等公司的 PLC 系统；

(5) 全面开放和易于使用。

13.3 PLC 在石油化工中的典型应用

目前可编程控制器已广泛应用于交通运输、食品工业、木材加工、采矿、冶金、化工、石油、环保(污水处理)、市政(供水、供热)、电力、水泥生产、机械制造、汽车制造、造纸、纺织、娱乐、石油化工行业电机等各行各业。

13.3.1 可编程控制器的应用特点和类型

(1) 如果从 PLC 具体的控制对象和类型来看，它有如下几个方面的特点：

① 用于顺序逻辑控制：

这是早期 PLC 与现代 PLC 都具备的基本控制类型。如：电站设备的自动起停、石油化工各种阀门的自动关闭、机床电气控制、高炉上料、货物存取(仓库、停车场)、电梯控制等各种单机、多机群、自动生产线的控制等。

② 用于闭环过程控制：

现代的中高档 PLC 都具有 PID 控制功能，可监控多个回路进行 PID 调节控制，能对温度、流量、位置、速度等进行闭环过程控制，如：锅炉、冷冻、反应堆、自动电焊机等等。

③ 用于机械加工的数字控制和机器人的控制：

PLC 能和机械加工中的数控机床与加工中心结合进行数值控制。PLC 也用于对自动化生产网络中的机器人进行控制，如自动加工生产线或自动焊接线上的机器人的多维机械动作的控制。

④ 用于组成多级分布式控制系统：

PLC 是组成多级分布式控制系统的底层车间生产级的基本设备。可和其他各级通过工业局域网通讯，以实现全厂自动化生产网络的计算机集成制造系统的生产方式。目前各大 PLC 生产厂家都分别建立了自己的多级分布式控制系统。据说，美国一些大的 PLC 厂家：A—B公司、GE 公司、GOULD 公司等，和美国一些大的计算机厂家：IBM 公司、DEC 公司、HP 公司、MOTOROLA 公司等已表示同意遵守美国 GM 公司提出的“制造自动化通信协议(MAP)”。显然这为实现异机通讯，实现计算机集成制造系统(CIMS)的规范化创造了条件。

(2) 如果从使用情况来看，大致可归纳为如下几类。

① 开关量的逻辑控制：

PLC 具有“与”、“或”、“非”等逻辑指令，可以实现触点和电路的串、并联，这是 PLC 最基本、最广泛的应用领域，它取代传统的继电器电路，实现逻辑控制、顺序控制，既可用于单台设备的控制，也可用于多机群控及自动化流水线，其应用领域已遍及各行各业，甚至深入到了民用和家庭中。如注塑机、印刷机、订书机械、组合机床、磨床、包装生产线、电镀流水线等。

② 模拟量控制：

在工业生产过程当中，有许多连续变化的量，如温度、压力、流量、液位和速度等都是模拟量。为了使可编程控制器处理模拟量，必须实现模拟量(Analog)和数字量(Digital)之间的 A/D 转换及 D/A 转换。PLC 厂家都生产配套的 A/D 和 D/A 转换模块，使可编程控制器用于模拟量控制。

③ 运动控制：

PLC 使用专用的指令或运动控制模块，可以对圆周运动或直线运动的位置、速度和加速度进行控制。从控制机构配置来说，早期直接用于开关量 I/O 模块连接位置传感器和执行机构，现在一般使用专用的运动控制模块。如可驱动步进电机或伺服电机的单轴或多轴位置控制模块。世界上各主要 PLC 厂家的产品几乎都有运动控制功能，广泛用于各种机械、机床、机器人、电梯等场合。

④ 过程控制：

过程控制是指对温度、压力、流量等连续变化的模拟量的闭环控制。作为工业控制计算机，PLC 能编制各种各样的控制算法程序，完成闭环控制。PLC 通过模拟量 I/O 模块，实现模拟量(Analog)和数字量(Digital)之间的 A/D 转换与 D/A 转换，并对模拟量实行闭环 PID(比例-积分-微分)控制。PID 调节是一般闭环控制系统中用得较多的调节方法。大中型 PLC 都有 PID 模块，目前许多小型 PLC 也具有此功能模块。PID 处理一般是运行专用的 PID 子程序。过程控制在冶金、化工、热处理、锅炉控制等场合有非常广泛的应用。

⑤ 数据处理：

现代 PLC 具有数学运算(含矩阵运算、函数运算、逻辑运算)、数据传送、数据转换、排序、查表、位操作等功能，可以完成数据的采集、分析及处理。这些数据可以与存储在存储器中的参考值比较，完成一定的控制操作，也可以利用通信功能传送到别的智能装置，或将它们打印制表。数据处理一般用于大型控制系统，如无人控制的柔性制造系统；也可用于过程控制系统，如造纸、冶金、食品工业中的一些大型控制系统。

⑥ 通信及联网：

PLC 通信含 PLC 间的通信及 PLC 与其他智能设备间的通信。随着计算机控制的发展，工厂自动化网络发展得很快，各 PLC 厂商都十分重视 PLC 的通信功能，纷纷推出各自的网络系统。新近生产的 PLC 都具有通信接口，通信非常方便。

13.3.2 石油化工行业电机中 PLC 的应用

电机分批自启动技术在石油化工等连续生产企业中有着广泛的用途。以 PLC 为核心控制单元的电机分批自启动系统具有以下功能及特点：

(1) 能够实时地监控电机的运行状态；

(2) 记忆电网波动前电机的运行状态，只有在电网波动前处于运行状态而且在电网波动时停机的电机才具备电机自启动条件；

(3) 准确及时地捕获电网电压信息。

(4) 分批自启动的电机按照工艺流程需要，在 PLC 中预先设置，同时为避免多台电机在自启动中对电网的影响、电机分批自启动中采用分批延时处理方式；

(5) 具有多路输入和多路输出功能，实现多台电机自启动集中控制；

(6) 具备远程通信接口，实现与上位机或 DCS 系统的通信，在上位机或 DCS 系统中方便地对该系统进行监控和维护。

洛阳石油化工总厂的 2 套 PLC 电机分批自启动设备，采用西门子 S7-300 系列 PLC，它以 CPU313 为中央处理单元，每执行 1000 条二进制指令约需 0.7ms。S7-300 同时具备 128 点数字量输入/输出和 32 路模拟量输入/输出，12KB 的 RAM，20KB 的负载存储器；完全能够满足电机状态和系统电压的实时监控和及时实现电机分批自启动的要求。

13.3.2.1 核心单元

根据系统的要求，其核心 PLC 主要有以下几部分：

(1) CPU313 及系统软件。它完成电压和电机运行状态监测，实时进行逻辑判断，发出电机分批自启动指令。CPU313 有 4 种操作选择：RUN-P、RUN、STOP 和 MRES 运行方式。

(2) 模拟量输入模块 SM331(8 路输入)。它把电压变送器输入的 4-20mA 的模拟量转换为数字信号，并将数字信号送到 PLC 的控制单元，以供 PLC 做出电压判断。

（3）数字量输入模块 SM321。16 路输入 2 个，32 路输入 1 个，完成 62 台电机运行状态监测和 PLC 电机分批自启动系统运行、调试状态监侧，电机运行状态信号通过电机操作回路中的接触器辅助接点接至该模块。

（4）数字量输出模块 SM322(输出 8 路)。

接受 PLC 控制单元的指令，完成电机驱动信号输出，通过出口中间继电器，驱动电机操作回路，完成电机分批自启动。

13.3.2.2 系统软件设计

电机分批自启动系统软件主要任务为：

（1）完成系统初始化；

（2）正常状态下的数据监测；

（3）电网电压出现波动后，即电网电压降至 70%，所有电机都会因为电气保护装置而强制退出运行，在此之前，程序已经做出判断并锁存电机状态信号；

（4）当电力系统恢复正常(3s 内，母线电压恢复至 95%)时，程序依据故障前保存的电机状态信号、对具备自启动条件的电机。按照顺序分批发出启动信号，使其恢复运行；

（5）无论在正常状态下或是在电机自启动过程中，PLC 均实时监侧母线电压；

（6）通信接口程序。包括系统监测数据和故障信息，PLC 将采集的母线电压信息、电机启动状态信息传输到上位机或 DCS 系统，便于维护人员实时了解设备运行状况。

第 14 章　电气安全技术

14.1　电对人体的作用和影响

14.1.1　电流对人体的作用

电对人体的危害主要来自电流。电流致死人命的原因有三个方面：主要原因是电流大，流经时间过长，且电流流过心脏，引起了“心室纤维性颤动”而致死；第二是因电流的作用使人产生窒息，导致死亡；第三是电流致心脏停跳而致死。其中“心室纤维性颤动”致死是人类触电死亡最根本的、占比例最大的原因。

人体的不同部分(如皮肤、血液、肌肉等)对电流呈现出一定的阻抗，人体的体内阻抗基本上是电阻性的，只有很少的电容分量。人体阻抗的数值主要取决于电流通路，阻抗最大的电流通路是从一只手到另一只手，或从一只手到另一只脚或双脚，这两种电流通路的体内阻抗基本相等，称为基准电流通路。

当人们触及工频交流电流时，往往有各种感觉，如麻酥感、灼热感，严重时会被电流吸引而不能脱离，甚至引起死亡。为了说明究竟多大的电流会致命，多大的电流又会对所有人都安全这个问题，首先介绍几个定义：

(1) 感知阈值——在给定的条件下，电流流过人体，能引任何感觉的最小电流值。

(2) 摆脱阈值——在给定的条件下，手握着电极的人能够摆脱的最大电流值。

(3) 致颤阈值——在给定的条件下，引起心室纤维性颤动的最小电流值。

以上三个阈值均因人而异，不同的人有不同的生理特点，对电流的敏感程度也不同。一般情况下，频率为 15~100Hz 交流电流在基准电流通路的情况下，当电流小于 0.5mA 时为无感知区(安全区)；当电流大于 0.5mA 时为感知区；随着电流增大和时间的延长，还有不易摆脱区、致颤区。

直流电与交流电不同，在感知电流值时，电流在流动期间人体没有感觉，只有在接通和断开时人才会感知。直流电的感知阈值取决于几个参数，如接触面积、接触状态(干湿、压力、温度)、电流的持续时间，而且与各人的生理特点有关。在相同条件下，直流电的感知阈值为 2mA。

14.1.2　静电感应和高压电场对人体的影响

当导体带有电压时，在其周围空间就产生电场。在带电的高压架空线路与地面之间，或在变电站高压带电设备的附近，都有电场存在。如在电场中引入一个与周围或大地绝缘良好的导电物体，根据静电感应原理，导体将带有电压，这个电压一般叫感应电压，感应电压的大小正比于带电设备的电压，同时也和它们之间的杂散电容量有关。

当导电物体上的感应电压比较高时，一旦有人靠近会接触，导电物体上聚集的电荷将向人体移动。若人体对大地有较好的绝缘，则电荷的移动相当于一个已充电的电容器对另一个未充电电容器的充电过程，这个过程很短促，但在起始的一瞬间，仍有一定数量的电流会使人产生电击的感觉。若人体接地良好，则导体上聚集的电荷将通过人体流入大地。相当于一台电容对电阻放电，从而造成瞬间电击。

静电感应的瞬时电击对人体的安全极限，目前在国际上还没有统一标准。

14.2 电气安全的若干规定

14.2.1 安全电压的规定

作为交流(50~500Hz)安全电压的上限值，在任何情况下两导线间或任一导线与地之间的均方根值均不得超过50V。我国的安全电压系列是：42V、36V、24V、12V、6V。直流安全电压的上限值通常为72V。

14.2.2 安全距离

在电气专业规程中，根据工作需要规定了各种不同的安全距离，归纳起来主要有以下四个方面：

(1) 设备带电部分至接地部分和设备不同相带电部分间的距离，见表14-1，一般称为*A*值，是根据过电压值推算出来的最基本的安全距离，其他安全距离大都以这个距离为基数引伸得来的。

表14-1 按过电压值推算出来的安全距离

设备额定电压/kV	1~3	6	10	35	60	110	220j	330j	500j
冲击耐受电压/kV	42	57	75	185	320	520	900	1175	1370
安全距离/cm	7.5	10	12.5	30	55	95	180	260	380

注：200j、300j、500j系指中性点直接接地系统。

由于室外条件比较差，如地面不平整、积雪、软母线在短路电磁力和风力作用下产生摇摆等影响，对110kV及以下设备的安全距离，考虑到基数比较小，故将安全裕度进一步加大。110kV由95cm增至100cm；60kV由55cm增至60cm；35kV由30cm增至40cm；10kV及以下设备都增至20cm。

由于相间闪络所造成的后果比相对地更为严重，尤其是大多数相间闪络是由于相对地闪络发展而成的，所以为了防止相对地闪络发展成为相间闪络，一般将相间距离适当加大。日本规定增大25%、英国规定增大15%。我国根据具体情况，在10及以上的电力系统中增大10%左右，并取整值。表14-2为各种电压等级设备带电部分至接地部分的安全距离和不同相设备带电部分间的距离。

表14-2 各种电压等级设备带电部分至接地部分及不同相设备带电部分间的安全距离 cm

设备额定电压/kV		1~3	6	10	35	60	110	220j	330j	500j
带电部分至接地部分	室内	7.5	10	12.5	30	55	95	180	260	380
	室外	20	20	20	40	60	100	180	260	380
不同相的带电部分之间	室内	7.5	10	12.5	30	55	100			
	室外	20	20	20	40	60	110	200	280	420

（2）设备带电部分至各种遮栏间的距离，现场有三种遮栏，即栅栏、网状遮栏和板状遮栏，因此规定了三种安全距离，一般称为 *B* 值。详见表 14-3：

表 14-3　设备带电部分至各种遮栏间的距离　　cm

设备额定电压/kV		1~3	6	10	35	60	110	220j	330j	500j
带电部分至栅栏	室内	82.5	85	87.5	105	130	170			
	室外	95	95	95	115	135	175	255	335	450
带电部分至网状遮栏	室内	17.5	20	22.5	40	65	105			
	室外	30	30	30	50	70	110	190	270	500
带电部分至板状遮栏	室内	10.5	13	15.5	33	58	98			

（3）无遮栏裸导体至地面间的距离称为 *C* 值，考虑到工作人员站在地面举起手后的高度一般约为 230cm。室外变电所地面在施工时可能会有一定的坡度或不够平整和冬季积雪使地面升高，故对室外设备再增加 20cm 的安全裕度。详见表 14-4：

表 14-4　无遮栏裸导体至地面的距离　　cm

设备额定电压/kV		1~3	6	10	35	60	110	220j	330j	500j
带电部分至栅栏	室内	237.5	240	242.5	260	285	325			
	室外	270	270	270	290	310	350	430	510	750

（4）工作人员在设备维护检修时与设备带电部分间的距离。对设备维护检修有三种情况：一是在设备不停电的情况下，对设备进行一般性的检查维护；二是部分设备停电检修，临近设备带电运行；三是在设备上带电作业。根据工作性质分别规定了三种安全距离，称为 *D* 值，详见表 14-5：

表 14-5　工作人员在设备维护检修时与带电部分间的距离　　cm

设备额定电压/kV	10 及以下	20~35	44	60	110	154	220	330
设备不停电时的安全距离	70	100	120	150	150	200	300	400
工作人员工作中正常活动范围与带电设备的安全距离	35	60	90	150	150	200	300	400
带电作业时人体与带电导体间的安全距离	40	60	60	70	100	140	180	260

注：表中数值取自《电业安全工作规程》。

14.2.3　防护装置

电气设备的防护装置一般分为遮栏、保护网、保护盒、保护罩等四种。

（1）遮栏　凡是安全距离达不到 *A* 值和 *C* 值的电气设备都必须加装遮栏，防止工作人员偶然接近高压带电部分达到危险距离。各种遮栏与设备带电部分的距离应不小于 *B* 值。

（2）保护网　室内裸露的 380V 及以上的电气设备，如厂用电母线等，当跨越通道或工作场地时，虽然对地距离符合安全距离要求，但为了防止在工作中使用或搬运长大物体时发生触电事故，要求将这部分裸露的带电部分用铁丝网罩起来(铁丝网和带电部分之间的距离保持规定的安全距离)。

（3）保护盒　安装在地面或工作人员容易接近的 110~380V 低压开关或刀闸，容易引起触电事故，因此要用保护盒将其遮盖起来。保护盒一般用耐火或半耐火材料做成，并有足够的机械强度。

（4）保护罩　电气设备中有露在外面的一些部件，这些部件易于碰上或绞伤工作人员，都应加保护罩，以防造成伤害。

14.2.4　漏电保护器的安装和试验

漏电保护器是一种防止漏电的保护装置。当设备漏电，漏电保护器根据漏电电流的大小自动切断电源。按动作原理有电压动作型和电流动作型两种，前者目前已经淘汰，这里只介绍电流动作型漏电保护器。

电流动作型漏电保护器主要由零序电流互感器、脱口机构及主开关组成。漏电保护器的动作电流、动作时间配合可参照表 14-6。

表 14-6　漏电保护器额定动作电流、动作时间配合

级别 / 设备类别 / 项目	第一级		第二级
	电气设备	分支线路	供电干线
额定动作电流	大于 8~10 倍的设备泄漏电流值	大于 10 倍线路和设备的泄漏电流之和	大于 10 倍线路和设备的泄漏电流之和；或者大于 2.5 倍支线动作电流
动作时间/s	≤0.1	≤0.5	0.5~1.0

（1）安装漏电保护器应遵照以下安全要求：

① 漏电保护器应安装在无腐蚀性气体、无爆炸危险的场所，并应注意防潮、防尘、防震和防止阳光直晒。应避开强磁场干扰。

② 漏电保护器带有短路保护功能时，应保护漏电保护器的电弧喷出方向与邻近设备有足够的安全距离；安全距离的大小应根据漏电保护器生产厂家的规定来确定。

③ 组合式漏电保护器的外部连接控制线应采用铜芯导线，其截面不小于 1.5mm^2。

④ 当漏电保护器标有负荷侧和电源侧时，必须按规定结线，不得反接。

⑤ 对接有漏电保护器低压电网的技术要求：

1）漏电保护器负荷侧的中性线，不得与其他回路共用。

2）装有漏电保护器保护的线路和电气设备，其泄漏电流必须控制在允许的范围内；若泄露电流大于允许值，应及时处理绝缘不合格的线路或电气设备。

3）电动机及其他电气设备的金属外壳应有保护接地，接地电阻应符合要求。

4）三相负荷应力求对称供电，尽量减少因不对称负荷引起的不对称电流。

5）漏电保护器的保护范围较大时，为便于寻找故障点和缩小故障时的停电范围，应在配电网中的适当地点装设分段、分支开关。

6）安装前，应检查低压系统的对地绝缘电阻。

（2）漏电保护器安装后的试验要求：

① 检查漏电保护器合闸性能：可在不接通电源的情况下，将漏电开关合上，用万用表 R×1 档检查触头的接触电阻应为零。

② 在带负荷的情况下，分、合闸三次应无误跳闸现象。

③ 用漏电保护器的试验按钮试验 3 次，均应正确动作。

④ 逐相用试验电阻做接地动作试验，均应正确动作。

⑤ 实测漏电保护器的动作电流：无专用测试仪时，可用一只 2~15kΩ 的可变电阻串入毫安表后接至接地线与相线之间，测量漏电保护器动作电流，测量时应按照带电作业要求做好安全措施。

14.2.5 安全标志和安全色

对安全标志的基本要求：简明扼要、醒目清晰，并有一定的科学性，以便于识别、记忆和管理；各变电所应编制统一的设备标志方案；为防止错误，开关设备都要采用双重称号；编号和名称不能重复。

安全色标是为了保证人身安全和设备不受损坏，提醒工作人员对危险或不安全因素的注意，预防发生意外事故。我国的安全色标采用的标准基本上与 ISO 相同，主要分为安全色和安全牌。

14.2.5.1 安全色

安全色就是用不同的颜色表示不同的信息，有以下几种：

红色，用来标志禁止、停止和消防。如“禁止通行”、“禁止触动”等。

黄色，用来标志注意危险。如“当心触电”、“注意安全”等。

蓝色，用来标志强制执行。如“必须戴安全帽”等。

绿色，用来标志安全无事。如“已接地”等。

黑色，用来标志文字、图像、符号和警告标志的几何图形。

14.2.5.2 安全牌

安全牌由不同的几何图形和安全色构成，并加上相应的图像、符号和文字，用以表达特定的安全信息。一般有以下几种：

禁止类安全牌，圆形，背景用白色，园边，中间画一斜杠，园边和斜杠用红色。如“禁止烟火”、“禁止开动”等。

警告类安全牌，用等边三角形，背景黄色，边和图像都是黑色。如“当心触电”等。

指令类安全牌，用圆形，背景蓝色，图像及文字用白色。如“必须带安全帽”等。

提示类安全牌，用矩形，背景用绿色，图像及文字用白色。

消防类安全牌，用方形，背景红色，图像和文字用白色。

14.3 电气安全用具

14.3.1 常用电气安全用具

电气安全用具一般分为绝缘的安全用具和非绝缘的安全用具两种。绝缘安全用具是用来防止工作人员直接触电用的，又可分为基本的安全用具和辅助的安全用具两大类。

14.3.1.1 基本的安全用具

基本的安全用具是指那些绝缘强度在长期接触带电部分的情况下，能可靠地承受设备工作电压的工具。如绝缘棒、绝缘夹钳、携带型电压和电流指示器等。

(1) 绝缘棒　对绝缘棒的主要要求是安全可靠，不易受潮并有足够的机械强度，而且轻便，单人能自如地操作为宜。虽然绝缘棒已经具有足够的绝缘强度，在使用时工作人员还要穿戴必要的辅助安全用具如绝缘手套、绝缘靴等。一般在使用时不应接地，以免操作时接地线在空中游荡，造成接地短路或触电事故。在下雨、雪或潮湿天气，在室外使用应装有防雨的伞形罩，使在伞下的绝缘棒保持干燥，否则不宜在上述天气中使用。

(2) 绝缘夹钳　用来安装或拆卸高压保险器，或执行其他类似工作的工具。在35kV以上的电力系统中一般不使用该工具。在使用时，不允许装接地线，在潮湿天气只能使用专用的防雨绝缘夹钳。绝缘夹钳要保存在特制的箱子里，以防受潮。

(3) 携带型电压指示器　即验电器，根据使用电压的高低，可分为高压验电器(6kV以上)和低压验电器两种。高压验电器根据使用的工作电压制成10kV和35kV两种。验电器在使用时不接地，以免造成接地线碰到带电设备上造成接地短路或触电事故，操作时应将指示器的触头端逐渐移近设备的带电部分，直到氖灯发亮为止。只有在被试验的设备没有电压时才可将指示器与设备相接触。35kV以上的室内配电设备，可将10kV验电器的工作部分装在绝缘棒上使用，在35kV及以上的室外配电设备上和架空线路上验电时，也可使用绝缘棒代替(在线路杆塔上还可使用专用的绝缘绳)。验电时将绝缘棒或绝缘绳逐渐靠近导线，根据绝缘棒或绝缘绳端有无放电火花或放电劈啪声来判断导线是否有电压。在现场多次试验证明，这种验电方式在没有大风的天气可以确保准确无误。

在低压电气设备系统上使用低压验电器，也叫验电笔，只能在380V及以下的电压系统和设备上使用。低压验电笔分为两种，一种是普通验电笔，它主要由工作触头、降压电阻、氖泡、弹簧等部件组成。它是利用电流通过验电器、人体、大地形成回路，其漏电电流使氖泡起辉发光而工作的。只要带电体与大地之间电位差超过一定数值(36V以下)，验电器就会发出辉光，低于过个数值，就不发光，从而来判断低压电气设备是否带有电压。从氖灯发光的亮度可以判断电压的高低，在三相四相制的系统中，用检电笔触及导线时发亮的是相线，由中性点引出的地线或零线在正常时不发亮。若三根相线中有断线或者发生单相接地短路或相间短路，或三相负荷出现不平衡时，在地线或零线上就会出现电压。用检电笔触及电气设备外壳，若氖灯发亮，则表明相线碰壳，有漏电现象。若设备壳体原来是接地的而氖灯发亮，表明接地保护系统断线或有其他故障。检电笔还可用来区别是交流电还是直流电，以及区别直流电的正极和负极。当交流电流通过检电笔时，氖灯里面的两个电极同时发亮，当直流电流通过检电笔时，氖灯里面的两个电极只有一个发亮，在氖管中由负极发射电子，所以负极发亮。发电厂和变电所的直流系统对地是绝缘的，在正常时，人站在地上无论用检电笔去触及正极或负极，氖灯都不发亮，如果发亮了就表明直流系统有接地故障。如果发亮的靠近笔尖一端，则是正极有接地现象，反之则负极有接地现象。

另一种是感应式试电笔，它是根据电场感应的原理进行工作的，当试电笔在靠近220V电源线2~5cm时即可发出声光指示。它可以直接检测，也可以间接检测。直接检测时，轻触直接测量(DIRECT)键，测电笔金属前端直接接触被检测物，最后数字为所测电压值。测量非对地的直流电时，应手碰另一极(如正极或负极)。电笔直接接触到火线时，无论手有没有碰到任一测量键，指示灯都会立刻亮起。一旦指示灯亮起，就表明有交流电的火线220V。间接测量时，轻触感应/断点测量(INDUCTANCE)键，测电笔金属前端靠近(注意是靠近，而不是直接接触)被检测物，若显示屏出现“高压符号”，则表示被检测物内部带交流电。测量有断点的电线时，轻触感应/断点测量(INDUCTANCE)键，测电笔金属前端靠近(注意是靠近，而不是直接接触)该电线，或者直接接触该电线的绝缘外层，若“高压符号”消失，则此处即为断点处。

(4) 携带型电流指示器　即钳型电流表，用来在10kV及以下的电气设备上不拆开导线的情况下测量导线中流过的电流。

14.3.1.2 辅助的安全用具

辅助的安全用具是指那些主要用来进一步加强基本安全用具绝缘强度的工具。如绝缘手套和绝缘靴、绝缘垫、绝缘台等。

(1) 绝缘手套和绝缘靴　使用特种橡胶制成。要求薄、柔软、绝缘强度大而且耐磨。在每次使用前都要进行检查，表面应清洁干燥，没有磨损或破漏，可将手套从伸入处用力卷起，使手指内部的空气不能外逸，在卷到一定程度时，内部压力增大，手指鼓起。若发现漏气现象，说明绝缘手套有砂眼不能使用。绝缘靴在使用前也要象对绝缘手套一样进行外部检查。绝缘手套和绝缘靴应存放在专用的柜子里，温度不宜过高。

(2) 绝缘垫　一般用来铺在配电装置的地面上，防止接触电压与跨步电压对人体的伤害。

(3) 绝缘台　可用来代替绝缘垫、绝缘靴，可用于室内、外的一切电气设备。

14.3.1.3 非绝缘安全用具

非绝缘的安全用具是指那些不具有绝缘性能的安全工具。如携带型接地线、各种安全工作牌、可移动隔离板和遮栏等。

(1) 携带型接地线　当高压设备停电检修或进行其他工作时，为了防止停电设备突然来电和临近高压带电设备对停电设备所产生的感应电压对人体的危害，需要将停电设备用携带型接地线三相短路接地，并同时将设备上的残余电荷对地放掉。实践证明，接地线对保证人身安全是十分重要的，现场工作人员常把携带型接地线称为“保命线”。短路各相用的导线采用多股软铜线，其截面能满足相应系统短路时热稳定的要求，即在大量短路电流通过时，导线不会因产生高热而熔化，在选择短路导线截面时，应以系统最大的短路容量为依据。有了合格的携带型接地线，若没有一个严密的管理制度，也不能充分发挥其作用，甚至引发事故。由于工作互相交错进行，当某设备工作结束恢复送电时，若没有严密的记录和管理办法，可能有的接地线忘记拆除就送电，以致造成带地线合闸事故；也可能误拆其他正在检修设备的接地线，以致造成误送电事故。

(2) 隔离板和临时遮栏　在高压电气设备进行部分停电工作时，为了防止工作人员走错位置，误进入带电间隔或临近带电设备至危险距离，一般采用隔离板、临时遮栏或其他隔离装置进行防护。

(3) 防御灼伤的安全用具　在操作或维护检修电气设备时，如更换保险、进行电缆焊接或调配、补充蓄电池的电解液等，有可能发生电弧或高温的绝缘胶或腐蚀性的酸液溅出，使工作人员的眼睛或其他部位受到伤害。在进行这些工作时，需要采取必要的防护措施。如：护目镜主要用来保护工作人员的眼睛不受电弧伤害，防止灼伤或脏污的东西进入眼睛；当融化电缆绝缘胶或焊锡时，为了防止工作人员手部烫伤，应戴上用不易着火的纺织物做成的手套。

14.3.2 安全用具的检查和试验

安全用具性能的好坏，直接关系着工作人员的人身安全，为此，除使用前进行外观检查外，还要进行定期检查和试验，试验包括耐压试验和泄漏电流试验。

14.3.2.1 安全用具的检查

绝缘杆和绝缘夹钳　每三个月检查一次，检查时要擦净表面，检查有无碳印、机械损伤、瓷绝缘有无裂纹、油漆表面有无损坏。

绝缘手套和绝缘靴　每三个月彻底擦一次，平时，每次使用前都要检查有无灰尘、油垢、外伤、划痕、裂纹、气泡等。

绝缘垫和绝缘台　每三个月检查一次，绝缘垫主要检查有无破洞、裂纹、严重划痕和污垢；绝缘台主要检查台面和台脚瓷瓶有无损坏。

高压验电器　每次使用前都必须认真检查，主要检查绝缘部分有无污垢、损伤、裂纹，检查指示氖泡是否损坏、失灵。

其他安全用具　包括临时接地线、防护遮拦、标示牌、保安腰带等的检查就不详细介绍了。

14.3.2.2　安全用具的试验

由于安全用具的电压等级不同，试验周期和试验标准也不同，按照相关管理执行，在此不再详述。

14.4　电气作业的安全技术要求

14.4.1　安全技术措施

在全部停电或部分停电时，为了防止停电工作的设备上突然来电，防止工作人员由于身体或使用的工具接近临近设备的带电部分超过允许的安全距离，防止由于工作中不注意而误走到带电运行的设备上，以致造成触电，应根据设备和现场的具体情况，采取一系列的安全技术措施。主要有以下几个方面：

(1) 停电(切断电源)

在设备停电工作时，必须切断与施工设备连接的导电部分的电源。在切断电源时，为了防止各种突然来电的可能，要求除了将断路器拉开外，还需将隔离开关也同时拉开，使在各个可能来电的方面至少有一个明显的断开点，以防止断路器在工作中由于检修或运行误操作而合闸，造成突然来电，同时也便于工作人员检查和识别停电工作的设备。在切断电源中，还应注意由低压侧通过变压器向高压侧反馈送电的可能，应将与停电设备有关的变压器和电压互感器高低两侧的全部回路断开。在电源断开后，为防止断路器或隔离开关在工作中由于控制回路发生故障或人员误操作而造成合闸，应将远方控制回路的保险取下，断开操动能源。

设备的带电部分与工作人员在工作中正常活动范围的距离，小于第二节 D 值规定的数值时必须停电。

(2) 工作地点挂标志牌和装设临时遮栏

在电源切断后，应立即在工作地点悬挂标志牌和装设临时遮栏，再进行其他措施和操作。在一经合闸即可送电到工作地点的断路器和隔离开关的把手上悬挂“禁止合闸，有人工作”的标志牌。在容易接触的或可能接近到小于允许安全距离以内的带电设备处装设临时遮栏，并在遮栏上悬挂“止步，高压危险”的标志牌。需要到室外变电所的结构上工作时，应在工作地点临近带电部分的横梁上挂“止步，高压危险”的标志牌，在工作人员上下用的铁钩或梯子上挂“从此上下”的标志牌，在附近其他可能上下的铁钩或梯子上挂“禁止攀登，高压危险”的标志牌。

为了防止发生触电事故，上述的各种遮栏、标志牌和携带型接地线，在工作结束恢复送电之前，不得随意移动位置和拆除。

（3）验电和装设携带型接地线

临时遮栏和标志牌装完后，将检修设备接地并三相短路，为了防止误将接地线挂到带电设备上，在进行设备接地前要先用验电器验明该设备确已停电、没有电压。验电工作在检修设备的进出线两侧都要进行。装设接地线时，应先将接地端接地接地装置的接头上，然后用绝缘棒将接地线的另一端接到检修设备的各相线上。拆接地线的程序与上述相反。

上述各项安全措施的操作和装设程序必须严格按照顺序进行。在工作结束恢复送电前拆除时，应按下列程序进行：先拆除所有的接地线，并按照装设时所登记的号码和组数，逐个核对清点无误，防止遗漏接地线未拆除。其次是拆除临时遮栏和警告标志牌。最后恢复常设遮栏，并拆除其他在工作开始时所挂的一切标志牌。若在设备恢复送电前需要测量绝缘电阻，为了防止错误地在运行中的带电设备上进行测量而造成触电事故，测量工作应在拆除临时遮栏和标志牌以前进行。

14.4.2 电气安全工作的组织措施

所谓组织措施，就是在进行电气工作时，将与检修、试验和运行有关的部门组织起来，加强联系，密切配合，在统一指挥下共同保证施工的安全。一般组织措施概括地说主要有两个方面，一是工作联系制度，二是工作监护制度。

14.4.2.1 工作联系制度

当进行电气设备的全部停电或部分停电工作时，一般开工前需要运行人员进行倒闸操作，并采取必要的安全措施。参加检修、试验和安装的工作人员，除按规定时间开工、竣工外，在开工前应与运行部门联系，只有确知安全设施都已按要求布置完善后方可开始工作。在施工过程中也需要与运行人员保持必要的联系，工作结束后及时办理工作终结手续。工作联系制度主要内容有以下几个方面：

（1）明确规定各类有关人员在安全工作中的具体职责。包括发布工作命令或布置工作的人员、运行值班人员、施工负责人员、其他参加工作的人员。

（2）工作联系制度的履行程序及工作票的内容。简单的工作可以通过电话或口头命令的形式向有关人员进行布置和联系；复杂工作由于涉及的单位和人员较多，需要采取的安全措施比较复杂，这些措施往往需要几个部门按规定时间和要求同时执行，在工作结束后恢复送电时联系操作也比较复杂，任何一个部门发生错误，都可能造成严重的触电事故。因此，复杂的工作一般都采用书面联系，而且采取协议的方式，将工作中各部门间的相互要求用书面的形式固定下来。在协议书签定之后，各有关方面对工作的安全都要承担一定的法律责任。书面联系通常采用一种固定的格式，称为工作票。工作票主要内容有以下几个方面：

① 工作的具体任务。

② 施工负责人和参加工作的主要人员姓名。

③ 预计工作开始和终结的时间。

④ 为了保证施工人员安全必须采取的安全措施。

⑤ 实际工作终结的时间和安全措施拆除的情况。

在工作中如需扩大工作范围或变更工作任务时，应重新办理工作联系手续，重新签发工作票。

在检修、试验或安装任务结束后，工作人员应仔细清扫工作地点，施工负责人经过周密的检查后，将全体工作人员撤出现场。通知值班负责人进行必要的复查，然后共同办理竣工手续，将工作票交回值班处统一保存。

14.4.2.2 施工中的监护制度

为防止由于工作人员行动错误而造成的事故，在工作中应采取必要的监护，一般监护有以下几个要点：

(1) 监护人员应有高度的责任感，而且安全技术水平比较高，在工作班中施工负责人就是全班当然的监护人。当监护人因故不能进行监护时，应在工作班中指定一名技术水平高于被监护人，并能胜任监护的人员代替他进行监护。监护人不兼做其他工作。

(2) 为了防止独自行动而引起的触电危险，一般不允许工作人员单独留在高压室或室外变电所，即使是施工负责人也不要单独行动。有些工作需要将工作人员同时分散到其他高压室或变电所工作时，施工负责人不在的场所，每处应指定一名能胜任监护工作的人员负责监护。

(3) 建筑工、油漆工、通讯员和杂工等在高压室或变电所工作时，应指派专人负责监护。

当在接近设备带电部分进行工作，若工作人员的行动稍有不慎就有触电危险可能时，一个监护人只能监护一个人。

14.4.3 带电作业安全的一般要求

(1) 作业人员须经过专门培训，不但能熟练地进行工作，而且还应具备一定的技术理论水平，并经考试合格发给合格证，才能允许正式参加带电作业工作。

(2) 作业的负责人，必须是从事多年带电作业，有一定理论基础知识和工作经验，并具有组织能力和事故处理能力。

(3) 作业应由专门的带电作业班(队)担任。带电作业班(队)不宜长期从事非本专业的工作，以便树立牢固的带电作业习惯动作和带电感，避免分散精力对带电作业生疏。

(4) 工作之前有关负责人和作业人员要详细讨论工作任务和操作方法，制定安全措施，并进行技术交底。

(5) 在作业过程中，工作负责人应集中精力监护操作人员的每个动作和意图，发现不安全现象时要及时向工作人员提出。当发生不安全情况时，要冷静及时作出正确判断和采取处理方法，以免故障扩大。

(6) 掌握各种绝缘工具的特点和使用方法，对这些工具要经常检测、维护，妥善保管。

(7) 工作前必须有工作票并得到调度部门的同意。

(8) 带电作业的绝缘工具不得沾有污秽油泥，不得用汽油、棉纱、稀料、酒精等擦拭绝缘体，以防由于泄露电流起火。

(9) 工作人员不准穿用合成纤维纺织品材料的工作服和内衣，以免烧伤身体。

(10) 工作现场应设围栏防护，严禁非工作人员进入防护区内。

14.5 电气火灾和预防

电气设备和电气线路的组成都离不开绝缘材料，如变压器油、绝缘漆、树脂、纸、木材等，这些绝缘材料如超过了一定的温度或遇到了明火，都能引起燃烧，同时还可能造成周围可燃、可爆物质的燃烧或爆炸，造成火灾。因此搞清楚造成电气火灾的原因，及早采取预防措施是十分必要的。

14.5.1 造成电气火灾的主要原因

(1) 线路发生短路能引起火灾。线路是由导线组成的，由于导线选择不当，安装不当以及绝缘老化破损，如截面选择过小，绝缘等级不够；导线穿过墙壁未使用磁管保护导线与导线间的间距不够；年久失修等，都能造成线路短路。

(2) 线路过负荷能引起火灾。线路过负荷时间长了可能因过热而使绝缘损坏、燃烧，造成火灾。

(3) 接触电阻过大能引起火灾。导线和导线连接的不好，或者某一个接线柱压接的不实、不牢，在连接处便形成大接触电阻，即使电流没有超过容许值，也会产生过热现象，可能引起火灾。由于接触不好，有时在接触处还会发生电火花，造成绝缘燃烧形成火灾事故。

(4) 电动机运行故障可造成火灾。电动机在运行中长期过负荷或发生匝间短路、扫膛、单相接地、两相运转、相间短路等故障时，都可能使电动机绕组过热而将绝缘烧焦。

(5) 变压器运行故障可造成火灾。大多数变压器都是油浸自冷式的，变压器的绝缘油运行时间长了会老化变质，引起绝缘击穿，在油中发生火花和电弧。变压器运行中如内部发生故障(如铁芯绝缘损坏、接触电阻过大、套管破裂、绕组接地、短路等)都可能引起变压器油着火。

(6) 低压配电盘故障也可造成火灾。低压配电盘上装有刀开关、熔断器、接触器以及各种仪表、指示灯等，配电盘上的电器容量过小或接头接触不良，都可能引起过热、烧坏绝缘或产生火花；导线排列凌乱、布线不符合要求，也可能引起接地或短路。

(7) 使用电器不注意会造成火灾。在生产和日常生活中，如电炉子、电烙铁、电熨斗等，用后忘记断开关或拔插头，时间长了会造成火灾。由于照明灯安装不符合要求和用灯泡取暖而引起的火灾事故多发，应引起注意。

(8) 静电放电火花也会造成火灾。两种物体相互摩擦会产生静电，有时绝缘的带电体上积累的静电荷对地电位可达数千伏甚至上万伏，能够击穿周围的空气层而放电，产生相当大的火花。在有易燃、爆炸性气体的场合，这种放电现象也会造成严重的火灾或爆炸事故。

14.5.2 电气火灾的预防

为防止电气火灾的发生，应注意以下问题：

(1) 根据不同的环境要求，正确选择和安装电气线路、设备以及各种电气保护装置。

(2) 定期测试电气线路、设备和变压器油等的绝缘及耐压状况，发现问题及时解决。

(3) 经常监视电气线路和设备的运行情况，严禁乱加设备。防止过负荷。

(4) 加强日常维护、检查及计划修理工作，使电气线路、设备及各种电气保护装置保持良好状态。

(5) 建立健全各项规章制度和操作规程，加强责任心，防止麻痹大意和丢三落四的现象。

(6) 由于皮带传动、易燃和可燃液体摩擦、粉尘在空间的浮动等都容易产生静电，因此需要分别采取消除静电的措施。

14.5.3 灭火器材的应用

电气设备着火时，首先应切断电源，然后再进行灭火工作。对带电设备灭火时，应使用干性化学灭火粉末、二氧化碳灭火器、四氯化碳灭火器、二氟一氯甲烷灭火器等，对有油的设备，应使用干燥的黄砂灭火。

（1）干性化学灭火粉末　这种粉末可装在筒中，利用压缩的二氧化碳喷射，用于电气设备的灭火。它是由碳酸钠、碳酸氢钠、滑石粉、硅藻土、石棉粉等掺和而成的。用其灭火时，它的粉末落在电气设备的表面时，能分解出雾状二氧化碳，从而隔断空气，起到灭火作用。同时还能吸收一些热量，起遏制燃烧的作用。

（2）二氧化碳灭火器　二氧化碳是一种不导电的灭火剂，常用于电气设备的灭火，液态二氧化碳为气体时，其容积增大400~500倍，能吸收热量，所以在化气地区的气温就大为降低。使用这种灭火器时，要站在离着火区2~3m以外，用左手握住灭火器，右手打开开关，喷流要对准火焰，注意化气时的强烈冷却作用，不要使手受冻。这种灭火器的缺点一是比较重，二是容易使人窒息。

（3）四氯化碳灭火器　四氯化碳是一种无色、容易挥发的液体，有特殊臭味，有毒，不导电。它蒸发成气体时的冷却效应不大，但这种气体聚集在燃烧区上空和燃烧产物混合，就能遏制燃烧。它适用于扑灭电机、电器、线路、配电装置等的火灾，但如电压在220V以上时，用其灭火仍应穿戴橡皮靴和手套。灭火器悬挂地点不应过高，不应被太阳晒，但要干燥。

（4）二氟一氯甲烷灭火器　二氟一氯甲烷简称1211，它具有高效低毒、腐蚀性小、灭火后不留痕迹、使用方便、贮存时间长等特点，是一种新型化学灭火剂。1211的灭火性能，主要在于和燃烧所产生的化合物结合，使燃烧反应停止，并有一定的冷却和窒息作用。喷出时，部分为液雾，部分为气体，而且液雾也能迅速气化分布于火焰四周。其灭火效率比四氯化碳还要高。

（5）黄砂　是常用的灭火材料，在易燃液体着火时，用砂盖住火焰，就能使火熄灭。

14.6 触电急救措施

14.6.1 触电急救一般措施

当发现人身触电后，应立即采取如下急救措施：

（1）首先尽快使触电者脱离电源，以免由于触电时间稍长难于挽救。如电源较远时，可用绝缘钳子或带有干燥木柄的斧子、铁锹等切断电源线，也可用木杆、竹竿等将导线挑开脱离触电者。

（2）在电源未切断之前，救护人员切不可直接接触触电者，以免触电的危险。

（3）当触电者脱离电源后，如触电者神智尚清醒，仅感到心慌、四肢麻、全身无力或曾一度昏迷，但未失去知觉时，可将触电者平躺于空气畅通而保温的地方，并严密观察。

（4）发生触电事故后，一方面进行现场抢救，一方面应立即与附近医院联系，速派医务人员抢救。在医务人员未到现场之前，不得放弃现场抢救。

（5）抢救时不能只根据触电者没有呼吸和脉搏，就擅自判断触电人已死亡而放弃抢救。

因为有时触电后会出现一种假死现象，故必须由医生到现场后做出触电人是否死亡的判断。

（6）判断触电人呼吸和心跳的情况，一般可在 10s 内用看、听、试的方法进行判断。看触电者胸部、腹部有无起伏动作，用耳贴近触电者的口鼻听有无呼吸声音。用两个手指轻轻按在触电者左侧或右侧喉结旁凹陷处，测试颈动脉有无搏动。

（7）未经医生许可，严禁用强心针来进行触电急救。因为触电人处于心脏纤维颤动状态（即强烈地收缩状态），强心针是促进心脏收缩的，故打强心针将造成恶果。

14.6.2　触电急救的原则和方法

触电急救可按以下原则，视触电者状态而采用不同的方法：

（1）当触电者神志不清、有心跳、但呼吸停止或轻微呼吸时，应即时用仰头抬颏法使气道开放，并进行口对口人工呼吸。

（2）当触电者神志丧失、心跳停止，但有极微弱的呼吸时，应立即用心肺复苏法急救。不能认为还有极微呼吸就只做胸外按压，因为轻微呼吸不能起到气体交换作用。

（3）当触电者心跳和呼吸停止时，也应立即采用心肺复苏法急救，即使在送往医院的途中也不能停止用心肺复苏法急救。

（4）当触电者心跳和呼吸均停止并有其他伤害时，应先立即进行心肺复苏法急救，然后再进行外伤处理。

（5）当人遭雷击心跳和呼吸均停止时，应立即进行心肺复苏法急救，以免发生缺氧性心跳停止而造成死亡，不能只看雷击者瞳孔已放大而不坚持心肺复苏法急救。

14.6.3　心肺复苏法

心肺复苏法德主要内容是开放气道、口对口（或鼻）人工呼吸和胸外按压，它可提高心跳和呼吸骤停的触电者的抢救存活率。从前使用的仰卧压胸法、俯卧压胸法以及举臂压胸法，这三者只能进行人工呼吸，不能维持气道开放，不能提高肺泡内气压，效果难以判断。采用心肺复苏法抢救心跳呼吸均停止的触电者的存活率较高，是目前最有效的急救方法。

14.6.3.1　开放气道

触电者由于舌肌缺乏张力而松弛，舌头根下坠，堵塞气道，会压也会堵住气道入口，造成呼吸道阻塞，所以首先应开放气道，使舌根抬起离开咽后壁。另外触电者口中异物、假牙或呕吐物等应首先去除。开放气道的方法有仰头抬颏法和托颌法。

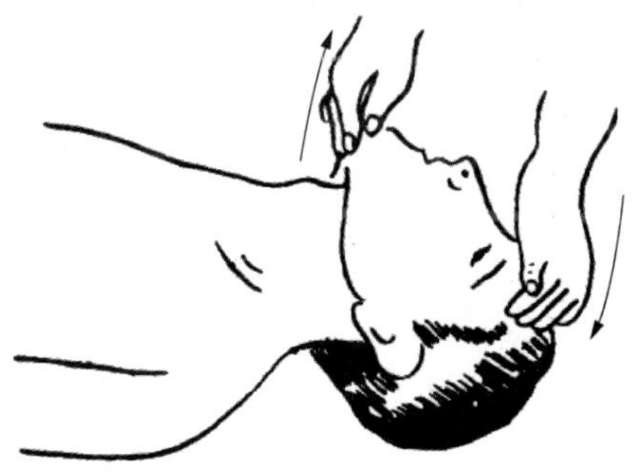

图 14-1　仰头抬颏法

仰头抬颏法的操作方式如图 14-1 所示。

其具体做法是，将触电者仰面躺平，急救者一只手放在触电者头部前额上并用手掌用力向下压，另一只手放在触电者颏下部将颏向上抬起，使触电者下边牙齿接触到上边牙齿，从而使头后仰放开气道。抬颏时不要将手指压向颈部软组织深处，以免阻塞气道。

托颌法的操作方法如图 14-2 所示。

使触电者仰面躺平，急救者跪在触电者头部，两手放在触电者下颌两侧，如图 14-2（a）所示，用手将下颌抬起即可，如图 14-2（b）所示。操作时注意，不得使触电者头部左右扭转，以免扭伤颈椎；双手用力均匀，如图 14-2(c)所示。

14.6.3.2 口对口(鼻)人工呼吸

口对口进行人工呼吸的方法是急救者一只手捏紧触电者的鼻孔(防止气体从触电者鼻孔放出)，然后吸一口气用自己的嘴对准触电者的嘴，向触电者做两次大口吹气，每次 1～1.5s，然后检查触电者颈动脉，若有脉搏而无呼吸则以每秒一次的速度进行救生呼吸。口对口人工呼吸操作如图 14-3 所示。吹气时用眼观看触电者胸部有无起伏现象。

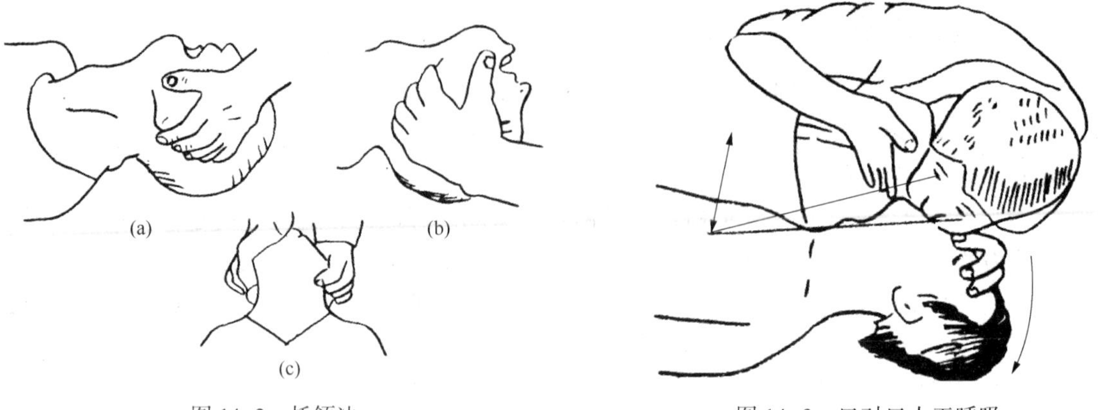

图 14-2　托颌法

图 14-3　口对口人工呼吸

当触电者有下颌或嘴唇外伤时，牙关紧闭不能进行口对口密封人工呼吸时，可用口对准鼻孔进行人工呼吸。急救者一只手放在触电者前额上使其头部后仰，用另一只手抬起触电者的下颌并使其口闭合，以防漏气。然后深呼一口气用嘴包封触电者鼻孔向鼻内吹气，然后急救者的口部移开，让触电者将气呼出。

14.6.3.3 胸外按压

胸外按压的目的是人工迫使血液循环。通过胸外按压，增加胸腔压力，并对心脏产生直接压力，提供心、肺、脑及其他器官血液循环。进行胸外按压时，首先要找出正确的按压部位。正确按压部位的确定法是：急救者右手的食指和中指沿触电者肋弓下缘向上找到肋骨和胸骨结合处的切迹，将中指放在切迹之上(即剑突底部)，食指在中指旁并放在胸骨下端；急救者左手掌根，紧挨食指上缘放在胸骨上，即为正确的按压位置，如图 14-4 所示。

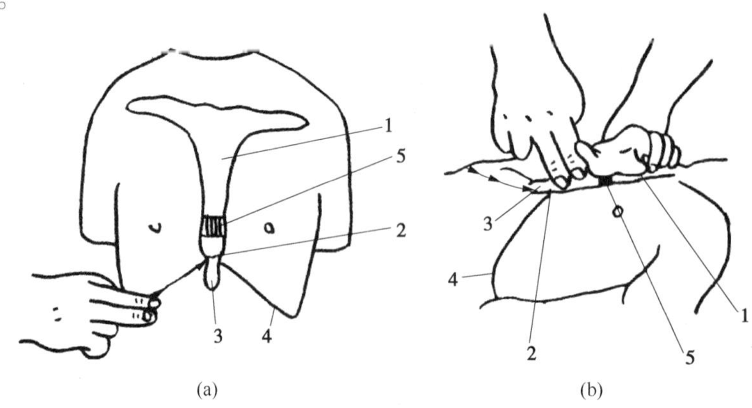

图 14-4　胸外按压正确位置图

1—胸骨；2—切迹；3—剑突；4—肋弓下缘；5—正确按压位置

进行胸外按压操作方法如下：

（1）急救者双手掌重叠以增加压力，手指翘起离开胸壁，只用手掌压住已确定的按压部位，如图 14-5 所示。

（2）急救者立或跪在触电者一侧肩旁，腰部稍弯、上身向前两臂垂直于按压部位上方，如图 14-6 所示。

（3）以髋关节作支点利用上身的重力垂直将正常成人的胸骨向下压陷 3～5cm（儿童或瘦弱者酌减）。

（4）压到 3～5cm 后立即全部放松，使胸部恢复正常位置，让血液流入心脏（放松时急救人员的手掌不得离开胸壁也不准离开按压部位）。

（5）胸外按压要以均匀的速度进行，每分钟 80 次左右，每次按压和放松时间要相等。

（6）胸外按压与口对口（鼻）人工呼吸同时进行时，若单人进行救护则每按压 15 次后，吹气两次，反复进行。若双人进行救护时，每按压 5 次后，由另一人吹气一次，反复进行。

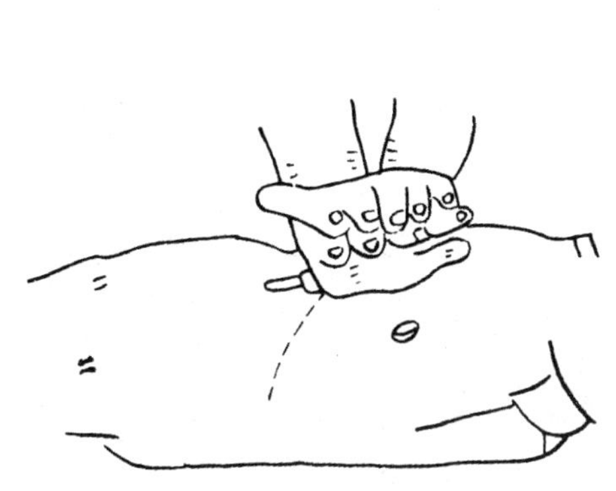

图 14-5　双手掌重叠按压法

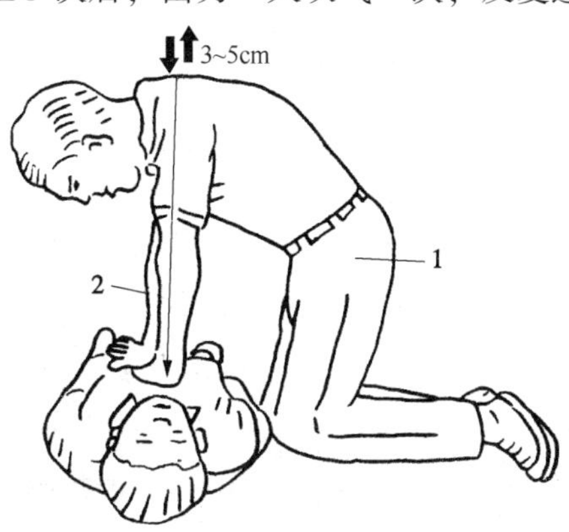

图 14-6　胸外按压正确姿势

1—髋节支点；2—双臂垂直

14.6.4　抢救过程的再判断

在抢救过程中还应对触电者状态进行再判断，一般按以下要求进行判断：

（1）按压吹气 1min 后，应用看、听、试方法在 5～7s 内，对触电者的呼吸和心跳是否恢复进行判断。

（2）若颈动脉已有搏动但无呼吸则暂停胸外按压，而再进行两次口对口（鼻）人工呼吸，如脉搏和呼吸均未恢复则应继续进行心肺复苏法抢救。

（3）在抢救过程中每隔数分钟，应再判断一次。每次判断时间不超过 5～7s，以免判断时间过长时造成死亡事故。

（4）如触电者的心跳和呼吸经抢救后均已恢复，可暂停心肺复苏法操作，但在心跳呼吸恢复的早期有可能再次骤停，故应严密监护，随时准备再次抢救。

（5）在现场抢救时不要为了方便而随意移动触电者，如确需移动触电者时，其抢救时间不得中断 30s。

附录1　电气工程图中通用图形符号

新符号	说　　明	IEC	旧符号
	开关(机械式)	=	
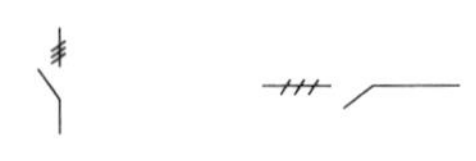	多级开关一般符号单线表示	=	
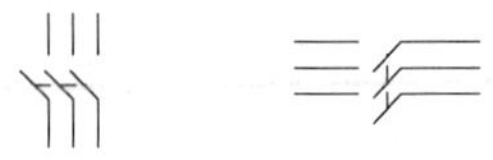	多级开关一般符号多线表示	=	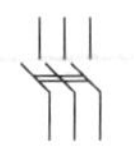
	接触器(在非动作位置触点断开)	=	
	接触器(在非动作位置触点闭合)	=	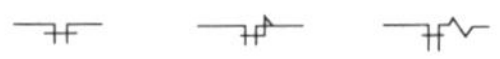
	负荷开关(负荷隔离开关)	=	
	具有自动释放功能的负荷开关	=	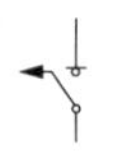
	断路器	=	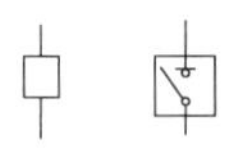
	隔离开关	=	
	熔断器一般符号	=	
	跌落式熔断器	=	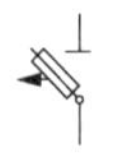
	熔断器是开关	=	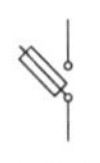
	熔断器式隔离开关	=	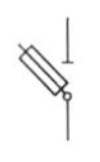
	熔断器式负荷开关	=	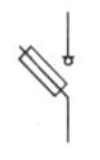
	当操作器件被吸合时延时闭合的启动触点	=	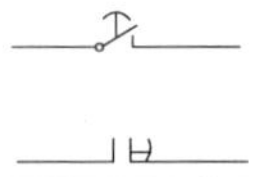

续表

新符号	说　明	IEC	旧符号
	当操作器件被释放时延时断开的启动触点	=	
	当操作器件被释放时延时闭合的停止触点	=	
	当操作器件被吸合时延时断开的停止触点	=	
	当操作器件被吸合时延时闭合和释放时延时断开的启动触点	=	
	按钮开关(不闭锁)	=	
	旋钮开关、旋转开关(闭锁)	=	
	位置开关，启动触点限制开关、启动触点	=	
	位置开关，停止触点限制开关，停止触点	=	
θ　θ	热敏开关，启动触点注：θ 可用动作温度代替	=	$t^{\circ}>$
	热敏自动开关，停止触点 注：注意区别此触点和下图所示热继电器的触点	=	
	具有热元件的气体放电管荧光灯启动器	=	
	启动(常开)触点 注：本符号也可以用作开关一般符号	=	
	停止(常闭)触点	=	
	先断后合的转换触点	=	
	当操作器件被吸合或释放时，暂时闭合的过渡启动触点	=	
	插座(内孔的)或插座的一个极	=	

续表

新符号	说　明	IEC	旧符号
	插头(凸头的)或插头的一个极	=	
	插头和插座(凸头和内孔的)	=	
	接通的连接片	=	
	换接片	=	
	双绕组变压器	=	
	三绕组变压器	=	
	自耦变压器	=	
	电抗器扼流圈	=	
	电流互感器脉冲变压器	=	
	具有两个铁心和两个二次绕组的电流互感器	=	
	在一个铁心上具有两个二次绕组的电流互感器	=	
	具有有载分接开关的三相三绕组变压器，有中性点引出线的星形-三角形联结	=	
	三相三绕组变压器，两个绕组为有中性点引出线的星形，中性点接地，第三绕组为开口三角形联结	=	
	三相变压器 星形-三角形联结	=	
	具有有载分接开关的三相变压器 星形-三角形联结	=	

新符号	说　　明	IEC	旧符号
	三相变压器 星形-曲折形联结	=	
	操作器件一般符号	=	
	具有两个绕组的操作器件组合表示法	=	
	热继电器的驱动器件	=	
	气体继电器	=	
	自动重闭合器件	=	ZCH
	电阻器一般符号	=	
	可变电阻器 可调电阻器	=	
	滑动触点电位器	=	
	预调电位器	=	
	电容器一般符号	=	
	可变电容器 可调电容器	=	
	双联可调、可变电容器	=	
*	指示仪表(星号必须按规定予以代替)	=	
V	电压表	=	V
A	电流表	=	A
A Isinφ	无功电流表	=	A
W Pmax	最大需量指示器(由一台积算仪表操纵的)	=	W
var	无功功率表	=	
cosφ	功率因数表	=	cosφ
Hz	频率表	=	f
θ	温度计、高温计(θ 可由 t 代替)	=	T

续表

新符号	说　　明	IEC	旧符号
n	转速表	=	n
*	积算仪表、电能表(星号必须按照规定予以代替)	=	
Ah	安培小时计	=	Ah
Wh	电能表(瓦特小时表)	=	Wh
Wh	无功电能表	=	Wh
Wh	带发送器电能表	=	Wh
Wh	由电能表操纵的带有打印器件的遥测仪表(转发器)	=	Wh
~	交流母线	=	
	直流母线	=	
	装在支柱上的封闭式母线	=	
	母线伸缩接头	=	
	中性线	=	
	保护线	=	
	保护和中性共用线	=	
	具有保护线和中性线的三相配线	=	
	滑触线	=	
	地下线路	=	
	架空线路	=	V
	管道线路	=	
6	多孔(如6孔)管道线路	=	
	具有埋入地下连接点的线路	=	
	水下线路	=	
	沿建筑物明敷设通讯线路	=	
	沿建筑物暗敷设通讯线路	=	
	电气排流电缆	=	
	挂在钢索上的线路	=	
	用单线表示的多回路线路(或电缆管束)	=	
	屏、盘、架一般符号 注：可用文字符号或型号表示设备名称	=	
	列架一般符号	=	

续表

新符号	说　明	IEC	旧符号
	人工交换台、中继台、测量台、业务台等一般符号	=	
	总配线架	=	
	中间配线架	=	
	走线架、电缆走道	=	
	地面上明装走线槽	=	
	地面下暗装走线槽	=	
	导线、导线组、电路线路、母线一般符号	=	
3	三根导线	=	
4	四根导线	=	
	事故照明线	=	
	50V 及其以下电力照明线路	=	
	控制及信号线路(电力及照明用)	=	
	原电池或蓄电池	=	− +
	原电池组或蓄电池组	=	48V
	带抽头的原电池组或蓄电池组	=	
	接地的一般符号	=	
	接机壳或接底板	=	
	无噪声接地	=	
	保护接地	=	
	等电位	=	
	电缆终端头	=	
3 3	电力电缆直通结线盒	=	
3 3 3	电力电缆连接盒 电力电缆分接盒	=	
	控制和指示设备	=	

续表

新符号	说　　明	IEC	旧符号
	报警启动装置(点式-手动或自动)	=	
	线型探测器	=	
	火灾报警装置	=	
	热	=	
	烟	=	
	易爆气体	=	
	手动启动	=	
	电铃	=	
	扬声器	=	
	发声器	=	
	电话机	=	
	照明信号	=	
	手动报警器	=	
	感烟火灾探测器	=	
	感温火灾探测器	=	
	气体火灾探测器	=	
	火警电话机	=	
	报警发声器	=	
	有视听信号的控制和显示设备	=	
	在专用电路上的事故照明灯	=	
	自带电源的事故照明灯装置(应急灯)	=	
	警卫信号探测器	=	
	警卫信号区域报警器	=	
	警卫信号总报警器	=	
	逃生路线、逃生方向	=	
	逃生路线、最终出口	=	
	二氧化碳消防设备辅助符号	=	
	氧化剂消防设备辅助符号	=	
	卤代烷消防设备辅助符号	=	

附录 2　电气工程平面图常用图形符号

图形符号	说　明	IEC
	单相插座 暗装 密闭(防水) 防爆	=
	带保护接点插座 带接地插孔的单相插座 暗装 密闭(防水) 防爆	=
	带接地插孔的三相插座 暗装	
	带接地插孔的三相插座 密闭(防水) 防爆	
	插座箱(板)	
3	多个插座(示出三个)	=
	电信插座用的一般符号 注：可用文字或符号加以区别，如： TP——电话 ——扬声器 TX——电传 M——传声器 TV——电视 FM——调频	=
	具有护板的插座	=
	具有单极开关的插座	=
	具有联锁开关的插座	=
	具有隔离变压器的插座(如电动剃刀用的插座)	
	带熔断器的插座	
	开关一般符号	=
	单极开关 暗装 密封(防水) 防爆	
	双极开关 暗装 密封(防水) 防爆	=
	三极开关 暗装 密闭(防水) 防爆	
	单极拉线开关	=
	单极双控拉线开关	
t	单极限时开关	
	双控开关(单极三线)	

续表

图形符号	说明	IEC	图形符号	说明	IEC
	具有指示灯的开关			警卫信号区域报警器	
	多拉开关(如用于不同照度)			警卫信号总报警器	
	中间开关 等效电路图			电缆交接间	
				架空交接箱	
				落地交接箱	
	调光器			壁龛交接箱	
	限时装置			分线盒的一般符号 注：可加注$\frac{A-B}{C}D$ A——编号 B——容量 C——线序 D——用户数	
	定时开关				
	钥匙开关				
	投光灯一般符号	=			
	聚光灯	=		室内分线盒	
	泛光灯	=		室外分线盒	
	示出配线的照明引出线位置	=		分线箱	
	在墙上的照明引出线(示出配线向左边)	=			
	荧光灯一般符号 三管荧光灯 五管荧光灯	=		壁龛分线箱	
				避雷针	
				电源自动切换箱(屏)	
	防爆荧光灯			电阻箱	
	在专用电路上的事故照明灯	=		鼓形控制器	
	自带电源的事故照明灯装置(应急灯)	=		自动开关箱	
	气体放电灯的辅助设备注：仅用于辅助设备与光源不在一起时	=		刀开关箱	
	警卫信号探测器			带熔断器的刀开关箱	

续表

图形符号	说　明	IEC	图形符号	说　明	IEC
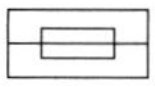	熔断器箱		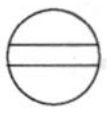	矿山灯	
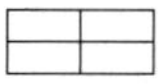	组合开关箱			安全灯	
	深照型灯			隔爆灯	
	广照型灯(配照型灯)			天棚灯	
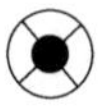	防水防尘灯			花灯	
	球形灯			弯灯	
	局部照明灯			壁灯	

附录3　电气工程及电气设备常用基本文字符号

设备、装置和元器件种类	举例		基本文字符号		IEC
	中文名称	英文名称	单字母	双字母	
组件部件	分离元件放大器	Amplifier using discrete components	A		=
	激光器	laser			
	调节器	Regulator			
	本表其他地方未提及的组件，部件				
	电桥	Bridge		AB	=
	晶体管放大器	Transistor amplifier		AD	=
	集成电路放大器	Integrated circuit amplifier		AJ	=
	磁放大器	Magnetic amplifier		AM	=
	电子管放大器	Valve amplifier		AV	=
	印制电路板	Printed circuit board		AP	=
	抽屉柜	Drawer		AT	=
	支架盘	Rack		AR	=
	电流调节器		ACR		
	频率调节器		AFR		
	磁通调节器		AMR		
	速度调节器		ASR		
	电压调节器		AUR		
	励磁电流调节器		AMCR		
非电量到电量变换器或电量到非电量变换器	热电传感器	Thermoelectric sensor	B		=
	热电池	Thermo-cell			
	光电池	Photoelectric cell			
	测功计	Dynamometer			
	晶体换能器	Crystal transducer			
	送话器	Microphone			
	拾音器	Pick up			
	扬声器	Loudspeaker			
	耳机	Earphone			
	自整角机	Synchro			
	旋转变压器	Resolver			
	模拟和多级数字	Analogue and multiple-step			
	变换器或传感器	digital transducers or sensors			
	（用作指示和测量）	(as used indicating or me-asuring purposes)			

续表

设备、装置和元器件种类	举例		基本文字符号		IEC
	中文名称	英文名称	单字母	双字母	
非电量到电量变换器或电量到非电量变换器	电流变换器		B	BC	=
	压力变换器	Pressure transducer		BP	
	磁通变换器			M	
	光电耦合器			BO	=
	位置变换器	Position transducer		BQ	
	旋转变换器(测速发电机)	Rotation transducer(tacho-generator)		BR	=
	温度变换器	Temperature transducer		BT	=
	速度变换器	Velocity transducer		BV	=
	触发器		BPF		
	电压一频率变换器		BUF		=
电容器	电容器	Capacitor	C		
二进制元件延迟器件存储器件	数字集成电路和器件:	Digital integrated circuits and devices:	D		=
	延迟线	Delay line			
	双稳态元件	Bistable element			
	单稳态元件	Monostable element			
	磁芯存储器	Core storage			
	寄存器	Register			
	磁带记录机	Magnetic tape recorder			
	盘式记录机	Disk recorder			
其他元器件	本表其他地方未规定的器件		E		=
	发热器件	Heating device		EH	=
	照明灯	Lamp for lighting		EL	=
	空气调节器	Ventilator		EV	=
保护器件	过电压放电器件避雷器	Over voltage discharge device Arrester	F		=
	具有瞬时动作的限流保护器件	Current threshold protective device with instantaneous action		FA	=
	具有延时动作的限流保护器件热保护器	Current threshold protective device with time-lag action		FR	=
	具有延时和瞬时动作的限流保护器件	Current threshold protective device with instantaneous and time—lag action		FS	=
	熔断器	Fuse		FU	=
	快速熔断器			FF	
	限压保护器件	Voltage threshold protective device		FV	=

续表

设备、装置和元器件种类	举例		基本文字符号		IEC
	中文名称	英文名称	单字母	双字母	
发生器 发电机电源	旋转发电机	Rotating generator	G	GS	=
	振荡器	Oseillator			
	发生器	Generator			=
	同步发电机	Synchronous generator			
	异步发电机	Asynchronous generator		GA	
	给定积分器			GI	
	蓄电池	Battery		GB	
	函数发生器			GF	=
	旋转式或固定式变频机	Rotating or static frequency converter			
	绝对值发生器		GAB		
	压频(变换)器		GVF		
信号器件	声响指示器	Acoustical indicator	H	HA	=
	光指示器	Optical indicator		HL	=
	指示灯	Indicator lamp		HL	=
继电器 接触器	瞬时接触继电器	Instantaneous contactor relay	K	KA	=
	瞬时有或无继电器	Instantaneous all or nothing relay		KA	=
	交流继电器	Alternating relay		KA	
	闭锁接触继电器(机械闭锁或永磁铁式有或无继电器)	Latching contactor relay (all-or-nothing relay with mechanical latch or permanent magnet)		KL	=
	双稳态继电器	Bistable relay		KL	=
	接触器	Contactor		KM	=
	极化继电器	Polarized relay		KP	=
	簧片继电器	Reed relay		KR	=
	延时有或无继电器	Time-delay all-or-nothing relay		KT	=
	逆流继电器	Reverse current relay		KR	=
电感器 电抗器	感应线圈	Induction coil	L		=
	线路陷波器	Line trap			
	电抗器(并联和串联)	Reactors(shunt and series)			
	桥臂电抗器			LA	
	平衡电抗器			LB	
	平波电抗器			LF	
	进线电抗器			LL	
	饱合电抗器			LS	
电动机	电动机	Motor	M		=
	异步电动机			MA	
	同步电动机	Synchronous motor		MS	
	可做发电机或电动机用的电机	Machine capable of use as a generator or motor		MG	
	力矩电动机	Torque motor		MT	

续表

设备、装置和元器件种类	举例 中文名称	英文名称	基本文字符号 单字母	双字母	IEC
模拟元件	运算放大器	Operational amplifier	N		=
	混合模拟/数字器件	Hybrid analogue/digital device			
测量设备 试验设备	指示器件	Indicating devices	P		=
	记录器件	Recording devices			
	积算测量器件	Integrating measuring device			
	信号发生器	Signal generator			
	电流表	Ammeter		PA	=
	(脉冲)计数器	(Pulse)Counter		PC	=
	电度表	Watt hour meter		PJ	=
	记录仪器	Recording instrument		PS	=
	时钟、操作时间表	Clock, Operating time meter		PT	=
	电压表	Voltmeter		PV	=
	电动、制动检测环节		PET		
	环形计数器		PRC		
电力电路的开关器件	断路器(快速开关)	Circuit-breaker	Q	QF	=
	电动机保护开关自动开关	Motor protection switch		QM	=
	隔离开关	Disconnector(isolator)		QS	=
电阻器	电阻器	Resistor	R		=
	变阻器	Rheostat			
	电位器	Potentiometer		RP	=
	测量分路表	Measuring shunt		RS	=
	热敏电阻器	Resistor with inherent variability dependent on the temperature		RT	=
	压敏电阻器	Resistor with inherent variability dependent on the voltage		RV	=
控制、记忆、信号电路的开关器件选择器	拨号接触器	Dial contact	S		=
	连接级	Connecting stage			
	控制开关	Control switch		SA	=
	选择开关、转换开关	Selector switch		SA	=
	按钮开关	Push-button		SB	=
	机电式有或无传感器(单级数字传感器)	All-or-nothing sensors of mechanical and electronic nature(one-step digital sensors)			
	行程开关			SL	=
	液体标高传感器	Liquid level sensor			
	极限开关				
	主令开关			SM	=
	压力传感器	Pressure sensor		SP	
	位置传感器(包括接近传感器)	Position sensor(including proximity-sensor)		SQ	=
	转数传感器	Rotation sensor		SR	=
	温度传感器	Temperature sensor		ST	=

续表

设备、装置和元器件种类	举例		基本文字符号		IEC
	中文名称	英文名称	单字母	双字母	
变压器	电流互感器	Current transformer	T	TA	=
	控制电路电源用变压器	Transformer for control circuit supply		TC	=
	逆变变压器			TI	
	电力变压器	Power transformer		TM	=
	脉冲变压器			TP	
	整流变压器			TR	=
	磁稳压器 同步变压器	Magmetic stabilizer		TS	
	电压互感器	Voltage transformor		TV	–
调制器 变换器	鉴频器	Disoriminator	U		=
	解调器	Demodulator		UD	
	变频器	Frequency changer		UF	
	编码器	Coder			
	变流器	Converter		UI	
	逆变器	Inverter		UR	
	整流器	Rectifier		UT	
	电板译码器	Telegraph translator			
电子管 晶体管	气体放电管	Gas-discharge tube	V	VD	=
	二极管	Diode			
	晶体管	Transistor		VT	
	晶闸管	Thyristor			
	单结晶管				
	电子管	Electronic tube		VE	
	控制电路用电源的整流器	Rectifier for control circuit supply		VC	=
	稳压管			VS	
	可关断晶闸管		VTO		
传输通道 波导天线	导线	Conductor	W		=
	电缆	Cable			
	母线	Busbar			
	波导	Waveguide			
	波导定向耦合器	Waveguide directional couper			
	偶极天线	Dipole			
	抛物天线	Parbolic aerial			
端子 插头 插座	连接插头和插座	Connecting plug and socket	X		=
	接线柱	Clip			
	电缆封端和接头	Cable sealing end and joint			
	焊接端子板	Soldering terminal strip			

续表

设备、装置和元器件种类	举例		基本文字符号		IEC
	中文名称	英文名称	单字母	双字母	
端子 插头 插座	连接片	Link	X	XB	=
	测试插孔	Test jack		XJ	=
	插头	Plug		XP	=
	插座	Socket		XS	=
	端子板	Terminal board		XT	=
电气操作的 机械器件	气阀	Pneumatic valve	Y		=
	电磁铁	Electromagnet		YA	=
	电磁制动器	Electromagnetically operated brake		YB	=
	电磁离合器	Electromagnetically operated clutch		YC	=
	电磁吸盘	Magnetic chuck		YH	=
	电动阀	Motor operated valve		YM	
	电磁阀	Electromagnetically operated valve		YV	=
终端设备 混合变压器 滤波器 均衡器 限幅器	电缆平衡网络	Cable balancing network	Z		=
	压缩扩展器	Compandor			
	晶体滤波器	Crystal filter			
	网络	Network			

注：凡文字符号与 IEC 相一致即标示“=”。

附录4　电气工程常用辅助文字符号

序　号	文字符号	名　称	英文名称	IEC
1	A	电流	Current	
2	A	模拟	Analog	
3	AC	交流	Alternating current	=
4	A AUT	自动	Automatic	
5	ACC	加速	Accelerating	
6	ADD	附加	Add	
7	ADJ	可调	Adjustability	
8	AUX	辅助	Auxiliary	
9	ASY	异步	Asynchronizing	
10	B BRK	制动	Braking	
11	BK	黑	Black	=
12	BL	蓝	Blue	=
13	BW	向后	Backward	
14	C	控制	Control	
15	CW	顺时针	Clockwise	
16	CCW	逆时针	Counter clockwise	
17	D	延时(延迟)	Delay	
18	D	差动	Differential	=
19	D	数字	Digital	
20	D	降	Down，Lower	
21	DC	直流	Direct current	=
22	DEC	减	Decrease	
23	E	接地	Earthing	-
24	EM	紧急	Emergency	
25	F	快速	Fast	
26	FB	反馈	Feedback	
27	FW	正，向前	Forward	
28	GN	绿	Green	=
29	H	高	High	=
30	IN	输入	Input	
31	INC	增	Increase	
32	IND	感应	Induction	
33	L	左	Left	
34	L	限制	Limiting	

续表

序　号	文字符号	名　称	英文名称	IEC
35	L	低	Low	=
36	LA	闭锁	Latching	
37	M	主	Main	
38	M	中	Medium	
39	M	中间线	Mid-wire	=
40	M MAN	手动	Manual	
41	N	中性线	Neutral	=
42	OFF	断开	Open，off	
43	ON	闭合	Close，on	
44	OUT	输出	Output	
45	P	压力	Pressure	
46	P	保护	Protection	
47	PE	保护接地	Protective earthing	=
48	PEN	保护接地与中性线共用	Protective earthing neutral	=
49	PU	不接地保护	Protective unearthing	=
50	R	记录	Recording	
51	R	右	Right	
52	R	反	Reverse	
53	RD	红	Red	=
54	R RST	复位	Reset	
55	RES	备用	Reservation	=
56	RUN	运转	Run	
57	S	信号	Signal	
58	ST	启动	Start	
59	S SET	置位，定位	Setting	
60	SAT	饱和	Saturate	
61	STE	步进	Stepping	
62	STP	停止	Stop	
63	SYN	同步	Synchronizing	
64	T	温度	Temperature	
65	T	时间	Time	
66	TE	无噪声(防干扰)接地	Noiseless earthing	=
67	V	真空	Vacuum	
68	V	速度	Velocitv	
69	V	电压	Voltage	
70	WH	白	White	=
71	YE	黄	Yellow	=

注：凡文字符号与 IEC 相一致即标示“=”。

附录5 常用电气设备、元件文字符号新旧对照表

设备名称	文字符号		
	新符号	IEC	旧符号
发电机	G	=	F
直流发电机	GD		ZF
交流发电机	GA		JF
同步发电机	GS		TF
异步发电机	GA		YF
永磁发电机	GH		YCF
电动机	M	=	D
直流电动机	MD		ZD
交流电动机	MA		JD
同步电动机	MS		TD
异步电动机	MA		YD
笼型电动机	MC		LD
励磁机	GE		L
电枢绕组	WA		SQ
定子绕组	WS		DQ
转子绕组	WR		ZQ
励磁绕组	WC		KQ
电力变压器	TM	=	B
控制变压器	TC		KB
自耦变压器	TA		OB
整流变压器	TR		ZB
电炉变压器	TF		LB
稳压器	TS		WY
电流互感器	TA	=	LH
电压互感器	TV	=	YH
熔断器	FU	=	RD
断路器	QF	=	DL
接触器	KM	=	C
调节器	A	=	T
继电器	K	=	J
电阻器	R	=	R
压敏电阻器	RV	=	YR
启动电阻器	RS		QR

设备名称	文字符号		
	新符号	IEC	旧符号
制动电阻器	RB		ZDR
频敏变阻器	RF		PR
电感器	L	=	L
电抗器	L	=	DK
启动电抗器	LS		QK
电容器	C	=	C
整流器	U	=	ZL
变流器	U		BL
逆变器	U		NB
变频器	U		BP
压力变换器	BP		YB
位置变换器	BQ		WZB
温度变换器	BT		WDB
速度变换器	BV		SDB
避雷器	F		B
母线	W	=	M
电压小母线	WV	=	YM
控制小母线	WCL	=	KM
合闸小母线	WCL	=	HM
信号小母线	WS	=	XM
事故音响小母线	WFS	=	SYM
预告音响小母线	WPS	=	YBM
闪光小母线	WF	=	(+)SM
直流母线	WB	=	ZM
电力干线	WPM	=	LG
照明干线	WLM	=	MG
电力分支线	WP	=	LFZ
照明分支线	WL	=	MFZ
应急照明干线	WEM	=	YJG
应急照明分支线	WE	=	YJZ
插接式母线	WIB	=	CJM
继电器	K	=	J
电流继电器	KA	=	LJ
电压继电器	KV	=	YJ
时间继电器	KT	=	SJ
差动继电器	KD	=	CJ
功率继电器	KPR	=	GJ
接地继电器	KE	=	JDJ

续表

设备名称	文字符号		
	新符号	IEC	旧符号
瓦斯继电器	KB	=	WSJ
逆流继电器	KR	=	NLJ
中间继电器	KM	=	ZJ
信号继电器	KS	=	XJ
闪光继电器	KFR	=	DMJ
热继电器(热元件)	KH	=	RJ
温度继电器	KTE	=	WJ
重合闸继电器	KRr	=	CJ
阻抗继电器	KZ	=	ZKJ
零序电流继电器	KCZ	=	NJ
频率继电器	KF		PJ
压力继电器	KP		YLJ
控制继电器	KC		KJ
电磁铁	YA		DT
制动电磁铁	YB		ZDT
电磁阀	YY		DCF
电动阀	YM		DF
牵引电磁铁	YT		QYT
起重电磁铁	YL		QZT
电磁离合器	YC		CLH
开关	Q	=	K
隔离开关	QS	=	G
控制开关	SA	=	KK
选择开关(转换开关)	SA	=	KZ
负荷开关	QL	=	FK
自动开关	QA		ZB
刀开关	QK		DK
行程开关	ST		CK
限位开关	SL		XK
终点开关	SE		ZDK
微动开关	SS		WK
接近开关	SP		JK
按钮	SB	=	AN
合闸按钮	SB	=	HA
停止按钮	SBS	=	TA
试验按钮	SBT	=	YA
合闸线圈	YC	=	HQ
跳闸线圈	YT	=	TQ

续表

设备名称	文字符号		
	新符号	IEC	旧符号
接线柱	X	=	JX
连接片	XB	=	LP
插座	XS	=	CZ
插头	XP	=	CT
端子板	XT	=	DB
测量设备(仪表)	P	=	—
电流表	PA	=	A
电压表	PV	=	V
有功功率表	PW	=	W
无功功率表	PR	=	var
电能表	PJ	=	Wh
有功电能表	PJ	=	Wh
无功电能表	RJR	=	varh
频率表	PF	=	HZ
功率因数表	PPF	=	$\cos\phi$
指示灯	HL	=	D
红色指示灯	HR	=	HD
绿色指示灯	HG	=	LD
蓝色指示灯	HB	=	LAD
黄色指示灯	HY	=	UD
白色指示灯	HW	=	BD
照明灯	EL		ZD
蓄电池	GB	=	XDC
光电池	B		GDC
电子管	VE		G
二极管	VD		D
晶体管	V		BG
稳压管	VS		WY
晶闸管	VT		GZ
单结晶管	V		BG
电位器	RP		W
调节器	A		T
放大器	A		FD
测速发电机	BR		CSF
送话器	B		S
受话器	B		SH
扬声器	B		Y

附录 6　电气设备及线路标注方法

标注方法	说　　明	IEC
$\frac{a}{b}$或$\frac{a}{b}+\frac{c}{d}$	用电设备 a——设备编号 b——额定功率(kW) c——线路首端熔断片或自动开关释放器的电流(A) d——标高(m)	
(1) $a\frac{b}{c}$或 $a\text{-}b\text{-}c$ (2) $a\frac{b\text{-}c}{d(e\times f)-g}$	电力和照明设备 (1) 一般标注方法 (2) 当需要标注引入线的规格时 a——设备编号 b——设备型号 c——设备功率(kW) d——导线型号 e——导线根数 f——导线截面(mm^2) g——导线敷设方式及部位	
(1) $a\frac{b}{c/i}$或 $a\text{-}b\text{-}c/i$ (2) $a\frac{b\text{-}c/i}{d(e\times f)-g}$	开关及熔断器 (1) 一般标注方法 (2) 当需要标注引入线的规格时 a——设备编号 b——设备型号 c——额定电流(A) i——整定电流(A) d——导线型号 e——导线根数 f——导线截面(mm^2) g——导线敷设方式	
$a/b\text{-}c$	照明变压器 a——一次电压(V) b——二次电压(V) c——额定容量(A)	
(1) $a\text{-}b\frac{c\times d\times L}{e}f$ (2) $a\text{-}b\frac{c\times d\times L}{-}$	照明灯具 (1) 一般标注方法 (2) 灯具吸顶安装 a——灯数 b——型号或编号 c——每盏照明灯具的灯泡数 d——灯泡容量(W) e——灯泡安装高度(m) f——安装方式 L——光源种类	

续表

标注方法	说　明	IEC
⑮	最低照度⊙（示出 15 lx）	
(1) $\cdot a$ (2) $\cdot \frac{a-b}{c}$	照明照度检查点 (1) a：水平照度(lx) (2) $a-b$：双测垂直照度(lx) 　c：水平照度(lx)	
$\frac{a-b-c-d}{e-f}$	电缆与其他设施交叉点 a——保护管根数 b——保护管直径(mm) c——管长(m) d——地面标高(m) e——保护管埋设深度(m) f——交叉点坐标	
(1) ±0.000 (2) ±0.000	安装或敷设标高(m) (1) 用于室内平面、剖面图上 (2) 用于总平面图上的室外地面	
(1) ———///——— (2) ———/3——— (3) ———/n———	导线根数，当用单线表示一组导线时，若需要示出导线数，可用加小短斜线或画一条短斜线加数字表示 例：(1) 表示 3 根 　(2) 表示 3 根 　(3) 表示 n 根	
(1) $\frac{3\times16}{}\times\frac{3\times10}{}$ (2) $—\times\frac{\phi2\frac{1}{2}''}{}$	导线型号规格或敷设方式的改变 (1) $3\times16mm^2$ 导线改为 $3\times10mm^2$ (2) 无穿管敷设改为导线穿管($\phi2\frac{1}{2}$in)敷设	
V	电压损失%	
-220V	直流电压 220V	
$m\sim fV$ 3N~50Hz，380V	交流电 m——相数 f——频率(Hz) V——电压(V) 例：示出交流，三相带中性线 50Hz 380V	
L_1(可用 A) L_2(可用 B) L_3(可用 C) U V W	相序 交流系统电源第一相 交流系统电源第二相 交流系统电源第三相 交流系统设备端第一相 交流系统设备端第二相 交流系统设备端第三相	
N	中性线	
PE	保护线	
PEN	保护和中性共用线	

注：附录 6 中有关 g 的表达含义见附录 7 和附录 8。

附录7　电气工程图中表达线路敷设方式标注的文字代号

表达内容	标注代号	
	英文代号	汉语拼音代号
用轨型护套线敷设		
用塑制线槽敷设	PR	XC
用硬质塑制管敷设	PC	VG
用半硬塑制管敷设	FEC	ZVG
用可挠型塑制管敷设		
用薄电线管敷设	TC	DG
用厚电线管敷设		
用水煤气钢管敷设	SC	G
用金属线槽敷设	SR	GC
用电缆桥架(或托盘)敷设	CT	
用瓷夹敷设	PL	CJ
用塑制夹敷设	PCL	VT
用蛇皮管敷设	CP	
用瓷瓶式或瓷柱式绝缘子敷设	K	CP

附录8　电气工程图中表达线路敷设部位标注的文字代号

表达内容	标注代号	
	英文代号	汉语拼音代号
沿钢索敷设	SR	S
沿屋架或层架下弦敷设	BE	LM
沿柱敷设	CLE	ZM
沿墙敷设	WE	QM
沿天棚敷设	CE	PM
在能进人的吊顶内敷设	ACE	PNM
暗敷在梁内	BC	LA
暗敷在柱内	CLC	ZA
暗敷在屋面内或顶板内	CC	PA
暗敷在地面内或地板内	FC	DA
暗敷在不能进人的吊顶内	AC	PNA
暗敷在墙内	WC	QA

附录9 电气工程图中表达照明灯具安装方式标注的文字代号

表达内容	标注代号	
	英文代号	汉语拼音代号
线吊式	CP	
自在器线吊式	CP	X
固定线吊式	CP1	X1
防水线吊式	CP2	X2
吊线器式	CP3	X3
链吊式	Ch	L
管吊式	P	G
吸顶式或直附式	S	D
嵌入式(嵌入不可进人的顶棚)	R	R
顶棚内安装(嵌入可进人的顶棚)	CR	DR
墙壁内安装	WR	BR
台上安装	T	T
支架上安装	SP	J
壁装式	W	B
柱上安装	CL	Z
座装	HM	ZH